高等学校专业教材

中国轻工业"十四五"规划立项教材

山野菜开发利用学

张柏林　陈玉珍　主编

中国轻工业出版社

图书在版编目(CIP)数据

山野菜开发利用学/张柏林,陈玉珍主编.—北京:中国轻工业出版社,2023.10
ISBN 978-7-5184-4425-0

Ⅰ.①山… Ⅱ.①张…②陈… Ⅲ.①野生植物—蔬菜—资源利用 Ⅳ.①S647

中国国家版本馆CIP数据核字(2023)第079612号

责任编辑:伊双双
文字编辑:邹婉羽　　责任终审:劳国强　　封面设计:锋尚设计
版式设计:锋尚设计　　责任校对:吴大朋　　责任监印:张　可

出版发行:中国轻工业出版社(北京东长安街6号,邮编:100740)
印　　刷:三河市国英印务有限公司
经　　销:各地新华书店
版　　次:2023年10月第1版第1次印刷
开　　本:787×1092　1/16　印张:21
字　　数:490千字
书　　号:ISBN 978-7-5184-4425-0　定价:54.00元

邮购电话:010-65241695
发行电话:010-85119835　传真:85113293
网　　址:http://www.chlip.com.cn
Email:club@chlip.com.cn
如发现图书残缺请与我社邮购联系调换
200079J1X101ZBW

本书编委会

主　编　张柏林　陈玉珍
副主编　李　慧　孙爱东　张京芳　包怡红　吴彩娥
　　　　　柴洋洋　李婷婷　李玲俐
编　委（按姓氏音序排序）
　　　　　包怡红（东北林业大学）
　　　　　柴洋洋（东北林业大学）
　　　　　陈玉珍（北京林业大学）
　　　　　雷　磊（信阳农林学院）
　　　　　李　慧（北京林业大学）
　　　　　李玲俐（西北农林科技大学）
　　　　　李婷婷（南京林业大学）
　　　　　卢存福（北京林业大学）
　　　　　陆　海（北京林业大学）
　　　　　吕兆林（北京林业大学）
　　　　　马　超（北京林业大学）
　　　　　裴家伟（河北农业大学）
　　　　　史玲玲（北京林业大学）
　　　　　孙爱东（北京林业大学）
　　　　　吴彩娥（南京林业大学）
　　　　　薛　华（北京林业大学）
　　　　　杨　阳（河北旅游职业学院）
　　　　　于婷乔（北京农业职业学院）
　　　　　张柏林（北京林业大学）
　　　　　张京芳（西北农林科技大学）
　　　　　赵宏飞（北京林业大学）

前言 | Preface

中国是世界上历史最悠久的国家之一，也是利用山野菜历史最悠久、种类最丰富的国家。中华民族的历史，是一部食物资源的历史。"民以食为天"，山野菜与中华民族灿烂的传统文化紧密联系在一起。

东汉许慎的《说文解字》将"菜"释义为"可食之草"，将"药"释义为"治病草也"。劳动人民在实践中通过尝食发现了许多既可食用又可治病的野生植物，积累了丰富的识别经验和烹食方法，并逐渐总结出一套完整、系统的山野菜食疗保健知识体系。留存至今的许多典籍对山野菜均有记载，如秦汉时期的《诗经》《神农本草经》，唐代的《食疗本草》《千金要方》《新修本草》，元代的《饮膳正要》，明代的《救荒本草》《野菜博录》《遵生八笺》《野菜谱》《救荒野谱》《本草纲目》及清代的《植物名实图考》等，所形成的"药食同源"理念成为源远流长、博大精深的中华饮食文化的重要组成部分。二十四节气是中国古代一种用来指导农事的补充历法，并且与古人的饮食养生习俗息息相关，在古代对应不同的节气和节日都有不同的"食草"风俗，如"三月三，荠菜当灵丹""谷雨食椿""小满日食苦菜""端午节食蒲菜""九月九食菊"。同时，从古至今还流传着很多有关山野菜的诗词，如陆游《食荠》中的"日日思归饱蕨薇，春来荠美忽忘归"，杜甫《槐叶冷淘》中的"青青高槐叶，采掇付中厨"，白居易《赠贾岛》中的"莫愁客到无供给，家酿香浓野菜春"。山野菜在中华民族博大精深的饮食文化史上具有悠久的历史和重要的地位，这些传承的文化为当今山野菜的研究和开发提供了宝贵的依据和线索。

在我国，山野菜无论在文化底蕴、风味特色、营养保健，还是在植物种质资源的保存、保护生物多样性以及作为"绿色食品"原料等方面，都有着栽培蔬菜不可替代的作用，但关于山野菜的教学资源主要以识别与食用为主，尚缺乏山野菜综合开发利用方面的教材。北京林业大学于1999年开设"山野菜开发技术"课程，教学课件由早期幻灯片、胶片形式逐渐转变到多媒体形式。在校级教学课程建设项目的持续资助下，课程团队精心设计并于2018年建成在线课程"山野菜认知与开发利用"，旨在探究山野菜知识宝库，挖掘山野菜资源潜力，填补了山野菜资源综合开发利用的慕课建设空白。在此基础上，在北京林业大学教务处、北京林业大学"双一流"建设经费以及北京林业大学生物科学与技术学院的大力支持下，集全国多所院校教师之力历经3年完成本书。

本书分为总论和各论，总论主要包括我国"药食同源"思想以及山野菜学的形成与发展、山野菜资源特点及合理开发利用途径、山野菜采摘及保藏特性、山野菜加工保藏技术、山野菜资源安全性评价、山野菜资源的综合开发利用；各论中收集全国广泛分布并兼顾地方特色的25种山野菜的古今研究文献，全面而系统地揭示每种山野菜的生物学特性、营养成分与食用产品、药用成分与药理学研究进展。我国复杂的自然环境决定了我国山野菜资源种类极其丰富，并且有规律地分布在不同的地区和自然环境中。尽管山野菜种类多，但大多数山野菜的研究仅局限于识别和简单食用研究，缺乏综合开发利用系统资料，因此本书选择了部分全国广泛分布的山野菜，同时兼具地方特色山野菜在各论中详细介绍，共25种，包括全国广泛分布的山野菜（蒲公英、水芹、苦菜、鱼腥草、紫苏、马齿苋、薄荷、艾蒿、黄花菜、百合、葛、魔芋、香椿、楤木、构树、刺五加）、东北特色山野菜（蕨菜、薇菜、桔梗）、西北特色山野菜（枸杞、沙棘、蕨麻）以及东南及沿海特色山野菜（竹、蒲菜、碱蓬）。

我国山野菜分布广，可食用品种多，产量大、生命力强、营养价值高、资源丰富，其综合开发利用具有巨大经济潜力。尤其是在战时和特殊灾难时期，山野菜可以就地采取，以应急需，大力开发林业资源食品以及相关深加工产品具有更重要的战略意义。开发利用山野菜符合"绿水青山就是金山银山"的发展理念；落实"藏粮于林，藏技于林"的"大食物观"及"大生态"思想，实现让越来越多的"森林热量""森林蛋白"与"森林营养素"从林间走向餐桌；逐步实现"丰富多样化、快捷方便化、多功能保健化、无害卫生化"食品发展方向以及开发"营养健身型、名优特色型、系列配套型"山野菜系列产品。本书可作为高等学校食品类、林学类、农学类、生物类等不同专业教材，同时可供广大农业科技工作者、农村基层干部、农民企业家和农户等参考使用。

本书共分三十一章，由陈玉珍、张柏林、李慧统稿。第一章由陈玉珍编写，第二章由陈玉珍、卢存福编写，第三章由孙爱东、吴彩娥、李婷婷编写，第四章由孙爱东编写，第五章由马超编写，第六章由陈玉珍、赵宏飞、卢存福、陆海编写，第七、八、九、二十二章由包怡红、柴洋洋编写，第十章由雷磊和于婷乔编写，第十一、十七章由李慧编写，第十二、十九、二十、二十五章由吴彩娥、李婷婷编写，第十三章由史玲玲编写，第十四、十六章由裴家伟编写，第十五章由薛华编写，第十八、二十四、二十六、二十八章由张京芳、李玲俐编写，第二十一、二十三章由陈玉珍、李慧编写，第二十七章由吕兆林编写，第二十九、三十一章由陈玉珍、于婷乔、杨阳编写，第三十章由杨阳编写。在此对他们的辛勤劳动表示感谢！本书参考了国内外相关文献与资料，在此向所有参考文献和资料的作者表达真诚的谢意。

由于编者水平有限，书中难免存在一些不足和疏漏之处，敬请广大读者批评指正，以便及时修订和完善。

编　者
2023年7月

目录 | Contents

总 论

第一章 绪　论 ……………………………………………………………… 3
　　第一节　"药食同源"思想的发展历程 …………………………………… 3
　　第二节　山野菜概述 ……………………………………………………… 8

第二章 山野菜资源特点及合理开发利用途径 …………………………… 15
　　第一节　山野菜资源的特点 ……………………………………………… 15
　　第二节　山野菜资源利用现状及合理开发利用途径 …………………… 20

第三章 山野菜的采摘及保藏特性 ………………………………………… 23
　　第一节　山野菜的采摘特性 ……………………………………………… 23
　　第二节　山野菜的保藏特性 ……………………………………………… 24

第四章 山野菜加工保藏技术 ……………………………………………… 32
　　第一节　山野菜低温保藏技术 …………………………………………… 32
　　第二节　山野菜干制保藏技术 …………………………………………… 37
　　第三节　山野菜腌渍保藏技术 …………………………………………… 41
　　第四节　山野菜罐头保藏技术 …………………………………………… 47
　　第五节　山野菜加工新技术 ……………………………………………… 54

第五章 山野菜资源安全性评价 …………………………………………… 61
　　第一节　山野菜引发的毒性反应与其含有的有毒物质 ………………… 61
　　第二节　有毒山野菜的合理加工利用 …………………………………… 66
　　第三节　山野菜与绿色食品 ……………………………………………… 68

第六章　山野菜资源综合开发利用 ································ 73
   第一节　野生食用植物资源的开发利用 ···························· 73
   第二节　野生药用植物资源的开发利用 ···························· 78
   第三节　野生油脂植物资源的开发利用 ···························· 80
   第四节　野生芳香和色素植物资源的开发利用 ······················ 82
   第五节　野生天然杀虫及杀菌植物资源的开发利用 ·················· 83
   第六节　园林绿化及野外生存植物资源的开发利用 ·················· 85

各　论

第七章　蕨菜的开发利用 ·· 89
   第一节　蕨菜概述 ··· 89
   第二节　蕨菜的营养成分及其开发利用 ···························· 91
   第三节　蕨菜的药用成分及其开发利用 ···························· 93
   第四节　蕨菜的综合开发利用 ·· 94

第八章　薇菜的开发利用 ·· 96
   第一节　薇菜概述 ··· 96
   第二节　薇菜的营养成分及其开发利用 ···························· 98
   第三节　薇菜的药用成分及其开发利用 ···························· 100

第九章　水芹的开发利用 ·· 104
   第一节　水芹概述 ··· 104
   第二节　水芹的营养成分及其开发利用 ·························· 106
   第三节　水芹的药用成分及其开发利用 ·························· 107
   第四节　水芹的综合开发利用 ······································ 109

第十章　蒲公英的开发利用 ·· 111
   第一节　蒲公英概述 ·· 111
   第二节　蒲公英的营养成分及其开发利用 ······················· 113
   第三节　蒲公英的药用成分及其开发利用 ······················· 115
   第四节　蒲公英的综合开发利用 ··································· 118

第十一章　苦菜的开发利用 ·· 121
   第一节　苦菜概述 ··· 121
   第二节　苦菜的营养成分及其开发利用 ·························· 123

第三节　苦菜的药用成分及其开发利用 …………………………………… 125
　　第四节　苦菜的综合开发利用 …………………………………………… 127

第十二章　鱼腥草的开发利用 ……………………………………………… 129
　　第一节　鱼腥草概述 ……………………………………………………… 129
　　第二节　鱼腥草的营养成分及其开发利用 ……………………………… 131
　　第三节　鱼腥草的药用成分及其开发利用 ……………………………… 133
　　第四节　鱼腥草的综合开发利用 ………………………………………… 137

第十三章　紫苏的开发利用 ………………………………………………… 139
　　第一节　紫苏概述 ………………………………………………………… 139
　　第二节　紫苏的营养成分及其开发利用 ………………………………… 141
　　第三节　紫苏的药用成分及其开发利用 ………………………………… 142
　　第四节　紫苏的综合开发利用 …………………………………………… 145

第十四章　马齿苋的开发利用 ……………………………………………… 148
　　第一节　马齿苋概述 ……………………………………………………… 148
　　第二节　马齿苋的营养成分及其开发利用 ……………………………… 150
　　第三节　马齿苋的药用成分及其开发利用 ……………………………… 152
　　第四节　马齿苋的综合开发利用 ………………………………………… 155

第十五章　薄荷的开发利用 ………………………………………………… 157
　　第一节　薄荷概述 ………………………………………………………… 157
　　第二节　薄荷的营养成分及其开发利用 ………………………………… 159
　　第三节　薄荷的药用成分及其开发利用 ………………………………… 161
　　第四节　薄荷的综合开发利用 …………………………………………… 164

第十六章　艾蒿的开发利用 ………………………………………………… 166
　　第一节　艾蒿概述 ………………………………………………………… 166
　　第二节　艾蒿的营养成分及其开发利用 ………………………………… 168
　　第三节　艾蒿的药用成分及其开发利用 ………………………………… 170
　　第四节　艾蒿的综合开发利用 …………………………………………… 173

第十七章　碱蓬的开发利用 ………………………………………………… 175
　　第一节　碱蓬概述 ………………………………………………………… 175
　　第二节　碱蓬的营养成分及其开发利用 ………………………………… 177

第三节　碱蓬的药用成分及其开发利用 …………………………………… 179
　　　第四节　碱蓬的综合开发利用 …………………………………………… 180

第十八章　蕨麻的开发利用 …………………………………………………… 182
　　　第一节　蕨麻概述 ………………………………………………………… 182
　　　第二节　蕨麻的营养价值及其开发利用 ………………………………… 184
　　　第三节　蕨麻的药用成分及其开发利用 ………………………………… 185
　　　第四节　蕨麻的综合开发利用 …………………………………………… 188

第十九章　蒲菜的开发利用 …………………………………………………… 190
　　　第一节　蒲菜概述 ………………………………………………………… 190
　　　第二节　蒲菜的营养成分及其开发利用 ………………………………… 191
　　　第三节　蒲菜的药用成分及其开发利用 ………………………………… 193
　　　第四节　蒲菜的综合开发利用 …………………………………………… 195

第二十章　黄花菜的开发利用 ………………………………………………… 197
　　　第一节　黄花菜概述 ……………………………………………………… 197
　　　第二节　黄花菜的营养成分及其开发利用 ……………………………… 199
　　　第三节　黄花菜的药用成分及其开发利用 ……………………………… 201
　　　第四节　黄花菜的综合开发利用 ………………………………………… 204

第二十一章　百合的开发利用 ………………………………………………… 206
　　　第一节　百合概述 ………………………………………………………… 206
　　　第二节　百合的营养成分及其开发利用 ………………………………… 208
　　　第三节　百合的药用成分及其开发利用 ………………………………… 211
　　　第四节　百合的综合开发利用 …………………………………………… 213

第二十二章　桔梗的开发利用 ………………………………………………… 215
　　　第一节　桔梗概述 ………………………………………………………… 215
　　　第二节　桔梗的营养成分及其开发利用 ………………………………… 217
　　　第三节　桔梗的药用成分及其开发利用 ………………………………… 218
　　　第四节　桔梗的综合开发利用 …………………………………………… 221

第二十三章　葛的开发利用 …………………………………………………… 223
　　　第一节　葛概述 …………………………………………………………… 223
　　　第二节　葛的营养成分及其开发利用 …………………………………… 225

　　　　第三节　葛的药用成分及其开发利用 …………………………………………… 228
　　　　第四节　葛的综合开发利用 ………………………………………………………… 231

第二十四章　魔芋的开发利用 ……………………………………………………… 233
　　　　第一节　魔芋概述 …………………………………………………………………… 233
　　　　第二节　魔芋的营养成分及其开发利用 …………………………………………… 235
　　　　第三节　魔芋的药用成分及其开发利用 …………………………………………… 237
　　　　第四节　魔芋的综合开发利用 ……………………………………………………… 239

第二十五章　竹的开发利用 ………………………………………………………… 241
　　　　第一节　竹概述 ……………………………………………………………………… 241
　　　　第二节　竹的营养价值及其开发利用 ……………………………………………… 243
　　　　第三节　竹的药用成分及其开发利用 ……………………………………………… 245
　　　　第四节　竹的综合开发利用 ………………………………………………………… 249

第二十六章　枸杞的开发利用 ……………………………………………………… 251
　　　　第一节　枸杞概述 …………………………………………………………………… 251
　　　　第二节　枸杞的营养成分及其开发利用 …………………………………………… 253
　　　　第三节　枸杞的药用成分及其开发利用 …………………………………………… 255
　　　　第四节　枸杞的综合开发利用 ……………………………………………………… 258

第二十七章　沙棘的开发利用 ……………………………………………………… 260
　　　　第一节　沙棘概述 …………………………………………………………………… 260
　　　　第二节　沙棘的营养成分及其开发利用 …………………………………………… 262
　　　　第三节　沙棘的药用成分及其开发利用 …………………………………………… 264
　　　　第四节　沙棘的综合开发利用 ……………………………………………………… 267

第二十八章　香椿的开发利用 ……………………………………………………… 269
　　　　第一节　香椿概述 …………………………………………………………………… 269
　　　　第二节　香椿的营养成分及其开发利用 …………………………………………… 271
　　　　第三节　香椿的药用成分及其开发利用 …………………………………………… 273
　　　　第四节　香椿的综合开发利用 ……………………………………………………… 276

第二十九章　楤木的开发利用 ……………………………………………………… 278
　　　　第一节　楤木概述 …………………………………………………………………… 278
　　　　第二节　楤木的营养成分及其开发利用 …………………………………………… 280
　　　　第三节　楤木的药用成分及其开发利用 …………………………………………… 282

第三十章 刺五加的开发利用 ·· 286
第一节 刺五加概述 ··· 286
第二节 刺五加的营养成分及其开发利用 ··· 288
第三节 刺五加的药用成分及其开发利用 ··· 291
第四节 刺五加的综合开发利用 ·· 295

第三十一章 构树的开发利用 ·· 296
第一节 构树概述 ··· 296
第二节 构树的营养成分及其开发利用 ··· 298
第三节 构树的药用成分及其开发利用 ··· 301
第四节 构树的综合开发利用 ·· 303

附录一 山野菜适宜的采收时间及对应的采收部位 ·· 306

附录二 野生植物资源 ·· 310

参考文献 ·· 317

总论

第一章 绪 论

[学习目标]

1. 掌握"药食同源"的概念。
2. 了解"药食同源"思想的发展历程。
3. 掌握"药食同源"的主要法律法规。
4. 掌握山野菜的概念,了解山野菜的发展概况。
5. 熟悉山野菜开发利用的意义。
6. 了解山野菜开发的市场前景。

中国古籍中记载的许多食物具有预防疾病的作用,在几千年来的研究和发展过程中逐步得到了人们的认同。"药食同源"文化在中国几千年的历史长河中薪火相传,历代医家对其都有着自己的认知,经过现代医学研究的不断改进与完善,"药食同源"已成为当代养生文化的重要理论依据之一,由此理论发展而来的食疗、养生正逐渐成为人们关注的热点。

第一节 "药食同源"思想的发展历程

近年来,西方国家有人提出要用"厨房代替药房""食物代替药物"。
中国传统的"药食同源"思想即是食物保健思想的反映,包含着中医药学
药食同源发展历史
中的食疗、养生保健和药膳等内容。我国颁布的"按照传统既是食品又是药品的物品名单"即是"药食同源"在当前发展的反映。

一、"药食同源"的概念

"药食同源"是古人在食物和药物发现中总结的智慧。食物即是药物,或者说相当于药物,

食物与药物同功、同理，还能同用，这就是"药食同源"。

"药食同源"目前还没有统一的概念。从字面理解，"药食同源"是指药物与食物的起源相同，当前的主流看法是药物和食物没有明显的界限。一些药物本身就是食物，如生姜、大枣、杏仁；而一些食物却有某些辅助治疗功能，如大蒜、核桃、山楂等。

"药食同源"这一概念实际是中国传统医学中食疗、药膳、养生等理念的反映，体现的是中国传统对药物和食物起源的认识，集中表现在药物的发现方面。食物和药物虽然同源，但有界限。食物主要提供营养且无毒，而药物则主要用于治病。

二、"药食同源"的发展历程

在延续数百万年的原始社会，我们的祖先从使用石器工具，以采集天然食物和渔猎为生，逐步过渡到新石器时代的原始农业和畜牧业，逐渐认识到，食物主要用于提供营养，而且无毒，药物则主要用于治病。随着科学技术的发展和社会观念的变革，我国传统中医药的"治未病"理念也慢慢深入人心，"药食同源"理念的形成经历了一个漫长而逐步演变的过程。

（一）先秦时期的"药食同源"

药物的发现和食物的渊源，尤其反映在"神农尝百草"的典故上。中华民族农耕文化历史悠久，相传神农轩辕氏是中华民族农耕文化的始祖。陆贾《新语·道基第一》描述："民以食肉饮血衣皮毛。至于神农，以为行虫走兽，难以养民，乃求可食之物，尝百草之实，察酸苦之味，教民食五谷。"可见神农使远古时期的中华民族由茹毛饮血的狩猎时代进入食草为主的农耕时代。

"神农尝百草"的故事体现了人们在寻找食物中发现了药物，这种认识也体现在"食医"分工的出现。周代《周礼·天官》中将"医"分为"食医、疾医、疡（yáng）医、兽医"，其中将"食医"列为首位。《说文解字》中认为："医，是治病工也。""食医"主要负责调配"六食""六饮""大膳""百馐（xiū）""百酱"之滋味。"食医"与今天的营养师类似；疾医主张用五味、五谷、五药养其病。可见作为五味、五谷的食物和药物一样发挥着治疗作用。

先秦时期"药食同源"发展的特点是"药食同功"，这一时期食物和药物的界限是模糊的。

（二）秦汉时期的"药食同源"

西汉时期所著的《黄帝内经》是传统医学四大经典著作之一，其首次按食物的性味将食物归纳于五行中，如《灵枢·五味》云"五味各走其所喜，谷味酸，先走肝；谷味苦，先走心；谷味甘，先走脾；谷味辛，先走肺；谷味咸，先走肾"；该书还提出了五味禁忌的思想，如《素问·宣明五气论》云"五味所禁，辛走气，气病无多食辛；咸走血，血病无多食咸；苦走骨，骨病无多食苦；甘走肉，肉病无多食甘；酸走筋，筋病无多食酸，是谓五禁，无令多食"，强调五味须调和。《黄帝内经》首次认为，食物和药物一样具有性味理论，包括寒、热、温、凉，四气，也称为四性；同时，还有酸、苦、甘、辛、咸五味等，说明食物作为药物治病的辅助功能，提出了中国传统饮食相关理论，体现了"药食同理"思想，形成了食与药的整体理论体系。

东汉《神农本草经》记载植物药 252 种（共 365 种药物），将植物分为上、中、下三品，其中上品 120 种无毒，如人参、大枣、甘草、地黄等；中品 120 种有毒或无毒，如百合、当归、龙眼、黄连、麻黄、白芷、黄芩等；下品 125 种大多有毒，有些毒性比较强烈，如大黄、乌头、甘遂、巴豆等，具有祛邪破积作用，但因多毒，不可久服。《神农本草经》是我国第一部药物专著,是中医四大经典著作之一,该书的出现标志着食物与药物的分化已经有了明确的界定与范围。同时期张仲景在《伤寒杂病论》中记载的治疗方法,除了用药,同时也采用了大量饮食调养方法来配合治疗。

秦汉时期"药食同源"的发展特点是"药食同理"的整体理论体系初步形成,食物与药物的分化有了明确的界定与范围。

(三)隋唐至明清时期的"药食同源"

唐代《黄帝内经太素》记载:"空腹食之为食物,患者食之为药物。"同时期的孙思邈对食物疗法特别推崇,《千金要方》中专列有"食治"一项,其云"夫为医者,当须先洞晓病源,知其所犯,以食治之,食疗不愈,然后命药。药性刚烈,犹若御兵",即提倡食治、养性、养老,除非食疗不好,才考虑用药。在《千金要方·食治序论》卷二十六篇中提出:"安身之本,必资于食,救疾之速,必凭于药,不知食宜者,不足以存生也;不明药忌者,不能以除病也""食能排邪而安脏腑,悦神爽志,以资气血,若能用食平疴(kē),释情遣疾者,可谓良工",主要体现"食养"和"治未病"。《千金要方》还提出"食有偏性""饮食有节""五味不可偏盛"等,对唐以前医家及《黄帝内经》中有关饮食的理论进行了总结与发展。《千金要方》是中国古代中医学经典著作之一,其第一次全面系统地阐述了食疗、食药结合的理论,体现了"药食同用"的思想理念。

唐代著名医家孟诜(shēn)(621—713年)撰《补养方》,同时期药学家张鼎增补版改名为《食疗本草》,为我国第一本食疗类专著,书中每个食物名下均注明药性,还有对其功效、禁忌、应用部位等的记载,如"(水芹)寒,养神益力,杀药毒。置酒酱中香美。又和醋食之损齿""葛蒸食之,消酒毒。其粉亦甚妙"。葛已成为当今解酒制品的主要原料之一。

元代饮膳太医忽思慧编著的《饮膳正要》是我国最早的饮食卫生和营养学专著,介绍了"四时所宜""五味偏走""服药食忌""食物利害""食物相反""食物中毒"等,强调了食物的偏性和禁忌,反映了人们对"食治"思想的重视与发展。

明清时期有关饮食保健的著作不断涌现,最著名的养生保健专著如明代高濂的《遵生八笺》,以清修妙论、四时调摄、起居安乐、延年却病、饮馔服食、燕闲清赏、灵秘丹药、尘外遐举各为一笺,共八笺;同时期李时珍的《本草纲目》中也收集了200多种可用作药物的食物。

清朝著名医学家王孟英所著《随息居饮食谱》是一部著名的营养学专著,共列食物331种,详细阐述其性味、功效、宜忌等,是研究中医食疗法、养生保健的一本必备参考书。

隋唐至明清时期"药食同源"的发展特点:"药食同用"的思想理念已经形成,并取得很大进展。

(四)现代的"药食同源"

近年,功能性食品(Functional food)、健康食品(Health food)、药用食品(Pharma food)、膳食补充剂(Dietary supplement)、植物营养剂(Phyto-nutrient)、疗效食品(Therapeutic food)等名称和概念纷至沓来,究其本质仅有微小的差别,均属于"药食两用"范畴之内。

"药食两用"是指既有治病的作用也能当作饮食。"药食两用(药食兼用)"物品是人类对食物和药物有了深刻的认识后,希望寻找那些既有特定的功能,又可长期而又较安全服用,起到调整机体某些不平衡机制作用的物品。研究发现,植物次生代谢产物的生物学功能是各种"食疗"功能产生的科学物质基础。

初生代谢是指能使营养物质转换成细胞结构物质、维持细胞正常的生命活动或能量的代谢。初生代谢产物如糖、蛋白质、脂类、核酸等成分可以为生物体生存、生长、发育和繁殖提供能源和中间产物，人类从植物中摄取的营养物质主要来源于初生代谢。

植物次生代谢的概念是 1891 年由科塞尔（Kossel）提出。次生代谢是相对初生代谢而言的，是以初生代谢的中间产物为底物产生次生代谢产物的代谢，是能量分解的代谢。许多植物药用的活性成分是其所含的次生代谢物质，因此，药材质量及有效性的基础是植物的次生代谢。

植物次生代谢的产物是植物对环境的一种适应，是植物在长期进化过程中植物与生物、植物与非生物因素相互作用的结果，是植物生长发育正常运行中产生的一大类非必需的小分子有机化合物，其产生和分布通常具有种属、器官、组织和生长发育期的特异性。植物次生代谢产物种类繁多，主要包括酚类化合物、萜类化合物、含氮有机化合物等几大类别（图 1-1）。

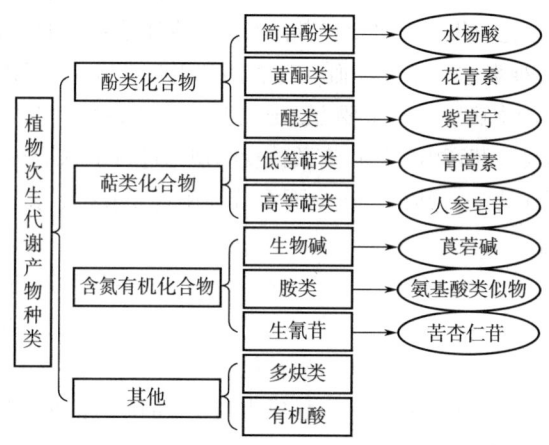

图 1-1　植物次生代谢产物种类及其代表化合物

植物次生代谢产物即"天然产物"大多可以作为天然药物。人们日常吃的所有食物，除了补充营养、享受不同味道这两大功能以外，还具有第三大功能——"调节人体生理功能"，如番茄中的萜类化合物番茄红素有抗氧化、清除自由基功能；大枣中的类黄酮成分、大豆中的异黄酮类成分具有抗肿瘤、降血脂作用等。植物次生代谢产物在调节人体生理功能过程中扮演了十分重要的角色。

现代"药食两用"观点可以指导人们正确使用药物和食用食物；重要的"药食两用"物品对调整机体的内稳态、防止退行性的慢性疾患以及在抗衰老方面起到重要作用，具有重要的现实意义。

现代"药食同源"的发展特点："药食两用"的思想理念逐渐形成，并利用法定标准明确了药物和食物的概念界限。

三、"药食同源"的法律法规

2019 年修订版《中华人民共和国药品管理法》规定：药品是指用于预防、治疗、诊断人的疾病，有目的地调节人的生理机能并规定有适应症或者功能主治、用法和用量的物质，包括中药材、中药饮片、中成药、化学原料药等。

2021 年修订版《中华人民共和国食品安全法》规定：食品指各种供人食用或者饮用的成品

和原料，以及按照传统既是食品又是药品的物品，但是不包括以治疗为目的的物品。食品主要包含两方面的内容：一是可供食用的普通食品，二是"药食两用"物品。

2020年修订版《保健食品注册与备案管理办法》规定：保健食品是具有特定保健功能或者以补充维生素、矿物质为目的的食品。说明了保健食品是适用于特定人群，具有调节机体功能，其中不以治疗疾病为目的，同时对人体不产生任何急性、亚急性或者慢性危害的食品。

我国曾多次修订既是食品又是药品的中药名单。1987年，原卫生部颁布了《禁止食品加药卫生管理办法》，规定了食品不得加入药物，但是按照传统既是食品又是药品的作为原料、调料的除外，与此同时公布了第一批《既是食品又是药品的品种名单》，共列入33种物质。后陆续不断增加。

2002年，原卫生部公布的《关于进一步规范保健食品原料管理的通知》中，将"药食同源"中药材名单增加到了87种。2015年国家颁布的《按照传统既是食品又是中药材的物质目录》（征求意见稿）中，又增加了14种。2018年又新增9种按照传统既是食品又是中药材的物质，明确在限定使用范围和剂量内"药食两用"。

2002年，原卫生部公布的《按照传统既是食品又是中药材的物质目录》（公示87种）：丁香、八角茴香、刀豆、小茴香、小蓟、山药、山楂、马齿苋、乌梢蛇、乌梅、木瓜、火麻仁、代代花、玉竹、甘草、白芷、白果、白扁豆、白扁豆花、龙眼肉（桂圆）、决明子、百合、肉豆蔻、肉桂、余甘子、佛手、杏仁、沙棘、芡实、花椒、红小豆、阿胶、鸡内金、麦芽、昆布、枣（大枣、黑枣、酸枣）、罗汉果、郁李仁、金银花、青果、鱼腥草、姜（生姜、干姜）、枳椇子、枸杞子、栀子、砂仁、胖大海、茯苓、香橼、香薷、桃仁、桑叶、桑葚、橘红、桔梗、益智仁、荷叶、莱菔子、莲子、高良姜、淡竹叶、淡豆豉、菊花、菊苣、黄芥子、黄精、紫苏、紫苏籽、葛根、黑芝麻、黑胡椒、槐米、槐花、蒲公英、蜂蜜、榧子、酸枣仁、鲜白茅根、鲜芦根、蝮蛇、橘皮、薄荷、薏苡仁、薤白、覆盆子、藿香。

2015年新增：人参、山银花、芫荽、玫瑰花、松花粉（油松）、粉葛、布渣叶、夏枯草、当归、山柰、西红花、草果、姜黄、荜茇等14种中药材物质作为按照传统既是食品又是中药材物质，在限定使用范围和剂量内作为"药食两用"中药材。

2018年，新增：党参、肉苁蓉、铁皮石斛、西洋参、黄芪、灵芝、天麻、山茱萸、杜仲叶9种中药材物质作为按照传统既是食品又是中药材物质单，在限定使用范围和剂量内作为"药食两用"中药材。

2019年，新增：当归、山柰、西红花、草果、姜黄、荜茇6种物质纳入按照传统既是中药材的物质目录管理，仅作为香辛料和调味品使用。

《按照传统既是食品又是中药材的物质目录》是中国传统"药食同源"思想中"食疗"的体现，我国本草上记录了较多的"药食两用"中药材，但是被法规收录的只有百余种，既是尊重传统应用情况，也是基于安全和健康的考虑。随着研究的进一步深入和健康的需要，一些新品种中药材逐步被纳入法定名单，这也体现了"药食两用"品种的开放性问题。

"药食同源"是古人在对食物和药物的不断探索中总结的智慧。早在周朝就产生了"食医"的分工，后期则出现了专门以"食治"为主的"食疗类"本草。明清时期高濂的《遵生八笺》，在"饮馔服食笺"中，专设"野菜"科目，收录了有营养保健作用的山野菜91种之多，可见山野菜在该书中得到了充分重视。此时代极有代表性的大型山野菜学专著当推朱橚的《救荒本草》、鲍山的《野菜博录》。同时期李时珍的《本草纲目》中也收集了200多种可用作药物的食物。清代李渔的《闲情偶寄》、袁枚的《随园食单》、曹雪芹的《红楼梦》以及郑板桥的《诗文书话》，更是把山野菜推上一个新高度。

第二节　山野菜概述

山野菜概述

中国地域幅员辽阔，气候土壤条件差异显著，从而形成了具有地域分布规律多样性的山野菜种类。山野菜在中国已有五千余年的认知史，是中华民族的瑰宝。山野菜无论在文化底蕴、风味特色、营养保健，还是在种质资源保存和生物多样性方面，都有着栽培蔬菜所不可替代的作用。

一、山野菜的概念

栽培蔬菜源于野生植物，许多栽培蔬菜品种经过数千年的定向选育与其祖先相比已经出现了很大的变异，使栽培种与野生种在外形、口感、风味等方面出现差异。

山野菜主要包括三类：第一类是尚处于野生状态又可供蔬食之用，如"薇""藜""蕨"等；第二类为曾经已成为栽培种，但又重新成为野生状态，如"蓼（liǎo）""堇""葵"等；第三类为从古至今均为野生种类，如马齿苋。因此，山野菜不是一个静止、孤立的概念，而是一个动态变化、交叉开放的概念。

山野菜是相对于栽培蔬菜而言，是蔬菜的重要组成部分，一切栽培蔬菜都起源于野生蔬菜，严格地把山野菜和栽培蔬菜进行区分也是很困难的。

（一）狭义的山野菜

是指可供食用的野生或半野生植物，本书主要介绍狭义的山野菜，主要包括以下两类。

1. 草本植物的根、茎、叶、花、果实、种子

草本植物中以食用全草为主的山野菜，如蕨菜、薇菜、蒲公英、蕺（jí）菜（鱼腥草）、紫苏、薄荷、马齿苋、苦菜、地肤等；以食用花为主的山野菜如黄花菜（又称忘忧草）、野菊花、玫瑰等；以食用根为主的山野菜如桔梗、葛、魔芋、甘露、薤白（小根蒜）等。薇菜作为蔬食始见于《诗经·小雅·采薇》："采薇采薇，薇亦作止。……薇亦柔止。……薇亦刚止。"指从薇发出的幼芽（作止），到柔嫩的茎叶（柔止），到苗壮的植株（刚止），都可采食。唐代杜甫《园官送菜》也提及："苦苣刺如针，马齿叶亦繁。青青嘉蔬色，埋没在中园。"

2. 木本植物的根、茎、叶、花、果实、种子

以嫩芽、嫩茎为食用部位的山野菜有刺嫩芽、香椿、枸杞、构树等；以花或花序作为食用部位的山野菜有牡丹、槐（洋槐花）、葛、枸杞等；以果实或种子为食用部位的山野菜，如山葡萄和榆（榆钱）的果实，松（松子）、板栗和核桃的种子等。《救荒本草》记述："采（香椿）嫩芽炸熟，水浸淘净，油盐调食。"南北朝陶弘景曰："初生榆荚仁，以作糜羹，令人多睡。"

（二）广义的山野菜

广义的山野菜除了植物的根、茎、叶、花、果实和种子以外，还包括藻类、真菌类。我国采食野生食用菌历史悠久，目前已知野生食用菌种类有360种以上，大部分仍处于野生状态。

野生食用菌按现代生物学分类方法属菌物界,但从古至今均将其归入到蔬菜或药用植物范畴。

二、山野菜的分类

山野菜是植物界中十分重要的可食资源,人们在长期实践中不断发现并积累了丰富的山野菜采食经验。全国有开发潜力且品质优良的山野菜常见种达 100 种以上,分布于不同科属,类型广泛,形态各异,食用部位包括根、茎、叶、花、果实、种子等。

一般把山野菜按可食部位进行分类:

(1) 茎菜类 也称苗菜类,采食幼苗、幼茎、嫩枝,约有 27 科 75 种,占全部山野菜的 12%,包括凤尾蕨科的蕨菜、球子蕨科的荚果蕨(黄瓜香)、禾本科的毛竹(竹笋)、十字花科的荠菜、豆科的野豌豆、藜科的地肤、伞形科的水芹和展枝唐松草、三白草科的蕺菜(鱼腥草)、菊科的蒲公英与苦菜等。

(2) 叶菜类 采食嫩叶、幼芽,有 29 科 58 种,占全部山野菜的 8%,包括楝科的香椿、五加科的刺嫩芽和楤木、豆科的羽叶金合欢、茄科的枸杞、山柑科的树头菜、胡颓子科的沙棘等。

(3) 花菜类 采食花蕾、花絮、花苞,共 14 科 24 种,占全部山野菜的 3.5%,包括百合科的萱草(黄花菜)和百合、豆科的槐花和葛花、芍药科的牡丹、菊科的菊花、茜草科的栀子等。

(4) 果实类 采食果实、种子、幼嫩荚果,共 6 科 20 种,占全部山野菜的 2.9%,包括豆科的豆类(野豌豆、木豆)、榆树科的榆钱、胡颓子科的沙棘、壳斗科的板栗、木通科的木通、胡桃科的核桃、松科的松子等。

(5) 根类 采食块根、块茎、鳞茎,共 6 科 18 种占全部山野菜的 2.6%,包括蔷薇科的鹅绒委陵菜(蕨麻)、豆科的葛、桔梗科的桔梗、百合科的薤白与百合、天南星科的魔芋等。

三、山野菜发展历程

中国是拥有 5000 年历史的文明古国,从刀耕火种的农耕时代到科技发达的现代,山野菜也一直在跟随着时代的变化而发展。过去,人们采食野菜是为了充饥活命,到了现在人们回归自然,采摘山野菜是为了营养与保健。

山野菜的发展大致可分为以下三个阶段。

(一) 第一阶段:"可食之草"(先秦至秦汉时期)

这一时期无论是野生,还是半野生蔬食,连同其他用途的草本植物都被归入"草"这一类,这个时期人们认为山野菜是"可食之草"。

《山海经》(公元前 300 年)记载了植物 160 种,菌类 2~3 种,包括韭、葱、葵(冬葵)、蒲(香蒲)、薤(xiè)白(小根蒜)等多种可供蔬食及药用的山野菜品种。

东汉(25—220 年)《说文解字》将"菜"释义为"可食之草";"药"释义为"治病之草"。《神农本草经》记载植物药 252 种(共 365 种药物),将植物分为上、中、下三品,是对先秦及秦汉时期人们所掌握的有关植物知识的总结。尽管《神农本草经》囊括了不少重要的野生或半野生山野菜,但都尚在"草"的朦胧概念之下。

(二) 第二阶段:渐成佳蔬(魏晋南北朝至唐宋时期)

梁代时期陶弘景(456—536 年)将《神农本草经》《名医别录》合编,撰《本草经集注》,收载药物品种共 730 种,按玉石、草木、虫兽、果、菜、米食等实用类别进行分类,还将韭菜、大葱、荠菜等30多种植物归入菜类，该书首次将"菜"从"草"中独立了出来，从而为"野菜学"的形成和发展打下了基础。

北魏贾思勰（386—543年）所著《齐民要术》是总结北魏以前黄河流域农、林、牧、副、渔技术知识的农业巨著。全书共十卷，91篇，其中16篇介绍的是各种蔬菜，可见北魏时蔬菜种植已在农业生产中占有相当重要的地位，蔬菜已成为一门独立的学科。

在这一时期，山野菜的采集仍在日常生活中占有一定比例，许多人还不得不以山野菜充饥。如唐代杜甫《槐叶冷淘》记述了将槐叶作蔬食："青青高槐叶，采掇付中厨。"同时期《北户录》卷二记载水韭："生池塘中，叶似韭，有二三尺者，五六月堪食，不荤而脆。"官至苏州、抚州刺史、翰林学士、刑部侍郎的白居易在《赠贾岛》中有云："莫愁客到无供给，家酿香浓野菜春。"

此时也出现了一些以食物作为药物治病的专著，如唐代孟诜和张鼎所著《食疗本草》，详细记述了葵菜、荠菜、苋菜、芥菜、马齿苋、蕨菜等47种蔬菜的营养保健作用、食用方法及注意事项等，如其中记载水芹："寒，养神益力，令人肥健。杀石药毒。置酒浆中香美。"所述与现代水芹辅助降压作用的研究相吻合。尽管该书记述的47种蔬菜中野菜占大半，但却未将野菜单独整理列出，而是在蔬菜的条目下与栽培蔬菜混合排列，反映出唐宋时期的认知特点。

这一时期，山野菜虽未形成独立学科，但已作为蔬菜的重要组成部分，山野菜与栽培蔬菜一样受到人们的重视。

（三）第三个阶段：山野菜学形成（明清时期）

明代是中国封建经济高度发展和资本主义萌芽时期，农业、手工业和商业的繁荣都大大超过前代，科技文化也得到很大发展，蔬菜方面的进步超过以前任何朝代，在山野菜方面尤为突出。明代有关山野菜的专著丰富多样，为山野菜学的形成与发展奠定了基础。

《救荒本草》《野菜博录》为明代最具代表性的大型山野菜学专著。

《救荒本草》为朱橚（1362—1425年）所撰，该书共收录山野菜414种，是现存最早最完整的山野菜专著之一。该书图谱系写生绘制，绘制得十分逼真，对植物形态描述详细。如书描述茴香："一名怀香子，北人呼为土茴香，今处处有之。人家园中多种。苗高三四尺，茎粗如笔管，旁有淡黄袴叶（托叶）播茎而生；袴叶上发生青色细叶；叶间分生杈枝；梢头开花，花头如伞盖（伞形科花序特征），黄色；结子如莳萝子，微大，亦有线瓣（棱）。"书中还介绍了一些有毒植物只要经过适当的加工处理，除味去臭，也可食用。如该书描述白屈菜："采叶和净土，连土浸一宿，换水淘洗净，盐调食。"净土对有毒植物起到了吸附作用，这种方法在本质上和现代植物化学领域中采用的吸附分离法相似，有学者认为植物化学的吸附分离法起源于《救荒本草》也不为过，该书对野生食用植物的研究起到了开创性作用。该书中的很多植物被李时珍（1518—1593年）的《本草纲目》所收录，而徐光启（1562—1633年）的农学巨著《农政全书》也将该书整体收作荒政部分（卷46~59），使山野菜日益引起研究者广泛关注。

明代鲍山历时七年著成《野菜博录》，共载山野菜435种，多属安徽黄山一带的植物。全书分三卷，上卷载叶可食植物140种；中卷载叶可食植物76种；下卷为木部，共收录植物119种，按叶、花、实、花叶、叶实、花叶实、叶皮实等蔬食部位列编。

这一时期的养生保健研究也达到前所未有的水平。最著名的养生保健专著属高濂的《遵生八笺》，其在"饮馔服食笺"中专设了"野蔬"科目，收录了有营养保健作用的山野菜91种，而"家蔬"类只列出55种。同时，姚可成编著的《食物本草》也是影响较大的营养食疗专著。

综上所述,明代大量关于山野菜专著的问世,标志着山野菜学作为一门相对独立的学科在我国已经形成,而同期医学、营养学等相关学科和社会、文化的发展,又进一步为山野菜学的发展打下了坚实的基础。

四、山野菜开发利用的意义

(一)山野菜开发利用是"大食物观"发展的需求

所谓大食物观即面向整个国土资源,全方位、多途径开发食物资源,满足日益多元化的食物消费需求。树立大食物观,就要推动食物供给由单一生产向多元供给转变,就要拓展食物领域,更广泛地向森林、向江河湖海、向设施农业要食物,遵循生态环境的特点,树立大生态的思想,持续、高效地为人们提供丰富的食物。

根据《第三次全国国土调查主要数据公报》和第九次全国森林资源清查结果,我国现有林地284万平方千米,森林面积220万平方千米。我国地域辽阔,根据不同区域各自的特点开发适宜的林业资源产品,前景广阔,能很好地实现"藏粮于林,藏技于林"。东北地区拥有蕨菜、桔梗、蓝莓、黄花菜、老山芹等区域特色山野菜资源以及人参、防风、五味子、刺五加、赤芍、黄芩、黄芪、党参等药材资源;西北地区拥有百合、枸杞、黄芪、大黄、天麻、甘草、黄精等地域特色资源。目前有"树上油库"美誉的核桃油销量约占食用油总销量的2%,对确保我国粮油供给、保障粮油安全具有重要意义。此外,我国年产量达200万吨的"森林淀粉"板栗是优质的淀粉来源,年产量40万吨的枸杞、900万吨的红枣也是优质的多糖来源。

近年来,我国出台了一系列支持发展林下经济的政策,让越来越多的"森林热量""森林蛋白"与"森林营养素"从林间走向餐桌。值得一提的是,在我国耕地资源有限、人均耕地占有量不断下降的当下,由于山野菜多生长在山地丘陵等环境,不占用耕地资源,大力开发林业资源食品以及相关深加工产品具有更重要的战略意义。

(二)山野菜开发利用是经济发展的必然

我国疆土辽阔,野生植物种类繁多、蕴藏量大,而且分布广泛,开发利用价值极高,但我国的野生植物资源尚未被充分合理地利用起来。地球上现有8万多种植物可食用,目前只利用了3000多种,利用率仅3.75%。在1万种可利用植物蛋白的豆科植物中,只利用了30多种;在600多种野菜中,采食的不足200种。我国目前对野生植物的开发利用量只有蕴藏量的5%左右,大量的野生植物资源仍在"沉睡"或被"践踏",使其年复一年地自生自灭,不能变为财富。因此,充分挖掘天然植物资源,势在必行。

我国山野菜分布广,可食品种多,产量大,生命力强,营养价值高,资源丰富,开发利用经济价值很大。

我国盛产山野菜区域以"老少边穷"地区为主,尤其在当前"健康中国"与乡村振兴战略背景下,林业资源食品、林下中药材、林下畜禽等产品的开发以及休闲观光、森林康养等业态的发展不但满足了人们的健康需求,也对巩固拓展脱贫攻坚成果、全面推进乡村振兴有着特殊意义。

(三)山野菜开发利用是我国发展功能性食品的需要

随着经济社会的发展和生活水平的提高,人们对健康的追求,不仅仅满足于治疗疾病,而是更加关注预防、保健和养生。营养学知识的不断普及,使得人们更加关注健康与膳食的关系,对食物、医药和营养的认识水平也在不断提高，功能性食品正是在这种背景下问世的。

(1) 功能性食品应符合的要求　作为食品，由通常使用的原材料或成分构成，并以通常的形态与方法摄取；属于日常摄取的食品；应标记有关的调节功能。那些添加非食品原料或非食品成分（如各种中草药和药效成分）而生产的食品，不属于功能性食品范畴。

(2) 山野菜可以作为功能性食品的原料　人类需要的营养素主要有碳水化合物、蛋白质、脂肪、维生素、矿物质盐类、水分等。功能性食品中真正起生理作用的成分被称为生理活性成分。营养素分析结果及大量研究资料显示，大部分山野菜营养价值很高，其中大多兼具食疗功效，因此大部分山野菜可作为功能性食品原料，如蒲公英的根含蒲公英甾醇、蒲公英苦素及咖啡碱等药用成分，全草含肌醇、天冬酰胺、苦味质、菊糖、果胶和胆碱等生理活性成分，具有清热解毒、清肝明目、消痈（yōng）散结功效，可辅助治疗呼吸道感染、急性扁桃体炎、咽喉炎等症；荠菜全草含鞣质、黄酮苷、内酯和酯类、酚类等活性成分，可治痢疾、胃肠炎、肝炎、泌尿系统感染、感冒发热、咽喉肿痛等。

因此，在植物基食品风靡全球的当下，结合林地、草地资源，开发地域性与功能性植物基食品，能更加全方位地开发食物资源，也能更好地满足人民群众日益多元化的食物消费需求。

五、山野菜开发的市场前景

我国山野菜资源丰富，应用历史悠久，随着山野菜综合开发利用的不断深化发展，山野菜产品可以依据以下几方面进行开发。

（一）食品产业的发展方向

(1) **丰富多样化**　山野菜种类多，个性强，苦、辣、酸、甜等味型多样，其风味各异的特点适合制成丰富多样的食品。此外，还可充分利用在产品加工中丢弃的山野菜不需要的下脚料制成山野菜纤维、山野菜脆片、山野菜颗粒、山野菜汤料、山野菜浓缩汁、山野菜饮料等山野菜系列产品，既利用了副产物又增加了新品种。

(2) **方便快捷化**　方便食品与快餐食品食用前不需再进行烹调，或稍经处理即可食用，并且便于保存和运输，一般可分为三类：第一类是干燥或粉状食品如方便面、快餐汤等，只需用水浸泡或冲开后即可食用；第二类是软罐头类的食品，它以塑料薄膜夹铝箔作成薄袋，内装食品，经加热灭菌制成，同样便于携带和食用；第三类是各种冷冻食品如包子、饺子、春卷等，经过加工熟制后，快速冷冻、保存，加热即可食用。以山野菜为原料的制品可以满足方便与快捷的需求。

(3) **多功能保健化**　具有保健功能的产品不仅要营养丰富、可口，能保健，同时要适合不同年龄、性别、工作性质等，如满足儿童迅速生长营养需要的儿童食品或适合特殊工作性质人群的食品。如在钢铁厂高温作业的工人，在补充维生素 A 2000U、B 族维生素 20.5mg、维生素 C 50mg 后，其营养状况大为改善，疲劳感减轻，工作能力得到提升；对于接触铅等重金属的作业人员，由于铅可由消化道和呼吸道进入人体引起慢性或急性铅中毒，如果辅以维生素 C 强化食品，可显著减少铅中毒情况。山野菜富含维生素、矿物质盐类和膳食纤维等多种营养成分，同时含有大量药用活性成分，可以制成适合不同人群需要的多功能保健食品。

(4) **无害卫生化**　山野菜大多生长在山野、林旁、树丛等处，自生自长，远离农药、化肥、城市污水、工矿废水等的污染，可作为无公害"绿色食品"的生产资料，满足人们对无害卫生化的需求。但这并不代表山野菜本身就是"绿色食品"，只有在生长和生产加工过程中严格执行"绿色食品"标准制成的山野菜产品才能称为"绿色食品"。如果山野菜生长的土壤、环境、水源已经被污染，甚至沾有农药、杀虫剂，或在生产及加工的一系列过程中不严格执行相关标准，那么开发出的山野菜产品就无法满足人们对无害卫生化的需求。

（二）消费者对食品的消费需求

根据消费者对食品的消费需求，可以把山野菜开发的食品分为以下几种类型。

（1）营养健身型　主要以营养、健康为目标，一类以健康人为食用对象，如婴幼儿食用的健康食品应完全符合婴幼儿身体的迅速生长对各种营养素和微量活性物质的要求；对于中老年食用的健康食品，应符合"一优三足四低"的要求，即优质蛋白质、足量的膳食纤维、足量的维生素、足量的矿物质、低能量、低脂肪、低胆固醇和低钠的特点。种类众多的山野菜所含营养素可以满足营养健身型食品的要求。

（2）名优特色型　我国具有山地、丘陵、高原、盆地和平原等多种地貌类型，蕴藏山野菜资源种类丰富，并具有一定地域性以及各自不同的特色（详见第二章第一节），因此可以开发出具有地方特点的名优特色型山野菜食品。

（3）系列配套型　功能性食品除了可以满足健康人群营养、健康需求以外，主要是供给健康异常的人食用，可制成以预防疾病为目的的"特种功能性食品"，如预防衰老食品、预防肿瘤食品、心脑血管疾病患者食品、糖尿病患者食品、辅助减肥及护肤食品等系列食品。大多数山野菜均具有明显的治病和保健作用，可以满足系列配套型食品对原材料的需求。

（三）山野菜的国际市场

我国野生植物资源十分丰富，可食用的山野菜种类多，我国已开发的山野菜种类主要有薇菜、蕨菜、刺嫩芽、龙须菜、蒲公英、山竹笋、山芹菜等，制成保鲜菜、野菜干、野菜罐头、野菜汁、盐渍品等，出口到日本、韩国、欧洲、东南亚等地。出口1t薇菜干，可换取外汇1万美元，或化肥46t，或小麦70t，在价格上相当于出口40t大豆，仅吉林省每年生产的薇菜干就有约1000t，就薇菜干一项每年可获外汇1000多万美元，故薇菜干有"拳头"商品之称。蕨菜在日本被称为"山菜之王"。我国蕨菜分布遍及全国各省，做成盐渍蕨出口，800美元/t，吉林省每年蕨菜出口量约5000t，价值400多万美元，目前，由于山野菜保鲜及加工技术相对落后，制成的山野菜产品成本低但获利少，如进行精细加工制成营养健身型、名优特色型以及系列配套型等多样性食品，或制成添加剂、品质改良剂应用于食品、饮料和医药等行业，综合利用潜力大且有很高的商品附加值。

在国际市场上，山野菜食品比栽培蔬菜食品更为畅销，许多国家掀起"山野菜食品热"，国际市场对山野菜食品的需求量将不断增加。伴随着我国城市规模迅速发展和人民生活水平的提高，山野菜的需求量急剧加大，价格日趋上涨，尤其是对一些特殊种类和名贵山珍的发展前景十分看好。

> **思考题**
>
> 1. 简述"药食同源"的概念以及"药食同源"的发展历程。
> 2. 简述山野菜的概念以及山野菜的发展历程。
> 3. 为什么要进行山野菜的综合开发与利用？

【知识窗】世界现存最早的中医食疗学专著——《食疗本草》

《食疗本草》由唐代著名医药学家孟诜（621—713年）撰写，张鼎增补改编，约成书于唐开元年间（713—741年）是世界现有最早的中医食疗学专著。全书共3卷，载文227条，涉及260种食疗方。《食疗本草》集古代食疗之大成，是中国历史上第一本系统论述"药食同源"的医书，在理论和实践上为后世构建了食疗学体系，与现代营养学的原理相一致，为我国和世界医学的发展作出了巨大贡献。

孟诜师从孙思邈（miǎo），学习阴阳、推步、医药，撰有《食疗本草》《补养方》和《必效方》。孟诜生平尤为重视不同种类食疗搭配和禁忌，在中医阴阳平衡理论的基础上，创新性地提出了"稳中求效"的膳食养生和中医治疗准则，始终坚持甄选源头道地药食同源药材，组方温和，稳中求效，在降低药物对身体不良影响的同时，提高治疗效率。孟诜劝导世人善用"药食同源"的材料养生保健，既避免了药物的偏性，又使人身体健康，因此《食疗本草》广受世人青睐，孟诜也因此被世人誉为世界"食疗鼻祖"。

第二章 山野菜资源特点及合理开发利用途径

> [学习目标]
> 1. 掌握山野菜资源的特点。
> 2. 了解和熟悉山野菜资源开发利用的现状与问题。
> 3. 了解合理开发利用山野菜的途径。

第一节 山野菜资源的特点

山野菜资源的特点

山野菜集食用、药用于一身，千百年来对中华民族的生存繁衍、兴旺发达起到了巨大推动作用。山野菜资源主要具有以下特点。

一、安全无公害，营养价值高

在《神农本草经》中毒性的有无和大小是判断药物上、中、下三品的一个重要标准，如人参、大枣、甘草、地黄等为上品，安全无毒性，可见"安全性"是古人探寻食物的第一个和最重要的特性。

山野菜为自然生长的野生或半野生植物，大多生长在山地、草坡、稀疏阔叶混交林或阔叶林空地及林缘，不受或极少受到农药、化肥及环境污染的危害，是大自然赐予人类的自然资源宝库，堪称"天然绿色食品"。即使在人工栽培情况下，山野菜也处于半野生驯化状态，因其生命力极强，生长旺盛，病虫害相对较少，完全符合"绿色食品"对原材料的安全要求，因此，安全无公害是山野菜资源最本质的特点。

山野菜种类繁多，既包括草本植物，也包含木本植物，主要指可食植物的根、茎、叶、花、果实和种子。大多数山野菜富含维生素、矿物质元素以及膳食纤维；豆科、松科等植物的种子富含蛋白质、脂肪；禾本科植物种子如狗尾草、稗富含淀粉等多糖物质。酸模叶蓼、堇菜、牛儿苗、鸭儿芹、歪头菜等几十种山野菜的维生素含量远高于相同种类的栽培蔬菜。《中国野菜图谱》收录了234种山野菜，其中每100g鲜重胡萝卜素含量高于5mg的山野菜达88种，维生素B_2含量高于0.5mg的山野菜有87种，维生素C含量高于100mg的山野菜有80种，钙元素含量高于200mg的山野菜有43种。营养丰富的山野菜能满足人体对不同营养素的需求，丰富的山野菜资源是大自然赐给人们的蔬食营养宝库。

二、化学成分丰富，药用价值高

几乎所有的山野菜都可入药，对很多疾病均有较好疗效。

据《食疗本草》记载艾叶："干者并煎者，主治金疮，崩中，霍乱。止胎漏。春初采，为干饼子，入生姜煎服，止泻痢。三月三日，可采作煎，甚治冷。若患冷气，取熟艾面裹作馄饨，可大如弹子许"；小蓟根："可养气。取生根叶，捣取自然汁，服一盏，立佳……根主崩中。又女子月候伤过，捣汁半升服。夏月热，烦闷不止，捣叶取汁半升，服之立瘥"；葛："葛根蒸食之，消酒毒，其粉亦甚妙"。

荠菜具有和脾、利水、止血、明目作用，民间有"农历三月三，荠菜当灵丹"的说法。古代最著名的养生保健专著——明朝高濂的《遵生八笺》在"饮馔服食笺"中专设"野蔬"科目，收录了91种具有营养保健作用的山野菜，《本草纲目》中收载的药用山野菜有100多种，民间更是流传着许多山野菜防病治病的药方。

现代科学研究发现，山野菜含有多种药用化学成分，使其具有各种功能性疗效。如蒲公英、鱼腥草、马齿苋、紫苏、苦菜等均具有"植物抗生素"之称，除了含有各自独特的杀菌抑菌成分外，还普遍含有多种类黄酮、萜类、酚酸类、甾醇类、倍半萜内酯类和香豆素类等药理活性成分；玉竹、黄精等含有多糖、天门冬酰胺、皂苷等化学成分，具有强心安神、止痛、润肤等功效。

典型山野菜的具体药理作用详见本书各论部分。

三、风味独特，食用方法多样

我国山野菜种类达600种以上，常采食的种类有一二百种，其色、香、味各异。

山野菜根据其味型不同，主要分为以下几大类。

（1）酸味野菜　富含维生素C和有机酸，具有生津止渴、滋阴补液、止血的作用，如酸模、马齿苋等。

（2）苦味野菜　富含抗菌消炎、清热解毒的物质，可辅助治疗急慢性炎症，健胃助消化，并且具有爽心、解暑、宁神作用，如蒲公英、苣荬菜、小蓟、羊蹄甲、苍术、夏枯草等。

（3）辛味野菜　其味辛辣，含有辣素、挥发油，有通经活血、行气止痛、防治感冒、风湿性关节炎、气滞腹痛作用。多用于外感表邪及气滞血瘀等症的辅助治疗，如香椿芽、艾蒿、紫苏、山韭、薤白等。

（4）甘味野菜　味甜或微有甜味，含多糖、蛋白质等营养成分，有健脾补气、强身壮体的功效，如荠菜、蕨类、水芹、黄精等。

（5）淡味野菜　不咸不苦，不辣不甜不酸，味道淡而无味。具有除湿利尿、健脾益气作用，多用于水肿、小便不利等症的辅助治疗，如地肤、薏苡仁、茯苓、裸口蘑等。

山野菜种类多，食用方法多样。有的山野菜异质邪味物质含量少，味道醇美，清爽可口，适合鲜食，如蒲公英、鱼腥草、苣荬菜、紫苏、薄荷、薤白等；有的鲜食口感稍差，适合炒食，如香椿芽、竹笋、莼菜、猴儿腿等；有的需要调味后食用，可漂烫后凉拌、烧汤、作馅等，如马齿苋、地肤、荠菜、紫花地丁、车前草等；也有许多山野菜经盐渍或干制后品质变佳，如蕨菜盐渍后可去除毒性成分，蕨菜、薇菜干制后炒食比鲜食口感、品味更佳，黄花菜干制后可去除秋水仙碱等有毒物质。

古人对山野菜的食用方法有较多研究，《食疗本草》详细记述了葵菜、荠菜、苋菜、芥菜、马齿苋、蕨菜等47种山野菜的营养保健作用以及食用方法，如对水芹的描述："寒，养神益力，杀药毒。置酒浆中香美，又和醋食之损齿。"清代文学家及美食家袁枚所著《随园食单》里记载的马兰头做法是"摘取嫩者，醋合笋拌食，油腻后食之，可以醒脾"。《救荒本草》记载野艾蒿："味苦。救饥，采叶炸熟，水淘去苦味，油盐调食"；刺蓟菜："性凉无毒，一云味甘性温，救饥采嫩苗叶炸熟，水浸淘净，油盐调食，甚美，能除风热"。

四、种类多，具有明显的地域性

我国植物种类资源极其丰富，仅种子植物就有约24500种（分属253科、3184属），仅次于马来西亚和巴西，居世界第3位。据不完全统计，我国山野菜资源有63个科共700余种，其中草本植物110种、木本植物70种、藤本植物12种，还有真菌地衣类500多种，被人们利用的不足1/3，常被采食的山野菜仅100余种。

我国位于欧亚大陆的东部和中部，太平洋的西岸，处于中纬度和低纬度地区，从北到南横跨了8个气候带类型，同时具有山地、丘陵、高原、盆地和平原等多种地貌类型，其中山地、高原和丘陵占全国山地总面积86%，这些气候和地貌类型决定了山野菜具有一定地域性，反映了"经向地带性"分布规律。

我国山野菜分布的规律性特点被称为"三向地带性"学说：①"纬向地带性分布"，各个气候带的水热、日照以及土壤条件等不同，沿纬度方向呈带状，发生有规律的更替，分布的山野菜种类呈现多样性；②"经向地带性分布"，我国从西到东，由于距海远近而出现的干湿条件差异，可分为湿润、半湿润、干旱等不同地区，从沿海向内陆方向呈带状，发生有规律的更替，各地分布的山野菜种群又有明显不同；③"垂直地带性分布"，随着海拔的增加，山野菜种群分布也发生有规律的更替。

（一）全国性分布的山野菜资源

我国地域辽阔，地形复杂，气候条件多样，有些山野菜种类具有较强的地域性，几乎各地都有其独具特色的山野菜。有些山野菜适应性很强，能适应多种不良环境条件，分布很广，随处可见，以草本植物为主，但常被人们作为田间或是路边的杂草来对待。全国性分布的山野菜品种有：蕨菜、薇菜、蒲公英、马齿苋、苦苣菜、紫苏、野薄荷、藜、小蓟、刺五加、车前、薤白、酸模、水芹、荠菜、苹、萹（biān）蓄、水蓼、地肤、猪毛菜、牛膝、苋菜、冬寒菜、蔊（hàn）菜、青葙（xiāng）、鼠曲草、白花菜、诸葛菜、商陆、繁缕、唐松草、豆瓣菜、穿龙薯蓣（yǔ）、马先蒿、飞廉、附地菜、广布野豌豆、铁苋菜、小白酒草、荇菜、问荆、救荒野豌豆、牡蒿、野芝麻、鸭跖草、香蒲、白花碎米荠、葶（tíng）苈（lì）、独行菜、龙牙草、地榆（cù）、酢浆草、假升麻、豆腐柴、打碗花、枸杞、香椿等。

（二）东北地区山野菜资源

东北地区最为典型地区属长白山和大小兴安岭，长白地区地貌复杂，有中山、低山、丘陵、盆地、台地。山野菜具有垂直分布规律，植被垂直变化明显。东北地区气候冷凉湿润，夏季多雨，山野菜资源丰富，有维管束的植物多达 2000 种以上，可食性植物种类较多。代表性品种有蕨菜、薇菜、山芹、桔梗、歪头菜、东风菜、堇菜、辽东楤（sǒng）木、荠菜、毛百合、薤白、小黄花菜、败酱、山蓼、柳蒿、杠柳、山韭、堇菜、轮叶党参、轮叶沙参、银钱草、辣蓼铁线莲、荨麻、风花菜、土三七、鹅绒委陵菜、鸡眼草、苜蓿、变豆菜、短果茴芹、珊瑚菜、珍珠菜、打碗花、藿香、活血丹、地笋、驴蹄草、耳叶蟹甲草、兴安鹿药、东北羊角芹、兴安毛连菜、完达蜂斗菜、鸦葱、关苍术、紫苑、牛蒡、山尖子、渥（wò）丹、芝麻菜、决明、防风、竹荪、兴安升麻、茳（jiāng）芒香豌豆、兔儿伞、燕尾风毛菊、羊乳、天蓝苜蓿、鸡脚堇菜等。

（三）西北地区山野菜资源

西北地区面积广大，气候差异大而复杂，海拔相对较高，干旱、少雨、多山，大多数处于温带线内，野生植物种类较多，但分布不均，以宁夏、甘肃和陕西等地较为丰富，耐旱性沙生和耐寒性种类较多。据统计，西北地区有高等植物（包括蕨菜）约 3900 种，特别是单科属、单种属、寡种属较多，约 1000 种，以豆科、伞形科、紫草科、茄科、菊科、百合科植物为主。代表性品种有：鹅绒委陵菜、苣（qǔ）荬（mǎi）菜、风毛菊、贺兰山玄参、紫花碎米荠、酸模叶蓼、蓼蓝、野薄荷、发菜、小黄花菜、驴蹄草、款冬、百里香、碱葱、黄精、野花椒、河北大黄、玉竹、糖芥、麦瓶草、乌蔹（liǎn）莓、防风、沙芥、刺楸（qiū）、芝麻菜、青荚叶、毛梾（lái）、臭常山、鹿药、升麻、鸭儿芹、茳芒香豌豆、黄鹌菜、枸杞、合欢、木槿、黄栌、香椿、沙棘等。

（四）华北地区山野菜资源

华北地区介于温带和亚热带之间，四季分明，夏季气温较高而多雨；本地区明显地分为山地、丘陵和平原部分，降雨量从沿海向西北方向递减，而年平均温度则由北向南递增，山野菜资源种类由北向南逐渐复杂。

华北地区约有种子植物 3500 种，约 200 科、1000 属，草本植物占总数的 2/3，木本植物占总数的 1/3。植物区系有明显的温带特征，山野菜资源丰富，种类多产量高，山野菜开发水平较高，在国内占有重要地位。代表性品种有：蕨菜、地肤、马齿苋、蒲公英、薄荷、苣荬菜、荠菜、水蓼、刺儿菜、藜、商陆、荚果蕨、酸模叶蓼、苹、何首乌、青葙、落葵、东亚唐松草、酸模、绿苋、牛繁缕、鸡腿堇菜、兴安升麻、刺五加、大车前、诸葛菜、积雪草、黄花龙芽、山莴苣、鸭儿芹、白花败酱、鸭跖草、豆瓣菜、水芹、羊乳、鸭舌草、龙牙草、海乳草、地榆、荇菜、茅苍、鹅绒委陵菜、打碗花、小白酒草、山韭、天蓝苜蓿、马兰、玉竹、歪头菜、活血丹、鼠菊草、长萼鸡眼草、茳芒香豌豆、牡蒿、决明、蒌蒿、北锦葵、萹蓄、华北大黄、牛膝、小黄花菜、薤白、桔梗、枸杞等。

（五）云贵高原地区山野菜资源

云贵高原地区属亚热带湿润季风气候，四季不甚分明，阴雨天多，各地降雨量不等。山多，海拔高，垂直温差大。同一地区分布有热带、亚热带及温带多种植物，山野菜种类多。代表性品种有：仙人掌类、苹果榕、铁刀木、木腊肠树、树头菜、棕心、守宫木、旋花茄、黄精、鸡肉参、何首乌、山土瓜、宽叶韭、山百合、木鳖、刺芋、水鳖、海菜花、积雪草、连子草、薤白、小黄花菜、龙葵、野茼蒿、大叶石龙尾、刺芫荽、辣子草、牡蒿、山莴苣、绿绒蒿、委陵菜、天门冬、牛膝、防风、茯苓、桔梗、山药、玉竹、芦荟、沙棘等。

（六）长江中下游地区山野菜资源

长江中下游地区主要由低山丘陵、盆谷、湖泊洼地和沿海滩涂等地貌类型组成，包括江汉平原、洞庭湖平原、鄱阳湖平原、苏皖沿江平原、长江三角洲等，地处亚热带和温带交界处，四季分明，气候温和，雨量充沛，多为亚热带半湿润气候，无霜期200d以上。植被种类非常丰富，特别是沿江两岸植物茂盛，尤以水生和半水生种类较多。代表性品种有：菱（野菱、菱角、冠菱、细果、耳菱、格菱、四角菱）、蕺菜（鱼腥草）、东方香蒲、芡实、荇（xìng）菜、莼菜、浮萍、紫萍、满江红、凤眼莲、空心莲子草、睡莲、萍蓬草、水蕨、水苏、水葱、水龙、水苦荬、水芹、中华水韭、水车前、水苋菜、眼子菜、蒁菜、竹叶眼子草、灯芯草、谷精草、节节菜、丁香蓼、半枝莲、蔓荆子、三白草、毛茛（gèn）、猫爪草、芦苇、莲、菰（gū）、慈姑、泽泻、菖蒲、石菖蒲、雨久花、鸭舌草、委陵菜、铁苋菜、野西瓜苗、龙葵、蒌蒿、马兰、鸭跖草、山莴苣、鸭舌草、薄荷、白娟梅、黄檀、败酱、豆腐柴、麦瓶草、玉竹、辣子草、虎杖、积雪草、连子草、牡蒿、款冬、竹笋、野葛、木鳖、木槿等。

（七）华南地区山野菜资源

华南地区位于我国最南部，地处热带和亚热带，以山地丘陵为主，间有盆地（谷地）、台地、平原。本地区高温多雨，冬暖夏长，干湿季节比较分明，水热资源丰富。年降水量一般为1200～2000mm，居全国之冠。植物种类丰富，仅高等植物就有7000种以上，特有种类很多。代表性品种有：蕨菜、荚果蕨、蕺菜、马齿苋、苦苣菜、紫萁、绿苋、歪头菜、大车前、牛膝、决明、黄花龙牙、菜蕨、莲子草、堇菜、白花败酱、商陆、长萼堇菜、苹、积雪草、红瓜、落葵、变豆菜、羊乳、鸭儿芹、异叶茴芹、马兰、荠菜、水芹、水白酒草、波缘冷水花、无瓣蔊（hàn）菜、荇菜、鼠菊草、萹蓄、豆瓣菜、牡蒿、水蓼、龙牙草、打碗花、野茼蒿、酸模叶蓼、地榆、薄荷、刺儿菜、何首乌、活血丹、山莴苣、酸模、羊蹄甲、藜、罗晃子、少花龙葵、刺芋、地肤、旋花茄、鸭跖草、青葙、半蕨苣苔、鸭舌草、圆锥菝（bá）葜（qiā）、桔梗、枸杞、木鳖、酸叶胶藤、连蕊藤、铁刀木、羽叶金合欢、楤木、树头菜、刺五加、腊肠树、大果榕、苹果榕等。

（八）秦巴山地与四川盆地山野菜资源

秦岭山脉为我国长江及黄河中游分水岭，山势巍峨，西高东低；大巴山蜿蜒于四川和陕西边线，本区属北亚热带，具有湿润、雨热同季的气候特点，有利于植物的生长发育。四川盆地以丘陵为主，兼有平原和低山。本区气候是冬暖、春早、夏热而长，多云雾，温暖湿润，是山野菜重点产区。代表性品种有：蕺菜、薇菜、蕨菜、蒲公英、薄荷、山莴苣、苦苣菜、酸模、马齿苋、紫苏、荠菜、鹅绒委陵菜、刺儿菜、酸膜叶蓼、朝天委陵菜、地肤、连子草、决明、大车前、紫萁（qí）、商陆、堇菜、白花败酱、长萼堇菜、荚果蕨、牛繁缕、鸡腿堇菜、红瓜、苹、东亚唐松草、积雪草、变豆菜、马兰、鸭儿芹、小白酒草、败酱、无瓣蔊菜、异叶茴芹、鼠菊草、豆瓣菜、水芹、牛膝菊、龙牙草、海乳草、牡蒿、萹蓄、地榆、荇菜、野茼蒿、水蓼、打碗花、何首乌、活血丹、藜、刺芋、鸭跖草、青葙、鸭舌草、绿苋、牛膝、歪头菜、薤白、桔梗、连蕊藤、酸叶胶藤、枸杞、木鳖、守宫木等。

五、产量大，生命力强

山野菜生命力强，凡是适合植被生长的地方，就有它的存在，其产量和储量都非常可观。

山野菜经过长期的进化与适应，能够抵御多种不良气候条件，我国从南到北、从东到西，到处都有山野菜的广泛分布。比较典型的山野菜有生长在沿海滩涂抗盐性强的草本植物碱蓬，能够在严重干旱环境条件中生长的萹蓄、苦菜和车前等，以及具有多种抗性、防风固沙用于水土保持的木本植物沙棘等，说明山野菜具有适应性强的优良特性。

第二节　山野菜资源利用现状及合理开发利用途径

一、山野菜开发利用现状

（一）开发利用种类少

如何正确开发利用山野菜

我国野生植物资源十分丰富，可食用的山野菜有700余种，常被采食的山野菜不足100种，开发利用的主要品种有蕨菜、薇菜、刺嫩芽（楤木芽）、发菜、紫花地丁、蕺菜、蒲公英、竹笋、山芹、猴腿、黄花菜、牛蒡、石沙参、荠菜、马齿苋、桔梗、苣荬菜、白花菜、刺五加、香椿、百合等，开发利用量只有蕴藏量的5%左右。

（二）初级产品多

我国已开发的山野菜产品主要包括保鲜菜、山野菜干、山野菜罐头以及山野菜盐渍品等，大多属于初级加工产品，普遍缺少山野菜的精加工、深加工及综合加工产品，同时没有形成系列产品。出口的山野菜产品没能摆脱资源性出口的形式，外商购得干咸制品后，经过简单脱盐、复水酱制，生产酱制品，即可获巨额利润。多数山野菜的利用停留在野生采食阶段，采集的山野菜仅在采摘季节作为当地市场鲜菜上市，大部分产区采集的山野菜约20%直接上市销售，剩余的80%加工保存，但产业规模小、散、弱，山野菜保鲜期较短，不利于贮藏与运输，许多形佳味美的山野菜易腐蚀变质，贮藏加工技术落后使山野菜原有的风味丧失，产品质量差，市场竞争力弱，严重制约了山野菜产业的发展。

（三）科技支撑不足

在山野菜开发利用领域，还普遍存在科研人员少、基础研究不足、科技支撑力度不够的问题。人工引种驯化以及栽培经营管理水平低，致使许多珍稀的山野菜得不到保护和驯化，难以大面积栽培。对野生山野菜形态结构、营养成分和生理活性物质等方面研究的缺乏使很多山野菜的安全性未能确定，严重影响资源的合理利用，降低了山野菜开发利用的广度和深度。

（四）采集过度

目前山野菜加工原料主要以采集野生的山野菜为主，掠夺式采集造成了资源的极大破坏，一些野生种缺乏、丢失，对长期开发极为不利。部分传统采集区不注重山野菜资源的保护与利用，过度重复采集，甚至割取木本枝条来获得顶芽，如刺嫩芽、树头菜、香椿等，影响了山野菜生长以及种群的繁衍。很多山野菜是多年生宿根植物，生命力顽强，但不合理的采集方式会使山野菜生长得不到休养生息，资源再生能力急剧下降，如蕨菜和薇菜的根是几十年累积形成的，直接挖其根开发产品会严重影响种群的再生，导致资源浪费。

（五）生态环境保护不够

由于采收技术不合理，缺乏统一管理，山野菜资源遭到破坏性采收，不仅大大浪费了资源，而且对生态环境造成了严重破坏。如我国东北地区的龙牙楤木、西北地区的发菜，以及蕨菜、薇菜等传统山野菜，由于常年过度采摘，资源正在逐年减少甚至枯竭。

总之，目前，开发利用种类少、初级产品多、科技支撑不足、过度采集以及生态环境保护不够等导致山野菜产区部分品种采收过度，资源破坏严重，科技力量不足，产品加工科技含量低，综合开发不足，市场份额小，缺少知名品牌，很多地域性和道地性地方特色珍稀山野菜的食用、药用和保健价值还没有被充分挖掘出来，难以形成产业化、规范化、标准化的山野菜综合开发利用完整产业链。

二、山野菜合理开发利用途径

（一）树立可持续开发利用理念

野生资源的开发利用必须与资源再生、增殖、换代及补偿的能力相适应。为了更好地开发利用山野菜资源，必须树立可持续开发理念。对山野菜资源进行调查评价，摸清重要山野菜资源的种类、分布范围、生长环境状况、蕴藏量、综合利用价值和开发潜力等基本情况；制定合理的发展规划和措施，强化生态、保护意识，坚持走可持续发展道路，有计划地开发与利用山野菜资源；做到开发与保护并举，使山野菜的资源优势变成商品优势，让山野菜资源的保护工作和深入综合开发利用均衡且健康地发展。

（二）坚持引种驯化与人工栽培相结合

山野菜生命力强，适应性广，耐瘠薄，对土壤条件要求不严格，对高温、干旱、霜冻等恶劣气候条件有很强的耐受力，是"蔬菜的天然基因库"。加强山野菜种质资源保护，对濒危山野菜资源应及时采取有效保护措施，在有条件的地区建立山野菜种质资源苗圃和山野菜种质库，收集和保护具有较高经济价值的珍稀濒危山野菜品种，保证山野菜资源的可持续开发利用。

现代的栽培蔬菜都是由山野菜驯化与改良而获得的。由于对山野菜的需求量与日俱增，一些野生的山野菜种类已经远远不能满足市场需求，筛选与培育性状优良的山野菜品种，建立山野菜人工栽培基地，采用引种、人工抚育和人工栽培相结合的方法扩大山野菜资源的产量，有利于形成具有竞争力的特色山野菜产业。

（三）挖掘山野菜综合利用潜力

山野菜的根、茎、叶、花、果实、种子可食，是食品；种子可榨油，是能源；有些山野菜可制成植物农药，有些山野菜的纤维可造纸织布，色素可作染料，属工业产品。大部分山野菜具有较高的药用价值，与中医药的交叉与结合，形成了中华民族特有的"药食同源"文化。如将山野菜含有的有效活性成分提炼、精制成相关产品，其综合利用价值将会得到更大的提高。

充分利用现代科技对山野菜进行综合加工，提高资源利用率和加工产品质量，综合开发山野菜资源，除了要开发山野菜的食用价值外，还要开发其医疗价值和其他价值，实现野生资源综合开发利用，提高产品附加值。

（四）拓宽国内外市场

随着生活水平的提高，消费者对蔬菜产品的需求正在由数量消费向质量消费过渡，山野菜正在逐渐走向日常餐桌，需求的品种和数量逐渐增多。

山野菜是我国宝贵的种质资源，其种类和蕴藏量极为丰富。我国一些具有区域特色的山野菜在国内国际市场上已有名气。各地在山野菜的开发利用过程中，要注重充分利用当地资源，充分发挥区域特色经济优势，打造特色知名品牌，提高市场竞争力，逐渐形成规模化生产、产业化经营、可持续发展的山野菜产业链良性循环。

日本是消费蕨菜、薇菜最多的国家，除其本国每年生产大量鲜蕨类等山野菜外，还从我国大量进口咸蕨菜和薇菜干，我国出口的咸蕨菜90%、薇菜干80%都销往日本。日本除速冻品外，还生产罐头和酱制山野菜。南亚各国食蕨习惯同日本相似，但自给程度较高。山野菜在日本、马来西亚都有少数的商业性人工栽培。日本和韩国每年还进口紫苏、葛等山野菜用于消费。

美国消费的山野菜主要是新鲜菜和速冻品，干咸制品不受欢迎。如蕨叶经整理清洗、预冷，改换成小包装制成速冻品，消费者从市场买回速冻品，仅需解冻即可直接烹制成菜肴。

综上，在国际市场上，山野菜制品比栽培蔬菜制品更畅销，市场潜在需求量相当可观，市场空间大，前景较好。

思考题

1. 举例说明山野菜与古代地名有哪些联系。
2. 简述山野菜资源有哪些特点。
3. 简述山野菜的地域性。不同地区有哪些特殊山野菜种类？
4. 简述山野菜开发利用的现状与存在的问题。
5. 合理开发利用山野菜资源有哪些途径？

【知识窗】"古代地名与山野菜"

山野菜在中华民族的生存繁衍方面发挥了巨大作用。千百年来，人们对山野菜有着浓厚的感情，古代很多地区以山野菜的名称来命名，为今天研究古代山野菜地域分布及演变规律提供了可靠线索。

小蓟为菊科刺儿菜属植物刺儿菜（Cirsium setosum），以下是以"蓟"命名的古今地名。

蓟门：今北京市德胜门外城关；天津市蓟县东。

蓟县：今北京城西南，秦置。

蓟北：泛指北京市及河北北部，辽宁西南部一带（唐代以后）。

蓟州：今天津市蓟县，唐置。

蓟州镇：今河北迁西县西北，明"九边"之一。

古代"蓟"（刺儿菜）集中分布在今北京市、天津市、河北北部一带。

以山野菜命名的地名也出现在了一些古诗词中，如：

闻官军收河南河北（唐 杜甫）

剑外忽传收蓟北，初闻涕泪满衣裳。
却看妻子愁何在，漫卷诗书喜欲狂。
白日放歌须纵酒，青春作伴好还乡。
即从巴峡穿巫峡，便下襄阳向洛阳。

第三章

山野菜的采摘及保藏特性

CHAPTER 3

[学习目标]

1. 掌握山野菜的分类与采摘特性。
2. 了解山野菜的保藏特性。
3. 了解影响山野菜保藏品质的因素。
4. 掌握山野菜在保藏过程中的品质变化。

山野菜作为特色食品具有独特的风味，但生产季节短，不易保存，采回后如不及时保鲜和处理，新鲜度下降，会发生萎蔫变软、失绿、脆性下降、纤维化，丧失其原有的独特风味，甚至腐烂变质，产生有害物质，不仅影响山野菜的口感和品质，而且大大降低了山野菜的营养价值和药用价值。

第一节　山野菜的采摘特性

由于我国幅员辽阔，各地气候差异悬殊，所以山野菜的区域性和季节性都很强，收获和供应也有淡季及旺季之分，在综合开发利用时应注意山野菜原料的季节供应问题。

一、采收部位精准

山野菜种类多，适宜采收的部位各不相同，如薇菜、蕨菜是采收其卷曲如拳、鲜嫩、粗壮的绿色、未展开的幼嫩叶芽，紫苏、薄荷春在夏季采收其嫩茎叶，黄花菜采收其黄绿色的花蕾，槐花采收其花序，百合采收其鳞茎，桔梗采收其根。明代鲍山在《野菜博录》中记载了安徽黄山一带古时的山野菜，作者在山里居住7年，记述了435种山野菜，并绘有详细的图解。该书将山野菜的食用部位分为草部上叶可食、草部中叶可食、茎可食、茎叶可食、根可食、实可食、叶实可食、花叶可食、根花可食、根叶可食、根茎可食等11类,从中可以了解山野菜的形态特征和采摘食用方法,说明古代人们就开始重视山野菜食用部位的准确性了。

二、采收时间严格

自古就有民间谚语:"三月三,荠菜赛灵丹""三月茵陈,四月蒿,五月采了当柴烧"的说法。唐《北户录》记载:"水韭,生池塘中,叶似韭,有二三尺者,五六月堪食,不莘而脆。"吉林省薇菜(桂皮紫萁、牛毛广)采收时间约2个月,一般4月下旬到6月末结束;蕨菜在南方3月下旬可以采收,北方要到4月中下旬甚至5、6月才能采收,说明山野菜有严格的采收时间。

如附录一所示,大多数山野菜在春季采收嫩茎叶或全草,夏季采收花或全草,秋冬季节则以采收果实、根、根茎或鳞茎为主。

第二节 山野菜的保藏特性

山野菜变质腐败的主要因素

山野菜变质腐败的抑制

山野菜的保藏是指把山野菜放在适宜的环境中,维持其最低的生命活动,使山野菜体内的物质缓慢地发生变化,保持它的新鲜度、硬度及应有的色、香、味,延长它的衰老变化过程,从而促使山野菜保质期延长,提高其山野菜的市场竞争力,保持食用品质。

一、山野菜变质的主要形式

新鲜山野菜不易保存,主要发生以下几种形式的变质。

(一)变味

变味即山野菜在贮藏期间丧失其原有的独特的风味。每一种山野菜都有其独特的风味,当其熏染上其他不同味道或发生损坏变质时,气味就会发生变化,山野菜原有风味发生改变,甚至产生有害物质,不仅影响山野菜的口感和品质,而且大大降低了山野菜的营养价值和医疗价值。

(二)变色

变色即山野菜原有的颜色发生了变化。山野菜的颜色丰富多彩,而多彩的颜色不仅对人们具有较强吸引力,而且可以提高消费者的购买欲。贮藏在不利环境条件中时(如高温、干燥、微生物侵染),会导致绿叶山野菜脱绿或黄化。

(三)形态改变

形态改变即山野菜在贮藏过程中外表形态发生变化,如枯萎、皱缩等。丰富多样的山野菜形态各异,而辨识山野菜种类的主要方法之一便是通过观察其外观形态。山野菜在贮藏过程中容易发生形态变化,导致山野菜的新鲜度明显下降,降低消费者购买欲。

二、山野菜保藏的意义

作为资源宝库的山野菜具有天然无公害、种类多、分布广、营养价值高以及医疗潜力大的特点。山野菜作为特色食品具有独特的风味，但新鲜山野菜不适宜长时间存放，以免因保藏不当造成山野菜变质，因此对山野菜进行适宜的保藏是非常必要的。

（一）解决山野菜区域性和季节性问题

中国地域辽阔，地形复杂，气候条件多样，山野菜资源极为丰富，几乎各地都有其独具特色的山野菜，因此，山野菜具有较强的区域性和季节性。此外，绝大多数山野菜的采收期及食用期较短，山野菜的收获和市场供应存在明显的淡季和旺季，不耐贮藏以及采后物流设备落后及冷藏链不完善等多种因素导致山野菜在收获后很快发生老化、腐败现象，因此，适当的保藏方式可解决山野菜的区域性和季节性问题，延长山野菜的保质期，为山野菜赢得更多的经济效益。

（二）减少山野菜流通过程中的品质变化

山野菜水分含量高，在流通过程中容易导致微生物迅速繁殖，造成山野菜的营养物质损耗，同时在酶的作用下，细胞内物质被酶解，营养成分流失；还有可能产生亚硝酸盐等有毒有害物质。营养物质的降解与流失还会导致山野菜颜色失绿、鲜味丧失、口感下降、食用价值降低，使山野菜逐渐失去商业价值，导致经济损失，因此，通过加工延长山野菜保质期具有重要意义。

（三）满足市场需要

随着人们生活水平的不断提高，人们对山野菜这种自然食品的需求量大大增加，这就要求食品工业需要根据山野菜的特性来对其进行保藏，保证山野菜的长时间运输与长期供应，满足国内外市场的需求。在常温下叶菜的储存期限一般只有2d，适当的保藏方式可以有效延长山野菜保质期，避免山野菜资源的浪费，因此对山野菜进行适宜的保藏是非常必要的。

三、影响山野菜保藏品质的因素

（一）山野菜的组成成分

1. 水分

在所有成分中，水分在山野菜中的占比最高，一般新鲜山野菜含有65%~95%水分，其中叶菜类含水都在90%以上，根茎类含水为65%~80%。山野菜中的水分既直接影响其味道，同时又是导致山野菜贮藏性差、容易变质和腐烂的原因之一。

山野菜中的水分以两种状态存在——游离水和结合水，其中占绝大多数的游离水（自由水）没有与胶体物质结合，流动性大，使新鲜山野菜容易萎蔫；结合水（束缚水）与山野菜中的一些胶体物质（如蛋白质、果胶质、淀粉等）相结合，相对密度大，热容量小，在低温下不结冰，但在高温下难以排出。

正常的含水量是衡量山野菜新鲜程度的重要特征，水分多表明山野菜鲜嫩多汁，且在细胞液中有较多的水溶性固形物，品质优良；如果水分含量减少，则说明山野菜组织细胞的膨压减少，使山野菜萎蔫而品质降低。由于含水量过多的鲜嫩的山野菜易遭受外伤，给微生物生长繁殖创造了条件，造成腐烂变质，因此在山野菜保鲜贮藏过程中，一定要注意水分的保存和控制。常见山野菜的水分含量见表3-1。

表 3-1　　　　　　　　　　　常见山野菜的水分含量

山野菜名称	水分含量/%	山野菜名称	水分含量/%
蕨菜	86	酸模	92
马齿苋	92	荠菜	85
竹叶菜	89	打碗花	81
蒿蕺	79	假香野豌豆	75
绿苋	88	苦菜	91
薤白	68	藜	81
野韭菜	86	水芹	97

2. 糖类

（1）可溶性糖　糖是决定山野菜营养和风味（甜味）的主要成分，可溶性糖主要是葡萄糖、果糖、蔗糖和某些戊糖等。山野菜的含糖量与其成熟度有着密切的关系，一般果实类山野菜随着成熟度提高而含糖量增加，故滋味较甜；块茎、块根类山野菜则恰恰相反，成熟度越低则越甜。

（2）淀粉　山野菜中的淀粉以果实、块根、块茎等含量最多，山野菜的淀粉在保鲜贮藏过程中常转化为糖类，以供采后生理活动能量的需要。随着淀粉水解速率加快，山野菜的耐贮性随之减弱，因此采用低温、高湿等保鲜贮藏措施能抑制淀粉的水解而达到保鲜贮藏的效果。

（3）纤维素和半纤维素　纤维素被视为第七种营养素，山野菜中的纤维素含量为 0.3%～2.3%（湿重），半纤维素含量为 0.2%～3.1%（湿重），特别是在山野菜的皮层和机械组织、疏导组织的细胞壁中含量更多，而这些组织又多数分布在山野菜的叶、茎、根等营养器官中。

一般幼嫩山野菜的纤维素和半纤维素含量低，成熟山野菜的纤维素和半纤维素含量高。所以，为了获得较为鲜嫩的山野菜，采收时的成熟度不宜过高；当山野菜老熟之后，其中的纤维素木质化和角质化增强，成为坚硬而粗糙的物质，使山野菜食用品质下降。

（4）果胶物质　果胶物质在果实块茎、块根等植物器官中含量较高。山野菜中的果胶一般为低甲氧基果胶，果胶物质以原果胶、果胶、果胶酸三种形式存在于山野菜组织中。原果胶多存在于未成熟山野菜的细胞壁中，不溶于水，常和纤维素结合，使细胞彼此黏结，呈脆硬的质地。随着山野菜的成熟，在果胶酶作用下，原果胶分解为果胶，果胶溶于水，黏结作用下降，细胞间的结合力松弛，质地变软。成熟的山野菜向过熟期变化时，在果胶酶的作用下，果胶转化为果胶酸，失去黏结性，使山野菜组织成软烂状态，因此控制适宜的环境条件，减缓果胶向果胶酸转化的速率，可以延长山野菜的保质期。

3. 维生素和矿物质

山野菜富含维生素，维生素按其溶解性的不同可分为水溶性和脂溶性两类，水溶性维生素包括维生素 B_1、维生素 B_2 和维生素 C；脂溶性维生素能溶于油脂，不溶于水，包括维生素 A（也称胡萝卜素）、维生素 D、维生素 E 及维生素 K 等，大部分脂溶性维生素的稳定性相对较强。维生素 B_1 在酸性环境中较为稳定，在中性和碱性环境对于热较为敏感，易被氧化还原；维生素 B_2 耐热、耐干、耐氧化，但在碱性溶液中对热不稳定；维生素 C 是一种易溶于水不稳定的维生素，在水溶液中容易被氧化损坏。热、光、碱以及微量的铜、铁都会促使维生素被破坏。

研究发现，山野菜贮藏期间的低温是减少维生素损耗的方式之一。

矿物质是山野菜中具有特殊意义的化学成分，一般含量（以灰分计）为 2~34g/kg。与人体营养关系最密切的矿物质如铁、钙、磷、锌等在山野菜中含量特别丰富。山野菜在保鲜、贮藏过程中，矿物质含量变化较小。山野菜中所含的矿物质容易被人体所吸收，而且被消化分解后产生的物质大多呈碱性，可以中和鱼、肉、蛋和粮食中所含的蛋白质、脂肪、淀粉等被消化分解后产生的酸性物质，起到调节人体酸碱平衡的作用。

4. 色素

山野菜的色泽是由多种色素的存在而形成的，色素的种类和特性关系着对山野菜新鲜度及老嫩度的感官评定，并对其保鲜贮藏的质量具有感官影响。山野菜中的色素可分为以下几种。

（1）叶绿素　山野菜的绿色是由叶绿素构成的，叶绿素是不稳定的物质，由叶绿素 a 和叶绿素 b 组成，不溶于水，易溶于乙醇、乙醚等有机溶剂，在碱性环境下可皂化水解为叶绿酸、叶绿醇和甲醇，其绿色的共轭体系未受破坏，故仍然呈绿色，这是山野菜保鲜贮藏过程中防止黄化和保持产品绿色的理论根据。叶绿素在酸性条件下容易被酸破坏，其分子中的镁被氢离子所取代，叶绿素不耐热也不耐光，如果绿色山野菜短时放入沸水中烫漂则绿色加深，这是由于细胞壁中的空气被排出，致使细胞壁更为透明，色泽较深。但如果长时间放入沸水中，则变为褐绿色，这是由于水中的氢取代了叶绿素中的镁。

（2）类胡萝卜素　山野菜中的类胡萝卜素常见的有胡萝卜素、番茄红素和叶黄素等。叶黄素为橙黄色，它与叶绿素和胡萝卜素同时存在于山野菜的绿叶中，当叶绿素分解失去绿色时，叶黄素则成为绿叶山野菜发生黄化的主要色素。类胡萝卜素不溶于水，较耐高温，对酸碱都具有稳定性，因而含有这类色素的山野菜，虽经加热处理，仍能保持其原有色泽；但光和氧都能引起类胡萝卜素的分解，使山野菜褪色。因此，在保鲜贮藏过程中应采取避光和隔氧的措施。

（3）花青素　花青素是一类水溶性植物色素，性质极不稳定，随着溶液的 pH 变化而不断地改变着颜色反应，如呈现出不同的红、青、紫色。与铁、铜、锡等金属接触时变蓝、蓝紫或黛黑色，遇二氧化硫则发生褪色现象；在阳光下极易变为褐色；加热时分解褪色，经氧化后变为褐色。

5. 含氮物质

山野菜中的含氮物质种类很多，其中主要是蛋白质和氨基酸。此外还有酰胺、铵盐、硝酸盐及亚硝酸盐等。山野菜中含氮物质的含量一般为 0.6%~9%（湿重），在山野菜的保鲜贮藏过程中，温度过高、通风不良、管理技术不当等会引起体内蛋白质的凝固和变性，从而使山野菜肉质发黑，品质下降。

6. 芳香物质

山野菜的香味由其本身含有的各种不同的芳香物质形成，芳香物质是油状的挥发性物质，故又称挥发油，其含量极微，一般只有万分之几或十几万分之几，但在硬皮葱、水芹菜等山野菜中含量较高，可达湿重的 1%~3%。挥发油类不仅具有刺激食欲、帮助消化的作用，而且还具抗生素或植物杀菌素的作用，有利于山野菜的保鲜贮藏。在低温下贮藏，香气的损失大大减少，能更好地保持山野菜独特的风味。

（二）山野菜采后生理变化

山野菜采收后，在贮藏、运输、销售期间仍然是有生命活动的有机体，同采摘前一样，仍然进行着新陈代谢活动，山野菜细胞中的生理生化变化主要包括以下几个方面。

1. 呼吸作用

（1）呼吸作用影响保藏品质的原理　山野菜在采收后，由于离开了母体，水分、矿物质及有机物的输入均已停止，光合作用趋于停止，但山野菜在采后直至食用或腐烂之前的一段时间内，生命活动仍在进行，所需能量是由呼吸作用分解有机物提供的，如果呼吸作用过强，会使贮藏的有机物过多消耗，含量迅速减少，山野菜品质下降，同时过强的呼吸作用也会加速山野菜的衰老，缩短保质期。因此，控制采收后山野菜的呼吸作用已成为山野菜贮藏技术的中心问题。

（2）影响呼吸强度的因素　山野菜的呼吸作用与保质期密切相关，影响山野菜呼吸作用的主要因素如下。

①山野菜的种类：不同种类山野菜的呼吸强度有很大的差别，这是由遗传特性决定的，同一种类山野菜，不同品种之间的呼吸强度也有很大的差异。此外，山野菜的个体发育和器官发育过程中以幼龄时期的呼吸强度最强，随着发育，呼吸强度逐渐下降。山野菜同一器官的不同部位，其呼吸强度的大小也有差异。

②温度和湿度：温度和湿度是影响山野菜呼吸作用最重要的环境因素，在 0~35℃，随着温度的升高，呼吸强度增大；适宜的低温可以显著降低山野菜的呼吸强度，并推迟呼吸跃变型山野菜产品呼吸跃变高峰的出现。湿度对山野菜呼吸强度也有一定的影响，稍干燥的环境可以抑制呼吸，如野白菜采后稍微晾晒，使产品轻微失水，有利于降低其呼吸强度。

③气体成分：适当降低贮藏环境中 O_2 的浓度或适当增加 CO_2 的浓度，可有效降低山野菜呼吸强度和延缓呼吸跃变的出现，并且可抑制乙烯的生物合成，因此可延长山野菜的保质期，这也是山野菜气调贮藏的理论依据。

④机械损伤：山野菜在采后处理及贮运过程中很容易受到机械损伤，机械损伤使呼吸强度和乙烯的产生量明显提高，组织因受伤引起呼吸强度不正常的增加而称为"伤呼吸"。

综上所述，山野菜的保藏需要针对山野菜不同种类、不同贮藏部位和贮藏时间进行深入研究，同时改变环境中的温度、湿度以及空气组成等，合理调控贮藏环境条件，以达到降低呼吸消耗的贮藏目标。

2. 蒸腾作用

蒸腾作用是指植物体内的水分以气体状态散失到大气中的过程。采收后的山野菜离开了母体，失去了母体和土壤供给的营养和水分补充，蒸腾作用失去的水分一般不能再得到补偿，成为一种消极的生理过程，使其在感官上显得萎蔫、皱缩和疲软，并逐渐失去原有的新鲜度，从而给山野菜贮藏带来一系列不利影响。

（1）蒸腾作用对山野菜保藏品质的影响如下。

①失重和失鲜：采后山野菜由于蒸腾作用引起的最主要表现是失重和失鲜。失重包括水分和干物质两方面的损失，通常在温暖干燥的环境中，几个小时后大部分山野菜都会出现萎蔫。在蒸腾失水引起失重的同时，山野菜的新鲜度下降，光泽消失，甚至会失去商品价值，出现质量方面的损失，即失鲜。

②破坏正常的代谢过程：山野菜的蒸腾失水会使其代谢失调，当山野菜出现萎蔫时，水解酶活性提高，块根、块茎类山野菜中的大分子物质加速向小分子转化，呼吸底物的增加会进一步刺激呼吸作用。当细胞失水达到一定程度时，细胞液浓度提高，有些离子如 NH_4^+ 和 H^+ 浓度过高，会引起细胞中毒，甚至破坏原生质的胶体结构，因此在山野菜采后贮藏和运输期间，要

尽量控制失水,以保持产品品质,延长保质期。

③降低耐贮性和抗病性:由于失水萎蔫,破坏了正常的代谢过程,水解作用加强,细胞膨压下降造成机械结构特性改变,必然影响到山野菜的耐贮性和抗病性。资料表明,组织脱水萎蔫程度越高,抗病性下降得越严重,腐烂率就越高。

(2)控制山野菜保藏过程中蒸腾失水的措施如下。

①降低温度:温度是影响山野菜水分蒸腾的主要因素,山野菜和贮藏库的温差越大,菜体内部和冷库的水气压差越大,山野菜越容易失水;将山野菜的温度降到库温的时间越长,山野菜失水越多,因此迅速降温是减少山野菜蒸腾失水的首要措施。

②提高湿度:减少山野菜失水的另一有效措施是提高空气的相对湿度,但是太高的相对湿度有利于霉菌的生长。试验表明,将蒸发器温度控制在低于贮藏温度2~3℃,库内的相对湿度保持在95%左右,产品的失水会大大减少。90%的相对湿度下,菜体完熟较好,可防止出现萎蔫,保持较好的外观和品质。

③控制空气流动:空气在产品周围的流动是影响失水速率的一个重要因素。空气流动虽然有利于产品散发热量,但风速对山野菜失水有很大的影响,空气在山野菜表面流动得越快,山野菜的失水速率越高。因此在贮藏库内适当控制空气流动,可减少产品失水损失。

④包装打蜡和涂膜:良好的包装是减少山野菜水分损失和保持新鲜的有效方法之一。包装降低失水的程度取决于包装材料对水蒸气的透性。打蜡和涂膜不但可减少山野菜的蒸腾作用,还可以增加产品的光泽和改善商品的外观。将塑料膜覆盖在产品堆上,或将产品装入保鲜袋盒或纸板箱内,也可以有效防止水分的损失。

3. 酶的影响

山野菜体内存在着具有催化活性的多种酶类,如氧化酶类、水解酶类,这些酶类催化发生的多种多样酶促反应,影响山野菜质量。

合理控制和利用酶,是食品贮藏加工中进行各种处理的基础,常用方法包括:①加热处理;②控制pH;③控制水分活度(Water activity);④控制氧气(O_2)等,这些措施往往与微生物的控制是同时实现的,降低食品水分和产品温度可以抑制微生物的生长和繁殖,同时也可以延缓酶的作用及其他化学反应对食品质量的影响。生产工艺中的加热、辐射、高压、微波、臭氧处理等既可以杀灭微生物,也可使酶失活。山野菜的氧化变质现象主要由加工过程中O_2引起的,如采用真空处理降低加工及贮藏过程空气中的氧气含量可以减轻氧化变质。

(三)山野菜的组织结构完整性

山野菜的食用部分主要由具有贮藏功能的薄壁组织构成,这种组织细胞壁薄,细胞间排列较疏松,细胞内含有大量的贮藏物质,如糖、蛋白质、淀粉、脂肪、鞣质等。

山野菜的营养物质主要存在于细胞液中,液泡是液体的贮藏库,同时可维持细胞的渗透压,使山野菜硬脆、口感好,因此山野菜组织结构的完整性与贮藏时间密切相关。

(四)微生物活动

微生物的生长繁殖是影响山野菜保鲜保藏的重要因素之一,微生物的生长主要受到以下几个因素的影响。

1. 温度

适宜的温度可以促进微生物的生长繁殖,不适宜的温度能减弱其生命活动甚至引起死亡。在山野菜保藏过程中,降低温度可以有效地防止微生物的生长繁殖,减少山野菜的腐烂,所以低温储存是山野菜保藏的一个重要方法。

2. 水分活度

通过控制水分活度可防止微生物的生长繁殖。水分活度是对微生物和化学反应所能利用的有效水分的估量。食品的水分活度是指食品在密闭容器内的蒸气压与同温度下纯水的蒸气压之比。微生物生长发育需要自由水,降低食品中游离水的方法主要有:①干制、冷冻和浓缩;②化学修饰或物理修饰;③添加亲水性物质(降水分活性剂)。干制品由于脱去了游离水,能防止细菌、酵母菌和霉菌的生长,所以干制可作为山野菜保藏的一种有效方式。

3. 营养成分

山野菜中含有足够的营养成分供给微生物生长,有丰富的碳源和氮源为微生物活动提供能量。高浓度的盐和糖对于保藏过程中微生物的生长抑制都能起到很大的作用,在低浓度时不能有效抑制微生物的生长活动。传统的糖制品要达到较长的保质期,一般要求糖的浓度达到 600g/L 以上。

4. 氧气浓度

绝大多数导致食品腐败变质的微生物都是好氧菌,在山野菜保存过程中与空气密切接触会导致山野菜表面固有的微生物生长迅速。氧气能够促进霉菌的生长繁殖,引起山野菜腐败。图 3-1 中实验数据显示,当氧气的浓度降至 0.5% 以下时,霉菌的繁殖速率会显著降低。

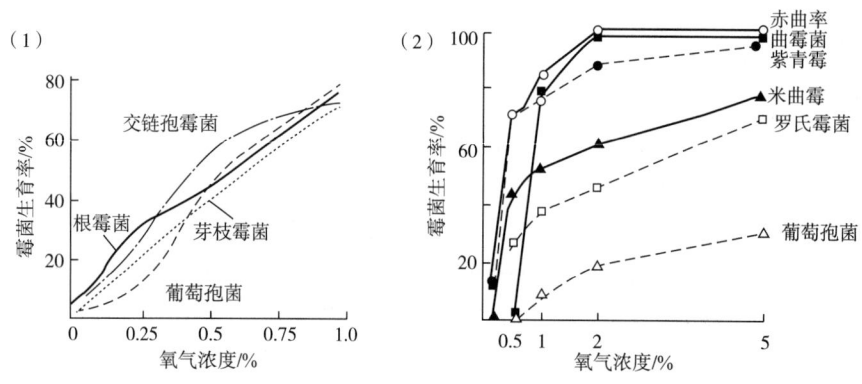

图 3-1　氧气浓度对霉菌生育率的影响

霉菌生育率,以霉菌在氧气浓度为 20.93% 的空气中的生育速度作为 100 的基值进行比较。

采用改变气体组成的方法,降低氧分压,一方面可以限制好氧微生物的生长繁殖,另一方面可以减少营养成分的氧化损失,如食品生产及保藏中的脱气(罐头、饮料)、充氮、真空包装等均是基于这一原理。

(五)光照

山野菜在贮藏过程中受到光线照射,容易产生变色、变味、氧化等现象。对山野菜品质影响最大的光线是紫外线,最小是红外线,容易导致山野菜中的维生素 B_2、胡萝卜素及其他色素等成分产生活性氧,诱发山野菜中脂肪、维生素等营养成分发生氧化,导致山野菜腐败变质。图 3-2 所示是山野菜中的天然色素受光照射产生品质劣变时的光线的有效波长,维生素 B_2 劣变波长为 250~350nm,以 467nm 为顶点;β-单环氨化胡萝卜素劣变有效波长为 200~500nm,以 285nm 为顶点,能明显使山野菜褪色。

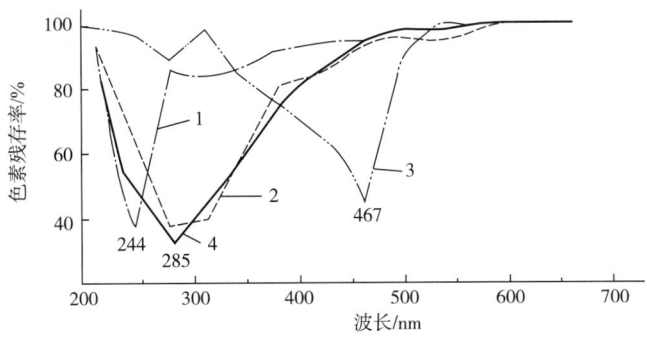

图3-2 促使山野菜劣变的光的有效波长
1—姜黄色素；2—β单环氨化胡萝卜素；3—维生素B_2；4—降胭脂素。

思考题

1. 山野菜采摘为什么具有季节性？
2. 不同种类山野菜具有哪些不同的采摘特性？
3. 简述山野菜保藏的意义。
4. 影响山野菜保藏品质的因素有哪些？
5. 影响山野菜腐败的变质的因素有哪些？

【知识窗】古方：敦煌紫苏煎——治疗咳嗽方（原卷收藏在法国国家图书馆，编号P.2662V）

紫苏煎配方：治肺病上气咳嗽，或吐脓血方。紫苏1升，酒研取汁，款冬花、桑根白皮、桔梗各3分①，甘草4分，诃（黎）勒皮2分，杏仁5分，去皮尖，熬，石蜜5两，猫（牦）牛酥1升，贝母、通草各3分，右（上）件药捣筛为末，和酥蜜等微火上煎1两沸，置器中，以生绢袋子及绵囊，如弹丸大，含咽汁。敦煌医学卷子P.2662V中的紫苏煎为治疗肺病上气咳嗽或吐脓血之证所设，以该方灵活加减化裁治疗日久不愈之咳嗽，效果甚佳，经与传世文献《千金要方》《千金翼方》《外台秘要方》等方书对比，发现没有与敦煌紫苏煎组成相同的医方，即使方中含有紫苏或苏子的"治疗咳嗽方"，药物组成也不相同，其功用也有所不同，这说明紫苏煎是秘藏藏经洞而在传世文献中没有记载的珍贵方药。从紫苏煎中的药物牦牛酥、诃黎勒皮等组成来看，该方很有可能来源于敦煌西域的医学，也有可能是中原医学经丝绸之路传入西域后经当地医学人员结合外来药物化裁而成，这两种情况均反映了丝绸之路医药文化中的中原医药文化与敦煌西域医药文化的密切交流。

---

① 以秦汉时期计量为标准，文中1升为200~250g，1两为13~15g，1分为0.13~0.15g；此处紫苏指鲜紫苏茎叶。

第四章 山野菜加工保藏技术

山野菜的生产具有严格季节性,不易保存。山野菜保藏即通过防止和消灭有害微生物的活动,延阻不利化学变化的发生。常采用低温、罐藏、干制、腌制、发酵等多种方式,最大程度保证山野菜的品质在贮藏过程中不发生改变,延缓山野菜的腐败变质并延长其保质期,提高其食用品质及商品价值。

第一节 山野菜低温保藏技术

山野菜低温保藏技术

低温保藏(Cold preservation)是利用低温技术将食品温度降低并维持食品在低温(冷藏或冻结)状态,以阻止食品腐败变质,延长食品保质期。低温保藏不仅可用于新鲜食品物料的贮藏,也可用于食品加工品、半成品的贮藏。

一、山野菜低温保藏原理

(一)低温对微生物的影响

温度对微生物的生长、繁殖影响很大,温度越低,它们的生长与繁殖速率也越低。低温使大多数微生物的生长繁殖被抑制,只有少数微生物有限生长,但引起腐败变质的能力大大减弱,这是低温保藏食品的基础。表4-1所示为不同温度对微生物的影响。

表4-1   不同温度对微生物的影响

温度/℃	对微生物的影响
16~38	大多数细菌、酵母和霉菌生长旺盛
10~16	大多数微生物生长迟缓
4~10	嗜冷菌适度生长,个别致病菌生长
0	水结冰,普通微生物停止生长
-18	细菌休眠
-251	液氢温度,仍有一些特殊细菌存活

（二）低温对酶活性的影响

低温尤其是冻结能够显著降低酶的活性，但是即使温度低于-18℃，酶的催化作用也未能全部停止。酶的活性在低温下也可能会增强（-5~-1℃），因为水分在此温度下开始冻结，酶的浓度随之增高，酶的活性也会增强。

（三）低温对呼吸作用的影响

温度是影响呼吸作用强弱最重要的环境因素之一。在正常的山野菜生长温度范围内（5~35℃），温度升高，酶活性增强，呼吸强度随之而增大。通常在5~35℃温度每上升10℃，呼吸强度增大1~1.5倍，即温度系数$Q_{10}=2~2.5$。不同品种、不同成熟度、不同环境条件下的温度系数是不同的，许多植物的温度系数在低温范围比高温范围大。因此，山野菜适合在低温下贮藏，温度宜恒定，因为即使在较低温度下仅增加0.5~1.9℃，由于低温下温度系数较大，增加的呼吸强度也相当明显。

山野菜的贮藏并非温度越低越好，耐寒类山野菜一般可以把组织不冻结作为贮藏低温的限度。喜温山野菜，如假香野豌豆、天门冬、野胡萝卜等，在贮藏或运输中不仅不能受冻，且须保持在冷害温度以上，否则会出现低温生理障碍——冷害。各种山野菜耐低温的程度是不一样的，在贮藏时必须根据山野菜对温度的不同要求保持适宜的温度。

此外，经常波动的温度对细胞原生质有刺激作用，从而促进呼吸作用，所以山野菜保鲜贮藏力求库温恒定。

二、山野菜低温保藏方法

（一）山野菜的冷却保藏

冷却保藏（Cold storage），简称冷藏，是将食品的温度降低到接近冰点而不冻结的一种食品保藏方法，简称冷藏。冷藏温度一般为-2~15℃，4~8℃是常用的冷藏温度。山野菜的冷却保藏步骤如下。

1. 物料选择和前处理

采收的山野菜成熟度越低、越新鲜，贮藏时间越长。冷藏的山野菜应无机械伤、无病虫害，是健康且完整的；为保证保藏后山野菜的质量，同批山野菜的成熟度、个体大小等应尽量均匀一致；冷藏应选择耐低温的山野菜品种。

山野菜在冷藏前的前处理包括：挑选、去杂、分级和包装等。前处理的目的主要是降低原料中初始微生物数量，以延长贮藏期。

2. 预冷或冷却

预冷是指在贮藏运输之前将食品冷却到冷藏温度，从而及时抑制食品中微生物的生长、繁殖和降低生化反应速率，以较好地保持原有产品品质，延长贮藏期。预冷应在山野菜采收之后尽快地进行。

山野菜的冷却方法分有以下几种。

（1）空气冷却法　一是自然通风冷却，即将处理好的山野菜放在阴凉通风处，待山野菜自然冷却后再进行冷藏处理；二是强制通风冷却，即需对山野菜通入低温空气，迅速将产品散发的热量带走，相较于自然通风冷却法速率更快。

（2）冷水冷却法　用冷水喷淋山野菜或将山野菜浸泡在冷却水中，使山野菜快速降温的一种冷却方式。一般冷水温度需在0℃左右，对于叶菜类的山野菜不太适用。

(3) 冰冷却法　是在包装容器中直接放入冰块使产品降温的冷却方法，主要有碎冰冷却（干式冷却）和水冰冷却（湿式冷却）两种，一般用于不会产生低温伤害的山野菜品种。

(4) 真空冷却法　也称减压冷却，是指把山野菜放在可以调节空气压力的密闭容器中，使山野菜产品表面的水分在真空负压下迅速蒸发，带走大量汽化热，从而快速冷却的方法。真空冷却降温速率快且冷却均匀，其缺点是产品干耗大、能耗大、设备投资和操作费用都较高。

真空冷却法适用于叶菜类的山野菜，同时对葱蒜类、花菜类、豆类和蘑菇类等也适用。

3. 山野菜冷却保藏方法

通常采用真空预冷、低温冷藏、气调贮藏、减压贮藏等方法延缓山野菜的腐坏变质。

传统冷藏法是用空气作为冷却介质来维持冷藏库的低温，通过冷却后山野菜温度降低，很容易与冷空气进行对流而快速降温并保持一个相对较低的保藏温度，从而防止腐烂，做到长时间的保藏。

减压贮藏是在普通冷藏的基础上，通过真空泵抽取贮藏室内的空气，使贮藏室处于低压环境下，并持续通入低压高湿的空气，以此来延长山野菜的保质期。

山野菜冷藏的工艺效果主要决定于山野菜的储藏温度、空气湿度和空气流速等，这些工艺条件可随山野菜种类、贮藏期的长短和有无包装而异。在保证山野菜不冻结的情况下，冷藏温度越接近冻结温度，山野菜的贮藏期越长。

（二）山野菜的冷冻保藏

冷冻保藏（Frozen storage）是通过降低保藏温度，使山野菜中的水分全部或部分冻结，并维持冰冻状态，以阻止或延缓其腐败变质的方法。冻结时的温度为-23℃，贮藏时的温度为-18℃。

按照冻结时间长短可分为两种冻结方式：一种是缓冻冷藏法，一般用于冻结时间超过30min的食物，冻结时间较为缓慢。由于山野菜在冻结过程中遵循一个共同的规律，即当温度降低到-5~-1℃（冰晶生成带）时，内部的水分会结成相对数量较少，但体积较大的冰晶体可能损害食物的细胞结构。另一种是速冻冷藏法，冻结用时相对较短，一般低于30min，食品中的水分来不及形成大的结晶，甚至仅以"玻璃态"存在，顺利度过"冰晶生成带"，水分最终形成很多体积较小的冰晶，对细胞破坏作用小，从而保证食品的品质不被破坏。

速冻冷藏法是当前山野菜贮藏加工技术当中能最大限度保存原有风味和营养质地的方法之一。山野菜普遍使用的速冻加工工艺如下：

选料 → 清理 → 切分 → 漂烫 → 沥水 → 预冷 → 速冻 → 包装 → 冻藏

1. 选料

速冻保藏要求色、香、味能充分显现，原料的质量和品种是决定速冻山野菜质量的重要因素。在选料上，不是所有的山野菜都适合作为冷冻的材料，选择质地坚脆、无老化枯黄、机械损伤的新鲜山野菜作为加工原料。同时，品种不同，对冷冻的承受能力不同，一般水分含量少、纤维素含量少、淀粉含量高的材料对冷冻的承受能力高。同时必须做到当日采收、及时加工，以保证产品质量。

2. 清理

采收的山野菜一般表面都附有灰尘、泥沙及污物等，一般速冻制品食用时不再清洗，所以在冻结加工前必须对其进行清洗。加工用的冷却水要经过消毒，由于对微生物污染的检测指标要求很严格，山野菜在冷冻保藏前应采取具有充分保证的灭菌措施。

3. 切分

速冻山野菜，有的需要去皮，去除果柄、根须以及不能食用的部分等，并将较大的个体切分成大小一致的小段，以便包装和冷冻。切分要求薄厚均匀，长短一致，规格统一。切分可用手工或机械进行，同时注意防止酶促褐变。可以选择带水切分或加入维生素 C 等抗氧化剂来防止酶促褐变。

需要注意的是，浆果类一般不切分，只能整体速冻，以防果汁流失。为防止某些山野菜在去皮或切分后变色，可采用清水或 2g/L 亚硫酸氢钠、100g/L 食盐、5g/L 柠檬酸等溶液浸泡。

4. 漂烫

漂烫工艺主要用于山野菜的速冻加工，目的是抑制其中的酶活性，软化纤维组织，减少辛、辣、涩等邪味物质。

含纤维素较多的速冻山野菜都需要经过漂烫；含纤维素少、质地脆嫩的山野菜则不宜漂烫。与冷冻山野菜品质相关的酶类主要包括过氧化物酶、过氧化氢酶、多酚氧化酶、抗坏血酸氧化酶以及某些水解酶类，当温度达到 82℃ 以上时，大部分酶被灭活。生产上一般采用的漂烫温度为 90~100℃，时间为 1~5min。

考虑到应保证山野菜的品质不被破坏，漂烫不可过度，以免出现烫伤和脱皮。漂烫后应将山野菜迅速捞起，放入冷水冷却降到 10~12℃ 备用。

5. 沥水

漂烫后的山野菜表面常附有一定水分，在冻结时很容易形成冰块，不利于快速冷冻和冻后包装。沥水的方法包括自然晾干、离心甩干和振动筛沥干等。

6. 预冷

为确保快速冷冻，必须在速冻前进行预冷。预冷的终温一般以不使原料结冰为限，主要采用的预冷方法有空气冷却法和冷水冷却降温法。

7. 速冻

沥水及预冷后在最短的时间内使菜体迅速通过冰晶体形成阶段才能保证速冻质量。只有冻结迅速，菜体中的水分才能形成细小的晶体，而不损伤组织。一般将经过去皮、切分、漂烫或其他处理后的原料，及时放入 -35~-25℃ 的低温环境迅速冻结，然后再进行包装和贮藏。

8. 包装

包装是贮藏好速冻山野菜的重要条件。包装的作用主要是防止山野菜因表面水分的蒸发而呈现干燥状态；防止产品在贮藏过程中因接触空气而氧化变色；防止大气污染（尘、渣等），保持产品卫生；便于运输、销售和食用。包装后要进行密封（真空密封包装最佳），及时放入低于 -18℃ 的冷库贮藏。

包装容器通常为马口铁罐、纸板盒、玻璃纸、塑料薄膜袋和大型桶袋等。包装装料后要进行密封，规格可根据供应对象来定。

9. 冻藏

速冻山野菜的品质变化主要发生在冻藏期间，冻藏温度要求低于 -18℃，且需保持温度稳定。

温度上下波动会造成冰晶体体积进一步增大，损伤菜体组织细胞，造成汁液流失，营养品质下降，贮藏期变短。同时由于冰的升华干燥作用，产品失水皱缩，甚至产生"灼伤"现象。为防止失水，减少干耗，可以采用不透湿包装，使产品表面覆盖一层冰晶层，或采取增加冻藏室的相对湿度等方法。

冻藏的贮藏期因品种而异，一般为8~24个月。研究发现，豆角、橄榄可贮藏8个月，菜花、菠菜和青豌豆可贮藏14~16个月，胡萝卜和南瓜可贮藏24个月。

三、山野菜在低温保藏中的品质变化

（一）水分蒸发（干耗）

水分蒸发（干耗）是指在低温保藏（包括冷藏和冻藏）过程中，体内水分不断向环境空气蒸发而逐渐减少，导致质量减轻的现象。干耗量的大小主要由山野菜表面与其周围空气之间的水蒸气压差决定，压差越大，单位时间内的干耗量越大。合理调节冷库温度且保持稳定、适当提高冷库相对湿度，修建夹套式冷库，可以减轻冷藏山野菜在贮藏期间发生的萎蔫、变色等现象。

（二）汁液流失

流失液（Drip）是指冻结山野菜在冻结时或解冻后渐渐流出的一些液体。流失液是由于冻结食品解冻时，冰晶融解产生的水分没有完全被组织吸收重新回到冻前状态，其中有一部分水分就从山野菜内部分离出来成为流失液，此种现象就称为汁液流失。山野菜发生汁液流失现象，不仅会使自身含水量下降，口感受到影响，而且容易造成营养成分流失，使其营养价值大大降低。

防止汁液流失的措施：使用新鲜原料，快速冻结，降低冻藏温度并防止其波动，添加磷酸盐、糖类等抗冻剂。

四、速冻山野菜实例

低温保藏技术，尤其速冻保藏技术更能保持山野菜原有的色泽、风味和营养价值，不仅食用方便，还起到调节市场淡旺季的作用，在国内外市场越来越受欢迎。

（一）速冻蕨菜

蕨菜在冻结的过程中，最好选择两段式冻结法。第一阶段从初温到-5℃，此阶段操作停留时间不宜过长，尽量减少"大冰晶"的生成，一般在200~300s内完成；第二个阶段从-5℃到终温，此阶段操作停留时间不宜过短。蕨菜的冻结速率从-5℃降低到-30℃的时间不少于1280s。

尽管理论上，快速冻结要比慢速冻结效果好，但在实际操作中仍要根据原料的不同选择更为合适的冻结方法。

（二）速冻蒙古鸦葱

研究发现，岩生山野菜蒙古鸦葱叶片最佳采收时间是在叶龄18~20d，采收后可在2g/L稀碱溶液中浸泡30min保绿，漂烫温度为98℃，漂烫时间为叶柄1.5min、叶片0.5min，在漂烫液中加入1.5g/L的$CaCl_2$可以减少漂烫过程中褪色、变软等问题，从而起到保脆的作用，以此获得色泽鲜绿、质地优良的蒙古鸦葱速冻产品。

（三）速冻多倍体蒲公英

在多倍体蒲公英速冻工艺中，速冻时间为 10min，传输速率最好控制在 15min/5m，中心温度在 -30℃ 以下，经济实惠，省时省力。复水条件为使用浓度为 30g/L 的盐水，水温 15℃，复水 20min，这样生产的速冻多倍体蒲公英在解冻前后都呈鲜绿色，具有本品种应有的滋味和气味，且无异味，组织鲜嫩。

第二节　山野菜干制保藏技术

干制保藏（Drying preservation）是指在自然或人工条件下，使材料中的水分降低到足以防止腐败变质的水平，并始终保持低水分进行长期贮藏的方法。

山野菜干制品的特点：加工工艺简单，水分含量少，质量轻，包装携带方便，较耐储藏。食用方便，食用前经过复水，即在水中浸泡一定时间，令其吸收水分，可恢复山野菜新鲜状态，并接近新鲜山野菜口味等。

山野菜干制保藏技术

山野菜干制品是我国出口的主要山野菜类型之一，在国际市场较受欢迎，如国产薇菜干在国际市场上被称为"中国薇菜干"，每千克售价在 200 元以上，销路良好。适合加工成山野菜干制品的山野菜种类很多，如薇菜、蕨菜、发菜、龙须菜、折耳根、桔梗等。

一、山野菜干制保藏的原理及影响因素

新鲜山野菜的含水量高，大多为 90% 以上，其中游离水占大部分，因此易被微生物感染，又因山野菜体积大、组织脆，所以贮藏和运输具有一定的困难。经过干制以后，原料的含水量降到 8%~12%，这个时候的水分活度就低于大部分微生物活动所必需的最低值，从而抑制了微生物的活动，酶促反应也相应得到抑制。干菜的含水量越低，保质期越长，含水量低于 8% 的山野菜是比较稳定的。

（一）山野菜干制原理

山野菜的脱水过程是一个水分蒸发过程，水分蒸发要依靠水分的外扩散和内扩散作用。山野菜的干燥过程中所排出的水主要是游离水和部分结合水。首先，原料表面的游离水从山野菜表面较快地蒸发，称为水分的"外扩散"。外部水分的蒸发使山野菜内外部水分失去平衡状态，产生内外部水分的分压差，水分不断地从分压高的内部向分压低的外部移动，称为水分的"内扩散"。当原料中占大部分的游离水被蒸发掉时，即到了干燥后期，进入排除部分胶体结合水的过程，干燥速率显著降低。同时随着外部温度的升高，出现了少量水分从较热的外部向较冷的内部移动的"热扩散"现象，但它对整个干燥过程的影响很小。当原料温度与热空气温度一致且山野菜内外水分处于平衡状态时，水分的蒸发停止，这就是山野菜干燥的全过程。

干制过程中所选用的工艺条件必须使外扩散和内扩散的速率协调，如果水分的外扩散速率远大于内扩散，会造成内部水分来不及转移到表面，原料表面会因过度干燥而形成硬壳儿，称为结壳。结壳会阻碍表面水分的蒸发，影响脱水。又因内部水分高，蒸气压大，压迫较软部分的组织，使原料表面干裂，内部可溶性物质外溢影响产品外观，降低了产品质量。

（二）影响山野菜干制过程的因素

干燥速率的快慢对干制品的质量起着决定性的作用，干制时间短，则产品质量高，影响干燥速率的主要因素如下：

（1）原料的种类　表面积越大，空气流速越快，叶菜类以及较薄的组织干燥速率相对较快。

（2）原料厚度　原料堆积的厚度越小，越有利于加快干燥速率。

（3）干燥室温度　温度越高，空气相对湿度越小，水分外扩散速率越快。

（4）空气流速　空气循环速率快有利于加快干制进程。

二、山野菜的干制工艺

山野菜的干制工艺流程如下：

选料 → 除杂 → 清洗 → 切分 → 漂烫 → 干燥 → 成品

在山野菜干制品的生产和食用过程中，需要注意以下几个环节。

（一）选料

一般选择干物质含量高、色泽诱人、风味独特、组织致密、粗纤维较少、菜心和粗叶等废弃的部分比较少、皮薄肉厚的山野菜作为干制品的原料。

适宜脱水干制的山野菜种类有：薇菜、蕨菜、蒲公英、苦菜、黄花菜、笋、桔梗、葛等大多数山野菜。

（二）护色

山野菜在干制过程中经常发生物理和化学方面的变化，其中以变色最常见。变色是由酶促褐变和非酶褐变或山野菜本身色素物质受破坏引起的。

干燥温度一般不足以钝化酶活性，因此在干制前对山野菜进行热烫或化学抑制剂处理，能有效抑制酶促褐变和色素物质（如叶绿素、胡萝卜素）褪色。非酶褐变则比较难控制，它与干燥温度和物料种类、含水量变化有关。原料中还原糖和氨基酸含量高，高温及高浓度的反应极易发生非酶褐变。在脱水过程中，反应基浓缩，一般在含水量降低到15%～20%时褐变反应最快；当含水量较高或温度进一步降低时，褐变反应缓慢。

常用的护色方法主要包括漂烫、酸处理、护色剂处理等。

（三）干燥

原料中的糖分因为干燥过程的高温极易焦化，从而影响产品的外观和风味。干燥温度一般采用40～90℃，其中富含糖分和挥发油的山野菜比较适合在低温的条件下进行干燥。研究发现，60℃干燥条件下的荠菜干制品感官品质较好，其叶绿素和维生素C的保存率较高，风味物质保留种类最多，可达81.65%左右。目前的干燥方法主要有以下几种。

1. 自然干燥

自然干燥是在自然条件下，利用太阳辐射、热风对山野菜进行干燥。优点是设备简单，管理粗放，成本低，缺点是主要依赖气温和湿度等外部条件，质量不容易控制，难以形成优质产品。

目前广大农村和山区仍普遍采用自然干燥方法生产薇菜、黄花菜、笋干、香菇、蘑菇和木耳等产品。

2. 热风干燥

热风干燥常采用隧道式热风干制机进行脱水干燥，即把处理后的山野菜平铺在竹筛或不锈钢网筛上，把铺好物料的烘筛装到载物车上，推到烘房进行脱水干燥。烘房的温度通常为60~65℃，经6~8h完成干燥。温度过高会因骤然的高温导致物料组织中的汁液迅速膨胀，造成内容物流失、结晶甚至焦化，因此，富含糖类和挥发性物质的山野菜，适合在较低的温度下进行脱水。该方法的优点是生产进程可人工控制，产品质量高。

3. 真空冷冻干燥

真空冷冻干燥是将含水物料先冻结到冰点以下，使水分变为固态冰，然后在较高的真空度下把冰直接升华为蒸汽，从而将水分排出体外。优点是干制进程可人工控制，真空冷冻干燥产品具有很好的复水性和复原性。缺点是真空冷冻干燥需要专用设备，升华干燥过程时间较长，生产成本相对较高。

目前美国的真空冷冻干燥产品年产量最多可达500万吨，其次是日本和法国，年产量分别为160万吨和150万吨。

4. 远红外干燥

一般把电磁波按照波长分为宇宙射线、X射线、紫外线、可见光、红外线、微波和无线电波，远红外波段通常指的是红外光谱中波长为3~1000μm的区域。

远红外干燥是指以远红外线将电能转变为热能，使物体内部分子在经过远红外线的辐射作用后吸收远红外线辐射能量，从而将其直接转变为热量的干燥方法。远红外干燥可加速水分蒸发过程，使物品快速地从含水量较高、较松散的状态转化为含水量较低、较紧实的干燥状态。

远红外干燥的优点是加热的设备比较简单，操作方便；加热速率快，节省能源，比传统的加热效率提高20%~30%；对环境污染少，安全性较高，温度比较容易控制，产品的品质能够得到保障；远红外线有一定的穿透能力，使水分和其他溶剂分子容易蒸发，干制品受热比较均匀，可以避免由于受热不均导致变形或变质。

（四）复水

复水指在食用脱水山野菜前，将其浸入水中复原，使其恢复鲜菜原有的色泽、风味及营养成分。

山野菜复水一般是把脱水山野菜浸在12~16倍质量的冷水里，经过0.5~2h达到复水标准；质地较厚重的山野菜在冷水中很难复水，可以采用热水浸泡或煮沸5~7min。

影响复水的因素：①水的用量，用水量过多，花青素、黄酮等色素易溶出而损失；②水的pH，白色山野菜主要含有黄酮类色素，在碱性溶液中变为黄色，所以马铃薯、天门冬、洋葱等不能用碱性的水处理；③水中如含有碳酸氢钠或亚硫酸钠，易使山野菜软化，复水后变软烂，而硬水常使豆类质地粗硬，影响品质，含有钙盐的水还能降低吸水率。

山野菜干制品的复水性是其生产过程中产品质量控制的重要指标，复水性好，则山野菜干制品品质高。复水性部分受原料加工处理的影响，部分受干燥方法的影响。山野菜复水率因种类、品种、成熟度、干燥方法等不同而有差异。

三、山野菜干制过程中的品质变化

（一）山野菜干制过程中的物理变化

1. 干缩

干缩是指山野菜干燥后体积和质量明显变小的现象。弹性良好并呈饱满状态的物料全面均匀地失水时，物料将随着水分散失进行线性收缩，即物料大小（长度、面积和体积）均匀地按比例缩小。

影响干缩程度的因素：①干缩的程度与山野菜的种类、干燥条件及方法等因素有关。一般情况下，含水量较多且组织更加脆嫩的山野菜品种干缩程度大，而含水量较少的山野菜品种干缩程度相对较小。②进行热风干燥时，高温干燥比低温干燥所引起的干缩更严重；缓慢干燥比快速干燥引起的干缩更严重。③相对常规干燥制品来讲，冷冻山野菜的干缩程度极小。

2. 表面硬化

表面硬化是指食品表面呈现干燥而内部仍软湿的现象。表面硬化实际上是食品物料表面收缩和封闭的一种特殊现象。

如果物料表面温度很高，就会因为内部水分未能及时转移至物料表面而使物料表面迅速形成一层干燥薄膜或干硬膜，其渗透性极低，以至于将大部分残留水分滞留在食品内，使干燥速率急剧降低。

影响表面硬化的因素：①含有高浓度糖分和可溶性物质的山野菜在加工过程中容易出现表面硬化。②当干燥温度太高或风速太快时，表面硬化现象更加严重。③表面硬化还与物料种类有关，真菌类，如香菇等更容易出现表面硬化的现象，而叶菜类和茎菜类不易出现这种现象。

表面硬化的防止措施：为了避免发生表面硬化现象，可在干燥初期适当提高温度及干燥介质的相对湿度来控制山野菜表层湿度的变化。

（二）山野菜干制过程中的化学变化

1. 营养成分的变化

（1）水分变化　由于山野菜在干制过程中水分大量蒸发，干制结束后，水分含量会发生很大的变化。

（2）糖变化　高温长时间的脱水干燥导致山野菜糖分损耗，糖的损失主要由于呼吸作用（缓慢晒干）等。

（3）维生素变化　山野菜中维生素C、胡萝卜素易氧化损失，维生素B_2对光敏感而对热稳定，维生素B_1对热、氧、二氧化硫敏感而对光稳定。

2. 色泽的变化

山野菜在清洗除杂后色泽一般都比较鲜艳，干制改变了它们的物理和化学性质，使山野菜个体反射、散射、吸收和传递可见光的能力发生变化，从而改变了山野菜的色泽，使得干制品呈现半透明状态。

干制时类胡萝卜素等色素会发生变化，温度越高，处理时间越长，色素变化量也越多。花青素同样会受到干制的影响，硫处理也会促使花青素褪色。呈天然绿色的高等植物中存在着叶绿素，叶绿素呈现绿色的能力和色素分子中镁的保存量成正比。湿热条件下叶绿素将失去一部分镁而转变成脱镁叶绿素，不再呈现草绿色。

酶促褐变是促使干制品褐变的主要原因之一，因此，干制前需进行钝化酶的处理以防止变色，特别是白色的山野菜，如真菌类。但在干制时物料的受热程度不足以破坏酶的活性，且热空气还有加速褐变的作用。

糖的焦化和美拉德反应（Mailard reaction）是干制过程中常见的非酶褐变反应。焦糖化需要较高的温度，而美拉德反应在水分降低至15%~20%时最迅速。因此，干制时应根据不同种类山野菜的特性选择合适的干制方法。

3. 风味的变化

脱水干制会使山野菜失去挥发性风味成分，这是干制时常见的一种变化，山野菜原有的植物清香可能会因干制而发生相应的变化。

第三节　山野菜腌渍保藏技术

腌渍保藏（Curing preservation）是指物品腌渍过程中，腌制剂（如盐和糖）形成溶液后，扩散渗入物品组织中，能够降低水分活度，提高渗透压，从而抑制微生物和酶的活动的保藏方法。

溶液的扩散和渗透是食品腌渍的理论基础。溶液的扩散是在渗透压的驱动下使液体浓度均匀化的过程。溶液总是从高浓度向低浓度移动，并持续到各处浓度均等时停止。扩散时浓度差越大，扩散速率越大。但溶液浓度增加时（以糖液为例），其黏度必然增加，因而在利用增加腌渍浓度来提高腌渍速率时，必须考虑黏度增加对扩散产生的不利影响。渗透是溶液从低浓度经半透膜向高浓度扩散的过程。腌渍过程实际上是扩散和渗透相结合的过程。

渗透压不仅与浓度有关，还与温度成正比，温度越高，渗透压越大。由于食品的腌渍速率取决于渗透压，所以为了加速腌渍过程，应尽可能在高温度和高浓度溶液条件下进行。就温度而言，每增加1℃，渗透压就会增加0.3%~0.5%。糖渍工艺常在高温条件下进行；而高温下的盐渍过程容易引起腐败，所以盐渍工艺采用低温（低于10℃）为宜。

一、山野菜的盐渍保藏

（一）山野菜盐渍保藏原理

盐渍保藏（Salting storage）是将食盐渗入新鲜山野菜的组织内，提高其渗透压，降低其水分活度，选择性地抑制某些微生物的繁殖，从而防止腐败的保藏方法。山野菜的盐渍保藏原理如下。

山野菜盐渍保藏技术

（1）通过盐渍降低山野菜中的水分活度，一方面可使菌体脱水，质膜分离，破坏菌体中酶的活性；另一方面可以降低山野菜中酶的活性，起到保质的作用。

（2）高浓度的钠离子对菌体有毒害作用。

（3）盐可以提高山野菜的渗透压，起到抑菌的作用。

（4）盐渍液中缺少氧气，对引起腐败变质的好氧细菌不利。

山野菜的盐渍原理是比较复杂的，包括一系列复杂的物理化学和生物化学变化，是综合利用食盐的高渗透压作用、微生物的发酵作用、蛋白质的分解作用以及香辛料的辅助作用，在抑制有害微生物活动的同时，也给盐渍菜增加了色、香、味。新鲜山野菜的含水量大部分在90%

以上，加入适当的食盐进行腌渍，可以使细胞内的水分和可溶性物质析出，同时将盐渗透到山野菜内部，从而使制品获得咸味，制成盐渍菜。研究发现，10g/L 的食盐溶液就可以产生 0.61atm，而腌制食物的时候，使用的食盐量浓度达到 80g/L 以上，可以产生 4.8~9atm。盐的高渗透压可以阻止微生物的生长与繁殖。

（二）山野菜的盐渍工艺

干野菜的盐渍工艺流程如下：

选料 → 预处理 → 盐渍 → 倒缸 → 封缸

以下是山野菜盐渍过程中的工艺要点。

1. 选料

并不是所有的山野菜都适合盐渍保藏，要选择肉质肥厚、组织致密、质地脆嫩、不易软烂且粗纤维比较少的原料，如蕨菜、薇菜、刺嫩芽、黄瓜香以及河白菜等。

2. 预处理

在预处理工艺中，除了要注意筛选分级这些一般处理程序以外，对于质地坚厚、盐分渗透比较困难的山野菜原料，可以采用先焯煮再进行盐渍的方法，使组织细胞的透性增强，从而加快盐渍的进程。对于皮层较厚的一些山野菜，可以采用去皮处理。针对一些粗大的材料可以先进行切分处理。

3. 盐渍

（1）盐浓度的选择　盐渍制品和咸菜制品的区别在于，咸菜制品在加工时要考虑一系列化学变化和发酵过程，使产品获得稳定的风味和适口性，直接用来佐食。如表 4-2 所示，咸菜制品的含盐量都在 100g/kg 以下。盐渍制品的主要目的是储存，把季节性的山野菜保存下来，不变质，因此用盐量宁多勿少，食用前再进行脱盐。但也要考虑盐渍制品的食用，以及后期进一步加工工序的需要。盐的浓度越高，需要脱盐的时间越长，营养损失也越多。

表 4-2　　　　含盐量与口感关系

含盐量/（g/kg）	口感	含盐量/（g/kg）	口感
10~20	稍感咸味	100~120	咸味很重
30~40	咸味适度	150~200	不能下咽
60	咸味稍重		

盐渍制品用盐量要达到 150g/kg 以上，一般有害的微生物才能得到控制。如果加工期和保藏期要经过夏季，由于夏季温度高，微生物活动是比较旺盛的，用盐量要提高到 250~300g/kg。如果需要保藏一年以上，就需要采用饱和食盐水进行盐渍，用盐量要达到 370g/kg 以上，如表 4-3 所示。

（2）盐渍工艺的选择　不同种类山野菜在盐渍时应选择适宜的盐渍工艺，盐渍工艺主要包括以下几种类型。

表 4-3　　　　　　　　　　　　盐渍制品贮存期与用盐量的关系

贮存期	用盐量/（g/kg）	贮存期	用盐量/（g/kg）
当日吃	20~25	1~2月	100~120
隔日吃	30~35	3~6月	150~200
2~3d	40~45	>6月	250~350
7~15d	50~70		

①如果原料含水量不大，且不容易破碎，同时不需要清除多余的苦涩味，可以采用表层加盐法，经过翻动以后，使盐分均匀地渗入到山野菜的组织中。

②如果原料细致易碎，就必须采用分层加盐法，一层原料一层食盐逐层入缸，上层的盐要比下层多一些。当食盐溶化下淋时，可使盐分均匀地渗入到全部原料中。

③如果原料的含水量比较大，原料外表又容易破碎，可以采用两次加盐干腌制，原料经过两次脱水去除苦涩味以后，可以使产品品质得到改善。

④如果山野菜原料的含水量比较少，为了使食盐能够均匀地渗入到原料中，可以采用加盐以后酌情加一些凉开水。凉开水是指经过软化以后的水（也叫补差水），水的用量大约与放入的食盐质量相同。

(3) 常用的盐渍方法　盐渍制品常采用的办法是"层盐层菜法"。先在容器的底部平铺一层盐，盐上铺一层菜，菜上再撒盐，盐上再加菜，如此层盐层菜，直到铺完。每层的厚度越薄越好，各层撒盐的多少要根据盐的浓度计算好，因为上层的盐会不停地往下渗透，所以一般上层的盐是比较厚的。菜全部铺完以后，补差水可以驱除气体，填满空隙，剩下的盐用于封缸。

(4) 两次盐渍工艺　大多数山野菜含水量大，盐渍一般采用两次盐渍法。

第一次盐渍（前渍）经过 10~15d，用盐量一般是 200~400g/kg。一般采用干盐腌制。具体的用量还要根据盐渍的季节、储藏室的温度以及山野菜的质地进行适当的调整。用第一次盐渍的盐水清洗山野菜中的泥土和杂质，再进行第二次盐渍。

第二次盐渍（本渍）大约经过 10d。第一次盐渍完成以后，按照"层盐层菜法"把菜重新倒入到另外一个容器，注满补差水，把容器封好压实，经过 10d 以后就可以包装外运了。第二次用盐量根据保藏期的长短来进行确定。浓度低于 200g/kg 的盐渍品储藏期间会由于温度过高而腐败变质。

(5) 盐渍工艺注意事项　为了保证盐渍产品的质量，盐渍过程通常采取保绿和保脆措施。

①保绿　在盐渍过程中需要特别注意的是保绿。因为叶绿素会使山野菜表现出绿色的色调，但是叶绿素不溶于水，在有氧气、阳光的环境和酸性环境下很容易被破坏，变成无色。相对来讲，番茄红素、胡萝卜素等类胡萝卜素更加稳定，主要呈现红色、黄色和橙色等，其色泽在盐渍过程中基本不发生变化，因此在盐渍过程中需要采取一定的措施，保持山野菜的绿色色泽。

A. 随收随加工，不要在阳光下进行暴晒。

B. 在腌制液内加碱性物质，如小苏打，使盐渍液中因化学反应产生的酸性物质和小苏打中和，pH 保持在 7~8 比较适宜。

C. 高盐腌制可使相关的酶失活，也可以防止山野菜体内的叶绿素在酸性条件下受到破坏。

D. 采用沸水进行漂烫可以增加叶绿素的稳定性。

②保脆 在盐渍过程中还需要注意的是保脆，山野菜特别容易变软，纤维素增多而失去脆性，所以在加工过程当中要进行保脆处理。

A. 加入保脆剂，如氯化钙、碳酸钙等，把山野菜放到上述的溶液中浸泡，山野菜中的果胶物质就会与保脆剂中的钙离子作用，形成果胶钙，使山野菜组织致密，硬度增加。

B. 在盐渍的过程中，把好卫生关，控制有害微生物的活动，因为有害微生物会导致山野菜的腐败、变软和发臭。

C. 采用高盐腌制具有保脆效果。

（三）山野菜盐渍制品的脱盐

盐渍制品在使用或进一步加工的时候，还要采用脱盐的工序。脱盐是指盐渍制品在使用之前把多余的盐分去除。不同的山野菜采取的脱盐方法是不同的。

1. 简单脱盐法

简单脱盐法是把盐渍制品取出洗净，用凉水反复漂洗，这种方法适合质地柔软纤细的山野菜，如水芹、沙参、鸭儿芹等。简单脱盐法的缺点是菜质容易变色、变硬，造成香味损失。

2. 温水脱盐法

温水脱盐法是把洗过的盐渍制品放在容器中，加3倍以上质量的水，温火煮到70~80℃，盖上盖子自然放凉，其间可以轻轻地翻动2~3次，约0.5h后捞出，再漂洗到咸淡比较合适的程度。

在脱盐过程中常加入维生素C来防止褐变发生，每千克水中加0.5~0.7g即可。盐渍制品经过反复漂洗以后，尤其煮后再进行漂洗，营养和风味损失较多，所以漂洗必须适可而止。

每一种盐渍制品脱盐到什么程度，应该依下一步用途确定。如果是做菜，脱到不必再加盐的程度就可以了，即20~40g/kg；如果继续利用盐渍制品做酱油渍则必须达到20~50g/kg，糖醋渍须达到40~60g/kg；如果用于酱渍咸菜，可以脱至80~120g/kg。

二、山野菜的糖渍保藏

糖渍保藏（Sugar storage）是将山野菜保存在高浓度糖液中，创造渗透压较高的环境而使菌体发生脱水作用，以抑制微生物繁殖，从而防止食品腐败的保藏方法。

（一）山野菜糖渍保藏原理

1. 高渗透压作用

高浓度糖液具有很强的渗透压，使微生物细胞质脱水收缩，发生生理干燥而无法活动。10g/L葡萄糖溶液的渗透压为121.59kPa，同浓度的蔗糖溶液的渗透压为70.93kPa。而大多数微生物的渗透压为30.7~61.5kPa。糖渍制品生产中，只有当糖浓度超过500g/kg时才具有脱水作用，从而抑制微生物的生长，但对于某些渗透压较高的酵母菌和霉菌，糖浓度需达到725g/kg以上时才能抑制其生命活动。生产中一般糖渍制品的含糖量在600~700g/kg。

2. 降低水分活度

水分活度（A_w）为一定温度下食品所显示的蒸气压p与同一温度下纯水蒸气压p_0之比，即$A_w=p/p_0$。山野菜经过糖渍后，水分活度大幅度降低，微生物可利用的水分减少，抑制了其生长繁殖。干态蜜饯的水分活度在0.65以下，几乎可以阻止一切微生物的生长。25℃下不同糖浓度与水分活度的关系如表4-4所示。

表4-4　　　　　　　　　　　不同糖浓度与水分活度的关系（25℃）

糖浓度/（g/kg）	A_w	糖浓度/（g/kg）	A_w
85	0.995	482	0.940
154	0.990	584	0.900
261	0.980	672	0.850

3. 抗氧化作用

氧气（O_2）的浓度会随着糖浓度的增加而下降，20℃时600g/L蔗糖溶液的氧溶解度仅为纯水的1/6。因此，食糖具有一定的抗氧化作用，这对于糖渍制品的色泽、风味和维生素等营养成分的保持和阻止需氧菌的生长都起到了重要的作用。

（二）食糖的加工特性

1. 溶解度和结晶性

食糖的溶解度大是其可以用于食品工业的首要条件，如10℃下，蔗糖饱和度为656g/L，约等于糖制品所要求的含糖量，相同温度下，葡萄糖饱和度为416g/L，而转化糖为566g/L，故糖渍不可全使用葡萄糖，以避免室温和贮藏期间糖结晶。

2. 甜度

通常以蔗糖甜度为基准，设为100，其他糖类甜度为：果糖173、葡萄糖74、转化糖130、麦芽糖33。

3. 吸湿性

三种糖类的吸湿性为：果糖>葡萄糖>蔗糖。吸湿性与糖渍制品保藏的关系主要在于，吸湿性会降低渗透压，削弱保藏性，促进微生物生长，引起糖渍制品腐败，所以用于糖渍制品生产的原料糖吸湿性不能太强。

（三）山野菜糖渍工艺

山野菜糖渍工艺流程如下：

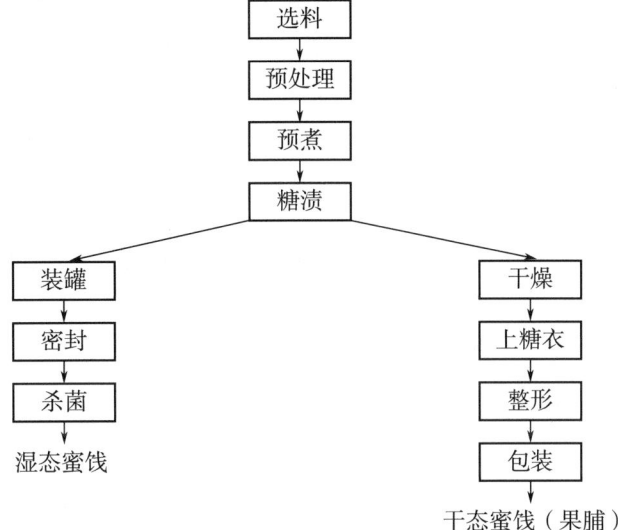

蜜饯类糖渍制品是将山野菜原料预处理后,与糖液煮制而成,产品形态完整饱满,糖分充分渗透至组织内部,制品呈透明或半透明,本色或染色,质地柔软,并具有山野菜本身应有的风味。

山野菜糖渍过程中的工艺操作要点如下。

1. 选料

蜜饯类产品需保持固定形态,因此要求原料肉质紧密,耐煮性强,在绿熟或坚熟时采收。

2. 预处理

原料在分级、去皮、切分的基础上,再进行以下处理。

(1) 划缝,刺孔　对于果形小、质地坚硬难以渗糖、不宜去皮和切分的果实,常需要在表面划缝或刺孔,以便糖分渗入,缩短糖渍时间。

(2) 保脆硬化　为了增强原料的耐煮性和酥脆性,防止在糖煮过程中破碎软烂,在糖煮之前常进行硬化处理,即将整理后的原料浸泡于石灰(CaO)、氯化钙($CaCl_2$)等稀薄溶液中,浸渍适当时间,达到硬化目的。经硬化处理的原料,糖渍前需经过漂洗。

(3) 硫处理　为获得色泽清淡而半透明的制品,在糖渍前需要进行硫处理,抑制氧化变色。将整理后的原料浸入含 1~2g/L SO_2 的亚硫酸或亚硫酸盐溶液中数小时,再经漂洗除去残留的硫。

(4) 预煮　凡经硫处理、硬化处理的原料,在糖渍前均需预煮,除去残留的 SO_2、食盐、染色剂、硬化剂等,同时通过预煮还可软化组织,便于渗糖,钝化或破坏酶活性,防止氧化等。预煮可采用 90~100℃ 热水,处理时间依原料而定。

3. 糖渍

糖渍是果脯蜜饯类制品加工的主要操作步骤,一般分为蜜制(加糖腌制)和糖煮(加糖煮制)两类。

(1) 蜜制　是我国传统的糖渍方法,主要用于肉质柔软、不耐煮制的山野菜原料,其特点是分次加糖,不加热,产品能较好地保持色香味和形态质地。蜜制的方法主要有依次加糖法和依次加糖多次浓缩法。①依次加糖法:将需要加入的食糖在腌制容器中分 3~4 次加入,逐渐提高腌制的糖浓度;②依次加糖多次浓缩法:在蜜制过程中,分次将糖液倒出并加热浓缩,提高糖浓度。

(2) 糖煮　适合组织紧致较耐煮制的原料,其特点是糖制过程所需时间短,可连续生产,但由于坯料较长时间处于高温下,色香味损失较多。糖煮可分为一次煮成法、多次煮成法、快速煮制法和真空煮制法。

4. 干燥

糖渍完成后,湿态蜜饯即可连同糖液进行灌装、密封、杀菌等工艺处理,成为成品,其操作同罐头生产。

干态果脯在糖渍后则需进行干燥,除去部分水分。烘烤温度宜为 50~60℃,不宜过高,以防糖分结块或焦化。烘烤后的果脯应保持完整的饱满状态,不皱缩,不结晶,质地致密柔软,水分含量降至 18%~20%。

5. 包装

经干燥后的山野菜需整形分级,使产品外观整齐一致。干态蜜饯的包装材料应具备良好的密封性能,防止产品吸湿返潮。

（四）山野菜糖渍工艺的应用

山野菜的糖渍工艺应用以低糖牡丹花脯为例。

1. 低糖牡丹花脯生产工艺流程

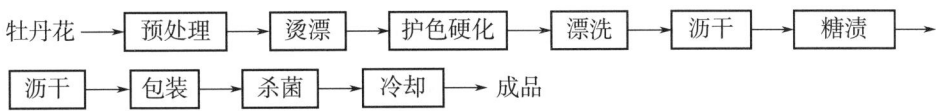

牡丹花 → 预处理 → 烫漂 → 护色硬化 → 漂洗 → 沥干 → 糖渍 → 沥干 → 包装 → 杀菌 → 冷却 → 成品

2. 预处理

选择色泽自然，呈雪白色，完整无破损、虫蛀、腐烂，大小均匀一致且较厚的牡丹花花瓣，放入 9g/L 的食盐水中进行漂洗，沥干备用。

3. 烫漂

低糖牡丹花脯的最佳烫漂工艺参数为烫漂温度 100℃、烫漂时间 2min。

4. 护色硬化

最佳护色硬化工艺配方为柠檬酸 2.5g/L、d-异抗坏血酸钠 2g/L、无水氯化钙 2g/L，处理时间为 30min。

5. 糖渍

最佳糖渍工艺参数为蔗糖 250g/L（为了防止糖渍过程中产生返砂或流糖现象，另添加柠檬酸 4g/L），真空度 0.09MPa，糖渍温度 35℃，浸糖时间 70min。

6. 杀菌、冷却

包装后的低糖牡丹花脯最佳杀菌工艺为 100℃，15min，杀菌后迅速冷却至 35℃以下。所得低糖牡丹花脯色泽洁白、均匀自然、晶莹剔透、酸甜可口、有嚼劲、饱满度好、无返砂、无流糖，具有淡淡的牡丹花香味。

第四节 山野菜罐头保藏技术

罐头保藏（Canning preservation）简称罐藏，是将符合标准要求的原料经过处理、调味以后装入到罐藏容器中，经过排气密封以及高温杀菌冷却等过程制成食品的一种保藏方法。

山野菜罐装保藏技术

一、山野菜罐藏保存的基本原理

1. 商业无菌

霉菌和酵母菌一般不耐受罐藏工艺中的热处理，因此导致罐头产品腐败的微生物最重要的就是细菌。罐藏产品通过杀菌实现商业无菌，可以杀死引起罐头腐败的微生物，而微生物学上的杀菌是指绝对无菌。

国家标准将"商业无菌"定义为：罐头食品经过适度的热杀菌以后，不含有对人体健康有害的致病性的微生物（包括休眠体），也不含有在通常温度条件下能在罐头中繁殖的非致病性微生物。

商业无菌是罐头工艺的微生物检验指标，食用微生物不合格的食品会给人体健康带来影响。商业无菌不合格的主要原因是生产过程中卫生不达标，造成产品污染（食品或包装污染）或灭菌的温度和时间未达到生产工艺要求。

2. 密封隔离

密封是延长罐头食用时间的重要方法，是在完成杀菌后，将食品与外界环境隔离，避免外界空气进入食品中，造成食品出现变质问题。一旦罐头不再密封，就会严重影响到罐头自身的保质期。

3. 真空度

真空度是指罐头罐内气压低于大气压的程度。通过排气形成一定的真空度可以抑制好氧微生物的生长繁殖，延长罐头制品的保质期。

4. 酶失活

热处理可以使山野菜中的酶失活，达到保藏产品的目的。

二、山野菜罐藏工艺

山野菜罐藏的主要工艺流程如下：

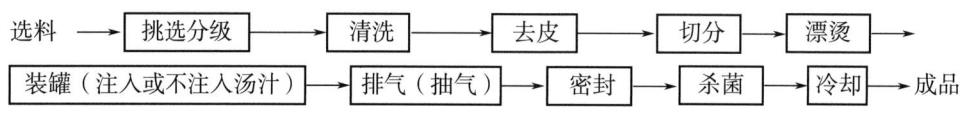

选料 → 挑选分级 → 清洗 → 去皮 → 切分 → 漂烫 → 装罐（注入或不注入汤汁）→ 排气（抽气）→ 密封 → 杀菌 → 冷却 → 成品

（一）选料

罐藏工艺所用的山野菜品种极其重要，同一种类、不同品种的山野菜在丰产性、加工性和罐用品质等方面有很大的差别。

制罐头的山野菜原料选择标准：新鲜，大小均匀一致，七八成熟，无病虫害，无机械伤，具有一定色、香、味，组织致密，耐热加工。

（二）挑选分级

为保证罐头成品的质量，便于加工操作，必须按原料大小、成熟度、色泽等因素分级，剔除腐烂、有病虫害及成熟度不足或过熟等不合格原料，以便每批山野菜原料的品质基本一致。

（三）清洗

清洗的目的是除去山野菜原料表面附着的尘土、泥沙、污物、残留农药及部分微生物。清洗可以采用人工清洗或机械清洗，对不同种类或不同性质的原料，应采用不同的洗涤方法。对于表面污染微生物较多的山野菜原料，可在 5~10g/L 盐酸溶液或 1~2g/L 高锰酸钾溶液或 0.6g/L 漂白粉溶液中浸泡 3~5min，再用流动水洗净。

（四）去皮

去皮指除去原料外皮不可食部分。去皮过程中应保持去皮后原料外表光洁，防止去皮太厚，增加原料消耗。

一般的去皮方法有手工、机械、热力、碱液处理四种。不同品种的山野菜去皮的方法也不同。经碱液处理的山野菜原料去皮后，必须马上用流动水清洗干净，防止变色。有些品种的山野菜去皮后暴露在空气中会迅速发生褐变，去皮后必须立即投入 1g/L 柠檬酸液或 10~200g/L 盐水或盐酸混合液中护色。

(五) 切分

根据原料种类和制品要求的不同,将原料切片、切块和切断。原料切分后大多数要去籽,以符合产品组织形态的要求。对含空气量较多的品种或易变色的品种切分后可进行抽真空处理,方法是把原料浸没于抽真空液(如糖液)中进行抽真空处理,真空度约0.05MPa,时间5~10min。

(六) 漂烫

大部分山野菜原料装罐前须进行漂烫处理,其目的主要是软化组织,便于装罐,排除原料组织中的空气,破坏酶的活性,稳定色泽,改善风味和使组织脱除部分水分,保持开罐固形物的稳定,杀灭部分附着于原料中的微生物。

漂烫时间和温度根据原料种类、块型大小、工艺要求等条件而定,易变色的浅色原料需在漂烫时加入适量柠檬酸进行护色。原料漂烫后必须急速冷透,严防冷却缓慢影响质量。

(七) 排气和密封

山野菜装罐以后要立即进行排气,以使罐头封盖后能形成一定程度的真空状态,抑制好气性微生物的生长。最普遍使用的是加热排气的办法,加热后原料中滞留和溶解的气体能够排放出去,封罐前再把顶隙中的空气尽量排除。

罐头制品的真空度用罐外和罐内的大气压差来表示。一般真空度标准在40~67kPa,在这个真空度下罐头产品中好气性微生物的生长是受到抑制的。

影响真空度的因素主要有:

(1) 排气时间　排气时间越长,罐内原料中保留的气体排出得越彻底,封罐以后真空度越高。

(2) 封罐温度　封罐时的温度越高,形成的真空度越大。比如在70℃封罐冷却到20℃,真空度可以达到42kPa,属于安全真空度范围。如果封罐时温度是50℃,再冷却到20℃,真空度只有20kPa,这个真空度未达到安全真空度标准。

(八) 杀菌

罐头杀菌工艺是一门非常严谨的科学,它涉及包装材料的特性、加工过程pH、杀菌设备、蒸气压、样品的水分活度、运输贮藏方式以及节能环保、传热学、微生物学多方面。

1. 影响杀菌的因素

影响杀菌的因素包括:①容器的性质;②山野菜的种类;③装罐方法;④罐型大小;⑤热处理温度;⑥杀菌时间。

2. 常用的杀菌方法

(1) 常压杀菌　采用热水或沸水杀菌,适用于pH在4.6以下的酸性食品或高酸食品。杀菌温度为80~100℃,杀菌时间一般为10~30min。

常使用的杀菌公式:升温时间min~杀菌时间min/杀菌温度℃(水蒸气)。

(2) 高压灭菌　常采用立式杀菌釜和卧式杀菌釜来进行灭菌,适用于大部分罐头制品的灭菌。大部分山野菜罐头制品pH是比较高的,多采用高压灭菌方式,杀菌温度为105~121℃,杀菌时间大多为40~90min。

常使用的杀菌公式:升温时间min~灭菌时间min~降温时间min/灭菌温度℃(水蒸气)。

3. 山野菜罐头制品杀菌温度和时间的确定依据

山野菜罐头制品加热杀菌的温度和时间受到以下多种因素影响。

(1) 污染微生物的程度　罐头食品从原料加工到半成品处理，皆受到不同程度的微生物污染。山野菜中污染微生物的芽孢越多，所需要的杀菌强度就越大，即要求温度越高，时间越长，尤其是污染嗜热性芽孢菌给低酸性食品杀菌带来了很大的困难。

(2) 化学成分　山野菜罐头内容物中含有的糖盐、蛋白质、脂肪及无机盐等，都能影响微生物的耐热性，从而影响杀菌效果。显著提高渗透压，降低 A_w，可以抑制微生物活动，具有抑菌作用。

(3) pH　酸可显著减弱芽孢的耐热性，大多数能产生芽孢的细菌在中性环境（pH 为 7）时耐热性最强，如肉毒杆菌（*Clostridium botulinum*）的最适 pH 为 6.8~6.9，枯草芽孢杆菌（*Bacillus subtilis*）pH 为 6.8~7.2。而在酸性条件下细菌的耐热性显著减弱，酸度越高，耐热性越弱。pH 在 4.5 以上的低酸性食品杀菌温度一般在 100℃ 以上，引起食物中毒的肉毒杆菌生长的 pH 下限为 4.5，一切 pH 大于 4.5 的罐藏食品都必须完全防止来源于厌气性细菌如肉毒杆菌的潜在威胁。pH 4.5 以下的食品可在 100℃ 或 100℃ 以下的温度杀菌处理。

在实际生产中，适当降低山野菜的酸度可使杀菌时间适当缩短，杀菌温度适当降低。

(4) 杀菌时罐头的传热速率　传热速度快的罐头，由于罐头中心达到要求温度的时间短，杀菌时间也可缩短。液体罐头比固态罐头传热速率快，杀菌所需要的时间也短。

(5) 罐头的初温　罐头初温指杀菌前罐头的温度。罐头初温高，升温快，杀菌时间可以缩短。

（九）冷却

罐头经杀菌达到要求的温度和时间后，必须迅速冷却下来，否则继续保持高温状态，对罐头内容物品质会产生不良的影响。除了玻璃罐需逐步分段冷却外，金属罐杀菌后均应尽快冷却下来，一般用反压降温 5min 左右，罐内中心温度冷却至 37℃ 为宜。

冷却的方法目前多采用冷水冷却。常压杀菌后一般进行常压浸水冷却或喷淋冷却。加压热水杀菌或高压蒸汽杀菌后就要采取加压冷却、反压冷却法，以免发生罐头膨胀、跳盖或破裂等。

（十）容器的选择

1. 对容器的要求

(1) 对人体无害　罐藏制品含有糖、蛋白质、脂肪、有机酸、食盐这些成分。罐藏容器和制品直接接触，又需要较长时间的储存，所以要求容器与食物不得起任何化学反应，不危害人体健康，不污染食品或影响风味。

(2) 具有良好的密封性能　容器要保证产品经过消毒杀菌以后，与外界空气是隔绝的，防止微生物的污染，使产品能长期储存而不变质。

(3) 具有良好的耐腐蚀性　罐藏制品含有各种有机酸和无机盐。在长期储存当中特别容易和容器发生缓慢的化学变化，使容器受到腐蚀。因此罐藏容器必须具有良好的耐腐蚀性。

(4) 适合工业化生产　在生产过程当中，容器应能够承受各种机械加工的冲压，质量稳定，材料资源丰富，成本低廉。此外，罐装容器还应方便开启，便于使用，体积小，质量轻，便于运输。

2. 软包装罐头的优点

目前罐藏容器主要有金属容器和非金属容器两大类。金属容器主要包括镀锡薄钢板、镀铬薄钢板和铝罐，非金属容器主要包括玻璃罐和软包装罐。

大量科学研究表明，软包装罐头与玻璃罐和金属罐相比具有很多优点。

(1) 低碳环保，在生产过程当中可以节约大量的能源和材料。
(2) 商品品质好，杀菌时间较短，包装材料的色、香、味、形和营养成分破坏较少。
(3) 稳定安全，包装材料化学性能稳定，不与内容物发生任何化学反应，没有金属罐易腐蚀和易生锈缺点。
(4) 包装设计非常灵活，尺寸选择的范围比较宽，远远优于玻璃罐和金属罐。
(5) 制作成本比较低，制作原料的复合薄膜比金属板价格低，生产工艺也比较简单。
(6) 携带开启比较方便，体积小，柔软，便于携带，不需要特殊的开罐工具。
(7) 具有加热方便的特点。加热时间短，可以节约能源，便于销售。

软包装普遍装潢精美，一定程度上增加了罐头制品的销售量，但容易受到机械损伤。软包装罐头被称为第二代罐头食品，是人类历史上的一大发明，是食品包装史上的第二次革新。目前全世界软罐头产品已达到10000个品种以上。

三、山野菜罐头制品在保藏期内的品质变化及防止措施

（一）胀罐

1. 胀罐的原因及类型

胀罐指罐头底盖不像正常情况下呈平坦或内凹状，而出现外凸现象。

当罐内山野菜装填过多，密封温度过低，排气不充分，贮藏温度气压变化大，杀菌冷却时降压速率过快时容易出现胀罐现象。

2. 防止措施

（1）防止细菌性胀罐的主要措施　①山野菜在罐装之前，在无菌环境中，进行严格的清洁消毒，分类存放，避免出现交叉污染。②选用合适的杀菌方式，既能极大程度地保证山野菜的品质不发生变化，又能杀死各种病原菌和致病菌。③尽可能降低罐头制品的pH，以达到较好的杀菌效果，如在糖液或预煮水中加入适量的有机酸（如柠檬酸等）。④严格按照标准进行封罐，在无菌环境下进行以避免细菌侵染。⑤定期对制品进行抽样保温处理，如若存在质量问题，及时进行处理。

（2）防止物理性胀罐的主要措施　①罐头制品在加压杀菌后的消压速率要保持缓慢匀速，以确保罐头内外压力达到相对平衡状态。②在进行装罐时，选择合适的罐头顶隙，一般为3~8mm。③为了封罐后能达到较高的真空度，即39990~50650Pa，排气时尽量提高罐内的中心温度，进行充分排气。④在装罐时，应严格控制装罐量，切勿过少或过多。⑤合理调控罐头的储藏温度，一般在0~10℃最好。

（3）防止化学性胀罐的主要措施　①为了提高罐头对酸的抗腐蚀性能，应采用涂层完好的抗酸全涂料钢板制罐。②尽量防止空罐内壁遭受机械损伤，保证空罐表面完好无损，防止出现露铁污染罐头制品。

（二）罐壁腐蚀

1. 罐壁腐蚀的原因

周围环境中氧气、环境相对湿度、酸、硫及含硫化合物含量不合适极易引起罐壁腐蚀。氧对金属是强烈的氧化剂，且氧在酸性介质中能显示很强的氧化作用，因此，罐头内残留氧气的含量，对罐头内壁腐蚀起决定性作用。同时，环境相对湿度过高，也易造成罐外壁生锈、腐蚀乃至罐壁穿孔。

2. 防止措施

①在罐内、外壁涂上涂料层。②为了降低罐内氧的浓度应对原料进行抽真空处理，防止山野菜组织中的空气对外壁发生锈蚀。

（三）变色、变味

1. 变色、变味的原因

山野菜中某些化学物质在酶或罐内残留氧的作用下，因长期贮藏温度偏高而产生酶促褐变和非酶褐变。氧、花色素及无色花色素、硫化物污染都会引起山野菜罐头内容物的变色。变色现象皆可引起变味，在适当选用涂料防止罐内壁腐蚀的前提下，变味主要来自微生物的作用。

2. 防止措施

①花青素极不稳定易分解，所以尽量选用花青素含量较低的山野菜制作罐头。②装罐前进行保绿保脆处理。③依据不同的山野菜品种，选用适宜的温度和时间进行热烫处理，尽量破坏酶的活性，排除山野菜组织中的空气，防止氧化。④选用合适的杀菌方式，杀死其中的有害病菌，保证山野菜制品的质量。⑤罐头制品中的糖水随用随配，加热煮沸，如需加酸，不宜过早加酸，以防蔗糖过度转化，发生非酶褐变。⑥为了减缓山野菜的褐变程度，应合理调控仓库的储藏温度和湿度。

（四）罐液混浊、沉淀

1. 罐液混浊、沉淀的原因

①加工用水中钙、镁金属离子的含量过高（水的硬度大）。②当热处理过度时，山野菜容易软烂，形态外观发生严重变形，产生一些碎屑物质使得汁液浑浊。③微生物在适宜的环境中进行生长繁殖，将山野菜分解成细小物质。④山野菜保藏过程中冷藏，恢复室温后，产生冷害，细胞组织结构受到破坏。

2. 防止措施

①将加工硬水软化后再使用。②选择合适的杀菌和热处理方式，严格控制热处理、封罐过程中的环境条件达到相关卫生和质量标准。③选择在合适的温度和湿度环境中进行贮藏。

四、山野菜罐藏工艺的应用

（一）蕨菜肉丁罐头

1. 工艺

原料：蕨菜段31%、肉丁44%、汤汁25%。

分选→清洗→护色→热烫→漂洗→装罐→真空封口→杀菌→冷却→成品

2. 操作要点

（1）原料分选及修整　加工用的原料，要选择菜叶蜷缩如拳、鲜嫩、粗壮、绿色或紫色，收购回厂的原料要及时处理，选用嫩茎部分，弃去过老或纤维较多部分，然后切成碎段，或一定长度，或整条。

（2）清洗　将处理好的原料放在流动水中清洗干净。

（3）护色处理　护色的方法是把山野菜投入 $2g/L\ ZnCl_2$ 和 $0.1g/L\ Na_2SO_3$ 的溶液中，菜：护绿液 1：（2~3），浸泡 6~8h。

（4）热烫　从原料收购到热烫，一般应在4h内进行，超过4h，再热烫会影响成品色泽。

将处理好的原料倒入沸水中，热烫 5~10min，热烫水中可加入 2~5g/L 的柠檬酸及 2g/L 的焦亚硫酸钠来护色，菜与水的比例以 1:(2~4) 为宜。

(5) 漂洗　用流动清水浸泡，冲洗热烫后的原料 15~20min，漂洗至水中 pH 为 6.5~7。

(6) 装罐　漂洗后，尽快将处理好的原料按标准装罐，尽量减少停留时间，避免空气及其他因素污染。原料装罐后，立即加入含 2g/L 柠檬酸的 80~85℃ 的热水。

(7) 真空封罐　采用真空封罐机密封，要求真空度在 0.0534MPa 以上。

(8) 杀菌及冷却　封罐后及时杀菌，杀菌间隔不得超过 20min，选用 500g 胜利瓶或四旋瓶。杀菌公式为 15min~60min~20min/118℃（水蒸气）。杀菌后分段冷却至 37℃ 左右，经保温检查，抽样检验产品合格后，方可贴标，装箱入库。

蕨菜肉丁罐头具有蕨菜鲜艳的颜色，同时具有蕨菜中维生素、矿物质和肉类高蛋白相结合的特点，营养丰富，是较高档的即食性产品。

(二) 芦笋罐头

1. 工艺

原料 → 漂洗 → 去皮 → 切条、切段 → 预煮 → 冷却 → 分级 → 装罐 → 排气 → 密封 → 杀菌 → 冷却 → 成品

2. 操作要点

(1) 原料采收　罐头用芦笋有两种类型，一种是培土下生长的白色嫩茎，每日清晨幼茎破土前，发现培土表面裂痕，用掘笋刀进行采收，这种产品肉质白嫩；另一种是地面生长的绿色嫩笋，待其生长至 10~15cm 高时自地面切取，芦笋在切取后组织老化很快，应装入容器，避免光照，并迅速进行加工处理。

芦笋罐头制作过程中的辅料添加包括：糖 8g/kg、食盐 20g/kg、柠檬酸 0.5g/kg、抗坏血酸 0.5g/kg。

(2) 漂洗及保存　生产原料漂洗 5~10min，人工洗净泥沙，保存时间较长时应避光，采用不断喷淋自来水的方法保存，当天不能加工的，应入 2~4℃ 的冷库内保存。

(3) 切条、切段、去皮　产品有整条带尖和切断两种，依产品要求和空罐形状而定。

(4) 预煮　将处理后的芦笋分成整条粗（1.5cm 以上）、整条细（1.5cm 以下）、嫩尖、段装四种进行，分别在 85~90℃ 下，预煮 3、2、1、3min。煮至产品放在水中可缓缓下沉为宜，上浮表示预煮不足，急速下沉表示预煮过度。预煮时尽量防止翻腾、碰撞、笋尖折断、花蕾松散或过软。预煮好的产品迅速用冷水冷却，冷却时防止直冲笋尖。冷却后迅速装罐，避免堆积。

(5) 分级装罐　整条芦笋按大小分为五种，段状芦笋按长短大中小分为六种，嫩尖同样分为六种。装罐时要求粗细分开，嫩尖一律朝上，顶部留 0.5cm 左右的顶隙。浸泡芦笋用的汤汁由食盐、柠檬酸等配制而成。

(6) 排气密封　芦笋罐头在排气箱内排气，加热至中心温度 75℃，真空密封，汤汁真空度应为 0.027~0.030MPa。

(7) 杀菌冷却　密封后的产品在高压杀菌锅内进行杀菌，常见的杀菌公式为 15min~17min~15min/121℃（水蒸气）。杀菌完毕，注意迅速冷却至 37~40℃，若使用玻璃瓶需注意反压冷却。

芦笋罐头产品具有色泽良好、风味完美、甜度适宜、口感细腻的特点。

五、山野菜罐头制品的发展前景

罐头制品诞生 200 多年以来，已经形成了一种崭新的罐头文化。目前世界上罐头年销售总量已达 9000 万吨，品种有 3500 多种，如保鲜罐头、疗效罐头、冰气罐头、一人食用罐头、自熟方便面罐头、自熟烹调罐头等方便产品发展非常迅速，也使罐头饮食文化朝着营养、实用、新奇的方向发展。在罐头制品迅速发展的同时，山野菜的罐头制品在未来必将有一个良好的发展前景。

第五节　山野菜加工新技术

近年来，随着科技水平的不断发展，山野菜除了传统的干制、盐渍和罐藏产品外，陆续出现山野菜汁、山野菜颗粒以及山野菜脆片等多种新产品。

一、山野菜制汁技术

山野菜汁是指新鲜山野菜经过挑选和清洗后，通过压榨、处理获得的汁液。它包括单一种类的山野菜制取的汁液，还包括由多种山野菜汁混合而成的复合山野菜汁。

山野菜制汁保藏技术

山野菜汁的特点：①汁液含有新鲜山野菜中最有价值的成分，其风味和营养十分接近新鲜山野菜；②便于储存，运费较低，食用比较方便；③对于质地粗糙、石细胞和纤维素过多，直接食用口感差的山野菜，经过制汁加工可成为各种各样的美味饮料；④大部分山野菜季节性强，采收期短，制成山野菜汁可以常年供应市场。

（一）山野菜制汁的生产工艺

山野菜制汁生产工艺如下：

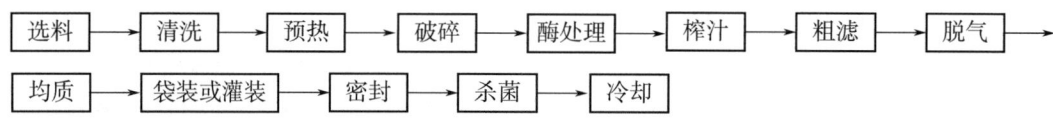

(1) 选料　选择色味俱佳、汁液丰富，具有不同特色的山野菜作为制汁原料。

(2) 清洗　一般选用软水，或是用 5~15g/L 的 HCl 溶液，或 1g/L 的 $KMnO_4$ 溶液浸泡 5~6min，消毒以后再用清水进行清洗，沥干水分。

(3) 预热　将洗净的山野菜迅速升温到 70℃ 以上，起到钝化酶活性的作用。

(4) 破碎　使用破碎机或打浆机，经过适度破碎，提高出汁率。对于质地疏松、含水量低的山野菜，破碎至 0.3~0.4cm，含水量高的山野菜切短即可。对于质地致密且细胞壁厚的原料，需要用打浆机进行破碎，颗粒过大、过小都会影响出汁。在破碎的时候，最好同时喷入适量的食盐或维生素 C 配制的溶液，起到抗氧化、防止酶促褐变的作用。

(5) 酶处理　向山野菜浆中加入果胶酶、纤维素酶酶解液，降解细胞壁提高出汁率。

(6) 榨汁和粗滤　通过过滤去掉山野菜悬浮物，使新榨出的山野菜汁更加稳定。

(7) 脱气　一般采用真空脱气机进行脱气，这一道工艺非常重要。脱气可以除去山野菜汁当中的空气，从而抑制酶促褐变以及维生素、色素物质的氧化；脱气还可抑制微粒的上浮，减少高温瞬时杀菌时山野菜汁起泡现象的出现，既保护了物料的营养成分，又提高了杀菌效果；脱气还能减少内容物的氧化腐蚀，从而获得具有良好外观的产品。

(8) 均质　采用高压均质机进行均质，压力保持在100~130kPa即可。

(9) 罐装　按照产品的质量标准，如加入5g/L的食盐，以及8g/L的蔗糖，可以达到调配的作用；调配后及时进行罐装。

(10) 密封、杀菌与冷却　密封后的山野菜汁常采用高温瞬时杀菌技术，杀菌温度保持在118~220℃，40~60s处理即可，然后立即冷却到90~95℃。

（二）山野菜制汁加工技术的应用

1. 蕨麻汁饮料

主要生产工艺：蕨麻根原料进行清洗预处理，并去除表皮；将清洗后的蕨麻原料在预煮机内蒸煮，按料液比1∶10加入水，然后加热到90℃，保持180min，使蕨麻充分软化；破碎、研磨、均质、离心；加入α-淀粉酶，保温静置90min，加入淀粉酶和中性蛋白酶保温静置60min；得到的物料采用超滤膜进行过滤得到蕨麻汁原汁；蕨麻原汁中加入白砂糖、柠檬酸钠、蜂蜜、维生素C；进行二次均质、脱气；高温瞬时杀菌，温度为135~137℃，杀菌时间为10s；灌装成为蕨麻汁饮料。蕨麻性平、味甘，具有健脾、生津止渴、益气补血、滋阴养肾等功效。高寒地区的居民有食用蕨麻的习惯，将蕨麻制成美味可口的饮料可供应市场。

2. 苦菜汁饮料

主要生产工艺：选用新鲜、成熟但未老化的苦菜，清洗后杀青热烫最佳条件为100℃，热烫1min；热烫后采用1g/L的抗坏血酸与0.5g/L柠檬酸护色，从而保证最后汁液的黄绿色且性质稳定；打浆时加入的料水体积比为1∶1；用高效组织捣碎机将热烫护色后的苦菜汁进行打浆榨汁；对滤液离心获得较清的苦菜汁；加入柠檬酸、抗坏血酸、甜蜜素等；将调配好的苦菜汁装入玻璃瓶中，封盖，水浴100℃、5min，得到成品。产品苦中有甘，余味清香爽口，风味独特，可以促进食欲。

二、颗粒山野菜加工技术

颗粒山野菜是将几种山野菜经过适当的工艺处理后，将所得的山野菜粉浆混合，真空冷冻干燥制成颗粒山野菜，经开水冲调以后即可食用。

颗粒山野菜的特点：食用方便，味道鲜美，食用者还可以根据自己口味进行调配。

山野菜颗粒与脆片
保藏技术

（一）颗粒山野菜生产工艺

颗粒山野菜生产工艺如下：

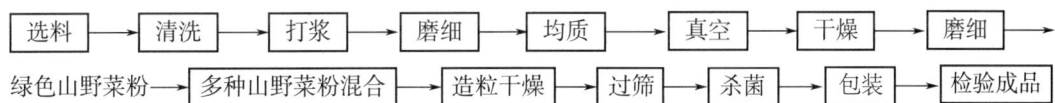

（二）颗粒山野菜加工技术的应用

目前颗粒山野菜加工的研究有一定进展，如功能性山野菜全粉饮料的制备等。利用500g/kg蕨菜粉、250g/kg木糖醇、30g/kg柠檬酸、60g/kg茉莉花、160g/kg麦芽糖精等几种原料制备而成的全粉颗粒，适合糖尿病患者食用。研究人员通过正交实验进行工艺优化，确定出最佳配方，包括蕨菜粉450g/kg、茉莉花20g/kg、蔗糖280g/kg、柠檬酸30g/kg。获得的产品色泽鲜绿，呈现很细的粉末状颗粒，风味纯正，蕨菜味中带有淡淡的茉莉花香味。

三、山野菜脆片加工技术

脆片工艺是目前世界上比较流行的食品深加工技术。山野菜脆片是以山野菜作为主要原料，通过真空浸糖、真空低温油炸、真空脱油以及速冻这些先进的技术加工形成的纯天然食品。

山野菜脆片的特点：①保留了新鲜山野菜的营养成分、风味和天然色泽；②同时具有低糖、低钠、低脂肪、低热量的特点；③口感酥脆、风味怡人，兼具山野菜和饼干的双重功能；④该产品还具有优良的复水性能；⑤保存携带非常方便，是一种方便、卫生、同时具有一定保健功能的优良食品，特别适合妇女、儿童、老人以及边防、航海和野外作业人员。

（一）山野菜脆片生产工艺

山野菜脆片生产工艺如下：

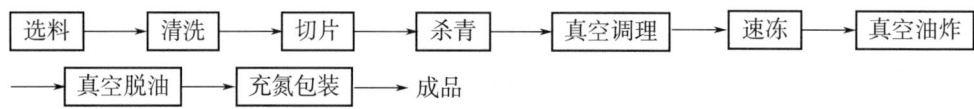

（二）山野菜脆片加工技术的应用

低温油炸脱水蒜片的主要工艺参数：蒜片切片厚度2mm左右，在150g/L麦芽糊精溶液中常温常压浸渍30min，在7.5g/L海藻酸钠溶液中浸渍30min；在60℃条件下热风预干燥2h；真空度0.08~0.09MPa；油炸温度90~100℃，油炸时间10~15min；旋转脱油4min，转速350r/min；脱水蒜片的含油率为10.27%。

四、山野菜制纸技术

山野菜纸是将山野菜破碎以后加入必要的添加剂加工成糊状，然后经过涂膜、干燥和成型而制得的一种纸片般的食品。

山野菜纸的特点：①保留了原料的色泽、风味和营养成分；②具有低糖低钠、低脂、低热量的优点，特别适合老人、儿童、糖尿病人，以及航天、登山这些特殊领域工作者食用；③可以作为休闲功能性食品，又可以作为配菜及新型绿色环保的"食品包装用纸"，蔬菜纸目前已成为食品、药品和包装领域研究的热点问题；④具有便于携带和食用的特点，是一种新型的休闲食品。

山野菜纸保藏技术

（一）山野菜纸加工工艺

山野菜纸的生产工艺如下：

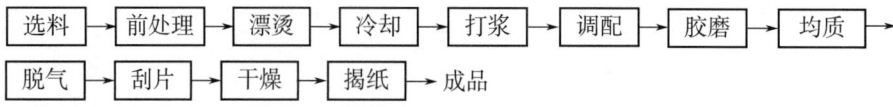

(1) 原料选择　原料要求新鲜，成熟度适中，没有杂质的山野菜。太嫩的山野菜营养物质少，山野菜纸得率较低；过老的山野菜组织疏松，纤维素含量高，口感较差。如苦菜、蕨菜、蒲公英这些纤维素含量高的山野菜，均可以制备山野菜纸。

(2) 前处理　需要进行人工清洗，切分成 3~5cm，便于后期进行处理。

(3) 漂烫　选择碳酸钠和醋酸锌作为护色剂，在 85~100℃的条件下进行漂烫。

(4) 冷却　采用冷水或冷空气进行及时冷却。

(5) 打浆　把经过漂烫冷却的原料沥干水分后，经过组织捣碎机破碎后放到打浆机中打成糊状。

(6) 调配　羧甲基纤维素钠、海藻酸钠和可溶性淀粉作为胶黏剂，按照一定比例加入到山野菜汁中，边加入边搅拌，防止结块。

(7) 胶磨　将调配好的浆料过两遍胶体磨，细化到 200 目，使菜泥细腻、均匀，品质滑润。

(8) 均质　将细化后的浆液倒入到均质机中均质，再加入一定量的浆料，均质转速为 1200r/min，时间为 2min。

(9) 脱气　把均质好的浆料放到真空脱气机中进行脱气，压力可设定在 0.08MPa，直到气体全部抽出为止。

(10) 刮片　将脱气后的浆料均匀涂在有机玻璃上，涂抹的厚度为 1~1.5mm，最终成品的厚度是 0.5~0.7mm。

(11) 干燥　温度为 60℃，干燥时间为 6h，最终干制品的水分含量在 4%左右。

(12) 揭纸　将干燥后的产品从有机玻璃上揭下。

（二）山野菜制纸保藏技术的应用

1. 苦菜纸

主要工艺参数：以苦菜叶片为主要原料，护色剂采用 1g/L 碳酸钠、0.1g/L 醋酸锌；漂烫 4min，热烫液的温度保持在 85~100℃；胶黏剂的配方包括 4g/L 羧甲基纤维素钠、30g/L 可溶性淀粉、8g/L 海藻酸钠。

2. 蕨菜纸

主要工艺参数：以蕨菜孢子羧叶为主要原料，胶黏剂的配方主要包括：2g/L 的大豆分离蛋白、2g/L 的海藻酸钠、3g/L 的羧甲基纤维素钠、5g/L 的淀粉、15g/L 的甘油和 15g/L 的食盐。干燥条件是温度60℃，时间 70min，然后在 80℃条件下干燥 15min，这样形成的成品易成型，品质好。

山野菜纸由于营养价值高，便于储藏，能保鲜和运输，同时又是很好的休闲食品和高级食品的包装材料，必将有广阔的市场前景。近年来业内针对山野菜纸的研究及加工新技术设备的关注，为山野菜制纸技术的瓶颈突破奠定了一定的基础。山野菜纸在日本已经形成了一定的生产规模，每条生产线最高日产量可达 3 万张。我国苦菜和蕨菜纸的成功研制，丰富了山野菜纸的品种，也为山野菜深加工提供了一条新途径。

五、山野菜非热保藏加工技术

（一）山野菜超高压杀菌保藏技术

超高压杀菌保藏（Ultra high pressure sterilization preservation）技术又称为高压技术或高静

水压技术,是将山野菜原料包装后,放入液体介质(通常是食用水、油、甘油、油与水的乳液)中,在 100~1000MPa 压力下作用一段时间后达到灭菌要求。

超高压杀菌的基本原理就是压力对微生物的致死作用,主要是通过破坏细胞膜,抑制酶的活性和影响 DNA 等遗传物质的复制来实现的。但一般病毒在稍低的压力下就能失活,而细菌、霉菌和酵母菌的营养体在 300~400MPa 的压力下才失活,杀灭芽孢则需要更高的压力。

超高压食品不仅具有传统热加工食品的功能,而且具有独特的优点,主要如下。

(1)超高压处理山野菜不会使维生素、色素、香气等小分子物质发生变化或产生异臭物,加压后山野菜仍保持"原汁原味",例如生鲜风味、天然色泽和营养成分。

(2)超高压处理可以在保持山野菜原有风味条件下"冷杀菌",这种食品可再经简单加热食用,从而扩大处理半调理食品的用途。

(3)超高压处理可以与不同的山野菜加工方式进行组合,使山野菜加工过程多样化,从而开发出各种新兴的山野菜产品及加工工艺。

(4)超高压处理是液体介质短时间内等同压缩过程,具有均匀、瞬时、高效性,且较加热杀菌耗能低。

(二)山野菜辐照杀菌保藏技术

从 20 世纪 40 年代开始,许多国家就已经就辐射保藏食品相关问题进行了广泛的研究,辐射保藏食品已经取得了明显的经济效益和社会效益。

辐照杀菌保藏(Radiation sterilization preservation)是利用放射性元素钴 60(^{60}Co)和铯 137(^{137}Cs)衰变时放出的射线作为照射源的杀菌方法。射线在照射过程中会产生直接效应和间接效应。直接效应是微生物细胞间质受高能电子射线照射后发生的电离作用和化学作用;间接效应是水分接受射线后产生电离作用再与胞内其他物质作用,这两种作用可以阻断细胞内一切活动,导致微生物死亡。

山野菜辐照杀菌保藏的优点如下。

(1)射线照射过程中升温甚微,射线穿透性强;能瞬间、均匀地到达处理对象内部,杀灭病菌和害虫。

(2)安全、无化学物质残留,无放射性物质的直接污染,且适当的辐照处理,不会使食品产生放射性。

(3)能耗少、费用低,与冷藏、热处理和干燥脱水方法相比,辐射处理可节约 70%~90% 的能源。

(4)具有多功效性,辐照处理对食品的作用是多方面的。辐照处理的对象和方法不同,抑制食物自身生命活动、杀灭微生物、昆虫等效果也不一样。

(5)辐照装置加工效率高,操作适应范围广。同时可以处理多种体积、状态、类型的食品。

山野菜在采摘后仍保持生命活动,在保藏过程中可能会继续生长,低剂量辐照可以抑制其发芽,还可以杀虫。通常 1kGy 以下的辐射剂量可抑制多种山野菜中的酶的活性,也可相应降低植物体生命活力,从而延缓后熟过程,减少腐烂,延长保质期。

(三)山野菜臭氧杀菌保藏技术

臭氧杀菌保藏(Ozonolysis sterilization preservation)是利用臭氧气体进行杀菌的方法,通常是物理、化学、生物学方面的综合效果。

臭氧杀菌保藏机制如下。

(1) 臭氧很容易同细菌的细胞壁中的脂蛋白或细胞膜中的磷脂质、蛋白质发生化学反应，从而使细菌的细胞受到破坏，即产生溶菌作用，使其失去活性。

(2) 臭氧破坏或分解细胞壁，迅速扩散进入细胞内，氧化细胞内酶或 RNA、DNA 等生物大分子，从而致菌原体死亡。

臭氧杀菌浓度低，不会对食品品质产生不良影响，又因其易分解，在食品表面也不产生残留污染。臭氧对微生物的杀菌效果受到微生物种类、温度、湿度、pH、作用时间、无机物及有机物等因素的影响。一般认为，温度低、湿度大，则杀菌效果好。在酸性条件下，臭氧杀菌力较强，在碱性条件下杀菌效果较弱。此外，臭氧杀菌效果与浓度也有很大的关系，浓度过低没有杀菌作用，浓度过高容易产生强氧化作用，对食品造成不利影响。一般臭氧浓度低于 $0.2mg/m^3$ 就无杀菌作用。

(四) 山野菜微波保藏技术

微波是一种频率为 30MHz~30GHz 的电磁波。微波保藏 (Microwave preservation) 是微波食品中的微生物在微波热效应和非热效应的作用下，使其内部的蛋白质和生理活性物质发生变异或破坏，从而导致生物体生长发育异常，直至杀灭。

微波杀菌是采用微波在很短的时间 (120s) 将食品加热到 72℃，然后将这种经处理后的食品在 0~4℃ 环境条件下上市，可贮存 42~45d 不会变质，可适用于淡季供应的 "时令菜果"。

微波加热效率高、速率快、温度均匀，不仅能高度保持食品原有的营养成分，而且能保持食品的色、香、味、形等。

微液杀菌机制如下。

(1) 微波杀菌的热效应理论　微波是一种电磁波，可产生高频电场。当微波进入介质内部时，介质内部的极性分子，如水、蛋白质及核酸等随着电磁场的频率不断改变极性方向，使分子来回剧烈转动，相互摩擦产生热。由于电磁场频率很高（如常用的微波炉频率为 2450MHz，相当于使水分子在 1s 内发生 180°来回转动 2415 亿次），导致介质温度急剧升高，微生物体内的蛋白质、核酸等极性分子变性，从而达到杀菌目的。

(2) 微波杀菌的非热效应理论　细菌、酵母菌等微生物都是由水、蛋白质、碳水化合物、脂肪和无机物等复杂化合物构成的一种凝聚态物质。其中水是生物细胞的主要成分，含量为 75%~85%，细菌的各种生理活动都有水参加，如细胞的生长繁殖过程，对各种营养物质的吸收，细胞质的扩散、渗透及吸附等。在一定微波场的作用下，食品中的菌体也会因自身水分的极化而同时吸收微波能升温。由于它们是凝聚态介质，分子间的强作用力加强了微波能的能量转化，从而使菌体内蛋白质、核酸等物质同时受到无极性热运动和极性转变两方面的作用，使其空间结构变化或破坏而导致变性。蛋白质变性后，其溶解度、黏度、膨胀性、渗透性及稳定性都会发生明显变化，从而使细胞失去生物活性。

国内外已将微波杀菌应用于食品工业生产，如日本的小包装蘑菇，荷兰和美国的熟食品蔬菜、小包装饮料、匈牙利的方便食品等，都经过微波杀菌后在市场上流通。德国用微波对切片面包杀菌防霉保鲜并进行了工业化生产，保鲜期由原来的 3~4d 延长至 30~60d。国内有研究者将微波杀菌用于保鲜难度较大的水产品和牛乳，在同样保藏条件下，微波杀菌食品的保鲜期是不经微波杀菌的几十倍长，而且色香味和营养成分保存方面比一般热杀菌食品好。

> 🔍 **思考题**
>
> 1. 传统山野菜加工技术有哪些？
> 2. 山野菜冻结保藏的原理是什么？冻结工艺中的技术要点有哪些？
> 3. 简述速冻山野菜保藏应用实例。
> 4. 山野菜干制保藏加工技术中常用的干燥方法有哪些？
> 5. 简述如何保证盐渍山野菜色泽新鲜，口感脆嫩并阐述其原理。
> 6. 简述山野菜的罐藏工艺流程。
> 7. 简述山野菜保藏有哪些新技术？

【知识窗】 盐的妙用

盐是生活的必需品，是烹饪食物重要的调味品，同时也常用作防腐保藏制剂，我国对盐的认识已有几千年的历史。

盐在世界各国都被视为"天藏之物"，在中国古代，就已形成了丰富多元的"盐文化"。

在古代，"盐"写作"鹽"。"鹽"字就由"臣""人""卤""皿"四部分组成的象形文字。"臣"代表大臣，表示盐是由朝廷控制；"卤"代表卤盐水，即盐的制作原料；"人"表示人力，盐是人工制作；下半部分的"皿"则代表锅、碗、瓢、盆等日常用的器具。"盐"字结构使盐的作用、盐的价值、盐的渠道就好像图画一样十分清晰地展现在了我们的面前。东汉许慎的《说文解字》记载："盐，咸也"。东汉《神农本草经》在卷三记载："戎盐，可以疗疾""主明目，目痛，益气，坚肌骨，去毒虫"。除了抗菌、消毒，盐还可以"解毒"，如误中"班茅"毒，可用"戎盐解之"，可见盐之珍贵。现代研究发现，盐能保持人体心脏的正常活动，维持正常的渗透压及体内酸碱的平衡，具有抗菌、消毒、防腐作用，是"咸味"的载体，被称为"百味之王"。

第五章 山野菜资源安全性评价

[学习目标]

1. 掌握山野菜的有毒物质种类及毒性反应类型。
2. 掌握山野菜的中毒解救方法。
3. 掌握有毒山野菜的合理加工方式。
4. 掌握"绿色食品"山野菜的质量控制流程。

我国山野菜资源十分丰富，山野间、林道旁、溪流边均有山野菜分布，且由于无需施用化肥和农药，山野菜常被当作天然无公害的健康食品。但是，近年来由于辨识不清或加工不当而导致的山野菜中毒事件频发，已经成为家庭或集体性食物中毒的重要因素。为减少山野菜误食或加工不当而导致的食物中毒事件，帮助人们了解常见中毒症状和解毒措施，有必要对山野菜资源及其安全性进行介绍。

第一节 山野菜引发的毒性反应与其含有的有毒物质

一、食物毒性反应

（一）食物中毒

食物中毒（Food poisoning）是指摄入了含有生物性或化学性有毒有害物质的食物或把有毒有害物质当作食品摄入后出现的非传染性的急性、亚急性疾病，属于食源性疾病的范畴。

食用有毒植物后常见的中毒类型有以下四种。

（1）肠胃炎型 该中毒类型患者具有起病急、变化快、群体性等特点，

山野菜的天然有毒物质

发病患者可在短时间内出现恶心、呕吐、腹痛、腹泻等急性胃肠道症状,部分患者在短时间内可因电解质严重失衡、脱水或休克死亡。

(2) 精神神经型　一般在食用后 15~90min 出现中毒症状,均不同程度地表现出神经精神症状,如大汗、流泪、流涎、恶心呕吐、脉搏缓慢、瞳孔缩小、视力模糊、精神兴奋、精神抑制、精神错乱或有幻觉反应等症状。

(3) 溶血型　溶血性毒素会引起溶血性贫血、肝脏肿大或肾脏损害。中毒的潜伏期较长,一般为 6~48h。发病后通常先出现上腹部胀痛、恶心、呕吐、腹泻等胃肠炎症状,继而患者体内红细胞被大量破坏,迅速出现溶血反应,发生黄疸、急性贫血、血红蛋白尿、肝脾肿大等症状。严重者可伴有脉搏细弱、抽搐、幻视、嗜睡,甚至肾脏严重受损或心力衰竭而死亡。

(4) 肝肾损害型　中毒的潜伏期长,一般达 6h 以上,长者可达 1~2d,甚至更长时间。毒素对肝脏、肾脏及血管内皮细胞、中枢神经系统和其他内脏组织均可造成不可逆损害,中毒者最终往往因体内各项功能衰竭死亡,死亡率高。

(二) 食物过敏

食物过敏(Food allergy)是指由食物作为致敏原在易感人群中引发的异常免疫反应,其特点是在每次摄入含有致敏原食物时均可发生,且不依赖于摄入的剂量。

日常生活中并非每个人都会对致敏性食物过敏,不同食物的过敏反应持续的时间也会因人而异,有的人会伴随一生,也有的人会随年龄增长而渐渐消失。由食物过敏引起的反应症状主要有以下几种:

(1) 胃肠道症状　食入过敏原后消化道出现的一系列过敏反应,通常在食入过敏原后几分钟或数小时内发生,常见的症状有急性呕吐、吞咽困难、唇舌口腔刺痛、喉咙瘙痒、消化不良、反流、腹痛腹泻等。患该种类型过敏反应的人群,当再次食入该食物时,过敏症状会再次发生。

(2) 皮肤变态症状　皮肤变态反应是发生食物过敏时最常见的症状。摄入含有过敏原的食物后会引起急性荨麻疹,面部、身体、呼吸道皮下组织出现血管性水肿、接触性皮炎、疱疹样皮炎和一些特异性皮肤炎症反应。如野芹菜、灰菜、苋菜等含有过敏物质,人皮肤接触或食用后都可能出现过敏症状,经日光照射后皮肤出现日光性皮炎,面颈手部浮肿,且伴随有丘疹或丘疱疹,常自觉瘙痒或灼痛,严重时红肿明显,并出现清亮的水疱或大疱,破溃后皮肤糜烂、组织坏死等。

(3) 呼吸系统症状　在发生全身过敏反应时常伴随呼吸系统症状的出现,呼吸急促、呼吸困难、呼吸衰竭等,是衡量食物过敏反应严重程度的重要指标之一。

二、山野菜含有的有毒物质

山野菜种类多,分布地域广泛,生命力顽强,在长期适应进化过程中常合成大量次生代谢物质来应对环境胁迫,但这些物质可能会引起毒性。山野菜中常见的有毒物质有苷类、生物碱、酚及其衍生物、萜和内酯类、酶类等。

(一) 苷类

苷类(Glycoside)又称配糖体,是植物中糖或糖的衍生物如氨基糖、糖醛酸等与另一类非糖物质通过糖的端基碳原子连接而成的化合物,其中非糖部分称为苷元或配基,其连接的键则称为苷键。按成苷键的原子可以将苷类分为 O-苷、S-苷、N-苷和 C-苷等,最常见的是 O-苷。

有毒的苷类主要包括氰苷、皂苷和芥子苷等,氰苷主要是指具有 α-羟基氰的苷,存在于植物的幼叶和果仁中,在豆科、蔷薇科、藜科、大戟科、虎耳草科、桃金娘科、亚麻科、禾本科、木犀科、忍冬科、紫葳科等科的植物中含量较高；毒性较大的有苦杏仁苷、亚麻仁苦苷等。皂苷是苷元为三萜或螺旋甾烷类化合物的一类糖苷，存在于商陆科、豆科、葫芦科、蔷薇科、姚金娘科、五加科、薯蓣科中，有苦味，水解产生泡沫，对红细胞有溶血作用。芥子苷是含硫基的苷元与糖结合而成的苷，主要分布在十字花科植物中。

氰苷类物质在口腔、食道、胃肠中可水解生成氢氰酸，易引起食用者中毒，其中以儿童居多。一般在食入后 2~3h 内出现症状，以呼吸和血管运动中枢功能障碍最明显，中毒者常出现头痛、恶心、呕吐、流涎、乏力、四肢麻木、走路摇晃、鼻黏膜红紫、呼吸困难、惊厥、瞳孔散大、眩晕昏迷、神志恍惚或昏迷不醒等类似农药中毒症状，严重患者会因呼吸衰竭或肌肉痉挛导致死亡。桔梗中的有毒皂苷具有强烈的黏膜刺激性和溶血作用，大量食用会造成神经中枢紊乱症状。芥子苷如硫代葡萄糖苷会阻遏机体生长发育，并可能导致甲状腺肿大。

食用建议：由于苷类物质可溶于水或醇中，因此，在食用苷类物质含量较高的山野菜时应反复用冷水漂洗，用温水或水煮后漂洗可加快苷类物质脱除进程。

（二）生物碱

生物碱（Alkaloid）是生物体内一类含氮有机物的总称，常具有复杂的环状结构，有类似于碱的性质，与酸类物质结合生成盐类，且在植物体中多以有机盐的形式存在。

生物碱多数为固体，无色味苦，游离的生物碱难溶于水，易溶于乙醇、氯仿、乙醚等有机溶剂，但其无机酸盐或小分子有机酸盐易溶于水。

生物碱因种类繁多，目前发现的已超过 2000 种，且生理作用差异大，故食用含毒生物碱的山野菜后引起人体中毒症状各不相同。常见的生物碱：非杂环氮生物碱、吡咯烷类生物碱、吡啶和哌啶类生物碱、异喹啉类生物碱、吲哚类生物碱、大环生物碱类、萜类生物碱、甾体生物碱等。有毒的生物碱主要有烟碱、茄碱、颠茄碱等。值得注意的是，双子叶的山野菜中大多含有生物碱，如防己科、马钱科、茄科、罂粟科、豆科、毛茛科、伞形科、石蒜科等，生物碱常集中分布于植物体上的某一部分。

有毒生物碱引起的常见中毒症状为初期口唇发麻、口干、吞咽困难、脉搏快、面红、瞳孔散大、躁动不安，继而出现高热、头晕、步态不稳、尿潴留、谵语幻觉、抽搐等。鲜黄花菜中含有秋水仙碱，食入后可以被氧化为二秋水仙碱，属剧毒物质；成人一次摄入 0.1~0.2mg 即可引起中毒，3~20mg 可致死。

食用建议：少食用或不食用。由于大多生物碱难溶于水，而易溶于有机溶剂，因此，在食用生物碱含量高的山野菜时可用有机溶剂（如乙醇）浸泡，加热可加快脱除进程；还可采用稀醋酸的酸洗法浸洗，除去生物碱。

（三）酚类及其衍生物

酚类化合物（Phenol compound）是一类含有一个或多个酚羟基的化合物，是山野菜中最常见的成分，主要包括简单酚类、鞣质类、非黄酮类化合物、类黄酮类化合物等。山野菜中的常见简单酚类物质毒性较小，且有杀菌杀虫作用。

山野菜中菊科、伞形科中柳蒿芽、腺梗菜、薄荷、山芹菜、河芹、苦菜等含有不同酚类化合物。有毒酚类中毒者常表现为食欲不振、恶心、呕吐、头昏、头痛、腹胀、便秘、腹痛、四肢麻木、嗜睡、烦躁、昏迷、惊厥、肝脏肿大、黄疸、胃肠道出血、心动过缓、血压下降等症状，甚至会引发呼吸和循环系统衰竭。

食用建议：含有毒酚类化合物的山野菜，不可大量生食，油炸和热脱毒等处理可使酚类有毒物质逐渐被分解破坏。

（四）萜类和内酯类

萜类（Terpene）是分子式为异戊二烯的整数倍的烯烃类化合物。

内酯类（Lactones）是同一分子中既含有羧基，又含有羟基，二者脱水生成的有机物质，属于含氧的杂环衍生物。

萜类和内酯类的化合物结构较为复杂，具有酸和酚的化学性质，广泛存在于植物中。

萜类和内酯类化合物，多数味苦，少数具有甜味；大多不溶于水，易溶于有机溶剂；另外含有内酯结构的萜类化合物易溶于碱水。

萜类在山野菜中通常以精油、树脂、苦味素、乳胶和色素等多种形式存在，包括近4000种。常见的有毒萜类主要包括二萜和三萜毒素，其中二萜类毒素主要存在于杜鹃花科中，如其中含有的木藜芦毒素有很强的心脏和神经系统毒性，并有强烈的降压作用。

食用建议：山野菜烹调时不要贪图脆嫩或色泽，要充分加热破坏其所含毒素，最好采用炖煮等方法，部分山野菜经彻底烧熟、烧透后食用。

（五）酶类

酶类（Enzymes）是指一类具有生物催化剂活性的蛋白质，它参与一切有机物质的形成和代谢。其中，植物中含有某些对人体健康存在潜在毒性的酶类物质，而这些酶类可能会造成体内维生素等营养素的降解进而导致营养素缺乏，或促进某些物质的转化生成有毒物质进而影响人体健康。

山野菜中含有的有毒酶类主要有维生素 B_1 酶和脂肪氧化酶等，长期摄入含此类物质的山野菜会肌肉僵直、皮肤青紫、昏迷、呕吐、流涎、腹痛腹泻及躁动不安等中毒症状。如蕨类中含有维生素 B_1 酶，食用后会破坏人体内的维生素 B_1，引起维生素 B_1 缺乏症，通常表现为四肢麻木、肌肉萎缩、心力衰竭、下肢水肿等，还会使骨髓造血机能受到损害，导致白细胞和血小板减少。豆类含有脂肪氧化酶，可降解豆中的亚油酸、亚麻酸从而产生脂质过氧羟自由基和一些次级氧化产物，这些产物会导致人体细胞氧化损害、老化，进而发生癌症和动脉硬化等多种疾病。

食用建议：对含有毒酶类的山野菜，应该通过高温加热或烹饪处理，使其中含有的有毒酶类活性降低，或完全失活，从而避免潜在毒性。

三、山野菜中毒原因及防治

食用未知、有毒的山野菜或对其食用加工方式不当，都可能发生中毒。

（一）食用山野菜中毒原因

引发中毒的原因，主要有以下几类：

（1）误食毒物　有些有毒植物，与可食类植物形态相似，致使食用者误将有毒植物当作山野菜食用，从而引发中毒。如毒芹与水芹长得相似，因含有毒芹素，误食后可能引起癫痫、恶心、呕吐、腹泻、心律失常、瞳孔散大、呼吸障碍、昏迷等症状。例如，有人误把有毒的苍耳子幼芽当作刚出土的黄豆芽食用，引发中毒。

（2）辨症不准　每种山野菜均有其适应症，尤其做药用时更是如此。临床应用山野菜特别是偏性突出的山野菜应按照中医辨证论治原则施用。有些因食用山野菜引发的毒副反应，就是因为辨症不准所致。如常见误将寒凉性山野菜用于脾胃虚弱患者，致使患者脾胃再度被伤，病情加重，引起腹痛、泄泻等不良反应。

（3）个体差异　由于个体差异，每个人对山野菜的耐受性相差很大，甚至有的人出现高度敏感，引发各种过敏症状，对肌体造成损害。如灰灰菜本无毒，大多数人食用后不会出现过敏反应，而有的人高度过敏，食用后引发"蔬菜日光性皮炎"。

（二）食用山野菜中毒种类

（1）环境污染　有些山野菜本身无毒，但因生长在被污染的环境中，致使山野菜植株内所含重金属元素或农药残留量等严重超标，如长期或大量食用被污染的山野菜，也会引起中毒。

（2）腐败变质　有些山野菜新鲜时无毒，而存放不当发生霉变腐烂等质变后即能产生毒性。如甘蔗霉变后产生对人体神经有极强毒性的嗜神经素，食用后引起中毒。

（3）用量过大　山野菜大多无毒，但不能无节制地大量食用，如有些山野菜属凉性，大量食用后，对于体质虚弱群体轻则伤脾胃，重则累及肝肾或全身。

（4）用法不当　食用山野菜必须依法炮制或烹制，特别是因偏性突出而有小毒的山野菜更应如此。如龙葵有小毒，其毒性成分为溶于水的龙葵碱，若大量食用，必须先用沸水浸烫，再用清水漂洗多次，以减少或去除龙葵碱；如直接食用鲜品，可引起头痛、腹痛、呕吐、泄泻以及心跳异常等不良反应。

（三）山野菜中毒防治

防治中毒的常见方法有以下几种：

（1）严格采选　不采挖辨认不准的山野菜和生长在污染地区（如化工厂、污水、公路、垃圾填埋场等区域）的山野菜，不食用发霉变质的山野菜。

（2）人工去毒　有些有毒的山野菜，在食用前人工去除毒素，常见的去毒法有沸水浸烫法和凉水浸漂法，也可将二者混合使用，此法可有效地将有毒而又易溶于水的成分如糖苷、生物碱和亚硝酸盐等除去。如萝藦科红柳叶（俗称羊奶子叶）虽为美味山野菜，但有毒，毒性成分为溶于水的强心苷。

（3）用量适当　不论何种山野菜，食用时用量要适中，切忌无节制地随意增加食用量。初食山野菜，应先少量尝试，确认安全后再增加食用量。老人、婴幼儿、孕产妇、哺乳期妇女、过敏体质人群，应慎食山野菜。

（4）准确辨症　使用山野菜疗法前，必须先辨清患者的病症或服用者的体质，而后再选择相应的山野菜，绝不能盲目使用。

（5）预防过敏　要善于识别过敏体质，及早预防。凡食用山野菜前要弄清其是否对山野菜过敏，如果过敏就停止食用。

（6）及时抢救　误采或误食有毒植物，或用后引发过敏，出现头晕、头痛、恶心、腹痛、泄泻及皮疹等不良反应时，应立即停用，严重者应马上送医院急救，进行催吐、导泻、洗胃等对症治疗。

（四）山野菜中毒的解救措施

发现食用山野菜轻度中毒者，应当立即进行急救处理；患者中毒症状严重，应立即送医院抢救。

中毒解救措施一般可从以下几方面入手：

（1）去除体内未吸收的有毒物质　防止经消化吸收而使中毒症状加重。通常可以采用如下措施。

①催吐法：可用手指等工具深入中毒者的咽喉处，使胃内含有毒山野菜的食糜全部吐出。

②洗胃法：可用肥皂水或 20g/L 碳酸氢钠溶液进行洗胃，把胃中未消化的山野菜清除到体外。牛乳和鸡蛋含有丰富的蛋白质，可以作为胃肠道黏膜功能保护剂，对于食用含有强酸、强碱类有毒成分引发的胃肠道刺激等中毒类型，可以通过喝生牛乳或生鸡蛋清，或用其洗胃，以缓解胃肠刺激。

③导泻法：可用硫酸钠、硫酸镁溶于开水后一次性服下，也可开水冲服中药如大黄粉、决明粉，此法适用于肠道内有残留中毒物质的患者。若患者由于中毒腹泻严重，此方法则不适用。

实践发现，食用鲜黄花菜的中毒严重者可立即采取洗胃法，及时纠正水电解质紊乱，输液大量补充能量合剂和维生素 C，并用导泻剂进行导泻等解救措施，可减轻中毒症状。

（2）清除体内已吸收有毒物质　当山野菜中的有毒物质已经被人体吸收，并且洗胃、催吐等解救措施未能使患者中毒症状得到缓解，应即刻采取解毒的救治方法。为能迅速找到中毒原因，患者家属应保留中毒患者所吃食物的残留物或呕吐物，便于医生分析患者中毒原因，及时对患者进行救治。

如果能够明确引起患者所中毒的物质，即可使用该种有毒物质的有效解毒试剂，如碱类中毒可以选用稀醋酸溶液、柠檬汁、橘子汁等，乌头碱类引起的中毒可采用阿托品解毒剂。大多数中毒物质没有对应的解毒剂，只能根据有毒物质的性质选择相应的解毒剂。

第二节　有毒山野菜的合理加工利用

对于有毒山野菜，可以针对其毒性成分的理化性质，通过合理的加工方法对有毒山野菜进行脱毒处理，从而使山野菜成为健康安全的绿色食品，在保证食用安全的同时也使山野菜资源得到更好的开发和利用。有毒山野菜的加工方法如下。

有毒山野菜的加工方法

一、清洗浸泡

清洗浸泡（Cleaning and soaking）是用水或盐及碱溶液对山野菜进行清洗和浸泡，可以除去表面的尘土、虫及虫卵、农药等杂质，还可以除去溶于水的糖苷、鞣质、生物碱和亚硝酸盐等有毒物质，是山野菜加工过程中最简单的预处理工艺。

一般将山野菜整理干净整洁后，放到水溶液中浸泡除去盐类和异味，根据山野菜的毒性适当换水，可有效降低山野菜中有毒物质的含量。有毒山野菜的清洗浸泡主要包括以下三种方法。

（一）清水清洗浸泡

清水浸泡对有毒物质具有一定程度的脱除作用，是日常生活中最常用的方法。例如生食或食用未完全煮熟的木薯时，木薯中的亚麻仁苦苷或亚麻仁苦苷酶在胃酸的作用下生成氢氰酸，可导致食用者中毒。若将生木薯在水中浸泡 6d，可以除去 70% 的氰苷，有效降低生木薯中的有毒物质含量，避免中毒事件的发生。鲜黄花菜食用前也必须在清水中浸泡 2h 以上，使秋水仙碱水解，避免秋水仙碱进入人体后被氧化成二秋水仙碱，导致食物中毒。清水浸泡也可有效降低山野菜中硝酸钠和亚硝酸盐的含量，一般浸泡时间为 10~20min。

（二）盐水清洗浸泡

清水清洗浸泡对有毒物质的脱除率低且耗费时间较长，只能进行最基本的脱毒处理。实验发现，采用常温水浸泡鲜黄花菜 3h，其秋水仙碱含量下降 25.64%，而 100g/LNaCl 溶液浸泡鲜黄花菜 0.5h，其秋水仙碱含量下降高达 54.73%，说明盐水清洗浸泡对山野菜中秋水仙碱的脱除效果更显著。

（三）其他溶液清洗浸泡

碱水、清洗剂清洗浸泡对山野菜也具有一定脱毒作用。实验证明，pH 为 12 的 NaOH 溶液浸泡黄花菜，在有效脱除秋水仙碱的同时保证了黄花菜的品质。研究发现，采用 50~100g/L 碳酸氢钠处理蔬菜，其亚硝酸盐含量明显降低；用洗洁精洗涤蔬菜后，其硝酸盐含量明显低于相同条件下的自来水洗涤的蔬菜。

二、热加工

热加工（Thermal processing）主要针对易挥发和易分解的有毒物质，通过加热脱毒的处理方法。

大多数山野菜如桔梗、四季豆等含有皂苷，多食或加工不当会使人中毒。皂苷易溶于水，不耐高温，一般加热烘炒后食用，即可防止食物中毒。

对山野菜的热加工通常采用烫漂处理，这是加工中常用的预处理方法，这不仅可以破坏酶系统，而且可以在高温条件使有毒物质热分解达到脱毒的效果。有毒山野菜的热处理加工主要包括以下三种。

（一）热水热烫

采用热水热烫时，山野菜细胞内外发生一定的变化：一方面热水大量渗入细胞间隙和细胞内部；另一方面细胞中部分液泡中的水分渗透到细胞外。如果山野菜的受伤组织较多，那么这种现象则更为显著。研究发现，100℃沸水浸泡 5min 可以使黄花菜中秋水仙碱含量显著下降。蕨菜中的致癌物质原蕨苷（Ptaquiloside，PTA），是一种无色非晶态化合物，易溶于水，且其化学性质很不稳定，在常温下容易挥发，室温下即可转化为无毒的次倍半萜——蕨素 B（PTB），而 PTB 是没有毒性的。沸水浴热烫可以使蕨菜中 PTA 含量显著降低，在 50g/L $NaHCO_3$ 溶液中进行热烫则可以进一步增强 PTA 的降解作用。

（二）微波热烫

微波热烫，即采用微波加热的方式进行热处理，可加快有毒物质的降解。研究发现，微波处理 3~5min 可以有效降低鲜黄花菜中秋水仙碱含量。因为微波处理本身会使黄花菜温度升高，而秋水仙碱对热敏感，导致其分解。

（三）蒸汽热烫

蒸汽热烫，即通过热蒸汽对山野菜进行热加工。蒸汽热烫处理也能有效降低山野菜中的亚硝酸盐含量。研究发现，汽蒸温度为 95℃，汽蒸时间为 60 s 时，脱除秋水仙碱效果显著，不仅保证了黄花菜的营养价值和良好的外观品质，还能为后续干制工艺打好基础。由于葱、蒜中含有有机硫化物可以防止亚硝酸盐与胺类物质形成亚硝胺，并且大蒜中含有的大蒜素也能抑制硝酸盐还原菌将硝酸盐转化为亚硝酸盐，研究人员对山野菜的烫漂技术进行了优化，在山野菜烫漂后加入葱、蒜等佐料，山野菜中的亚硝酸盐含量可以明显降低。

三、干　　制

干制处理（Drying processing）即干燥，是在自然或人工控制条件下使植物中的水分蒸发，降低到一定水平以下，以方便原料的储存或二次加工的工艺。干制可以降低植物的毒性，主要包括以下两种方法。

（一）热风干燥

热风干燥对山野菜中易挥发易分解的有毒物质的脱除具有显著作用。在不同温度下对黄花菜进行热风干燥处理，结果表明，热风干燥可以有效去除黄花菜中的秋水仙碱；研究表明，60℃以上高温对秋水仙碱的降解作用效果显著。

（二）真空冷冻干燥

真空冷冻干燥技术是在低温和真空状态下进行的，相较于日晒等传统干制工艺，真空冷冻干燥的山野菜干制品质量有明显的提升。研究发现真空冷冻干燥与热烫两种工艺结合使用，可以显著减少黄花菜中秋水仙碱的含量。

四、腌　　制

利用腌制（Salting processing）对山野菜进行加工有两方面优势，一方面腌制前往往要进行烫漂和干制等，可有效去除或降解山野菜中的有毒物质，另一方面腌制过程中盐溶液具有脱去山野菜内部水分和内部不良风味物质的作用，可以消除山野菜腌制过程中产生的异味，同时乳酸发酵过程中也会产生很多不同风味的氨基酸，这些生成的呈味物质可以掩盖山野菜中原有的或因发酵而产生的一些不良风味，形成腌制山野菜独有的色、香、味。

不同加工方式可以降低蕨菜产品中原蕨苷（PTA）的含量研究数据表明，经泡渍或腌制处理可以大大降低蕨菜中 PTA 的含量。

五、碱　　制

碱制（Alkali processing）是使用小苏打、石灰水或草木灰水等对食品进行处理。

对于一些苦味较强烈或毒性稍大的有毒山野菜，可用石灰水或草木灰水加热煮沸，煮后经过数次换水浸洗或放入流水中漂洗，一般可以有效地去除毒素或苦味。植物组织经过碱水处理后可以变得更加柔软，从而改良山野菜的品质。

碱制处理的缺点：营养素的损失较多，经碱处理后不仅维生素受到损失，而且一部分蛋白质可能溶解而损失。实验证明，在酸性条件下，PTA 可以直接转化为无毒的 PTB，但转化率较低；在碱性条件下，PTA 失去葡萄糖，再经过酸化处理也可得到无毒的 PTB，且后者转化率较高，当 pH 等于 12 时，实验所使用的 PTA 反应液中 PTA 可以完全转化。

第三节　山野菜与绿色食品

随着生活水平的不断提高，人们开始转向对食物的质量提出更高要求：①对品质要求高，要求品种优良、营养丰富、风味和口感好；②对加工质量要求高，拒绝滥用食品添加剂、防腐剂、抗氧化剂、人工合成色素；③对卫生要求高，关注食品是否有农药残留、重金属污染、微生物超标；④对包装要求高，要求包装新颖、美观以及材质对食品无污染，即人们的需求由数量消费型转向质量消费型，由吃得饱吃得好转向吃得营养吃得安全。"绿色食品"能满足人们对高质量食品的需求。

一、"绿色食品"基本概念

绿色食品是指产自优良生态环境、按照绿色食品标准生产、实行全程质量控制并获得绿色食品标志使用权的安全、优质食用农产品及相关产品。

绿色食品比一般食品更加注重"无污染"或"无公害"，具备营养与安全双重优势，食品标准以"从农田到餐桌"全程质量控制理念为核心。中国的绿色食品标准是由中国绿色食品发展中心组织制定的统一标准，分为两个技术等级，即AA级绿色食品标准和A级绿色食品标准。

二、"绿色食品"山野菜的质量控制流程

山野菜是世界植物资源中极其珍贵的部分，集营养、安全、保健于一体的山野菜越来越受到人们欢迎。但是，大自然中生长的山野菜并不等同于"绿色食品"，因为其生长环境及质量安全均是没有监管和保证的。因此，为使山野菜满足"绿色食品"的质量要求，就必须按照"从农田到餐桌"的全过程管理思路，坚持从源头入手，落实山野菜产地认证、产地标识、基地检测、市场速测和定点抽检等各环节的管理措施，抓好原料采集到加工产品等多个环节的环环相扣的管理模式，形成一个完整的全过程的食品安全链，具体如下。

（一）从原料源头保证山野菜产品质量安全

山野菜大多来自野生或半野生自然环境条件，出自最佳生态环境，是生产"绿色食品"的优质原材料。但山野菜野外采集的原材料如果受大气、土壤以及水源污染，制成的食品可通过食物链富集对人体造成严重危害，从而影响产品质量，制成的山野菜产品则不符合"绿色食品"对原材料的要求，因此山野菜采集地应保证生态条件良好，远离城区、工矿区、交通主干线、工业污染源、生活垃圾场等，同时环境质量如土壤环境质量、土壤水质、空气质量、农药残留等都应该符合国家标准规定。如薇菜、蕨菜、荚果蕨、猴腿蹄盖蕨等4种蕨类植物产地自然分布较多、环境质量优良，野外采集时应选择生长健壮，生长于山区半阴半阳坡中下腹、稀疏的针阔混交林下、林缘、溪边、草灌丛或林中空地，生长期间人为干预少，是生产山野菜"绿色食品"的优质原材料。

农田或设施化人工栽培的山野菜，要严格执行NY/T 391—2021《绿色食品 产地环境质量》、NY/T 394—2021《绿色食品 肥料使用准则》、NY/T 393—2020《绿色食品 农药使用准则》等相关标准，保持山野菜"有机""绿色"的本来面目，也可以作为生产山野菜"绿色食品"的原材料。

（二）严格监控加工环节保证山野菜产品质量安全

生产加工过程应该严格按照"绿色食品"标准要求进行加工操作，使山野菜产品既保持原有的"鲜嫩、清醇、绿色、芳香、野味"特性，又同时满足"绿色食品"对山野菜产品的质量要求。主要注意以下加工环节对山野菜产品的影响。

（1）合理加工去除毒性　山野菜种类多，分属于不同的属种，在食用性、药理性、安全性上

具有很大差异。由于生长环境的影响，或需要更长的生长周期，山野菜通常比家菜更有风味，如纤维、草酸及一些生物碱等物质给山野菜带来了独特的风味，但也会影响人体对一些营养素的吸收，甚至具有轻微的毒性。一些作为药用植物的山野菜，除了已知的天然活性成分外，其毒理性研究和评价往往不完善，少量食用或可获得很好的药用价值，但作为蔬菜过量食用，对健康的作用或许适得其反，因此部分山野菜作为"绿色食品"原料，需要进行一系列去毒处理。

黄花菜被认为是"四大素山珍"之一，在夏季大量采集时，可晾晒制成干菜，可常年食用，不但味道鲜美，而且营养也很丰富。干黄花菜经过长时间的晾晒，食用前经水浸泡、变软，大大降低了其中的有毒物质含量，这种食用方法是安全的。而新鲜的黄花菜含有较多秋水仙碱，进入体内后被氧化成为二秋水仙碱具有较大的毒性，食用前未经水浸泡，直接以急火快炒，因为未炒熟、炒透，吃起来略带有苦、涩等异味，且食用量较大时，常易使人发生食物中毒。

美味食材刺老芽（俗称刺龙芽、刺嫩芽）为楤木的嫩芽。可食用部位为在春末夏初时节拳曲还未伸展的嫩叶或嫩芽，口感清新、味美质嫩且营养价值高，成为每年春末夏初时节人们餐桌上的"鲜货"。有报道，食用刺老芽鲜品出现喉咙不适等症状，主要原因有：①由于嫩芽中含有大量的亚硝酸盐，所以在食用刺老芽之类的树木嫩芽之前，最好用水焯一下，并用清水泡 1~2h，否则大量食用鲜品刺老芽可能会引起口感发涩、发苦及喉咙不适等轻度亚硝酸盐中毒症状；②采摘后加工不当产生的，因为刺老芽采摘期比较短，如果没有得到及时的保鲜处理，很容易变老变硬，失去口感甚至腐烂，为了保鲜常常进行腌制处理，如果加工方法不当，也可导致亚硝酸盐超标，当摄入量达到 0.2~0.5g 时可导致中毒，摄入量超过 3g 时可致人死亡。

（2）严格规范加工流程　山野菜的绿色主要来自叶绿素，而叶绿素对光、温度、pH 等环境条件的变化非常敏感，这导致绿色山野菜在贮存或加工过程中极易褪色、变色，严重影响山野菜的产品质量，因此如何保持绿色蔬菜在贮存或加工过程中叶绿素的稳定性，成为绿色山野菜贮存、加工中一个亟待解决的难点。

产品加工过程中在护绿方面应用最多的方法是用金属铜、锌、钙盐护色，但如果加工过程中使用铜溶液浸泡原料时间过长，就可能导致重金属的残留，因而受到食品安全法的严格限制。市场上曾出现"染绿山野菜"。据报道，山野菜染色的"工艺"并不复杂，山野菜经过漂洗后，先用酸进行前处理，容易使山野菜着色，然后用俗称"孔雀绿"的工业染料浸泡，上色后用清水清洗干净装袋，这样处理过的山野菜鲜艳碧绿，不掉色，很受一些盲目追求"绿"的消费者的青睐，但含有这种工业原料的产品对人的肾脏、肝脏危害很大。

（3）加强人员管理　建立消毒更衣室，给员工配备统一的工作帽、工作服、工作鞋、口罩、手套，制定操作规范；所有员工必须办理健康证，并进行定期体检，体检合格才能上岗；加强员工的技术培训，严格按规程操作。

（三）质量追溯体系

1. 文件记录的内容

（1）生产环境资料　主要包括大气环境检测、土壤质量检测、水源质量检测、气象资料及小气候记录等。

（2）采收记录　食用部分的采收时间、采收量、加工、运输、贮存等记录。山野菜是"当季是菜，过季是草"的季节性农产品，山野菜的种类不同、生长时间不同、食用部位也不同，因此采集的时期、方法也不同。总的要求有：①适时采集；②采集植株粗壮、无病害的山野菜；③采集的山野菜要以筐（植物材料或安全材料制成）盛装；④要随采、随整理、随入筐；⑤按照规格采集。

（3）质量检测　主要是对性状、感官指标、理化指标、卫生指标等进行检测，以判断是否达到标准要求。质检重点在原料、焯菜、成品三个环节。对于野生山野菜重点应放在中间环节，而对于人工栽培的山野菜则重点应放在前两个环节，对来自人工栽培山野菜基地的原料，必须做到不漏检，确保合格产品进入消费市场。

2. 记录方法

每次生产活动后及时记录，开始实施时可由技术人员指导记录，以后由记录人员独立记录，技术负责人检查签字。

3. 档案管理

每个生产单位应建立独立、完整的生产记录档案，保留生产过程中各个环节的有效记录，记录保存期限不得少于3年。

（四）"绿色食品"山野菜

绿色食品是以严于国家标准、行业标准，统筹采信国际先进标准的高端定位，示范带动我国农业标准化生产，提高了农产品质量和安全水平。中国绿色食品发展中心制定《绿色食品生产技术规程体系建设规划（2017—2020年）》，详细地制定了符合绿色食品标准要求的具体生产方法，打通了绿色食品标准化生产的"最后一公里"问题。规程在"环境有监测、生产有规程、产品有检验、包装有标识"的全程质量控制标准体系基础上，进一步深化全链条标准化生产。

2016年中华人民共和国农业部发布NY/T 1507—2016《绿色食品　山野菜》，规定了绿色食品山野菜的要求、检验规则、标签、包装、运输和储存。本标准适用于各类野生或人工种植的、可供食用的绿色食品山野菜。

> 思考题
>
> 1. 食物毒性反应有几种类型？
> 2. 山野菜含有的有毒物质有哪些种类？具体毒性反应有哪些？
> 3. 食用山野菜中毒后有哪些解救方法？
> 4. 哪些加工方法可以合理地去除山野菜中的有毒成分？
> 5. 什么是"绿色食品"？绿色食品山野菜质量控制流程？

【知识窗】"神农尝百草"与《神农本草经》

"民有疾，未知药石，炎帝（神农氏）始草木之滋，察其寒、温、平、热之性，辨其君、臣、佐、使之义，尝一日而遇七十毒，神而化之，遂作文书上以疗民族，而医道自此始矣。"

传说远古时期，人们吃野草，喝生水，食用树上的野果子，生吃动物，所以常常生病、中毒或是受伤，寿命很短。炎帝神农氏为使百姓延年益寿，跋山涉水，行遍三湘大地，尝遍百草，了解百草之平毒寒温之药性。为民找寻治病解毒良药。他几乎嚼尝过所有植物，"一日遇七十毒"。神农在尝百草的过程中，识别了百草，发现了具有攻毒祛病、养生保健作用的中药，故先民封他为"药神"。炎帝神农经过长期尝百草发明了药草疗疾，悟出了草木味苦的凉，辣的热，甜的补，酸的开胃，为"宣药疗疾"还刻了"味尝草木作方书"，随着岁月的推移不断得到后人的验证，逐步以书籍的形式固定下来，这就是《神农本草经》。《神农本草经》成为中国最早的中草药学经典之作，并逐步发展丰富，成为了如今世界闻名的中医药宝库。

CHAPTER 6

第六章

山野菜资源综合开发利用

[学习目标]

1. 掌握野生食用植物资源，了解如何对其进行开发利用。
2. 掌握野生药用植物资源，了解如何对其进行开发利用。
3. 了解野生油脂植物资源。
4. 熟悉野生芳香和色素植物资源，了解如何对其进行开发利用。
5. 熟悉野生天然杀虫/杀菌植物资源，了解如何对其进行开发利用。

第一节 野生食用植物资源的开发利用

山野菜综合开发利用-上

中国有辽阔的草原、茂密的森林和丰富的江河湖海等自然资源，只有从耕地资源向整个国土资源拓展，全方位挖掘食物供给潜力，开发丰富多样的食物种类，实现各类食物供求平衡，才能更好满足人们日益全面、多元、均衡的营养需求，实现让食物品类更丰富、食物结构更优化的"大食物观"的发展战略。

我国农业部在《绿色食品标志管理办法（2012年）》中规定，绿色食品是指产自优良生态环境、按照绿色食品标准生产、实行全程质量控制并获得绿色食品标志使用权的安全、优质食用农产品及相关产品。

"绿色食品"明确要求出自最佳"生态环境"。山野菜为可食用的野生或半野生植物，人工干预相对较少，丰富的自然资源是大自然赐给人们的蔬食宝库，只要合理开发利用，就能发挥山野菜作为可食用资源的重要作用。

一、野生食用植物资源

明代《野菜博录》（鲍山撰）中记载了山野菜435种，按叶、花、实、花叶、叶实、花叶实等食用部位进行编写,如苦荬菜:"俗名老鹳(guàn)菜,生田野中,人家园圃种者为家苦菜。脚叶似白菜叶,抪茎生;梢叶四鸭嘴形,每叶间分叉。撺葶如穿叶状,梢间开黄花。味微苦,性冷无毒。食法:采苗叶炸熟,水淘净,油盐调食";野艾蒿:"生田野中,苗叶类艾而细,又多花叉,叶有艾香,味苦。食法,采叶熟水淘去苦味,油盐调食"。说明我国食用山野菜的历史悠久,同时积累了丰富的食用经验。

我国山野菜资源种类丰富,除富含维生素、矿物质元素、膳食纤维外,部分山野菜还是蛋白质、油脂、淀粉等主要营养物质的重要来源。

(一)主要营养素

1. 维生素

维生素是人和动物为维持正常的生理功能而必须从食物中获得的一类微量有机物质,在人体生长、代谢、发育过程中发挥着重要的作用。栽培蔬菜的维生素含量一般较低,而野生种含量一般高于栽培种,个别种的维生素含量特别高,如异叶茴芹的胡萝卜素、维生素 B_2 和维生素 C 三种维生素含量均远高于栽培芹菜(表6-1)。有些山野菜中的维生素含量甚至是栽培蔬菜的10~100 倍。《中国野菜图谱》记载,在测定的百余种山野菜中,每100g 鲜重山野菜含胡萝卜素高于 5mg 的有 88 种,其中轮叶党参胡萝卜素含量高达 14.0mg,金花菜胡萝卜素含量高达 31.5mg;维生素 B_2 含量高于 0.15mg 的有 87 种,如华北大黄为 1.17mg,猪毛菜为 1.16mg,升麻为 1.06mg;维生素 C 含量高于 100mg 的有 80 种,如唐松草、桔梗等超过 200mg,鸡蛋花、朝天委陵菜等超过 300mg,木鳖嫩叶高达 1045mg,腊肠树的叶为 1228mg、花达 2352mg。另外,有些山野菜还含有一般植物中所没有的维生素 D、维生素 E、维生素 K、维生素 B_6、维生素 B_{12} 等(表6-2)。

表6-1 同科属栽培种与野生种维生素含量比较 单位:mg/kg 鲜样

栽培种/野生种	种类	胡萝卜素	维生素 B_2	维生素 C
栽培种	大葱	8~13	0.4~0.9	80~330
	韭菜	11~32	0.7~3.5	70~560
	芹菜	0.4~1.1	0.4~1.8	60~140
野生种	硬皮葱	33.2	1.9	720
	野韭	28.0	1.2	520
	山韭	9.3	3.2	820
	水芹	10.3	0.7	460
	异叶回芹	61.7	5.7	720
	鸭儿芹	73.0	1.8	650

表6-2 胡萝卜素、维生素 B_2、维生素 C 含量都较高的山野菜(每100g 鲜重) 单位:mg

种名	胡萝卜素	维生素 B_2	维生素 C
荚果蕨	5.71	0.50	118
菜蕨	5.29	0.89	75

续表

种名	胡萝卜素	维生素 B₂	维生素 C
紫云英	6.23	0.52	88
草木樨	6.74	0.63	209
山野豌豆	7.41	1.17	232
茳芒香豌豆	6.02	0.94	281
广布野豌豆	8.40	0.59	235
长萼鸡眼草	6.23	1.41	340
歪头菜	11.21	0.94	144
罗晃子	6.27	1.27	72
腊肠树（花）	6.38	0.79	2352
腊肠树（叶）	6.17	0.59	1228
萹蓄	9.34	0.50	157
叉分蓼	7.06	1.15	262
香蓼	7.30	0.89	101
何首乌	7.30	1.05	131
朝天委陵菜	6.23	1.43	314
鹅绒委陵菜	5.00	0.74	340
龙牙草	7.06	0.67	157
地榆	8.30	0.72	229
东亚唐松草	6.12	0.50	59
羊乳	14.40	0.50	59
桔梗	8.40	0.63	216
荸苨	14.11	0.78	118
异叶回芹	6.17	0.57	72
牡蒿	5.14	1.07	52
北苍术	5.08	0.76	72
长萼堇菜	8.40	0.52	183
鸡腿堇菜	6.23	0.68	80
白花败酱	5.00	0.61	98
青葙	8.02	0.64	65
假蒟	5.35	0.98	105
臭云实	5.55	1.08	108
糯米团	5.35	0.91	79
一年蓬	5.04	1.03	72
刺五加	5.40	0.52	121

续表

种名	胡萝卜素	维生素 B_2	维生素 C
野火球	6.74	0.63	294
美丽胡枝子	8.74	1.04	165

注：含量较高指每 100g 新鲜山野菜（可食部分）中胡萝卜素含量 ≥5mg，维生素 B_2 含量 ≥0.5mg，维生素 C 含量 ≥50mg。

2、矿物质元素

山野菜除了含有丰富的维生素以外，矿物质元素的含量也比较丰富。《中国野菜图谱》测定百余种山野菜中 1g 干样含钙量在 20mg 以上的达 25 种，其中，诸葛菜 61.1mg，豆瓣菜 54.5mg，薤白 31.1mg，异叶回芹 24.4mg，桔梗 27.7mg；1g 干样铁的含量在 200μg 以上的有 37 种，荠菜 794.0μg，野茼蒿 454.0μg，马齿苋 584.0μg，异叶回芹 541.0μg，薄荷 450.0μg。100g 鲜苦菜含钙 120.0mg，是大白菜的 2.4 倍，含铁 53.0mg，是大白菜的 75 倍；100g 新鲜荠菜含钙 420.0mg，是大白菜的 8.4 倍，含铁 6.3mg，是大白菜的 9 倍。

山野菜含有多种矿物质盐类，其中常量元素有钾、钙、镁、磷、钠，微量元素有铁、猛、锌、铜等。这些元素在山野菜中的分布比例基本一致，都以钾、钙含量最高，锌、铜含量最低，大致为 K>Ca>Mg>P>Na>Fe>Mn>Zn>Cu，这种自然分布规律恰恰符合人体矿物质元素需要量的分配比例。从山野菜中得到的矿物质元素，能够满足人体的需要，大量长期采食山野菜，可以避免因某种元素缺乏或过量而影响新陈代谢。

3. 膳食纤维

膳食纤维吸水性较强，还可增加粪便量，刺激胃肠道蠕动，促进消化腺分泌消化液，有助于生物体消化。同时膳食纤维还有离子交换能力和吸附作用，可解除机体中部分有害毒物。研究表明，适量的膳食纤维能刺激肠道蠕动，促进消化腺分泌，对直肠癌、糖尿病、肥胖症、冠心病、胆结石、痔疮等多种疾病有一定的预防作用和辅助疗效。

山野菜不同于栽培蔬菜，因其是在野生状态下生长，大多吃起来比较粗糙，但膳食纤维含量较高。因此，山野菜是提供膳食纤维的很好来源。

总之，山野菜资源种类多，食用"苗叶类"山野菜，可以得到维生素、矿物质元素和膳食纤维的补充，而豆科山野菜资源蛋白质含量丰富，大多数坚果类山野菜蛋白质和油脂含量高。从营养学的观点来看，营养素尽可能地从天然食物中补充是最好的，同时还可以把营养素强化加到天然食品中一起食用，与食物原有的成分同时补充人体，就会出现"协同作用"和"加强作用"。

（二）野生食用植物资源种类

我国山野菜资源丰富，种类繁多，常被采食的山野菜用资源的种类有 100 多种，其中菊科、百合科、豆科、唇形科、蓼科、伞形科、十字花科、蔷薇科、毛茛科、玄参科、桔梗科相对较多，蒲公英属、蓼属、婆婆纳属、百合属、柳属、堇菜属、蒿属、黄精属、苋属、唐松草属、委陵菜属、香蒲属等比较集中。不同科中以菊科常被采食的种类最多，共有 61 个种，菊科中以蒲公英属和蒿属最多；其次为百合科，百合科中常被采食的有 31 个种，而豆科和唇形科的种数比较接近（表 6-3 和表 6-4）。

表6-3　野生蔬食用植物资源重要科与所含种数

科名	种数	科名	种数
菊科（Compositae）	61	十字花科（Cruciferae）	13
百合科（Liliaceae）	31	蔷薇科（Rosaceae）	11
豆科（Leguminosae）	21	毛茛科（Ranunculaceae）	10
唇形科（Labiatae）	20	玄参科（Scrophulariaceae）	10
蓼科（Polygonaceae）	16	桔梗科（Campanulaceae）	10
伞形科（Umbelliferae）	14		

表6-4　野生食用植物资源重要属与所含种数

属名	种数	属名	种数
蒲公英属（Taraxacum）	13	蒿属（Artemisia）	6
蓼属（Polygonum）	11	黄精属（Polygonatum）	6
婆婆纳属（Veronica）	7	苋属（Amaranthus）	5
百合属（Lilium）	7	唐松草属（Thalictrum）	5
柳属（Salix）	6	委陵菜属（Potentilla）	5
堇菜属（Viola）	6	香蒲属（Typha）	5

研究报道，我国常见野生食用植物资源共有67个科、183个属、348个种，主要集中在苗菜类有48个科、137个属、247个种；根菜类有13科、22属、44种；叶菜类有4科、4属、9种；树芽类有10科、16属、29种；蕨菜类4科、6属、8种，除了可作食用植物种类多以外，野生食用植物资源储量也十分丰富，同时作为天然宝库的野生食用植物资源，绝大多数具有很强抗逆性，可以直接用于引种与驯化，使野生食用植物资源生产规模不断扩大，使其有良好的开发利用前景。野生食用植物的种类、生长特征、分布和食用类型见附录二表1。

二、野生淀粉植物资源

淀粉植物是指那些在植物体的某些器官（果实、种子、根、根茎等）中贮藏有大量淀粉的植物。不同植物富含淀粉的部位是不同的，主要有种子、果实、果梗、茎、根茎、球茎、鳞茎、根、块根、髓心、皮层等。

我国利用淀粉植物的历史悠久，早在约7千多年前的新石器时代，古代先民已开始采集橡果食用。淀粉直接食用或应用于食品工业、医药工业、发酵工业、造纸工业、纺织工业、铸造及冶金工业等。

中国有400多种淀粉植物，富含淀粉的植物以壳斗科、禾本科、蓼科、百合科、天南星科、旋花科、豆科、莲科、桔梗科、檀香科、银杏科等较多，如含淀粉较多的山野菜：新鲜葛根含淀粉200g/kg，新鲜魔芋含淀粉350g/kg，新鲜木薯根含淀粉270g/kg以上。野生淀粉植物资源可用于食用、酿酒及制糖等（附录二表2）。

人们常将毛百合、卷丹、渥丹、东北百合等煮熟或烧熟吃；用桔梗、菊芋、轮叶党参等腌渍咸菜；用菰、狗尾草、金色狗尾草、马唐、野燕麦、野稗等种子作为杂粮；用玉竹根茎制成果脯和糖；把从猪牙花中提取的淀粉掺面做主食或熬粥食用；将榆树皮粉碎混合在面粉中增加冷面的柔韧性；用皱叶酸模、野葛、荠苨（nǐ）、轮叶沙参、蕨、山荷叶等的根或根茎酿酒和制成浆纱等。淀粉对植物生长发育具有极其重要的作用，也是人类赖以生存的主要食物来源，还是重要工业原料之一，深入挖掘山野菜中的淀粉植物资源具有广大的市场前景。

三、野生饮料植物资源

饮料植物是指在果实、根、茎、叶和花等植物器官中，有一种或多种器官可作为原料加工成饮料的植物。饮料植物分布广、种类多，主要分布于蔷薇科、猕猴桃科、葡萄科等，根据所提取植物器官的不同，可分为：①花类饮料植物，如花、花蜜或花粉作为饮料原料；②果实饮料植物，以新鲜或晒干的果实作为饮料原料；③叶类饮料植物，以植物叶片作为饮料原料；④根类饮料植物，以植物根（包括块根、块茎、鳞茎）作为饮料原料；⑤全草饮料植物，以植物全草作为饮料原料。

据统计，目前已开发的主要野生饮料植物共有 14 个科、28 个属、54 个种，其中含有超过 2 个种的科是：蔷薇科（27）、酢浆草科（4）、忍冬科（4）、猕猴桃科（3）、杜鹃花科（3）；超过 2 个种的属是：李属（9）、悬钩子属（4）、酢浆草属（4）、蔷薇属（4）、山楂属（3）、苹果属（3）、猕猴桃属（3）。在 54 种主要野生饮料植物中，含木本植物 42 种，占 77.78%；草本植物 12 种，占 22.22%。

野生饮料植物因自然生长在森林环境中，污染少，无农药和化肥残毒，所以品质优良，对人体无毒副作用，而且营养丰富，如蔷薇果、猕猴桃等含有多种维生素，特别是维生素 C 含量很高；越橘饮料可治疗腹泻、胃炎、肠炎；北五味子饮料可治疗慢性腹泻、神经衰弱、头昏健忘、失眠等症。山葡萄、越橘的果汁可酿制果酒、制作饮料，果皮可提取天然食用色素，种子可榨油，种核可加工成活性炭等，因此，野生植物饮料是理想的优质天然功能饮品，综合开发野生饮料植物资源，可大幅度提高野生植物资源的产业附加值。目前已开发的主要野生饮料植物资源见附录二表 3。

第二节 野生药用植物资源的开发利用

药用植物是植株的全部或一部分供药用或作为制药工业原料的植物。中国是药用植物资源最丰富的国家之一，对药用植物的发现、使用和栽培，有着悠久的历史。

一、药用植物的生物活性物质

植物化学成分复杂，有些成分是植物所共有的，如维生素、矿物质、纤维素、蛋白质、油脂、淀粉、糖类、色素等；有些成分仅是某些植物所特有的，如生物碱类、苷类、挥发油、有机酸、鞣质等。各类化学成分均具有一定的特性，如药材样品折断后，断面分布油点或挤压后有油迹者，多含油脂或挥发油；有粉层的多含淀粉、糖类；嗅之有特殊气味者，大多

山野菜综合开发利用-下

含有挥发油、香豆精、内酯；有甜味者多含糖类；有味苦者大多含生物碱、苷类、苦味质；有味酸者含有有机酸；有味涩者多含有鞣质等。

药用植物含有的活性化学成分十分复杂，主要包括以下几大类：

（1）生物碱　是一类复杂的含氮有机化合物，具有特殊的生理活性和医疗效果，如麻黄中含有治疗哮喘的麻黄碱，莨（lāng）菪（dāng）中含有解痉镇痛作用的莨菪碱等。

（2）苷类　又称配糖体，由糖和非糖物质结合而成，苷类物质的共性在糖的部分。不同类型的苷元有不同的生理活性，具有多方面的功能，如洋地黄叶中含有强心作用的强心苷，人参中含有补气、生津、安神作用的人参皂苷等。

（3）挥发油　又称精油，是具有香气和挥发性的油状液体，由多种化合物组成的混合物，具有生理活性，在医疗上有多方面的作用，如止咳、平喘、发汗、解表、祛痰、祛风、镇痛、抗菌等。药用植物中挥发油含量较为丰富的有侧柏、厚朴、辛夷、樟树、肉桂、吴茱萸、白芷、川芎、当归、薄荷等。

（4）鞣质（单宁）　多元酚类的混合物，存在于多种植物中，特别是在杨柳科、壳斗科、蓼科、蔷薇科、豆科、桃金娘科和茜草科植物中含量较多，具有收敛、止泻、止汗作用。

二、药用植物的临床应用

我国古代曾有"伏羲尝百药""神农尝百草，一日遇七十毒"等记载，说明药用植物的发现和利用，是古代人类通过长期的生活和生产实践逐渐积累经验和知识的结果。《诗经》和《山海经》中记录了50余种药用植物。成书于秦汉之际的中国现存最早的药学专著《神农本草经》，记载了药物365种，其中植物类药物约252种。此后，著名的本草书籍有梁代陶弘景的《本草经集注》、唐代苏敬等的《新修本草》、宋代唐慎微的《经史证类备急本草》，到了明代李时珍的《本草纲目》，其收载的植物类药已达1200多种。1949年后，研究人员对药用植物资源进行了有计划的调查研究、开发利用和引种栽培，在此基础上整理编写出版了《中国药用植物志》《中药大辞典》《中华人民共和国药典》等多种药物专著，收载的药用植物达5000多种，已栽培的有200多种。

山野菜绝大部分是药食兼用的，人们熟知的许多山野菜都是著名的中草药。在中国古代，《神农本草经》把药物按效用分为上、中、下三品。唐代孟诜、张鼎所著的《食疗本草》，详细记述了艾蒿、蕨菜、葵菜、荠菜、苋菜、芥菜、马齿苋等47种山野菜的营养保健作用。明代李时珍在《本草纲目》中记载："蕨菜可去暴热，利水道，令人睡，补五肠不足""蒲公英（苗）味甘、平、无毒。临床有两种应用方法：一是用蒲公英一两，一起捣烂，加水二碗煎成一碗，饭前服，可治疗乳痈（yōng）红肿；二是用蒲公英捣烂敷涂，同时又捣汁和酒煎服可治疗疳（gān）疮（chuāng）疔（dīng）毒""睡菜，叶或全草：甘、微苦，寒。治心膈邪热，不得眠。"唐《北户录》（卷二）记载："睡菜，五六月生于田塘中，……其性冷，……或云好睡。"现代中医认为，睡菜能平肝息风、清热解暑，治胃炎、胃痛、消化不良、心悸失眠、心神不安等症。古人普遍只对睡菜的疗效有一定阐述，而现代的药物分析发现，睡菜含苦苷类、黄酮醇苷、鞣质及脂肪油类等多种化学成分，其中睡菜苦苷及睡菜根苷等为其特有的化学成分。

现代研究还发现，黄精含糖、多种维生素和蒽醌类化合物，能起到抑菌抗病、降压、降糖作用；玉竹含有多种糖分、天门冬酰胺、皂苷等成分，具强心安神、止痛、润肤等功效，表明植物次生代谢产物是其药用功效的化学基础。山野菜与中医药的交叉与结合，形成了中华民族特有的"药食同源"文化。

三、药用植物资源的主要种类

我国药用植物资源种类包括 383 个科、2309 个属、11146 个种，其中苔藓、蕨类、种子植物类高等植物有 10687 种，临床常用的植物药材有 700 多种，其中 300 多种以人工栽培为主，传统中药材 80% 为野生植物资源。

（1）全草（株）类药用植物　占有绝对优势，代表种类主要有侧金盏花（*Adonis amurensis*）、藿香（*Agastache rugosa*）、益母草（*Leonurus japonicus*）、山梗菜（*Lobelia sessilifolia*）、铃兰（*Convallaria majalis*）、蒲公英（*Taraxacum mongolicum*）、马齿苋（*Portulaca oleracea*）、东北黄芪（*Astragalus membranaceus*）、圆叶茅膏菜（*Drosera rotundifolia*）等。

（2）根类药用植物　主要有桔梗（*Platycodon grandiflorum*）、山芍药（*Paeonia japonica*）、紫菀（*Aster tataricus*）、三花龙胆（*Gentiana triflora*）、条叶龙胆（*Gertiana manshurica*）、大活（*Angelica dahurica*）、地榆（*Sanguisorba officinalis*）等。

（3）根茎类药用植物　代表种类主要有分株紫萁（*Osmunda cinnamomea*）、全叶延胡索（*Corydalis repens*）、落新妇（*Astilbe chinensis*）、地笋（*Lycopus lucidus*）、毛百合（*Lilium dahuricum*）、北重楼（*Paris verticillata*）等。

（4）藤茎类药用植物　代表种类主要有山葡萄（*Vitis amurensis*）、朝鲜崖柏（*Thuja koraiensis*）、葛（*Pueraria lobata*）等。

（5）叶类药用植物　代表种类主要有东北红豆杉（*Taxus cuspidata*）、钻天柳（*Chosenia macrolepis*）、牛皮杜鹃（*Rhododendron chrysanthum*）、迎红杜鹃（*Rhododendron mucromulatum*）、杜香（*Ledum palustre*）等。

（6）花类药用植物　代表种类主要有浅裂剪秋萝（*Lychnis cognata*）、长瓣金莲花（*Trollius macropetalus*）、朝鲜槐（*Maackia amurensis*）、紫椴（*Tilia amurensis*）、糠椴（*Tilia mandshurica*）、金银忍冬（*Lonicera maackii*）等。

（7）果实类药用植物　代表种类主要有裂叶榆（*Ulmus laciniata*）、北五味子（*Schisandra chinensis*）、东北茶（*Ribes mandshuricum*）、毛山楂（*Crataegus maximowiczii*）、山荆子（*Malus baccata*）、水榆花楸（*Sorbus alnifolia*）、长白蔷薇（*Rosa koreana*）、狗枣猕猴桃（*Actinidia kolomikta*）等。

（8）种子类药用植物　代表种类主要有红松（*Pinus koraiensis*）、毛榛（*Corylus mandshurica*）、东北扁核木（*Prinsepia sinensis*）、山牛蒡（*Synurus deltoides*）等。

第三节　野生油脂植物资源的开发利用

油脂植物是能贮存植物油脂的植物，其油脂多存在于果实、种子、花粉、孢子、根、茎、叶等器官中，以成熟的果实和种子中贮存量较多。

油脂是油和脂的统称。一般在室温条件下呈液体的为油，呈固体的为脂。植物油脂大多集中于植物的种子中，以种仁含量最多，属于各种脂肪酸甘油酯的混合物，但主要成分是甘油酯，此外，还有少量的非甘油酯类化合物，如黏蛋白、甾醇、色素、蜡、维生素、磷脂和游离酸等。构成植物性油脂的脂肪酸种类较多，但主要是不饱和脂肪酸中的油酸、亚油酸、亚麻酸和芥子酸等，其次是饱和脂肪酸中的硬脂酸、棕榈酸、月桂酸、癸酸等。植物油脂不溶于水，很难溶于醇（除蓖麻油外），而溶于脂、乙醚、石油醚、苯等溶剂。

一、油脂的作用

（1）作为能源物质　植物油脂是人类食物的主要营养物质之一，它所构成的元素具有大量的碳和少量的氧，能够供给人体大量的能量。

（2）作为营养物质　植物油脂中含有大量不饱和脂肪酸，多不饱和脂肪酸中的亚油酸为必需脂肪酸，可预防脂肪缺乏症，如鳞屑性皮炎；γ-亚麻酸可降低胆固醇；二十二碳六烯酸（DHA）和二十碳五烯酸（EPA）具有健脑，提高记忆力，降低血小板凝聚，降血脂和预防冠心病等作用。磷脂（含有磷酸根的类脂化合物）可调节生物膜的生物活性和机体内正常代谢。

（3）提供维生素　油脂中含有脂溶性维生素 A、维生素 D、维生素 E、维生素 K，从而调节机体代谢及抵抗力。

（4）作为工业原料　植物油脂是食品工业良好的乳化剂；还可用于制蜡烛、肥皂和各种润滑油以及油漆等；将油脂水解后提取的脂肪酸和甘油，可用于日用化工业制造和防止老化；在纺织印染工业中常用做打光剂；此外，文教用品工业、机械工业、电镀工业、皮革工业、塑料工业和化学工业等都广泛利用油脂及其加工品为原料，制造各种产品。油脂分解出的甘油，在食品、医药、化妆品、纺织、国防等工业中占有重要地位。

二、野生油脂植物资源

植物油脂以含不饱和脂肪酸的甘油酯为主要成分，在营养价值方面优于动物脂肪。研究表明，野生油脂植物约有 62 个科、142 个属、229 个种，其中乔木类有 22 个科、38 个属、66 个种，灌木类有 14 个科、21 个属、35 个种，藤本类有 5 个科、5 个属、7 个种，草本类有 33 个科、85 个属、121 个种。不同种类含油量以及脂肪酸组成差别较大，木本植物松科种子含油量可高达 672g/kg，杏仁含油 500g/kg；草本植物地肤种子含油 160g/kg，鸭儿芹种子含油 220g/kg，薄荷种子含油 223g/kg，益母草种子含油 371g/kg。榛子种子含油 550~650g/kg，其中棕榈酸 3.5%、硬脂酸 1.3%、油酸 82.5%、亚油酸 12.7%；忍冬科接骨木果实含油量 350~440g/kg，其中亚油酸 44.03%、亚麻酸 43.17%、油酸 10.60%、棕榈酸 3.2%、硬脂酸 0.73%；多年生草本植物桔梗种子含油量 351g/kg，其中肉豆蔻酸 0.3%、棕榈酸 10.7%，硬脂酸 3.9%、油酸 12.0%、亚油酸 72.6%。γ-亚麻酸含量较高的植物资源，如：月见草属一年或二年生草本植物，种子含油量为 301g/kg，脂肪酸组成为棕榈酸 6.1%、硬脂酸 1.8%、油酸 7.7%、亚油酸 73.5%、γ-亚麻酸 9.2%；松科植物种子含油 512~672g/kg，其中 γ-亚麻酸约为 38%。目前，大豆油是世界上最常用的食用油，大豆含油量只有 160~240g/kg，低于杏仁，与鸭儿芹相当，因此，开发野生油脂资源，可丰富市场油脂供应，提高资源经济潜力。主要野生油脂植物种类及用途如附录二表 4 所示。

第四节 野生芳香和色素植物资源的开发利用

一、野生芳香植物资源的开发利用

芳香植物（也称香料植物）是指植物体某些器官中含有芳香油、挥发油或精油等芳香物质的一类植物。

芳香物质是植物体在代谢过程中由某些器官（油腺或腺毛）分泌出来的一种代谢物。芳香油、精油或挥发油等与植物油不同，是由萜烯、倍半萜烯、芳香族、脂环族和脂肪族等多种有机化合物组成的混合物，其中萜烯类是最重要的成分。挥发性成分大多具有发香团，因而具有香味。在一般情况下，芳香油比水轻，极少数（如檀香油）比水重，不溶于水，能被水蒸气带出，易溶于各种有机溶剂、各种动物油及酒精，也溶于各种树脂、蜡、火漆及橡胶，在常温下，大多呈易流动的透明液体。

（一）芳香植物资源的应用

从芳香植物中提取的芳香油、挥发油或精油可用于调配食品、饮料、烟、酒、牙膏及医药工业等调和香料；制作高级香水、化妆品、香水香精、调配各种香皂等；提取各种香味的天然高档香精，广泛用于纺织、建材、皮革、化妆品等行业；还可用于加工保健香茶、香囊、香枕等。

（二）野生芳香植物资源

野生芳香植物共计40个科、108个属、174个种，其中有草本植物119种，占68.40%，木本植物55种，占31.6%。主要野生芳香植物见附录二表5。

二、野生天然色素植物资源的开发利用

人们日常生活的方方面面都离不开各种色素，比如色彩丰富的食品、颜色多样的化妆品，还有其他日常用品以及儿童玩具等。

（一）合成色素及其特点

合成色素是由苯、甲苯、萘等为原料经化学合成，多属"苯胺类色素"。合成色素的特点是色彩鲜艳、价格低廉、色彩稳定性好。研究发现，几乎所有人工合成色素都不能向人体提供营养物质，某些合成色素甚至会危害人体健康。

世界各国尤其是西方发达国家不仅在色素对人体健康影响方面做了大量调查和研究，而且在食用色素的管理、合成色素的使用方面均有严格的规定，多种合成色素已被禁止或严格限量使用，特别是偶氮类色素。世界各国使用合成色素最多时的品种多达100余种。日本曾批准使用的合成色素有27种，现已禁止使用其中的16种。美国1960年允许使用的合成色素有35种，现仅剩下7种。一些国家已禁止在肉类、鱼类及其加工品、水果及其制品、调味品、婴儿食品、糕点等食品中添加合成色素。

（二）天然植物色素及其特点

1. 天然植物色素的分类

植物中的天然色素按化学结构的不同可以分为四大类。

（1）吡咯衍生物类色素　是以四个吡咯环构成大环（卟吩）为基础的天然色素，主要存在于绿色植物的叶绿体中，叶绿素是其主要代表。

（2）多烯类色素　是由异戊二烯（$CH_2 = C(CH_3) - CH = CH_2$）为单元组成的共轭双键长链为基础的一类色素，为脂溶性色素，主要存在于绿色植物的果实中，如番茄红素、辣椒红素和玉米黄素等。

（3）酚类色素　为水溶性或醇溶性色素，是多元酚的衍生物，可分为黄酮类、花青素类和鞣质三大类，如矢车菊色素、天竺葵色素、飞燕草色素、芍药色素、牵牛花色素和橙皮素等。

（4）酮类和醌类衍生物色素　它们的种类较少，主要存在于植物的地下茎和霉菌分泌物及红甜菜中。

2. 天然植物色素的特点

（1）绝大多数天然色素无毒及副作用，安全性高。

（2）天然植物色素大多为花青素类、黄酮类、类胡萝卜素化合物，因此，天然色素不但无毒无害，而且很多天然色素含有人体必需的营养物质，如维生素 B_2、番茄红素、玉米黄色素、β-胡萝卜素等。

（3）天然色素的着色色调比较自然，更接近于天然物质的颜色。

（4）大部分天然色素对光、热、氧、金属离子等很敏感，稳定性较差。

（5）绝大多数天然色素染着力较差，染着不易均匀。

（6）天然色素对 pH 变化十分敏感，色调会随之发生很大变化，如花青素在酸性时呈红色，中性时呈紫色，碱性时呈蓝色。

3. 天然植物色素的应用

早在 10 世纪，人类就开始利用植物性天然色素给食品着色，如朝鲜族传统民俗饮食中利用菊科植物制作出的美味糕点类食品；在云南，人们将天然植物染料用于生活日常，染食物、染布、染很多物件，为生活增添了很多色彩。

近年来，许多国家将天然植物色素批准为食品添加剂。日本允许使用的天然色素有 97 种，占据了 90% 的市场份额。我国允许使用的天然色素为 48 种。我国主要用野生草莓、紫草、山葡萄、北五味子、山楂、蒲公英等几十种山野菜来提取色素（附录二表 6）。开发研制天然色素，利用天然色素代替人工合成色素已经成为食品、化妆品行业的发展趋势。

第五节　野生天然杀虫及杀菌植物资源的开发利用

病虫害对人类的生产生活造成了十分严重的危害，导致农林业上严重的减产甚至绝收。化学农药一直在林业生产、农业增产增收中发挥着重要作用。

一、农药及特点

农药是指农林业上用于防治病虫害及调节植物生长的化学药剂。广泛用于农林牧业生产、环境和家庭卫生除害防疫、工业品防霉与防蛀等。到目前为止,世界上农药年产量近 200 万吨,约有 1000 多种人工合成化合物被用作杀虫剂、杀菌剂、杀藻剂、除虫剂、落叶剂等。

(一) 农药的分类

农药可按不同标准分为不同类型。

(1) 按用途　分为杀虫剂、杀螨剂、杀鼠剂、杀线虫剂、杀软体动物剂、杀菌剂、除草剂、植物生长调节剂等。

(2) 按原料来源　分为矿物源农药(无机农药)、生物源农药(天然有机物、微生物、抗生素等)及化学合成农药(有机农药)等。

(3) 按化学结构　分为有机氯、有机磷、有机氮、有机硫、氨基甲酸酯、拟除虫菊酯、酰胺类、脲类、醚类、酚类、苯氧羧酸类、脒类、三唑类、杂环类、苯甲酸类、有机金属类等。

(4) 按加工剂型　分为粉剂、可湿性粉剂、乳剂、乳油、乳膏、糊剂、胶体剂、熏蒸剂、熏烟剂、烟雾剂、颗粒剂、微粒剂及油剂等。

(二) 有机农药及其特点

有机农药是农药中属于有机化合物的品种总称,是以有机氯、有机磷、有机氟、有机硫、有机铜等化合物为有效成分的一类农药。20 世纪 30 年代末有机农药开始逐渐取代无机农药,因其杀虫效率高,使世界粮食大幅度增产。但有机农药具有一定的危害性。

(1) 引起农药中毒　多数农药对人和动物有毒,大量接触以及误食后会造成急性中毒甚至死亡。少量农药在人体内的积累引起的慢性中毒也不可忽视。

(2) 造成环境污染　农药大量、大面积使用,以及农药的不可降解性已对地球造成严重的污染,并由此威胁着人类的安全。农药飘浮在空气中会污染大气。农田被雨水冲刷,农药则会进入江河与海洋,水域中的农药通过浮游植物-浮游动物-小鱼-大鱼的食物链传递、浓缩,最终到达人类,在人体中累积。

(3) 造成生态破坏　大量和高浓度使用杀虫剂、杀菌剂会杀害许多害虫的天敌,破坏自然界的生态平衡,使过去未构成严重危害的病虫害大量发生,如红蜘蛛、介壳虫、叶蝉及各种土传病害。

实践证明,长期使用农药造成了许多负效应,如环境污染、农作物药害、害虫产生抗药性等,长期积累,给人类健康和环境生态带来了极大危害。

二、植物源农药及其特点

植物源农药是指利用植物所含的稳定的有效成分,按一定的方法对受体植物进行使用后,使其免遭或减轻病、虫、杂草等有害生物危害的植物源制剂。

我国应用植物源农药历史悠久,明代《本草纲目》和《农政全书》对杀虫植物种类、分布及使用等方面作了详细论述。中华人民共和国成立后于 1959 年出版了第一部《中国土农药志》,详细记载了 220 种植物性农药,1987 年出版了《中国有毒植物》,列出有毒植物 1300 种,可以作为杀虫及杀菌的植物源农药原料。2000 年,姜传义编写《中国杀虫植物志》详实地记载了 101 种杀虫植物的分布、生境、药用部位、化学成分、采集加工、配制方法与防治对象等信息。

（一）植物源农药的有效成分作用机制和产品优势

（1）有效成分　植物有机体的全部或一部分有机物质，如生物碱、糖苷、毒蛋白、挥发性香精油、鞣质、树脂、有机酸、酯、酮、萜等。

（2）作用机制　对病虫害具有忌避、拒食、毒杀和抑制生长及发育等活性。

（3）产品优势　对人、畜、农作物相对安全，残留少，不杀伤害虫天敌，不污染环境，害虫与病菌不易产生抗药性，可兼防病、虫害等，是环境友好型产品。

（二）植物源农药资源种类

我国杀虫及杀菌等植物源农药资源是非常丰富的，有关植物源农药资源的研究内容涉及楝科、卫矛科、柏科、瑞香科、豆科、菊科等科属的多种植物，常被开发使用野生杀虫植物中具有药用价值的植物总计有 50 个科、100 个属、176 个种，其中有草本植物 148 种，占 84.09%，木本植物 28 种，占 15.91%，如马齿苋、白头翁、车前、艾蒿、蒲公英等多种山野菜资源（附录二表 7），都可作为杀虫植物农药。野生植物资源同样具有杀菌能力，如侧柏的叶、果实和果仁可以抑制棉花炭疽病菌孢子，防治小麦叶锈病、条锈病、秆锈病；垂柳可抑制甘薯黑斑病菌内生孢子；酸模可抑制马铃薯晚疫病菌孢子；莴苣则对苹果炭疽病菌孢子有一定抑制作用（附录二表 8）。

近年，一些欧美企业研发的植物源农药已进入中国市场，其中既有杀虫剂也有杀菌剂，实验效果体现了较大的优势，在一些特定的地区和作物方面的应用量已经超过了人工合成化学农药。目前，我国已有烟碱、苦参碱、楝素、茴蒿素和茶皂素等 40 余种植物源农药登记注册，产量较大的产品有鱼藤酮、苦参碱、印楝素、除虫菊素等。

第六节　园林绿化及野外生存植物资源的开发利用

山野菜资源还具有园林绿化和野外生存等诸多功能。

一、园林绿化

园林植物（Landscape plant）是指适用于园林绿化的植物材料，包括木本和草本的观花、观叶或观果植物，以及适用于园林、绿地和风景名胜区的防护植物与经济植物。据统计，有 26 个科、43 个属、62 个种的野生植物可用于园林绿化，如兴安圆柏、长白瑞香等可制作盆景，红松、红皮云杉、东北红豆杉、斑叶稠李、黄檗、小花木兰、胡桃楸等可做行道树或风景林，白檀、芍药、白头翁、北乌头、白鲜、野菊、大苞萱草、铃兰、柳兰、射干、鸢尾、暴马丁香、金银忍冬、玫瑰等可用于花坛、花境、草坪的绿化，北五味子、东北雷公藤、南蛇藤、辣蓼铁线莲、软枣猕猴桃等用于假山、墙垣的垂直绿化。许多山野菜资源，如蕨菜、葛、沙棘等繁殖容易且快，茎叶覆盖面大，根系发达，水土保持效果好适合作为园林植物。

二、野外生存

山野菜还对人们野外生存起到重要作用。李濂在《〈救荒本草〉序》中记述："或遇荒岁，按图而求之，随地皆有，无艰得者，苟如法采食，可以活命，是书也有助于民生大矣。"目前，多国已将"可食动植物的利用"作为新的军训科目——求生训练。英国约翰·怀斯曼（John Wiseman）所撰的《怀斯曼生存手册》（*The SAS Survival Handbook*）（1986年）中，在显著位置详尽记述了包括常见山野菜蒲、蓼、蓟、堇、蕨、藜等在内的100余种野生植物，并说明只要熟悉掌握一二种，就可以在野外求生中产生完全不同的结果。

中国人民解放军总后勤部军需部于1982年委托中国人民解放军军事医学科学院和中国科学院植物研究所，用了3年时间，在全国六大区选点进行野外调查，并多次组织人员试吃，本着"生长多，分布广，有营养，无毒害，易识别"的原则，筛选出100个较好的山野菜品种和57个参考采食山野菜品种，并于1989年出版了《中国野菜图谱》，为人们和部队开发利用山野菜资源，提供了科学依据。

我国山野菜分布广，品种多，营养价值高，资源丰富，在战时，山野菜可以就地采取，以应急需。在生存逆境，多认识一种山野菜就多一份存活的希望。

思考题

1. 为什么要综合开发利用山野菜资源？
2. 简述野生食用植物资源种类与分布。
3. 简述野生油脂植物资源种类与分布。
4. 简述野生天然色素植物资源种类与分布。
5. 简述野生芳香植物资源种类与分布。
6. 简述野生杀虫植物资源种类与分布。
7. 简述野生杀菌植物资源种类与分布。
8. 简述如何综合开发利用山野菜资源。

【知识窗】 经典的救荒巨著——《救荒本草》

《救荒本草》由明太祖朱元璋第五子朱橚（sù）（1360—1425年）编写，明永乐四年（1406年）刊刻于开封。全书分上下两卷，记载植物414种，每种配有精美的木刻插图，按五部编目，有草类245种、木类80种、米谷类20种、果类23种、菜类46种。

《救荒本草》是我国历史上最早的一部以救荒为宗旨的农学、植物学专著。书中详细描述了植物形态、生长环境以及加工处理烹调方法等，对植物资源的利用、加工炮制等方面也作了全面的总结，是我国本草学从药物学向应用植物学发展的一个标志。书中在"救饥"项下，提出对有毒的白屈菜加入"净土"共煮的方法除去它的毒性，以便荒年时借以充饥，与1906年俄国植物学家茨维特（1872—1919年）发明的色层吸附分离法在理论上是一致的。

《救荒本草》很早就流传到国外，在日本德川时代（1603—1867年）受到很大重视。英国药学家伊博恩（Bernard Emms Read）将书译成了英文，美国植物学家李德（A.S. Lead）在《植物学简史》（1972年）中赞誉《救荒本草》绘图精细，超过当时欧洲的水平。

各论

第七章 蕨菜的开发利用

CHAPTER 7

[学习目标]

1. 了解蕨菜的植物学特征和生物学特性，熟悉蕨菜的繁殖方式。
2. 掌握蕨菜的营养成分，掌握其药用化学成分及相应的药理活性。
3. 了解蕨菜相关综合产品开发，熟悉蕨菜较成熟的食用、药用产品。

第一节 蕨菜概述

蕨菜是凤尾蕨科（Pteridaceae）蕨属（*Pteridium*）多年生草本植物，又名"拳头菜""拳芽菜""龙爪菜"或"佛手菜"等。蕨菜在我国已经有3000年左右的食用历史，蕨菜被我国列入本草文献所载具有保健作用的食物名单。中国食用蕨类植物约有29个科、39个属、95个种，其中约27科、34属、90种的蕨类植物幼嫩的拳卷叶（俗称蕨菜）、营养叶被用作时令蔬菜，制成干菜、罐头等。

蕨菜综合开发利用

一、蕨菜的分布

蕨菜广泛分布于全球亚热带、暖温带和温带地区，常在海拔200~830m的丘陵、山地生长，喜爱成片长于山坡草丛或林缘阳光充足处。

我国境内蕨菜分布也较为广泛，常成片野生于荒坡、半山坡或林缘灌丛草地上，在我国西北、华北、东北和西南各地稀疏阔叶林和针阔混交林的林间空地、边缘或荒坡的湿地上尤其多见。蕨菜在不同地区分布的海拔有差异，在秦岭以北地区分布于海拔200~800m的高山地带，在长江以南地区分布于海拔500~1800m的地段。蕨菜在我国蕴藏量丰富，是我国传统大宗森林野生蔬菜之一，有"山菜之王"之称。

二、蕨菜的植物学特征

蕨菜是多年生草本植物，高约 1m，其地下根茎长且横向伸展，呈黑褐色，其叶由地下根茎长出，为 2~3 片回羽状复叶，革质，轮廓是阔卵状或呈三角形，叶上附着"鳞毛"，"上部叶"为草绿色，稍有光泽，"下部叶"为灰绿带棕色，密被白色绒毛，叶柄长 15~24cm，基部为棕色，被有浅棕色长约 1.5mm 的鳞毛；夏初时，叶里生长繁殖器官，即子囊群，呈赭褐色，沿末次羽片边缘着生（图 7-1）。

图 7-1　蕨菜的植株形态

三、蕨菜的生物学特性

蕨菜适合生长在湿润、凉爽的环境，抗逆性强，适应性强。蕨菜喜光，对光照较敏感，充足的阳光可使蕨菜快速生长。蕨菜多生于稀疏林地，植株高大，不耐干旱，要求水分充足，土壤要求有机质丰富，在中性或微酸性、湿润、腐殖质深厚的土壤中栽培为最佳。

蕨菜适宜的生长温度为 25~30℃，其能耐高温、抗低温，32℃的高温也可正常生长，根茎在-36℃的低温下也不会死亡，嫩叶在-5℃以上就不会遭受冻害。蕨菜主要在春夏生长发育，其根茎细长，能延伸至地下 20~30cm。蕨菜是由受精卵发育，然后生长成具有根、茎、叶的植株。同时，蕨叶上产生孢子，孢子随风飘散，在光照、湿度均适宜的生长环境中开始发育，3 个月左右就可长成蕨类植物的原叶体。

四、蕨菜的繁殖方式

蕨菜是一种"药食两用"的野生蔬菜，需求量较大。但野生蕨菜资源紧缺，为了更好地满足市场需求，就需要进行人工驯化栽培。蕨菜可通过以下几种方式进行繁殖。

（1）孢子有性繁殖　每年 3—4 月播种。上年收集成熟孢子，播种前，用 300mg/L 赤霉素（GA3）溶液处理 15min。摇匀后喷洒至播种床，不可覆土。空气及土壤相对湿度保持在 85%~90%，光照以散射光为宜，保证每天照射 4h，气温保持在 25~30℃。

(2) 根茎无性繁殖　根茎挖于上年早春或晚秋，分散埋于户外土壤贮藏，覆土20cm。次年春天摆根培育，摆根前可用赤霉素（50g/m³）进行喷雾处理，然后立即覆土5cm，使根茎发芽。

(3) 组织培养　主要以蕨菜的根茎生长点、叶柄、叶片为外植体进行组织培养。

第二节　蕨菜的营养成分及其开发利用

蕨菜被誉为"山菜之王"，有着悠久的食用历史，《诗经·召南·草虫》中"陟彼南山，言采其蕨"就描绘了人们成群结队在南山采蕨的场景。现代研究表明，蕨菜含有丰富的营养成分，包括蛋白质、膳食纤维、维生素以及矿物质元素等，是典型的绿色无公害食品，具有广泛的开发利用前景。

一、蕨菜的营养成分

新鲜蕨菜根茎中含有丰富的淀粉（称为"蕨粉"），含量高达350~400g/kg湿重，蕨根淀粉白度较低，黏度高于玉米淀粉，抗剪切能力、酸碱稳定性优于马铃薯淀粉，是上等的酿酒原料，出酒率高达30%。

据检测，每100g蕨菜鲜品中含能量39kJ、蛋白质1.6g、碳水化合物9g、脂肪0.4g、胡萝卜素1.1mg、膳食纤维1.8g、维生素C 23mg、维生素E 0.73mg，以及矿物质元素钾4.165g、钙0.125g、镁0.362g、铁8.309mg、锰7.307mg，可以满足人体对矿质元素的需求。

蕨菜含有17种氨基酸，包括7种人体必需氨基酸，这些必需氨基酸占其氨基酸总量的39.40%，赖氨酸和色氨酸尤其丰富。

二、蕨菜食用价值的开发利用

李时珍在《本草纲目》中记载："蕨，处处山中有之。二三月生芽，拳曲状如小儿拳，长则展开如凤尾，高三四尺。其茎嫩时采取，以灰汤煮去涎滑，晒干作蔬，味甘滑，亦可醋食。其根紫色，皮内有白粉，捣烂，再三洗澄，取粉作粔（jù）籹（zhuāng），荡皮作线食之，色淡紫而甚滑美也。"蕨菜味道鲜美，含有多种营养成分，可鲜食，也可制成干菜或盐渍蕨菜，还可制成酱菜、罐头、蕨菜纸等，还可开发为蕨菜茶、蕨根粉等功能性产品。

（一）鲜食

蕨菜可鲜食，可在沸水中浸烫后过凉作为菜肴，如蕨菜炒鸡丝、蕨菜粥、蕨菜凉拌菜等。

（二）蕨菜调味品

蕨菜还可添加调味料制成调味蕨菜食用。如将新鲜山蕨菜和紫云英嫩茎2∶1混合后加入适量海鲜酱、辣椒油、姜片和精制食盐，混合均匀，再加入适量的白酒进行封坛，腌制10~15d即可获得美味的调味山蕨菜。

（三）蕨菜干

蕨菜原料通过分级、清洗、沸水烫漂、干燥脱水等工艺制成蕨菜干制品，蕨菜干呈红棕色或深紫色的长条状，水分含量不超过8%。

（四）盐渍蕨菜

原料选用鲜嫩粗壮、粗纤维少的蕨菜，通过初腌与复腌制成盐渍蕨菜，便于储藏和食用。具体工艺如下。

原料验收 → 挑选 → 捆扎 → 第一次盐渍 → 第二次盐渍 → 出池清洗 → 切除老化梗 → 清洗 → 加一定浓度的新配盐水 → 包装 → 成品

盐渍蕨菜成品：色泽呈嫩绿色，有光泽，具有蕨菜的特殊香味，无异味。该产品组织脆嫩，蕨菜长度为 20cm 以上，无虫蛀，无病斑，无断梗，无糜烂，无老化梗。此产品食盐含量应达到 210g/kg 以上，盐水浓度为 23~24°Bé。

（五）蕨根粉制品

1. 蕨根粉

蕨根粉由蕨根洗净、干燥、磨粉制成，由于其接近黑色被称为黑粉丝，主要成分为淀粉，其中直链淀粉、抗消化淀粉含量较高，并含有天然色素、类黄酮、矿物质元素等营养成分。蕨根粉具有较强的饱腹感，在总碳水化合物不超标时，蕨根粉可适当替代白米饭等供糖尿病患者或减肥人群作为主食食用。

2. 蕨根粉条与粉羹

蕨根粉条是以蕨根粉为主要原料，再加入羧甲基纤维素钠、食盐、精炼植物油等辅料，经打芡、和面、漏丝、成型等工序加工制成，是一种营养丰富、具有良好口感的健康食品。

蕨根粉羹是以蕨根粉为主要原料，经挤压膨化，配以黄豆、芝麻、砂糖等辅料，粉碎、混匀制成。蕨根粉羹营养丰富，易消化吸收，是一种具有保健功能的方便食品。

（六）蕨菜饮品

1. 蕨菜茶

取新鲜蕨菜幼嫩叶，蒸汽杀青 5min，在 110~130℃ 条件下烘干，切成 2cm 小段，制成蕨菜茶。蕨菜茶经沸水冲泡，茶水汤汁颜色与绿茶相近，无苦涩等其他不良风味，并具有蕨菜香气。

2. 蕨根饮料

蕨根汁饮料可以用蕨根原汁 150mL/L、蔗糖 140g/L、柠檬酸 2g/L、蜂蜜 5g/L、辅料 0.8g/L 调配成，具有良好的风味。蕨根泡腾冲剂以蕨根为主要原料，添加白砂糖、柠檬酸、香精、l-赖氨酸盐等辅料，经调配、过滤、浓缩、干燥、灭菌等工序研制出的蕨根汁保健泡腾冲剂，清爽可口，风味独特，冲饮方便，易于携带、贮存。

3. 蕨根酒

蕨根酒以蕨根原汁为主要原料，同时添加活性干酵母 80g/L、白砂糖 12g/L、柠檬酸 0.47g/L，经二次发酵可制出风味独特的蕨根保健酒。具体工艺流程如下。

原料处理 → 破碎 → 原汁调整 → 前发酵（活化酵母）→ 分离 → 后发酵 → 陈酿 → 换桶、澄清 → 过滤 → 成品

（七）蕨菜纸

蕨菜纸是将蕨菜破碎后加入大豆分离蛋白 2g/L、海藻酸钠 2g/L、羧甲基纤维素钠 3g/L、淀粉 50g/L、甘油 15g/L、食盐 15g/L 制成糊状，经涂膜、干燥和成型而制得的一种纸片状食品。蕨菜纸颜色鲜绿，有光泽，口感鲜美，便于运输和贮藏，既保留了蕨菜的风味，又没有破

坏其原有的营养成分，是一种高品质的休闲食品。

第三节　蕨菜的药用成分及其开发利用

蕨菜是我国分布广泛的一种山野菜资源，不仅可以作为食用资源，也可以作为传统的药用资源。蕨菜味甘、微苦，性寒，具有清热解毒、润肠降气、化痰平喘等功效。作为药食两用植物，蕨菜的活性成分在营养保健方面的应用已经成为关注的焦点。

一、蕨菜的药用成分

蕨菜的主要药学成分包括黄酮类、多糖、有机酸、甾体类及其他化合物。

（一）黄酮类化合物

黄酮类物质是蕨菜中的主要活性成分。1974年，日本学者高雄（TAKAO）从蕨菜中发现了一种特有的黄酮类物质——蕨素。目前，蕨菜中已发现的黄酮类化合物主要有蕨素（Pterosin）、槲皮素、异槲皮素、异鼠李素、鼠李素、山奈酚、紫云英苷、芦丁、5-羟基吡咯烷-2-酮、银椴苷、原儿茶醛等。

自20世纪80年代以来国内外学者从蕨类植物中分离得到151种蕨素类成分，按母核骨架结构的碳原子数分类，主要包括13碳蕨素类、14碳蕨素类、15碳蕨素类、蕨素二聚体类。

（二）多糖类化合物

经检测，蕨菜多糖的平均分子质量为458000u，单糖组分中以葡萄糖为主，约占58.1%。其次还含有鼠李糖、阿拉伯糖、岩藻糖、木糖、甘露糖、葡萄糖和半乳糖等单糖。

（三）甾体类化合物

蕨菜中甾体类物质主要为β-谷甾醇、4-豆甾烯-3-酮、豆甾烯-3,6-二酮、那坡甾酮A、松甾酮苷A、牛膝甾酮、胡萝卜苷等。

（四）有机酸化合物

蕨菜中的有机酸主要是苯甲酸、3-对香豆酰奎宁酸、对羟基苯甲酸、5-O-咖啡酰莽草酸等。

（五）其他化合物

蕨菜中还含有20多种倍半萜类化合物，其中包括蕨苷，一种1-茚满酮衍生物。此外，蕨菜还含有腺嘌呤核苷和三种对羟基苯乙烯糖苷等。

二、蕨菜的药理作用

蕨菜全草均可入药，含有多种生物活性物质，具有较高的药用价值。国内外学者对蕨菜的药理作用进行了大量的研究。

（一）传统药理作用

蕨菜最初记载于《诗经》："陟彼南山，言采其蕨。"唐代《本草拾遗》记载："（蕨）去暴热，利水道，令人睡。"《食疗本草》称其："补五脏不足，气壅经络筋骨间，毒气。"北宋《圣惠方》中记载蕨菜花（叶）焙为末可治肠风热毒。清代《遵义府志》中记载："一种甜蕨，根如竹节。掘洗捣烂，曰蕨凝；和水掬汁，以棕皮滤滓。隔宿成膏……煮之如水引。"

（二）现代药理作用

蕨菜含有许多药用成分如黄酮类化合物、多糖、γ-氨基丁酸等，具有抑菌、抗氧化、降血脂、降压、抗肿瘤、免疫调节等生物功能。现代药理研究表明，蕨素是蕨类植物的特征成分，具有多种生物活性，其降糖机制是目前的研究热点。

1. 抗氧化作用

蕨菜具有一定的抗氧化性能作用，蕨菜黄酮能够有效清除自由基，抑制亚油酸、猪油的自氧化，阻断亚油酸和猪油的过氧化，有效清除油脂中的过氧化物，降低油脂的过氧化值。蕨菜黄酮能修复铅诱导下的肝细胞的氧化损伤，对铅引起的小鼠肝组织的超氧化物歧化酶（SOD）水平异常有很强的干预效果。高剂量的蕨菜黄酮可以恢复肝组织中的SOD活性，并基本可使其达到正常水平。同时，小鼠肝组织及血清中的丙二醛（MDA）含量也有所下降。

蕨菜中的水溶性多糖能有效清除1,1-二苯基-2-三硝基苯肼（DPPH）自由基、羟自由基和超氧阴离子，对羟基自由基的清除能力达80%以上。蕨菜多糖还能抑制邻苯三酚的氧化，具有较强的Fe^{3+}还原力。

2. 调节血脂作用

蕨菜中的黄酮类化合物能明显改善脂代谢失调，并且能延缓动脉硬化的发生。蕨菜黄酮能显著降低高脂血症大鼠的总胆固醇（TC）含量、低密度脂蛋白（LDL-C）水平，升高高密度脂蛋白（HDL-C）/TC值，降低LDL-C/TC值和动脉硬化指数（AI）。

3. 抑制肿瘤作用

研究人员通过对小鼠宫颈癌模型以及腹水瘤模型的研究，发现蕨菜黄酮能够抑制肿瘤的生长，促进小鼠脾脏和胸腺细胞的增殖，延长小鼠的生命。同时，小鼠体内的SOD、谷胱甘肽酶的活性均有所升高、MDA的含量相对降低，蕨菜黄酮使小鼠机体的抗氧化能力提高，由此推测蕨菜黄酮可能是通过抑制免疫器官以及细胞的氧化凋亡，从而抑制肿瘤的发展。

三、利用蕨菜开发的药品

（一）蕨菜的典籍记载

《全国中草药汇编》记载，蕨菜嫩叶或全草均可入药："嫩叶可食，称蕨菜，根状茎供提取蕨粉，为滋补食品。"

（二）蕨菜的经典中药配方

蕨菜中药配方的确定主要依据传统医学理论基础，结合临床使用主要有以下几种。

（1）春蕨散　新生蕨菜每次服用6~9g，空腹时用陈米饮调下，主治产后痢疾。(《圣济总录》卷一六五、《普济方》卷三五五)

（2）黄胖丸　铁砂50g（醋煮后水洗）、蕨粉50g、硫黄40g、枯矾10g，上为末，面糊为丸，如梧桐子大，主治黄胖，上逆动气或下血，眩晕不能行步者。(《名家方选》)

第四节　蕨菜的综合开发利用

蕨菜是我国传统的山野菜，除食用与药用外，还有多种其他利用价值。蕨菜可以作为观赏花卉，蕨类植物被称为羊齿植物，其叶片是特有的羽叶状，蕨类是一种不会开花结实的高等植物，植株形态优美，颜色碧绿，因此在西方有着"无花之美"的美称，代表着典雅、清纯、古朴等含义，特别是在欧美国家、日本等地被认为是高贵、典雅的象征，可以在园林绿化、日常家居等场景广泛使用。蕨菜还可以作为食用菌栽培基质，蕨根中含有多糖、黄酮、有机酸以及丰富的淀粉，提取淀粉后的蕨根渣，可作为培养食用菌的基质，如平菇栽培基质为蕨根渣760g/kg、麸皮200g/kg、钙镁磷肥30g/kg、石膏粉10g/kg。综上所述，述蕨菜具有广阔的综合开发利用前景（图7-2）。

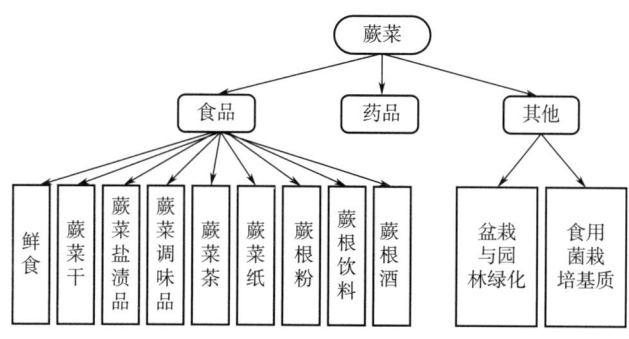

图7-2　蕨菜的综合开发利用

思考题

1. 蕨菜的别称有哪些？蕨菜具有哪些形态特征？
2. 蕨菜的繁殖方式有哪些？
3. 蕨菜含有哪些营养成分？可以制备哪些食用产品？
4. 蕨菜含有哪些药用成分？
5. 蕨菜有哪些药理作用，传统典籍认为蕨菜有哪些功效？
6. 蕨菜除食用与药用外，还有哪些应用？

【知识窗】蕨类——远古来的灵性植物

"蕨，山菜也。出生似蒜，紫茎黑色，可食如葵"，我国商周时期的先民就已经开始食用蕨菜了，《诗经》中也多有关于蕨菜的描述，常用蕨菜来引出忧思之情，西汉时期的《尔雅·释草》是第一次对蕨菜本身进行叙述："蕨，可食之菜也。一名蘩……初生无叶，可食。江西谓之蘩。"历史上，蕨菜也是饥荒时百姓的食粮，三国时魏蜀对峙汉中，曹操部队掠夺百姓，导致汉中各郡饿殍遍地，民不聊生，当地饥民就以煮蕨菜而生。清代《稗雅》中记录"蕨，状如大雀拳足，犹如人足之蹶也，故谓之蕨。"

第八章

薇菜的开发利用

CHAPTER 8

[学习目标]

1. 熟悉和了解薇菜的由来。
2. 掌握薇菜的营养成分以及主要食用产品。
3. 掌握薇菜的主要药用成分，理解其主要药理作用。
4. 了解薇菜的综合开发与利用。

第一节 薇 菜 概 述

薇菜综合开发利用

薇菜是紫萁科（Osmundaceae）紫萁属（*Osmunda*）植物，为多年生蕨类草本植物，又名綦（qí）、月尔、紫萁、綦蕨等，中医药称其为"紫萁贯众"或"高脚贯众"。薇菜在我国食用历史悠久，并且其株型独特，有很高的观赏价值。

一、薇菜的分布

薇菜在全球范围内分布广泛，约有 14 种，在东亚地区、欧洲、美洲都有分布，主要分布在中国、日本、韩国等亚洲国家，我国是薇菜的主要生产国和出口国。

中国盛产薇菜的四大主要产区为武陵山区、重庆黔江区五县及其毗邻的湖北恩施州、贵州铜仁地区和湖南湘西州。此外，在东北的黑龙江与吉林等地也生长着大量的薇菜。其中生长于我国南方地区的主要是紫萁，俗称"南方薇菜"；生长于我国东北地区的主要是分株紫萁，又被称为"东北薇菜"。

二、薇菜的植物学特征

薇菜是多年生草本植物，高 50～80cm；地下茎短粗直立或斜生或簇生成蔸状，叶为纸质，成长后光滑无毛，有营养叶和孢子叶之分，营养叶也称不育叶，簇生于根茎顶端，呈三角广卵形，顶部一回羽状，以下二回羽状复叶，羽片3~5对，对生，长圆形。孢子叶也称能育叶，较营养叶萌发得早，一般在成株中部抽生，羽状分裂，小羽片卷曲成条形，其上沿主脉两侧密生褐色孢子囊。成熟孢子为三裂缝、四面体型，其表面具有短棒状纹饰（图8-1）。

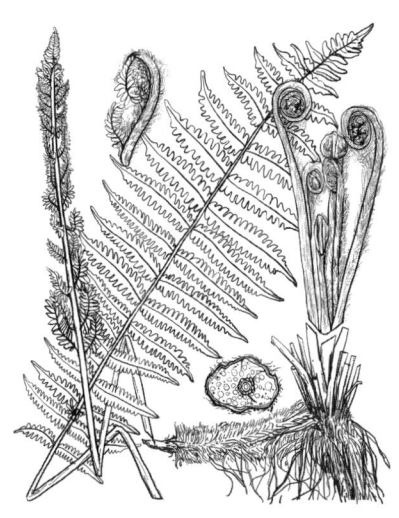

图8-1 薇菜的植株形态

三、薇菜的生物学特性

薇菜喜散射光，主要生长于山地林荫下、有机质丰富的酸性土壤或沙壤中，适合在遮光度30%~40%的弱酸性林下生长，喜湿润，不耐干旱，水分大的土壤更适合其生长繁殖。当地表温度达到8℃时，薇菜开始萌发幼芽；温度为15℃左右时，叶的生长速率最快；温度高于20℃时，生长开始变得缓慢；温度到达30℃以上，薇菜则停止生长。

薇菜的根茎耐寒性很强，可以安全过冬。每年4月下旬其根状茎开始萌发并抽生新叶，嫩叶生长极为迅速；孢子于5月下旬成熟，在适宜的温度和湿度条件下，可发育成独立生活的孢子体；到6月底几乎停止生长；到9月底逐渐开始枯黄。

四、薇菜的繁殖方式

薇菜可通过以下几种方式进行繁殖。

(1) 孢子繁殖 通过对薇菜孢子繁殖进行研究，采用"三段式"育苗培苑技术，使薇菜孢子形成种苑，直接用于人工栽培。

(2) 种苑移栽繁殖 薇菜种苑移栽方法分为两种：整株移栽繁殖、分株移栽繁殖。种苑移栽繁殖虽然有效地缩短了薇菜的繁育周期，提高了成活率，但薇菜生长缓慢，挖掘种苑移栽会对野生资源造成严重破坏。目前国家林业部门已明令禁止采挖野生根茎进行繁育。

(3) 组织培养 研究人员通过将孢子体幼苗根系生长点作为外植体成功培育出了薇菜种苗。此外，以薇菜茎尖作为外植体，经诱导原球茎培养和炼苗移栽的步骤，对薇菜的茎尖进行组织培养，能在短期内生产出大量薇菜组培苗。

第二节　薇菜的营养成分及其开发利用

《尔雅》中记载薇菜："蔜，月尔也。"《尔雅注》记："（薇菜）即紫萁也，似蕨可食。"薇菜富含大量人体所需的氨基酸和微量元素，是一种集营养和药用价值于一身的高档野生植物资源。《史记》记录早在商末周初就有："伯夷、叔齐不食周粟，避居首阳山中，采薇而食。"薇菜叶嫩、质脆，幼嫩拳卷叶更是深受人们的喜爱，其营养、医药价值都很高，被誉为"林海山珍"。

一、薇菜的营养成分

薇菜营养丰富，富含氨基酸、纤维素、维生素和其他人体必需的多种成分。

据检测，100g 新鲜薇菜含能量 167.4kJ、碳水化合物 4.3g、膳食纤维 3.8g、蛋白质 3.1g、脂肪 0.2g、维生素 B_2 0.25g、维生素 C 67mg、维生素 E 0.78mg、胡萝卜素 1.97mg，其中维生素 C 为鲜蕨菜的近 3 倍。薇菜中富含钾、钠、钙、镁、磷、铜、锌、铁以及钴、镍、钼、铬、硅、硒、钒等矿物质元素，可以补充人体对矿质元素的需求，其中钾元素含量较高，每 100g 薇菜干品中钾元素的含量可达 300mg。

薇菜干中共含有 18 种氨基酸，其中总氨基酸含量达 697.93mg/g，鲜味氨基酸、甜味氨基酸、芳香族氨基酸及药效氨基酸分别占氨基酸总量的 23.99%、22.16%、12.46% 和 63.97%。其中必需氨基酸占氨基酸总量的 45%，必需氨基酸总量与非必需氨基酸总量的比值为 0.83，高于联合国粮食及农业组织（FAO）与世界卫生组织（WHO）所推荐的理想蛋白质标准。薇菜中硒元素含量也较丰富，可吸收与利用土壤中有机态的硒元素，更易为人体吸收利用。

二、薇菜食用价值的开发利用

薇菜整株均可食，营养丰富，含有多种有利于健康的营养成分，可鲜食、盐渍薇菜、可利用薇菜淀粉制作粉皮、粉条，也可制作成薇菜饼干、薇菜罐头、薇菜干，还可开发成功能性薇菜冲剂、口含片、泡腾片等多功能食品（图 8-2）。

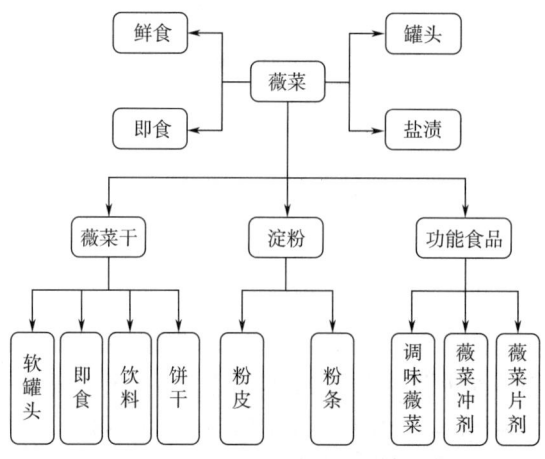

图 8-2　薇菜食用价值的综合利用

（一）鲜食

薇菜可鲜食，作为主食或菜肴，其嫩茎叶焯水后可拌、炒、蒸、做汤、做馅等。

（二）薇菜干

目前市场供应的薇菜产品多为加工后的薇菜干经过进一步加工成为各种类型的食品进入市场，包括复原精制薇菜、清水薇菜软罐头以及各种"即食快餐薇菜"食品。

薇菜干的制作工艺流程如下。

鲜薇菜经挑选（粗细分开） → 漂烫（3~5min，一撕两半即表明烫好）→ 冷却 → 晾晒 → 揉搓（8次以上）→ 成品

薇菜干成品呈红棕色，组织柔软，富有弹性，透明，具有清醇、芳香气味。水分含量小于13%，长 8cm，直径大于 0.3cm。

（三）薇菜罐头

新鲜薇菜的进行护色、保脆处理，较好地保留了新鲜薇菜的品质，生产出新鲜薇菜风味罐头。

薇菜罐头的制作工艺流程如下。

原料选择 → 原料处理 → 碱液处理 → 热烫处理 → 硬化处理 → 装罐 → 密封 → 杀菌 → 成品

（四）盐渍薇菜

以新鲜薇菜为原料，通过选料、初渍、复渍、包装等工序制得一种盐渍薇菜。

（五）薇菜饼干

将薇菜干粉碎制成粉末，加入面粉、鸡蛋等材料进行压片、烘烤制成薇菜饼干，适宜配方为面粉 415g/kg、薇菜粉末 10g/kg、鸡蛋 225g/kg、玉米油 180g/kg、白砂糖 170g/kg。

（六）薇菜饮料

将薇菜粉、绿茶通过浸提、过滤制成薇菜汁、绿茶汁，加入柠檬酸等配料通过均质、杀菌制成薇菜茶饮料。

薇菜汁饮料的制作工艺流程如下。

原料选择 → 原料处理 → 晒制 → 浸提 → 浸提液澄清 → 调配 → 包装 → 成品

（七）薇菜功能性食品

1. 调味薇菜

以薇菜、苦菜、黄豆、玉米、地黄花、芒果核、桑叶、玉米须、黄芪、黄精、人参、盐、木糖醇、甘草、味精、柠檬酸钠、乳酸钙、葡萄糖酸锌、柠檬酸、八角粉、桂皮、丁香、干姜、醋、茶多酚为组分，制作工艺流程如下。

挑选 → 分级 → 浸泡 → 冲洗 → 切断 → 滚揉机内滚揉 → 调味 → 装袋杀菌 → 成品

制备降糖调味薇菜，食用方便，营养丰富，具有补钙、补锌的作用，在保留自身营养的同时，还有辅助降糖保健功效，且保质期长。

2. 薇菜冲剂

以干燥的薇菜、红枣、山梧桐、慈乌胆、胡萝卜、芦笋、桑椹为组分，制作工艺流程如下。

选料 → 混合 → 灭菌 → 成品

薇菜冲剂具有补充营养，滋补强身作用。

第三节　薇菜的药用成分及其开发利用

薇菜是传统的中药材，其根状茎、叶柄基部、茎叶等切片切段晒干入药，称为紫萁贯众（也称贯众）。

一、薇菜的药用成分

薇菜的主要药用成分包括黄酮类化合物、内酯、多糖、甾酮类化合物、鞣质等。

（一）黄酮类化合物

黄酮类化合物是薇菜及同属植物中的主要成分，主要包括山柰酚、黄芪苷、阿洛糖的黄酮苷类化合物等。紫萁贯众中紫萁酮的含量很低，是紫萁贯众的专属成分，作为对照品收载于2010年版《中华人民共和国药典》中。

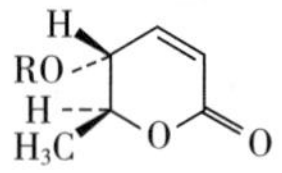

（1）R=H—紫萁内酯
（2）R=Glc—紫萁苷

图8-3　紫萁内酯（1）和紫萁苷（2）的化学结构

（二）内酯类化合物

薇菜中含有丰富的内酯，包括（4R，5S）-紫萁内酯、紫萁苷（图8-3）、二氢异葡萄糖基紫萁内酯、5-羟基-2-己烯酸-4-内酯、5-羟基己酸-4-内酯、3-羟基己酸-5-内酯、类花楸酸苷、2-去氧-2-吡喃核糖内酯等。

（三）多糖类化合物

多糖类化合物是由糖苷键结合的糖链，超过10个的单糖组成的聚合糖高分子碳水化合物。薇菜多糖由甘露糖、鼠李糖、半乳糖醛酸、葡萄糖、木糖、岩藻糖等组成。

（四）甾酮类化合物

薇菜中含有大量甾酮类成分，如尖叶土杉甾酮、蜕皮甾酮（图8-4）、蜕皮素等。

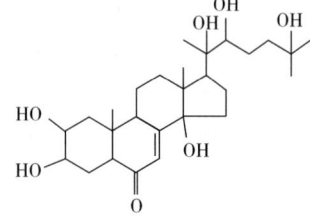

图8-4　薇菜蜕皮甾酮的化学结构

（五）其他化合物

薇菜全植物中还含有鞣质类、脂肪酸酯、甾体、多酚等其他成分。

二、薇菜的药理作用

薇菜所含丰富的化学成分赋予了它许多特殊的药用功效，是一种常见的中药，历来被劳动人民用来防病、治病。

（一）传统药理作用

薇菜记载于《本草纲目》："薇，味甘寒，主久食不饥，调中，利大小肠，利水道，下浮肿，润大肠。"《草本便方》中记载："（薇）活血，破血，止血，生肌。治五黄疸肿，利脏热。截疟，平胃，明耳目。"薇菜归脾、胃经，能清热解毒，润肺理气，补虚舒络，止血杀虫。主治衄血、吐血、赤痢、子宫功能性出血、风热感冒等病症。民间习惯将薇菜放置水缸中，预防瘴疫。薇菜对绦虫病、十二指肠虫、蛲虫、蛔虫效果显著。

（二）现代药理作用

1. 抗氧化作用

薇菜黄酮类化合物能显著阻断猪油、亚油酸的过氧化作用，同时还能去除猪油中原有的过氧化物，降低油脂的过氧化值。薇菜中的黄酮类化合物可通过降低脂质过氧化水平，起到抗衰老作用。

研究发现，薇菜水溶性多糖对 $O_2^-·$ 和 $·OH$ 有明显的抑制作用，具有一定的抗氧化能力。

2. 抑菌作用

薇菜具有广谱性的抑菌作用，既可抑制革兰阳性菌，又可抑制革兰阴性菌，尤其对金黄色葡萄球菌、痢疾杆菌作用明显，同时对变形杆菌、绿脓杆菌、大肠杆菌也有效果。紫萁黄酮类化合物对枯草芽孢杆菌、金黄色葡萄球菌、黄曲霉和青霉均具有一定抑制作用（图8-5）。

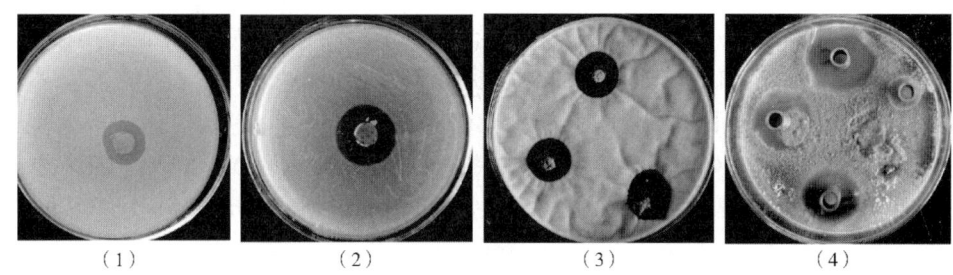

图8-5　紫萁黄酮类化合物抑菌效果
（1）枯草芽孢杆菌　（2）金黄色葡萄球菌　（3）黄曲霉　（4）青霉

3. 抗病毒作用

《中华草本》记载，紫萁水提物能够对腺病毒Ⅲ型攻击培养的海拉（Hela）单层细胞有很好的抵抗作用，且具有较强的抗腺病毒Ⅲ型活性的功效，同时能够对单纯疱疹病毒Ⅰ型攻击肝癌细胞有很好的抵抗作用。另外，紫萁对流感病毒、单纯性疱疹病毒、脊髓灰质炎病毒等多种病毒均具有抗性。

薇菜多糖对流感病毒、柯萨奇病毒、疱疹病毒、埃可病毒等有很好抗性。近年来研究发现，紫萁的抗病毒药理活性与其中含有的鞣质有关，鞣质具有与蛋白质结合发生沉淀、与金属离子络合和抗氧化的性质，能凝固微生物体内原生质，抑制细菌和病毒的生长，表现出抑菌、抗病毒等药理活性。

4. 免疫调节作用

多项研究发现薇菜多酚具有一定的免疫调节作用。研究人员利用大鼠腹膜细胞进行紫萁多酚体外免疫活性的研究，结果发现紫萁的酚类化合物可能是通过调节 NO、干扰素-γ（IFN-γ）、肿瘤坏死因子-α（TNF-α）和白细胞介素-1β（IL-β1）的产生和分泌从而起到免疫调节作用。还有研究表明，薇菜提取物因多酚类物质具有抑制白细胞介素-1β（IL-β1）和白细胞介素-6（IL-6）的促炎基因表达以及由脂多糖（LPS）引起的巨噬细胞的诱导型一氧化氮合酶（iNOS）的基因表达作用以及清除 DPPH 和 2,2-联氮-二（3-乙基-苯并噻唑-6-磺酸）二铵盐（ABTS$^+$）自由基的能力。

5. 驱虫作用

紫萁有驱虫的作用。《中华草本》记载，取紫萁的根茎及叶柄用锅煎至黏稠，再用蒸馏水稀释到浓度为 160~500g/L 时，煎剂在体外对猪蛔虫作用 2~7h 后，对猪蛔虫的抑制效果明显增强。人体内的肠蠕虫可被紫萁提取物祛除且效果显著，早在 1962 年就有研究发现紫萁对祛除肠道寄生虫具有显著的效果。利用薇菜废弃物，包括废弃的薇菜根和/或废弃的薇菜叶，在 100~150℃ 条件下干燥 2~8h 并粉碎所得产品具有显著的驱虫作用，可用于制备具有驱虫作用的饲料添加剂或饲料。

三、利用薇菜开发的药品

（一）薇菜的典籍记载

《中华人民共和国药典（2020 年版）》记载：紫萁贯众为紫萁科植物紫萁（$Osmunda\ japonica$ Thunb.）的干燥根茎及叶柄残基。春、秋季采挖，洗净，除去须根，晒干。水分含量不得超过 10.0%，总灰分不得超过 6.0%，酸不溶性灰分不得超过 4.0%。中药紫萁贯众味苦、微寒，有小毒，归肺、胃、肝经，可清热解毒，止血，杀虫，用于治疗疫毒感冒，热毒泻痢，痈疮肿毒，吐血，衄血，便血，崩漏，虫积腹痛。每次用量 5~9g。

（二）薇菜经典中药配方

（1）治蛔虫攻心，吐如醋水，痛不能止　贯众 50g、鹤虱 50g（纸上微炒）、狼牙 50g、麝香 5g（细研）、芜荑仁 50g、龙胆草 50g（去芦头）。每于食前以淡醋汤调下 10g。（《圣惠方》贯众散）

（2）解一切诸热毒，或中食毒、酒毒、药毒等　贯众、黄连、甘草各 15g，骆驼峰 25g，上为细末，每服 15g，冷水调下。（《普济方》贯众散）

（3）预防流行性脑脊髓膜炎　贯众 10g、雄黄 15g、生明矾 40g、放入饮水缸内，作饮水消毒用，7d 换一次。（《全展选编·爱国卫生》）

（4）治暴吐血嗽血　贯众 50g、黄连（去须）年老者 25g，年少者 1.5g，上二味捣罗为细散，每服 3g，浓煎糯米饮调下。（《圣济总录》贯众散）

（5）治肠风便血，久痢下血水，妇人崩淋沥血，并积年白带　贯众 0.5g（酒漫一日，连须并内肉，俱切碎，曝干，微炒），黑蒲黄、丹参各 0.25g（俱酒洗，炒），共为末，每早晚食前白酒下。（《本草汇言》）

思考题

1. 薇菜是哪一属的植物？薇菜的别称有什么？
2. 薇菜的繁殖方式有哪些？
3. 薇菜含有哪些营养成分？
4. 薇菜可以加工成哪些功能食品，请举例说明。
5. 薇菜中主要的药用成分是什么？
6. 薇菜主要的现代药理作用有哪些？
7. 薇菜和蕨菜同属于蕨类植物，它们的形态特征、营养成分、药用成分有哪些不同？

【知识窗】典籍中的薇菜

《诗经》中的《小雅·采薇》记载:"采薇采薇,薇亦作止。曰归曰归,岁亦莫止。靡室靡家,猃(xiǎn)狁(yǔn)(我国古代北方少数民族)之故。不遑启居,猃狁之故。采薇采薇,薇亦柔止。曰归曰归,心亦忧止。忧心烈烈,载饥载渴。我戍未定,靡使归聘。采薇采薇,薇亦刚止。曰归曰归,岁亦阳止。王事靡盬,不遑启处。忧心孔疚,我行不来。"这首诗形象地描述了戍边士兵从采摘薇菜嫩芽、幼苗直至老叶的过程都未能归家,表达了士兵对故乡的思念之情和报国之志。说明早在3000年前的先秦时期,我国就有了食用薇菜的历史。

第九章 水芹的开发利用

[学习目标]

1. 熟悉水芹的分布，了解水芹的植物学特征和生物学特性。
2. 了解水芹的繁殖方式。
3. 掌握水芹的营养成分以及食用价值的开发利用。
4. 了解其营养成分与药理活性。

第一节 水芹概述

水芹 [*Oenanthe javanica*（Bl.）DC.] 是伞形科（Apiaceae Lindl.）水芹属（*Oenanthe*）多年生草本植物，又名水芹菜、野芹菜、细本山芹菜、牛草、楚葵、刀芹、蜀芹等。水芹是传统的水生蔬菜以及药材，具有悠久的食用、药用历史，是一种重要的经济植物。

一、水芹的分布

全世界约有30多种水芹，分布广泛。水芹多生长在海拔5~2000m处，常见于浅水低洼处、河沟、水田、湿地、池沼或沟边。在亚洲东部、缅甸、日本北海道、印度、马来西亚、越南及印度尼西亚等地均有分布。

中国境内的水芹有9个种和1个变种，中部和南部是主产地。根据记载，水芹最早的人工栽培是从现在的湖北省地区开始的，然后逐渐向长江流域扩散。水芹在中国的栽培区域包括湖北、江西、安徽、云南、贵州和广东等。

二、水芹的植物学特征

水芹为多年生草本植物，高15~80cm，茎直立或基部匍匐，下部节生根，基生叶有柄，柄长达10cm，基部有叶鞘，叶片轮廓三角形，1~3回羽状分裂，末回裂片卵形至菱状披针形，长

2~5cm，宽1~2cm，边缘有牙齿或圆齿状锯齿。茎上部叶无柄，裂片和基生叶的裂片相似，较小。复伞形花序顶生，花序梗长2~16cm；伞辐6~16cm，长1~3cm，直立和展开。小伞形花序有花20余朵，花柄长2~4mm，花瓣白色，倒卵形，长1mm，宽0.7mm，有一长而内折的小舌片。花柱基圆锥形，花柱直立或两侧分开，长2mm。果实近于四角状椭圆形或筒状长圆形，长2.5~3mm，宽2mm，侧棱较背棱和中棱隆起，木栓质（图9-1）。花期为6—7月，果期为8—9月。

图9-1 水芹的植株形态

三、水芹的生物学特性

水芹喜凉，忌炎热干旱。水芹喜湿，生长地的水深以5~20cm为宜，积水过深，会造成植株缺氧，导致植株受伤，最终窒息死亡。

水芹要求光照充足，是长日照植物，不耐荫。长日照时，植株生长迅速，相继开花结果。当气温在15~25℃时，水芹母茎植株生长速率最快。冬季气温降低至5℃，植株生长缓慢甚至停止生长，至春季，气温回升，植株开始恢复生长、开花，至夏季高温时水芹老茎成熟。水芹在土质松软、肥沃，有机质丰富（15g/kg以上），水分充足，淤泥层20cm以上的微酸性或中性黏性土壤中生长为宜。

四、水芹的繁殖方式

水芹可通过以下几种方式进行繁殖。

(1) 种子繁殖　8月下旬至9月中旬，从水芹植株上收集果实以取出种子。9月或次年4月下旬均可进行播种。

(2) 种株繁殖　上年冬季选留生长健壮、分枝集中、节间较短的作种株，在次年春季栽植于田地。

(3) 扦插繁殖　一般在6、7月份，当嫩枝长度在20cm左右时，剪下嫩梢部位，剪成6~8cm长的插穗，保留1~2个上端叶片，下端叶全部摘除，植于田地。

(4) 组织培养　诱导水芹嫩茎形成具有分化能力的愈伤组织，建立水芹组织培养繁殖方法。

第二节　水芹的营养成分及其开发利用

芹，古称楚葵、水英，即今之水芹。《吕氏春秋》言："菜之美者，云梦之芹"。早在春秋战国时期，芹菜就已经是一道精美佳肴。现今水芹在江苏一带也被称为"路路通"，特别在春节时是一道必不可少的菜肴，代表了人们美好的心愿和祝福。

一、水芹的营养成分

据检测，每 100g 水芹鲜品含能量 11kJ、蛋白质 2.5g、脂肪 0.6g、碳水化合物 4.0g、胡萝卜素 4.2g、维生素 C 47mg。水芹中矿物质元素含量较高，含铁量为普通蔬菜的 10~30 倍，每 100g 水芹鲜品的矿质元素含量分别为钾 212mg、钙 160mg、钠 40.6mg、磷 32mg、镁 16mg、铁 6.9mg、硒 0.81mg、锌 0.38mg、铜 0.10mg。水芹中膳食纤维含量高达 500mg/g，其中可溶性膳食纤维的平均含量达 100mg/g，不溶性膳食纤维的平均含量达 400mg/g，水芹中膳食纤维含量高于白菜（400mg/g）、蕨菜（306mg/g）等蔬菜。

二、水芹食用价值的开发利用

水芹适口性好，味道鲜美，营养物质丰富，还具有其他蔬菜所没有的特殊香味，无论是生食还是熟食味道都很鲜美。

（一）鲜食

水芹可鲜食，如凉拌水芹、水芹炒菜。水芹还可做馅、汤料或火锅料。此外，水芹还可以加入少许作为菜肴的配料，提高菜肴香味。

（二）水芹罐头

对水芹进行护色、保脆处理，再经调配、杀菌制得水芹罐头。水芹罐头的加工步骤如下。①碱处理：5g/L 碳酸钠溶液浸泡 30min；②护色：0.15g/L 醋酸锌-0.2g/L 醋酸铜复配溶液，90℃热烫约 90s 后，浸泡 3h；③保脆：2g/L 氯化钙溶液浸泡 30min；④罐装：用 400g/L 糖液按物液比 1∶1.42（g/mL）进行灌装，调 pH 至 3.4~3.6；⑤杀菌：罐头中心温度 75~80℃杀菌 7min。制得的水芹罐头无异杂味，香气纯，酸甜适口，状态稳定。

（三）水芹休闲食品

1. 水芹蔬菜酱

水芹加水打浆后，加入 3.1g/L 果胶、600g/L 蔗糖，然后进行高温熬制收水，糖浓度达到 650g/L 以上后停止熬制。将熬制后浆汁用柠檬酸调 pH 至 2.90，罐装即得成品。水芹酱成人、孩子皆可食用，可作为婴幼儿的辅食。

2. 水芹冻干

选择鲜嫩，无腐烂的水芹做原料，去除杂叶留茎部。预冻温度-20℃，预冻时间 9h，切分长度 7.5cm。然后进行真空冻干，得到冻干水芹。真空冷冻干燥能保留水芹的色、香、味，并且具有良好的复水性，冻干易于储存运输，已经得到消费者的认可。

3. 水芹纸

水芹洗净，在含 1g/L 碳酸氢钠溶液中热烫后与预调制的胶黏剂一起打浆制成均匀菜泥，进行均质、脱气处理。菜泥铺成厚约 2mm 薄层，干燥直至水分含量低于 6%。水芹纸既保留水芹的风味和营养成分，也可进行调味使其拥有更好的风味，提高水芹的附加值。具体工艺流程如下。

原料→清洗→烫漂→打浆→均质→脱气→薄层干燥→调味→剪裁→包装→成品

4. 麻辣味即食水芹菜

水芹干菜泡发，待复水程度 70%~80% 时，捞出用凉水冷却后，切段。按比例加入相应的辅料（食盐、味精、冰糖粉末、辣椒粉、醋、酱油、料酒等），拌匀后，腌制 30~40min。真空包装，在 85~90℃ 热水中杀菌 55~65min，快速冷却至中心温度为 15℃，擦干水分即可。该法加工的水芹菜绿色天然，味道独特，开袋即食，产品表面光泽呈辣椒红色，形态饱满、组织坚挺，有独特的芳香味，咸辣适口，无异味，食之爽口。

（四）水芹系列饮品

1. 水芹鲜榨汁

以水芹嫩茎叶为原料，热烫后榨汁。每水芹原汁 50mL 加入纯净水 50mL、白砂糖 4g、100g/L 柠檬酸 2mL、蜂蜜 4g。水芹饮料具有独特香味，口感酸甜，可解酒消暑，是一种休闲保健佳品。

2. 水芹保健茶

按配比将水芹菜叶在 155~160℃ 的锅温下翻炒 5~10min，再将锅温降至 90~100℃ 翻炒，使原料含水率减为 35%~40%，将翻炒后的水芹菜叶抖散摊凉。在锅温为 60~70℃ 的温度下继续炒制，到水芹菜叶的含水量为 27%~33% 时停止。在锅温 75~80℃ 的条件下进行收堆翻滚操作，水芹菜叶的含水量为 4%~5% 时即得水芹保健茶。

（五）水芹面条

水芹和面粉按照质量比为 7:3 混合，面粉包括高筋面粉和乌冬面粉（质量比 7:3），经搅拌、延压和包装等步骤，制得水芹面条。该产品天然、绿色，而且完全保留面粉以及水芹的营养物质，水芹中的膳食纤维和不溶性维生素成分不被破坏和流失，大量的膳食纤维能抑制机体对糖分的吸收，水芹面条是高血糖患者的最佳食物之一。

第三节 水芹的药用成分及其开发利用

水芹药用历史悠久，历代文献记载水芹具有清热解毒、清肝利胆功效，主治黄疸等症，可以祛风。现代药理学认为，水芹有极高的药用价值，特别是水芹中含有的"水芹素"是近些年来的研究热点。

一、水芹的药用成分

（一）黄酮类化合物

水芹叶中的黄酮类化合物主要为山奈酸、芦丁、芹菜素（139.3mg/kg）等，主要以糖苷的形式存在，其中以芹菜素含量较高。芹菜素又名芹黄素，是主要存在于欧芹和芹菜叶中的一类黄酮类化合物。芹菜素的结构如图9-2所示。

（二）挥发性油及其他挥发性成分

水芹中含有117种挥发性油，主要包括17种倍半萜、16种酯、13种单萜、13种醛、7种醚、4种碳氢化合物、4种酮、3种内酯、8种混合物等，主要成分为柠檬烯、胡薄荷酮、牛牻（máng）儿烯等。

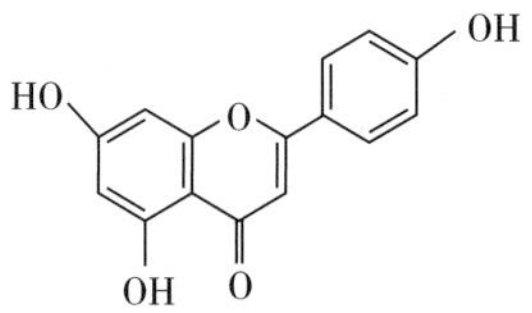

图9-2 芹菜素的化学结构

（三）酚类化合物

水芹的叶、茎中存在丰富的酚类化合物，主要包括鞣质、酚酸、黄烷醇及其衍生物等，酚类化合物平均含量为8.63~11.11mg/g。

二、水芹的药理作用

水芹药用历史悠久，具有清热解毒、清肝利胆、降血压和降血脂等多种功效。

（一）传统药理作用

汉代《神农本草经》记载："（水芹）味甘、平，无毒，主治女子赤沃，止血，养精，保血脉，益气，令人肥健，嗜食。"明代《本草纲目》认为："水芹治烦渴，崩中带下，五种黄病。"唐代《千金·食治》中记载："（水芹）益筋力，去伏热。治五种黄病，生捣绞汁冷服一升，日二。"唐代孟诜介绍水芹："食之养神益力，杀石药毒。"《本草拾遗》记载水芹："茎叶捣绞取汁，去小儿暴热，大人酒后热毒、鼻塞、身热，利大小肠。"《日华子本草》记载水芹："治烦渴，疗崩中带下。"《本草再新》认为水芹可："除烦解热，化痰下气，治血分，消瘰疬结核。"《随息居饮食谱》记载水芹："清胃涤热，祛风，利口齿咽喉头目。"

（二）现代药理作用

水芹富含挥发性油、黄酮类化合物等有效药用成分，具有较高药用价值，可降血压、降血脂、抗凝血等功效。

1. 降血压、降血脂

水芹具有显著降血压的功效，将水芹全草制成500g/L的注射液，给自发性高血压大鼠注射后，其血压显著下降，给药后1~5min最明显，说明水芹具有降血压的作用。水芹可以使高脂血症白兔的β-脂蛋白和甘油三酯显著降低，表明水芹在临床中对高脂血症具有一定的治疗作用。此外，水芹挥发性油局部外涂时，有扩张血管、提高渗透性的作用。

2. 抗疲劳、抗氧化

水芹提取物灌胃小鼠后，小鼠的负重游泳时间、悬挂时间及爬杆时间均明显增加。小鼠的血清尿素氮、肌酸激酶水平显著降低，同时乳酸脱氢酶活力升高，其机制可能与肝糖原的储备增加有关。水芹挥发性油内服可使中枢神经、心肌兴奋，促进呼吸，血压升高。用水芹总酚酸干预小鼠后，小鼠体内超氧化物歧化酶活力均提高，丙二醛含量均显著降低。水芹总酚酸可以抑制自由基生成，提高自由基清除速率，促使机体清除有害物质在细胞中的积累，具有良好抗脂质过氧化的作用。

3. 抗凝血、抗血栓

水芹正丁醇提取物能增加小鼠凝血时间和出血时间，此作用主要是通过内源性凝血途径发挥作用的。水芹还能显著抑制家兔钱德勒（Chandler）法形成的体外血栓，使血栓长度缩短，湿质量、干质量均减少，家兔的血小板黏附功能明显受到抑制，且作用效果要优于血塞通注射液。

4. 促进学习记忆

通过跳台和避暗的方法，观察水芹提取物对小鼠学习记忆的影响，结果表明，水芹提取物可恢复由乙醇、氯霉素和东莨菪碱3种药物诱导下导致的记忆获得、记忆再现、记忆巩固的障碍，这表明水芹提取物可能具有促进学习记忆的作用。

三、利用水芹开发的药品及芹菜素的提取

（一）水芹的典籍记载

《全国中草药汇编》记载：药用水芹为伞形科水芹菜属植物水芹 [*Oenanthe javanica* (Blume) DC.]，以根及全草入药。于夏秋采集水芹，可以洗净晒干或鲜用。性味，甘，平。水芹清热利湿，可以止血、降血压，主治感冒发热、呕吐腹泻、尿路感染、崩漏、高血压。

（二）水芹的经典中药配方

（1）治小儿发热，月余不凉　水芹菜、大麦芽、车前子，水煎服。（《滇南本草》）

（2）治小便淋痛　水芹菜白根者，去叶捣汁，井水和服。（《圣惠方》）

（3）治小便出血　水芹捣汁，日服100~150mL。（《圣惠方》）

（4）治小儿霍乱吐痢　芹叶细切，煮熟汁饮。（《子母秘录》）

（5）治瘄（zhà）腮　水芹捣烂，加茶油敷患处。（《湖南药物志》）

（三）药用成分芹菜素的提取

在-60℃，3~10MPa条件下，将水芹叶、茎碎片进行冷冻干燥。采用超微粉碎机对干燥后的水芹进行超微粉碎，粉碎时间15min。料液比1g:35mL，提取温度80℃，提取时间4h，用90%（体积分数）乙醇进行提取。将提取液加入层析柱中，吸附流速2.5mL/min，平衡时间3h。采用去离子水洗脱树脂，至流出液完全透明为止。用90%（体积分数）乙醇溶液洗脱大孔树脂，至流出液为无色为止，收集洗脱液。在温度40℃，真空度≥4 kPa条件下，采用旋转蒸发器，将洗脱液进行真空浓缩，至液体至原体积的1/3为止。在-60℃，3~10MPa条件下，将浓缩液进一步冷冻干燥，使水分含量≤0.5%，得到黄酮粉末。

第四节　水芹的综合开发利用

水芹是一种无公害的营养物质丰富的药食两用蔬菜。随着水芹食用、药用价值的开发，其附加价值也被不断挖掘。近年水芹与小龙虾高效轮作种养技术取得较大进展，水芹-小龙虾养

殖模式已经在大圣水芹种植基地、泥桥水生蔬菜种植基地大力推广，水芹种植与小龙虾养殖互相交替，在生长时间上互不冲突，互不影响，增加了土地（水池）的利用率。同时研究发现，水芹具有富集重金属功能，随着 Cd、Pb 浓度的增大，水芹根中重金属的富集系数逐渐增大，水芹各器官 Cd 含量呈现以下规律，即根>叶柄>叶片；根中含 Pb 较多，叶柄和叶片中富集 Pd 的能力基本一致，因此水芹可以作为植物修复治理重金属污染，具有成本低、环境友好、修复过程持久的特点，被认为是最有前景的重金属污染治理方法之一。水芹的综合开发利用如图 9-3 所示。

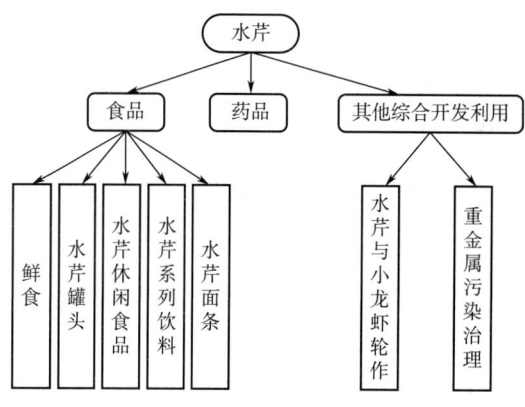

图 9-3　水芹的综合开发利用

思考题

1. 水芹有哪些别称？
2. 水芹有哪些生物学特性？
3. 水芹有哪些营养成分？可以开发出哪些食品？
4. 水芹有哪些药用成分，其药理作用有哪些？
5. 水芹可以开发出哪些食品？
6. 水芹除食用药用外还有哪些应用？

【知识窗】典籍中的水芹

水芹在历代古籍中多有记载。有传说说道，泮水之畔曾为鲁国的学宫，学子们幸得高中，要在大成门畔的"泮池"采些芹菜插在帽上到孔庙祭拜，这样才算是真正的读书人。《诗经·泮水》云："思乐泮水，薄采其芹，鲁侯戾止，言观其旂（qí）。其旂茷茷（fá），鸾声哕哕，无小无大，从公于迈……。"这里的芹菜指的就是水芹。

第十章

蒲公英的开发利用

CHAPTER 10

[学习目标]

1. 了解蒲公英的植物学特征和繁殖方法。
2. 掌握蒲公英的营养成分及其主要食用产品的生产工艺。
3. 掌握蒲公英的主要药用成分及其临床应用,了解其主要药理作用。
4. 深入了解蒲公英的综合产品开发与利用。

第一节　蒲公英概述

蒲公英（*Taraxacum mongolicum*）是菊科（Compositae）蒲公英属（*Taraxacum*）植物的总称,为多年生草本植物。又名凫（fú）公英、蒲公草、黄花地丁、婆婆丁、黄花郎等。蒲公英在不同国家作为食品药品已有多年的历史。2012年,蒲公英在中国被列入既是食品又是药品物品名单。

蒲公英综合开发利用

一、蒲公英的分布

蒲公英属是菊科较大的属之一,有300多个种。蒲公英分布很广,除极热地区外,世界上几乎任何一个地方都有蒲公英在生长,其广泛生于中、低海拔地区的山坡草地、路边、田野、河滩。

在中国,蒲公英属植物有70个种,1个变种,具有品种资源多、分布广泛的特点,除东南及华南省区外,蒲公英的分布几乎遍布全国,西北、华北、东北及西南省区最多,华中及华东省区略少。

二、蒲公英的植物学特征

蒲公英是多年生宿根草本植物，含白色乳汁，高10~25cm。根圆锥状，表面呈棕褐色，单一或分枝。叶根生，排成莲座状，叶片矩圆状披针形、倒披针形或倒卵形，长6~15cm，宽2~3.5cm，先端尖或钝，基部狭窄，边缘浅裂或作不规则羽状分裂，全缘或具疏齿，绿色。花茎上部密被白色丝状毛，头状花序单一，顶生，直径2.5~3.5cm，全部为舌状花，两性，总苞呈钟状，总苞片多层，花冠为黄色，长1.5~1.8cm，宽2~2.5mm，雄蕊5个，雌蕊1个，子房下位，瘦果倒披针形，长4~5mm，宽约1.5mm，外具纵棱，有多数刺状突起，顶端具喙，着生白色冠毛（图10-1）。花期为4—5月。果期为6—7月。

图10-1　蒲公英的植株形态

三、蒲公英的生物学特性

蒲公英属短日照植物，高温短日照条件下有利于抽薹开花，较耐荫，但光照条件好有利于茎叶生长。蒲公英耐寒性较强，冬季地上部分枯死，次年春天宿根便可返青。同时早春地温5℃左右种子即可萌发，发芽最适温度为15℃，在25℃以上时则发芽缓慢。茎叶生长最适温度为20~22℃。蒲公英既耐旱又耐涝，生长不择土壤，但以向阳、肥沃、湿润的沙质壤土生长更好。

四、蒲公英的繁殖方式

蒲公英分布广，适应性强，生长旺盛，繁殖快速，是得天独厚的"绿色营养保健品"，既可进行露地栽培，也可作为特种蔬菜进行设施化温室栽培。蒲公英可通过以下几种方式进行繁殖。

（1）种子繁殖　可采用催芽处理，将种子用清水浸泡2h左右后捞出，在15~20℃温度下进行保湿催芽，发芽后的种子可以拌着5倍左右的细沙或细肥土播种。

（2）根段繁殖　一般7—10月到野外采挖母株根茎，选择叶肥大、根粗壮的蒲公英，将主根剪成5~8cm的小段作为母根进行繁殖。

(3) 组织培养　以 MS+0.2mg/L IAA+1mg/L TDZ 为培养基，利用叶柄为外植体对蒲公英进行组织培养，建立快速高效的蒲公英再生体系。

第二节　蒲公英的营养成分及其开发利用

蒲公英根、茎、叶、花蕾均可食用，是药食兼用的"优秀"植物。唐代苏敬等所著的《新修本草》云："蒲公英，叶似苦苣，花黄，断有白汁，人皆啖之。"李时珍的《本草纲目》记载："地丁，四散而生。茎、叶、花、絮并似苦苣，但小耳，嫩苗可食。"

一、蒲公英的营养成分

蒲公英含有多种营养成分，其营养价值远高于栽培蔬菜。研究发现，采自长春的野生蒲公英，100g 嫩叶中有水分 81.2g、碳水化合物 8.0g、粗纤维 2.2g、蛋白质 4.3g、脂肪 1.1g，含热量 203.1kJ、灰分 3.2g；含维生素如胡萝卜素 7.34mg、维生素 B_1 0.035mg、维生素 B_2 0.388mg、维生素 C 47.10mg、烟酸 1.88mg。

蒲公英与几种常见栽培蔬菜的营养成分对比见表 10-1，蒲公英鲜品中蛋白质、脂肪、碳水化合物、粗纤维、矿物质元素、维生素（胡萝卜素）等均显著高于番茄、胡萝卜、白菜和菜豆这些常见蔬菜。研究发现，蒲公英中钙的含量是番石榴的 2.2 倍、刺梨的 3.2 倍，蒲公英中铁的含量是刺梨的 4 倍、山楂的 3.5 倍。从食用营养的观点来看，人体最容易缺乏的无机元素主要是钙和铁，而蒲公英可以满足人体对这两种矿物质元素的需求。据统计，每 100g 蒲公英中氨基酸总量 8143mg，氨基酸含量均高于大多同类野生植物。同时还含有人体中稀缺的抗肿瘤活性物质硒元素，每 100g 蒲公英中的硒含量达 14.7μg，是自然界中罕见的"富硒植物"。

表 10-1　每 100g 鲜品蒲公英与几种常见栽培蔬菜营养成分对比

营养成分	蒲公英	番茄	胡萝卜	白菜	菜豆
水分/g	83	95.5	89.3	95.4	92.2
蛋白质/g	4.8	0.9	0.6	1.1	1.5
脂肪/g	1.1	0.3	0.3	0.2	0.2
碳水化合物/g	5.0	2.4	3.1	2.8	2.9
粗纤维/g	2.1	0.4	0.8	0.4	0.8
灰分/g	3.1	0.4	0.7	0.5	0.6
钙/mg	216	8	19	41.0	44.0
磷/mg	93	29	29.0	35.0	39.0
铁/mg	10.2	0.9	0.7	0.6	1.1
胡萝卜素/mg	7.35	0.35	1.35	0.04	0.24

二、蒲公英食用价值的开发利用

明代《救荒本草》载有:"孛孛丁菜,又名黄花苗。生田野中,苗初搨地生,叶似苦苣菜,微短小,叶丛中间蹿葶,梢头开黄花,茎叶折之皆有白汁,味微苦""救饥,采苗叶炸熟,油盐调食"。李时珍在《本草纲目》中将蒲公英归类于菜部,确定了蒲公英的食物属性。

(一)鲜食

把新鲜的蒲公英清洗干净,可直接鲜食或制成沙拉,略有苦味,味道鲜美,清香爽口。将蒲公英清洗后漂烫,用冷水降温,配以辣椒油、佐料、精盐、醋、蒜泥等,可制成凉菜;配以海蜇皮、精盐、味精、酱油、白糖、米醋、芝麻、辣椒油可制成"蜇皮拌蒲公英";配以冬笋、水发冬菇、精盐、味精、花生油可制成"蒲公英炒双冬";配以桔梗、白糖、味精可制成"蒲公英桔梗汤";还可利用蒲公英制成蒲公英煎饼等。

(二)蒲公英即食咸菜

选择成熟度适中、无腐烂、斑伤的蒲公英叶片,洗去附着的沙土等污物,经过热烫、浸泡、配料、包装和杀菌,做成蒲公英即食咸菜。

(三)蒲公英粉

将蒲公英的根、茎、叶、花分别清洗、晾干、粉碎,制成根粉、叶粉、花粉,可单独冲服,也可加入其他食品中做成多种休闲食品,如制成蒲公英冰淇淋、蒲公英糕点、蒲公英面点、蒲公英饼干等,不仅可以改善风味,增加营养价值,而且具有良好的保健作用。

(四)蒲公英茶

1. 蒲公英叶茶

色泽碧绿,口感良好,且具有较好的药用价值。主要包括以下操作步骤。

(1) 采摘与清洗　春秋季节采摘蒲公英的嫩绿叶,剔除黄叶用清水洗除泥土,甩干。

(2) 切丝与杀青　将甩干的鲜叶横切成 2~3cm 宽的叶丝,将蒲公英叶丝放入杀青机中进行翻炒杀青,杀青温度为 200~250℃,时间为 3~5min,直至蒲公英叶变为深绿色时取出。

(3) 揉捻与烘烤　将杀青完成的蒲公英叶放入揉捻机中揉捻 8~15min,然后放入温度为 100~120℃的烘烤机烘烤 2~3h,完成烘烤后晾凉得到成品清香型蒲公英叶茶。

2. 蒲公英花茶

蒲公英花茶的制作步骤如下。

(1) 鲜花采收　蒲公英鲜花采收时间最好在花开放第 2~3d,每天上午采收,花不易萎蔫。

(2) 选花晾晒　采收的鲜花按大小进行分级,分别进行清洗,晾晒 1.5~2h,有利于蒸花。

(3) 蒸花　将鲜花松散地撒放在蒸笼里,蒸制时间为 1.0~1.5min。

蒲公英成品花茶水呈淡黄色,花朵复水后展开,茶水清香,花姿优美,微苦且有天然花的清香,无异味。

3. 蒲公英根茶

成品茶为棕褐色,口感良好,具有良好的药用功效。

选取根茎大于 1cm 的蒲公英根,切除腐叶以及根茎部分,清洗干净,晾干表面水分,切成长度为 0.5~30mm 的蒲公英片,将切片固定在烘烤筛中,在 80~120℃的烘烤机内烘烤 5~8h,烘烤至棕褐色,得到成品蒲公英根茶。

将棕褐色的蒲公英根茶在粉碎机中进行粉碎,达到 40~50 目,定量装入滤纸袋,经封口、杀菌包装后得到蒲公英根袋茶。

(五)蒲公英汁饮料

将带有根的蒲公英进行清洗、晾干、浸泡 10h 以上,使蒲公英的活性成分部分溶解在水中,并在 80~90℃的水中熬制 3h 左右,过滤,利用紫外线杀菌,添加 150g/L 蜂蜜或 50g/L 低聚糖,混合灌装即得天然、绿色、营养、健康的蒲公英汁饮料。

(六)蒲公英酸乳

蒲公英酸乳兼具蒲公英和酸乳的保健功能,是一种集营养、保健与天然为一体的新型乳制品。

在鲜牛乳中添加 6%~9%(体积分数)蒲公英汁,接种 3%~4%(体积分数)发酵剂、70g/L 蔗糖,发酵温度为 42℃,发酵时间 4h,在 6~8℃条件下发酵 12h 即为成品。

(七)蒲公英保健酒

蒲公英保健酒口感醇软爽口,酒液清澈,具有清热解毒、消痈散结之功效。

选取带根的新鲜蒲公英,去杂,清洗,沥去水分,切分后与白酒一同放入酒坛中,每 100g 蒲公英配 1000mL 白酒,密封浸泡 50~70d,用纱布过滤去渣,包装即得到蒲公英保健酒。

(八)即食性蒲公英纸

将新鲜蒲公英制成开袋即食的蒲公英纸,不仅食用方便,保留了原有的色泽、风味和营养保健成分,而且适宜长时间存放。

选取鲜嫩蒲公英叶片清净;加入沸腾醋酸锌水溶液中漂烫,待水再次沸腾后捞出,放入常温醋酸锌水溶液,避光 20~30min,沥水后用保鲜膜覆盖放入冰箱冷冻(温度 -20~-18℃)。之后将蒲公英解冻,补充 3~4 倍水调成糊状,放入打浆机中打浆,再加入 40~50g/L 淀粉和适量食盐,搅拌均匀后涂布在刷油的烤板上,温度 160~180℃,时间 5~6min,烘烤成纸状,揭起得到即食性蒲公英纸。

第三节 蒲公英的药用成分及其开发利用

蒲公英是国家卫生部认定的第三批"药食两用"植物,是临床应用的常用传统中药,被中药界誉为具有清热解毒,抗感染作用的"八大金刚"之一。

一、蒲公英的药用成分

(一)黄酮类化合物

蒲公英属植物的全草以及根、茎叶和花等部位富含几十种黄酮类化合物,总黄酮类化合物提取率可达 5.47%~7.55%。主要包括木犀草素、槲皮素、香叶木素、芸香苷、青蒿亭、芫花素、橙皮苷、木犀草素-7-O-β-d-葡萄糖苷、异鼠李素-3,7-O-β-d-双葡萄糖苷、木犀草素-3′-甲醚、槲皮素-3-O-β-半乳糖苷、芹菜素-7-O-葡萄糖苷、槲皮素-3-O-α-d-吡喃阿拉伯糖苷、槲皮素-3-O-α-d-呋喃阿拉伯糖苷等。

（二）萜类化合物

蒲公英属植物中的萜类成分主要为三萜类和倍半萜类化合物。三萜类化合物主要包括五环三萜类化合物，如蒲公英赛醇、伪蒲公英甾醇、蒲公英甾醇、β-香树脂醇、α-香树脂醇、羽扇豆醇、新羽扇豆醇、蒲公英羽扇豆醇，以及这些醇的乙酸酯；还包括伪蒲公英甾醇棕榈酸酯、伪蒲公英甾醇乙酸乙酯、齐墩果酸等。

倍半萜类成分是蒲公英产生苦味的因素之一。从蒲公英属不同种类全草中分离鉴定出蒙古蒲公英素 B、Isodonsesquitin A、蒲公英苦素、倍半萜烯等倍半萜类化合物。

（三）酚酸类化合物

蒲公英属不同种类含有的酚酸类化合物，主要包括咖啡酸、阿魏酸、绿原酸、对羟基苯甲酸、对香豆酸、3,5-二羟基苯甲酸、没食子酸、没食子酸甲酯、丁香酸、3,5-O-双咖啡酰基奎尼酸、3,4-O-双咖啡酰基奎尼酸、4,5-O-双咖啡酰基奎尼酸、3,4-二羟基苯甲酸、咖啡酸甲酯、咖啡酸乙酯、对羟基苯乙酸乙酯、4-羟基-3-甲氧基苯甲醛、呋喃木酚素丁香脂素-4'-O-β-吡喃葡萄糖苷以及对羟基苯乙酸甲酯、原儿茶醛、丁二酸单乙酯、松柏醛等化合物。

（四）甾醇类化合物

采用回流萃取法提取蒲公英甾醇，提取率为 8.761%。从蒲公英属植物的全草、根、叶、花、花粉等部位都分离鉴定了甾醇类化合物。全草以 β-谷甾醇、胡萝卜苷为主；叶片中含有菜油甾醇、环木菠萝烯醇；根中以 β-谷甾醇、豆甾醇为主；花中主要含有 β-谷甾醇、β-香树脂醇，其中花粉中含甾醇类化合物较多，主要包括花粉烷甾醇、豆甾-7-醇、异岩藻甾醇、5-α-豆甾-7-烯-3-β-醇、菜油-7,24(28)-双烯-3β-醇等化合物。

（五）其他化合物

蒲公英属植物中含有香豆素类成分，主要有七叶内酯、东莨菪内酯、伞形花内酯、香豆雌酚、野莴苣苷、七叶灵、瑞香内酯等化合物。

采用蒸馏萃取法发现蒙古蒲公英中以挥发性和半挥发性香味成分为主，包含 38 种挥发性成分，含量较高的为具有甜酯腊味的十六酸、具有清甜香和玫瑰香的金合欢基丙酮、具有亚麻酸油特有气味的亚麻酸乙酯等成分。

二、蒲公英的药理作用

蒲公英的药用价值早有记载，一直以来都被用来防病、治病。国内外学者对蒲公英的药理作用进行了大量的研究，并在临床方面得到广泛的重视与应用。

（一）传统药理作用

蒲公英苦寒，食用具有良好的清热解毒效果。宋代《本草图经》记载："蒲公草……语讹为仆公罂是也。水煮汁以疗妇人乳痈，又捣以敷疮，皆佳。"明代《本草经疏》记载："蒲公英味甘平，其性无毒。当是入肝入胃，解热凉血之要药……主治妇人乳痈肿乳毒，并宜生啖之良。"明代《本草纲目》记载："蒲公英主治妇人乳痈肿，水煮汁饮及封之立消。解食毒，散滞气，清热毒，化食毒，消恶肿、结核、疔肿。掺牙，乌须发，壮筋骨。"清代《本草新编》赞曰："蒲公英至贱而有大功……蒲公英亦泻胃火之药，但其气甚平，既能泻火，又不损土，可以长服久服而无碍。"这些古籍记载表明蒲公英传统药理应用最多的便是凉血解热，主治痈肿热毒。

（二）现代药理作用

现代药理作用研究发现，蒲公英提取液以及多种活性成分具有抗菌、抗病毒、抗炎、抗肿瘤等作用，其作用机制、作用路径及作用靶点的研究取得一定进展。

1. 抗炎作用

蒲公英全草中的咖啡酸、绿原酸、菊苣酸等有机酸类成分，可通过影响人支气管上皮细胞中的 TLR4/IKK/NF-B 信号传导通路减轻脂多糖（LPS）诱导的呼吸道炎症及其他炎症。蒲公英甾醇能够抑制 FCA（Freund′s 完全佐剂）诱导的关节炎小鼠体内血清中 TNF-α、IL-1β、PGE2 与 RANKL 等炎症因子的水平，明显减轻 FCA 所致的小鼠足趾肿胀，降低关节炎指数，降低体重的损失，降低脾脏指数和胸腺指数等，表明蒲公英甾醇对 FCA 诱导的关节炎小鼠具有潜在的保护作用。

蒲公英属植物的粗提物或水煎剂均抗炎活性的研究还包含三萜类、黄酮类、酚酸类、有机酸类以及甾醇类等成分。临床研究发现，将新鲜蒲公英捣碎成泥并外敷在乳腺红肿患处，急性乳腺炎患者红、肿、热、痛等症状明显减轻或消失，具有良好治疗乳腺炎作用。

2. 抗菌作用

蒲公英具有广谱抑菌作用，对革兰阳性菌、革兰阴性菌、真菌、螺旋体均有不同程度的抑制作用。蒲公英的类黄酮、绿原酸和咖啡酸具有较好的抑菌效果，主要通过破坏菌体的细胞膜，使细胞内容物外溢而有效抑制菌株生长。蒲公英的甲醇提取物或有机溶剂提取物对藤黄微球菌（*Microccus cuteus*）、铜绿假单胞菌、枯草芽孢杆菌、大肠杆菌、金黄色葡萄球菌、肺炎克雷伯菌（*Klepsiella pneurnoniae*）等致病菌活性均具有抗菌活性。蒲公英根乙醇提取物对金黄色葡萄球菌、耐甲氧西林金黄色葡萄球菌（methicillin-resistant *Staphylococcus aureus*）和蜡样芽孢杆菌有较强的抑制作用，因此蒲公英可开发作为一种食品保鲜的天然抑菌剂。

3. 抗肿瘤作用

蒲公英的多糖类、三萜类、植物甾醇类、黄酮类、有机酸类等成分显示出明显的抗肿瘤活性。蒲公英萜醇抑制胃癌细胞株（AGS）的生长呈剂量依赖性和时间依赖性，该抑制作用可通过阻滞细胞周期的 G2/M 期，促进细胞凋亡实现。蒲公英的一些新五环三萜类化合物具有显著的抗肿瘤活性，其主要通过诱导肿瘤细胞凋亡和抑制肿瘤细胞增殖、抑制肿瘤新生血管生成和在线粒体以及基因水平发挥抗肿瘤活性。蒲公英根中的蒲公英甾醇和蒲公英赛醇两种三萜类化合物对 EB 病毒（人类疱疹病毒四型）早期抗原具有显著的抑制作用，蒲公英甾醇还具有抑制乳房肿瘤的作用。

4. 抗病毒作用

蒲公英的甲醇提取物或有机溶剂萃取物对多种病毒［登革热病毒、腺病毒、人类免疫缺陷病毒型（HIV-1）病毒、乙肝病毒等］具有抗病毒活性。蒲公英叶的甲醇提取物比抗丙肝病毒药物索福布韦（Sofosbuvir），具有更高的抗病毒活力，显著抑制丙型肝炎病毒复制和表达。

5. 其他作用

蒲公英含有蒲公英甾醇、倍半萜内酯、咖啡酸、绿原酸等多种抗糖尿病活性物质，蒲公英水提物能改善糖尿病大鼠脂质过氧化反应和减少自由基的产生，显著降低糖尿病大鼠血清葡萄糖浓度，并且对大鼠由酒精引起的肝脏中毒具有保护作用。研究发现，蒲公英还具有提高免疫力、保护胃肠道功能、抗内毒素等一系列生理作用。

三、利用蒲公英开发的药品

（一）蒲公英的典籍记载

《中华人民共和国药典（2020年版）》记载：本品为菊科植物蒲公英（*Taraxacum mongolicum* Hand. -Mazz.）、碱地蒲公英（*Taraxacum borealisinense* Kitam.）或同属数种植物的干燥全草。春至秋季花初开时采挖，除去杂质，洗净，晒干。中药蒲公英苦、甘、寒，归肝、胃经，具有清热解毒，消肿散结，利尿通淋的功效。可用于治疗疔疮肿毒，乳痈，瘰疬，目赤，咽痛，肺痈，肠痈，湿热黄疸，热淋涩痛。每次9~15g，外用鲜品适量捣敷或煎汤熏洗患处。

（二）蒲公英的经典中药配方

（1）消炎合剂　蒲公英31g、银花31g、连翘31g、黄芩9g、桔梗9g等，主治口炎。（《中医皮肤病学简编》）

（2）羌活蒲蓝汤　羌活15~25g、蒲公英25~50g、板蓝根25~50g，主治感冒风热、咽喉肿痛。（《辨证施治》）

（3）茵陈公英散　茵陈100g、蒲公英50g、白糖30g，可以清热解毒，利胆退黄，适用于急性黄疸型肝炎发热患者。（《经验方》）

（4）蒲公英汤　鲜蒲公英120g（也可用干蒲公英60g代之），煎汤600mL，温服300mL，余300mL乘热熏洗，可以清热解毒，主治眼疾肿痛、衄（nǔ）肉遮睛、赤脉络目、目疼连脑、羞明多泪等一切虚火实热之症。（《医学衷中参西录》）

（三）蒲公英药品

《中华人民共和国药典（2020年版）》收载含蒲公英的制剂产品43种，剂型包括片剂、颗粒剂、丸剂、胶囊剂、煎膏剂、涂剂、合剂、栓剂、口服液体制剂等。

（1）蒲公英颗粒　由蒲公英加蔗糖等辅料制成的颗粒剂，具有清热消炎的功效，用于治疗上呼吸道感染、急性扁桃体炎、疖肿、乳腺炎等。

（2）蒲公英片　由单味中药蒲公英组成。具有清热解毒，抗炎消肿，主要用于治疗疖肿以及扁桃体炎等。

（3）蒲公英喷雾剂　将蒲公英鲜品或干品经醇水提取、柱色谱、醇溶剂洗脱，精制得到酚酸类化合物，以其为主药制成抑制单纯疱疹病毒和有效治疗口腔溃疡的蒲公英喷雾剂。

（四）蒲公英的禁忌

蒲公英性较寒凉，长时间大量服用会对脾胃造成损伤，因此，阳虚外寒、脾胃虚弱者慎用。

第四节　蒲公英的综合开发利用

此外，蒲公英素有"天然抗生素"的美称，具有抗菌消炎成分，对面部感染、粉刺及黑头粉刺有疗效，可制备蒲公英面膜、去屑洗发露、洁面乳、粉刺露、营养霜、儿童洁肤护肤品等各种日化产品。蒲公英柔嫩多汁，已被《饲料药物添加剂允许使用品种目录》收录，是一种重要的中草药饲料添加剂。

蒲公英具有返青早，枯黄晚、春秋两季开花、花期长花量大的特点，叶片嫩绿，贴地而生，花色艳黄，俏丽悦目，无论是孤生、群生、伴生，都具有独特的观赏价值，已成为园林植物中的一致新秀。蒲公英花期较长（4~10月），从花朵提取的天然蒲公英黄色素是很好的天然染料；同时蒲公英全草含有天然乳汁，可以生产天然胶，用于商业开发，因此蒲公英综合开发利用潜力巨大（图10-2）。

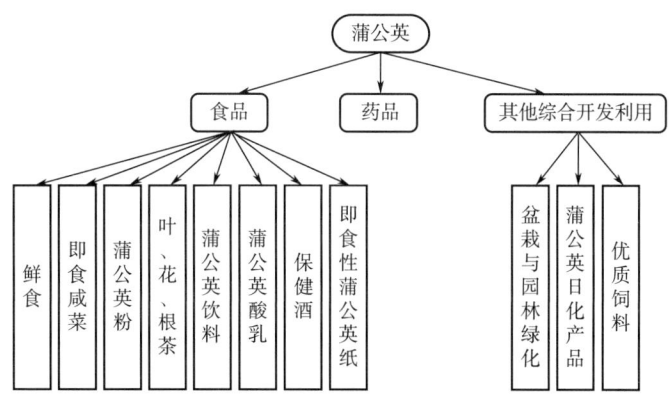

图10-2 蒲公英的综合开发利用

> **思考题**
>
> 1. 蒲公英的生长条件是什么？培育蒲公英需要注意什么？
> 2. 蒲公英的繁殖方式有哪些？试说出其中一种繁殖方式的操作步骤？
> 3. 人体最容易缺乏的无机元素有哪些？这些无机元素在蒲公英中的含量如何？
> 4. 蒲公英中的黄色素包括哪些？
> 5. 蒲公英的化学成分主要包括哪些？
> 6. 蒲公英抑菌、抗真菌、抗病毒作用的机制是什么？
> 7. 除了食用和药用，蒲公英还有什么其他用途？
> 8. 请设计一个蒲公英休闲食品的加工安全控制流程，从原料入库到产品出库的整个过程。

【知识窗】"中药皇后"——蒲公英

蒲公英已被作为中药材运用了数千年，在安全性、耐药性等方面都有较大的优势。①蒲公英可以清热解毒，消肿散结。唐代《新修本草》记载"蒲公英，人之痈肿，水煮汁饮之，立消"，可知古人对蒲公英的药用价值是非常认可的。蒲公英的味苦且带有甘润之气，其性寒凉，最能清热解毒，尤其是对因为热毒引起的皮肤疮痈、疔毒、红肿等症状蒲公英效果最佳。古代中医典籍《本草备要》记载蒲公英"专解疮痈疔毒之症"，"药王"孙思邈也曾使用新鲜的蒲公英捣碎外敷于患者疮痈处，加上让患者内服蒲公英汤液，对疮痈疔毒有明显的辅助愈合作用。

②蒲公英可以清利湿热，利尿通淋。蒲公英的苦寒之性还有降泄的功效，对于体内的湿热有着很好的清除作用，尤其是人体内下焦的湿热之症，使用蒲公英来缓解效果非常好，例如一些因为湿热引起的黄疸、肝部问题，就可以使用蒲公英。古方之中有"蒲公英汤"，就是将蒲公英同芦根、大黄等同用，对于治疗湿热黄疸有良效。③现代医学研究发现，蒲公英对于多种病菌都有很好的抑制效果。

第十一章 苦菜的开发利用

[学习目标]

1. 了解苦菜的食用文化。
2. 掌握苦菜的生物学特征和繁殖方式。
3. 掌握苦菜的主要营养成分和食用加工工艺。
4. 掌握苦菜的主要药用成分及其临床应用,理解苦菜的主要药理作用。
5. 了解苦菜的综合利用价值。

第一节 苦菜概述

苦菜为菊科(Compositae)多年生草本植物,主要包括苦苣菜属(*Sonchus* L.)、苦荬菜属(*Ixeris* Cass.)、小苦荬属[*Ixeridium* (A. Gray) Tzvel.]和乳苣属(*Mulgedium* Cass.)等多个属的植物,又称为苦荬菜、苦苣菜、苣荬菜、苦麻菜、荼苦荬、甘马菜、老鹳菜、天香菜等。古书记载的苦菜名称较多,如荼、芑(出自《诗经》),荼草、选(出自《本经》)、游冬(出自《别录》)、青菜、紫苦菜(出自《滇南本草》),苦苣、苦荬、天香菜(出自《本草纲目》),滇苦菜、苦马菜(出自《植物名实图考》)等。苦菜中,苣荬菜[*Sonchus arvensis* L.]、苦苣菜(*Sonchus oleraceus* L.)和长裂苦苣菜(*Sonchus brachyotus* DC.)、苦荬菜[*Ixeris denticulata* (Houtt.) Stebb.]、抱茎苦荬菜[*Ixeris sonchifolia* (Bunge) Hance]、中华苦荬菜[*Ixeris chinensis* (Thunb.) Nakai],在我国最为常见。苦菜作为一类药食同源植物,风味独特,因苦味而得名,具有丰富的营养成分及独特的医疗保健功效。

苦菜综合开发利用

一、苦菜的分布

苦菜几乎遍布全球,其广泛分布在亚洲、非洲和欧洲大陆。在我国除气候和土壤条件极端严酷的高寒草原、草甸、荒漠戈壁和盐漠等地区外，苦菜几乎遍布各地，在我国陕西、宁夏、新疆、福建、湖北、湖南、广西、四川、云南、贵州、西藏等地均有分布。苦菜常生长于山谷林缘、路边、农田、山坡、荒地、河边灌丛或岩石缝隙中。

二、苦菜的植物学特征

苦苣菜属和苦荬菜属的植物共同特征：植株有乳汁，为一年或多年生草本植物；根圆锥状或根状茎极短缩；茎直立；基生叶多数，叶羽状分裂或不分裂；头状花序在枝端排成伞房状或圆锥状或呈总状花序；总苞呈钟状，小花黄色，全部呈舌状；瘦果压扁，有纵肋；冠毛白色，纤细。

相比苦荬菜属的植物，苦苣菜属的植物植株更高大，能高达150cm，小花数量更多，开花较晚。苣荬菜的植株形态如图11-1所示。

图 11-1　苣荬菜的植株形态

三、苦菜的生物学特性

苦菜适应性极强，具有耐寒、耐热、耐瘠、耐旱、耐盐碱等特点，喜冷凉、湿润和阳光充足的气候条件。苦菜的适宜生长温度为 12~20℃，适宜开花结实温度为 20~25℃，对土壤要求不高，喜潮湿、肥沃而疏松的土壤。

苦菜的繁殖能力极强，常能形成单一群落，在农田里表现出较强的侵占性，常被视为田间杂草而除去。

四、苦菜的繁殖方式

苦菜可采用种子繁殖、根状茎繁殖和组织培养等方式繁殖。

（1）种子繁殖　苦菜种子在9月下旬至10月中旬采收，晾干后置阴凉处贮藏，种子有休眠期，春播需冬藏或低温处理。种子繁殖既可直接播种也可育苗移栽，春、夏、秋季皆可播种，春播在2月到3月初，秋播在8—10月。

(2) 根状茎繁殖　在春、秋季挖取根状茎，切成10~15cm长的茎段，平放入5~8cm深的沟中，覆土压实，浇足定根水。

(3) 组织培养　以中华苦荬菜茎尖、叶片、叶柄和茎段为外植体，诱导再生体系。

第二节　苦菜的营养成分及其开发利用

苦菜在中国有着悠久的食用历史，陆游曾写诗赞曰："解渴黄粱粥，尝新白苣齑（jì）""一杯苦荬齑，价直娑婆界。"曹植曾作《籍田赋》："夫凡人之为圃，各植其所好焉。好甘者植乎荠；好苦者植乎荼……"苦菜不仅能当野菜吃，而且还能充饥，是名副其实的"救荒菜"。黄土高原人民称苦菜为荒年的"救命菜"、丰年的"常年菜"，民谣唱道："春风吹，苦菜长，荒湖野地是粮仓。"苦菜具有极高的营养价值，含有丰富的蛋白质、糖类、脂肪、膳食纤维、矿物质元素、维生素，是大众广泛认可的健康野生蔬菜之一。

一、苦菜的营养成分

苦菜的营养成分随品种、产地、季节和生长期不同而略有差异，有研究报道，每100g苦菜嫩幼苗含糖类4.6g、蛋白质2.8g、脂肪0.6g、粗纤维5.4g、胡萝卜素540μg、维生素B_1 0.09mg、维生素B_2 0.11mg、烟酸0.6mg、维生素C 19mg、维生素E 2.93mg，其中，维生素C含量显著高于普通蔬菜。苦菜中含有丰富的矿物质元素，含钾180mg、钙66mg、铁9.4mg、锌0.86mg、磷41mg，其中，钾含量显著高于普通蔬菜。此外，苦菜还含有人体必需的微量元素铜、锌、铁、锰、铬、硒等。

苦菜中的蛋白质含量虽少，但氨基酸种类齐全，比例协调。以山东千佛山采摘的中华苦荬菜为例，每100g中华苦荬菜的蛋白质含量为3.09g，检测到17种氨基酸，其中以苯丙氨酸、谷氨酸、天冬氨酸的含量最高，分别达到320mg、320mg、270mg，此外，人体必需氨基酸甲硫氨酸、苏氨酸、赖氨酸、亮氨酸、异亮氨酸和缬氨酸的含量也十分丰富。

二、苦菜食用价值的开发利用

(一) 鲜食
苦菜的食用方法很多，一般在4—5月间采其嫩苗及嫩茎叶，洗净，蘸酱生食。也可加盐生拌或沸水焯后，换清水浸泡，除去杂质和苦味，煮粥、和面蒸食、做馅、炒食等。

(二) 苦菜粉
选新鲜整株带根苦菜，清洗，90℃热烫1~2min，冷却到-18℃，真空升华干燥，经磨粉机磨碎，真空包装。苦菜粉可广泛应用于食品与制药工业。

(三) 苦菜咸菜
主要苦菜咸菜的材料：苦菜、葱、蒜、酱油、醋、盐。制作方法：先将苦菜洗净，放开水里略烫，捞出后控干水（尽量减少水分），加入酱油、醋、盐揉搓至苦菜开始吸收为止，最后加入葱末、蒜末，也可加入香油、白糖、辣椒油等，即可食用。产品特点：外观鲜亮、营养丰富、色泽鲜艳，味微苦，具有清热解毒、凉血的功效，制作容易、易于推广。

（四）苦菜罐头

鲜嫩的苦菜经过清洗、碱液处理、热烫处理、硬化处理、装罐、密封杀菌，可以制成苦菜罐头。

烫漂是苦菜罐头制作的关键工艺，烫漂参数的选择与产品的色泽、风味、质地等密切相关。将苦菜在沸水中烫漂4~5min后立即投入冷水中快速冷却并冷透，不仅可以保护苦菜的色泽、保持其质地脆嫩，并且可以除去苦味。也可以将苦菜放入100g/L的碳酸钠和0.5g/L的氢氧化钙中浸泡10min，或用1g/L的维生素C和柠檬酸混合液浸泡25min来达到护色的目的，而后采用1~2g/L氯化钙溶液浸泡12~30min进行硬化处理。处理好的苦菜加入20倍质量的白砂糖和40倍质量的食盐及香辛料熬制而成的汤汁调味，进行真空密封，真空度大于0.07MPa，然后121℃杀菌15min，即可长期保存。如此得到的苦菜罐头脆嫩可口，保留了苦菜原来的独特滋味和色泽。

（五）软包装即食苦菜

加工工艺：

原料选择 → 原料处理 → 盐渍 → 脱盐处理 → 糖醋液配制 → 糖醋渍处理 → 成品

主要包括以下工艺步骤：采集鲜嫩的苦菜，要求无老熟花薹，无枯萎茎叶；剔除苦菜的病叶，切除老根，清水冲洗去泥沙等杂质，沥干水分；将苦菜和食盐按质量比10∶1放入木桶里腌制，一层菜一层盐，装满后盖上木盖，上压石块，经8~12d捞起，挤尽盐水备用。把盐渍处理的苦菜用清水浸泡漂洗，以脱除苦菜中的部分盐分和不良风味，再沥干水分。糖醋液配制：白砂糖350~450g/L、酱油60g/L、醋50g/L、调味品70g/L（花椒、胡椒、丁香、肉蔻、桂皮），其余为水，混合后进行加热灭菌，冷却后备用；把脱盐处理后的苦菜放入容器内，灌入配制好的糖醋液，使料液没过苦菜，糖醋料液用量与原料等量，1~2个月后即可包装食用。如此得到的即食苦菜保持了鲜苦菜的外观，口感脆嫩爽滑，酸甜可口，令人垂涎欲滴。制作方法简单，工艺易掌控，适合食品企业规模化生产。

（六）苦菜茶

1. 苦菜叶茶

鲜嫩的苦菜叶采收后，除去杂质，运用茶叶生产的加工工艺。

清洗 → 摊晾 → 杀青 → 揉捻 → 炒干 → 包装 → 成品

如此得到的苦菜叶茶保留了苦菜的营养成分。鲜嫩的苦菜嫩叶经过清洗晾干后，在190~230℃高温杀青3~5min至青草气消失，然后进行揉捻使细胞破裂，到手摸有润滑、黏手感为止；最后经过40~50℃炒干30min，使水分含量降至5%~10%。苦菜叶茶口感清香，滋味纯正，无苦涩味，与茶叶的色香味、外形及饮用方法相似。

2. 苦菜根茶

以苦菜根作为原材料，加工工艺如下。

苦菜根 → 漂洗 → 切片0.2~0.4cm → 炒制250℃，20min → 过筛 → 包装 → 成品

如此得到的苦菜根茶泡水后无苦味，具有独特的炒香味，口感适宜，饮用方便。

（七）苦菜饮料

将苦菜炒制、浸提后，在苦菜浸提液中加入蔗糖、柠檬酸、蜂蜜等，可以得到酸甜可口、风味独特的苦菜饮料。浸提方法有水浸提法和乙醇浸提法两种。炒制好的苦菜按照1∶5的比例加入100℃沸水或80%~90%（体积分数）的乙醇浸泡24~48h。考虑到长时间的高温会破坏苦菜中的维生素等物质，可以采用降低浸提水温，延长浸提时间的方法。

（八）苦菜啤酒

在啤酒制作过程中，添加苦菜制成的苦菜啤酒具有苦菜中的活性成分，口感好。

苦菜啤酒的制备方法一：将麦芽粉碎后和大米粉碎糊化后，一起放入糖化锅，过滤后煮沸，添加酒花和苦菜叶，每1000L麦汁中添加0.2~1.0kg苦菜叶，然后加入酵母发酵，最后过滤、包装。

苦菜啤酒的制备方法二：按照常规啤酒制备工艺获得成熟的清酒液，在发酵后，按照1000L清酒液中添加1.2~7.0kg煮沸浓缩的苦菜浸提液，混合后包装。

第三节　苦菜的药用成分及其开发利用

苦菜作为传统中药，在我国有着悠久的药用历史，其富含黄酮类、萜类等多种活性成分，药用价值较高。

一、苦菜的药用成分

苦苣菜属和苦荬菜属的植物均含有三萜类、倍半萜类、甾醇类、香豆素类、黄酮类化合物。

（一）黄酮类化合物

苦菜中黄酮类化合物含量较高，不同品种的苦菜中黄酮类化合物的含量和种类有一定区别。从苣荬菜中分离出多种黄酮类成分，主要包括槲皮素、木犀草素、木犀草素-7-O-β-d-葡萄糖苷、木犀草苷、异木犀草苷、金合欢素、柯伊利素、异鼠李素、山奈素、芹菜素、洋芹素、芹菜苷、槲皮素-3-O-α-l-鼠李糖苷和山奈酚-3,7-α-l-二鼠李糖苷、金丝桃苷、蒙花苷等。

（二）萜类和甾体类化合物

苦菜中分离到的三萜化合物主要的骨架结构为齐墩果烷型和蒲公英烷型，倍半萜化合物主要为桉烷型和愈创木烷型，甾体类化合物包括麦角甾烷、豆甾烷等。从苣荬菜中分离得到羽扇醇、蒲公英甾醇、假蒲公英甾醇、蒲公英甾醇乙酸酯、α-香树精、β-香树精、β-谷甾醇和胡萝卜苷等化合物。还从抱茎苦荬菜中分离出苦碟内酯A、B、C、D、E、F、G、H等化合物。

（三）其他化合物

苦菜中还含有木脂素、棕榈酸、香豆素、腺苷等化合物。

二、苦菜的药理作用

（一）传统药理作用

苦菜味苦，性寒，无毒，归心、脾、胃、大肠经，被《神农本草经》列为上品，具有清热解毒、凉血止血功效。《神农本草经》记载："苦菜主五脏邪气，厌谷胃痹。"《滇南本草》认为苦菜："凉血热，寒胃，发肚腹中诸积，利小便。"《本草纲目》记载苦菜主治："五脏邪气，厌谷胃痹。久服安心益气，聪察少卧，轻身耐老，……久服耐饥寒，高气不老。调十二经脉，霍乱后胃气烦逆。久服强力，虽冷甚益人。捣汁饮，除面目及舌下黄。其白汁，涂丁肿，拔根。滴痈下，立溃。点瘊子，自落。敷蛇咬。明目，立诸痢。血淋痔瘘。利小便。去中热，安心神，黄疸痿。"《本草经疏》记载苦菜："脾胃虚寒者忌之。"

（二）现代药理作用

现代医学证明，苦菜中含有多种生物活性成分，具有抑菌、保肝、抗心血管疾病、降血糖、抗肿瘤、抗氧化等作用。

1. 抑菌作用

苦苣菜中含有蒲公英甾醇等成分，对细菌有一定的抑制作用。药敏反应表明苦苣菜提取物对金黄色葡萄球菌的抑制作用最强，其次是伤寒杆菌、痢疾杆菌、乙型溶血性链球菌，对其他杆菌如甲型和乙型副伤寒杆菌、绿脓杆菌、大肠杆菌、普通变形杆菌及肺炎双球菌也有一定的抑制作用，而对青霉、黑曲霉等霉菌的抑制作用弱。因此，对于由细菌引起的腹泻、咽喉炎、支气管炎、扁桃体发炎、黄疸型肝炎、乳腺炎等病症，苦菜均有一定的疗效。

2. 保肝作用

苦菜类黄酮对四氯化碳、乙醇所致的肝损伤有明显的保护作用。苣荬菜提取物能够显著对抗 CCl_4 肝损伤小鼠的谷丙转氨酶（SGPT）升高，提高小鼠的肝糖原含量，并促进小鼠分泌胆汁，促进肝再生作用，从而减轻肝细胞损伤的病理过程，对肝细胞起到保护作用。

3. 抗心血管疾病作用

抱茎苦荬菜全草入药，具有活血止痛、清热祛瘀的功效，目前被广泛用于治疗脑梗死、冠心病、心绞痛等疾病。抱茎苦荬菜提取物中主要的药效成分为腺苷及黄酮类化合物，具有扩张冠状动脉、增加冠脉血流量、改善心肌微循环的作用，能够降低心肌耗氧量，保护缺血、缺氧的心肌，增强心脏收缩功能。此外，抱茎苦荬菜提取液还能够增加纤溶酶活性，有效降低血脂、抑制血液高凝状态及血小板聚集，从而抑制血栓形成。

4. 降血糖作用

苦苣菜水提物可降低糖尿病小鼠血糖，升高胰岛素水平，其降糖作用机制可能是通过刺激胰岛 β 细胞分泌胰岛素使血糖下降，维持糖尿病小鼠血清总胆固醇（TC）水平，降低血清甘油三酯（TG）水平，来调节血脂代谢，同时提高机体对胰岛素的敏感性，并改善糖尿病体重减轻症状。

5. 抗肿瘤作用

苦菜提取物中的有效成分可抑制肿瘤的增殖。苦苣菜乙醇提取物中的活性成分羽扇豆醇，可抑制黑色素瘤细胞的增殖；抱茎苦荬菜提取液中的木犀草素，通过抑制细胞周期蛋白的表达来抑制肝癌肿瘤细胞生长。

三、利用苦菜开发的药品

（一）苦菜的典籍记载

关于苦菜的正品来源，根据典籍记载中药苦荬菜来源于苦荬菜 [*Ixeris denticulata* (Houtt.) Stebb.] 和中华苦荬菜 [*Ixeris chinensis* (Thunb.) Nakai.] 的干燥全草；苦碟子专指抱茎苦荬菜［*Ixeris sonchifolia*（Bunge）Hance］；苣荬菜来源于苣荬菜（*Sonchus arvensis* L.）和长裂苣荬菜（*Sonchus brachyotus* DC.）的干燥全草，又名"北败酱"，作为"败酱草"的地方习用品用于临床。

苣荬菜饮片的炮制：除去杂质，洗净，润透，切段，晒干。

（二）苦菜的经典中药配方

（1）治痢疾　苦荬菜30g、枫香树叶15g、水煎服。（《浙江药用植物志》）

（2）治血淋尿血　苦荬菜200g，酒水各半煎服。（《针灸资生经》）

（3）治急性扁桃体炎　苦荬菜、土牛膝各15g，薄荷6g（后下），煎水漱咽。（《安徽中草药》）

（4）治跌打损伤　鲜苦荬菜根30g，水煎，加酒冲服，药渣捣烂敷患处。（《全国中草药汇编》）

（5）治乳痈、淋巴结炎　苦荬菜9～15g、青壳鸭蛋1个（50～60g），水煎服，另取鲜苦荬菜叶捣烂敷患处。（《福建药物志》）

（三）苦菜黄酮的提取及常见药品

1. 苦菜黄酮的提取

黄酮类物质是苦菜中主要的活性成分。将抱茎苦荬菜干品粉碎后，利用70%（体积分数）乙醇进行回流提取3次，合并提取液，过滤浓缩，加氨水调节pH至8.0，采用大孔树脂吸附后（径高比约为1∶12），先用pH2的盐酸溶液洗脱，再用70%（体积分数）的乙醇洗脱；收集洗脱液浓缩干燥，获得提取物中黄酮类化合物含量达到了50%（质量分数）以上。

2. 苦菜药品

（1）九味獐牙菜丸　一种藏药，由苦荬菜、獐牙菜、波棱瓜子、榜嘎、小檗皮、兔耳草、角茴香、木香、金腰子组成，具有清热、消炎、止痛的功效，用于治疗胆囊炎，初期黄疸型肝炎。

（2）儿童清咽解热口服液　由苣荬菜、柴胡、黄芩苷、紫花地丁、人工牛黄、鱼腥草、芦根、赤小豆组成，具有清热解毒，消肿利咽的功效，用于治疗小儿急性咽炎，肺胃实热症，包括发热、咽痛、咽部充血、咳嗽、口渴等症状。

（3）三苦滴丸　以抱茎苦荬菜和三七为主要成分的复方新中药制剂，具有活血通脉、化瘀止痛的功效，主要用于治疗冠心病。

（4）六味五灵片　为薄膜衣片，除去薄膜衣后显棕褐色，气微香，味微苦。主要成分包括苣荬菜、五味子、女贞子、连翘、莪（é）术、灵芝孢子粉。具有滋肾养肝，活血解毒的功效，用于治疗慢性乙型肝炎氨基转移酶升高、肝肾不足、邪毒瘀热互结等症状。

第四节　苦菜的综合开发利用

苦苣菜提取物作为化妆品原料，可添加于化妆品中，使其具备抗菌消炎的功效。将苦菜冷冻干燥粉碎，用65%～80%（体积分数）的乙醇、石油醚、乙酸乙酯、正丁醇萃取，获得提取液，然后与白凡士林、甘油、十八醇等软膏基质进行混合，制成的药膏直接涂抹在患处，可用于治疗痔疮、皮肤损伤、青春痘或乳腺炎。或将苦菜提取液吸附到面膜贴上，制成护肤面膜。

此外，苦菜还可作为优质饲料，具有生物量大、再生力强、产量高、营养丰富、适口性好等特点。其中粗蛋白含量达 212.6g/kg，与紫花苜蓿相近。全年可刈割 4~5 次，鲜草产量平均可达 12500kg/hm^2。鲜草脆嫩多汁略带苦味具有清热解毒、抗菌消炎、促食欲、助消化等作用。在增加牲畜体重，提高家禽类产蛋率及畜禽防疫方面都有较好的效果。苦菜的综合开发利用如图 11-2 所示。

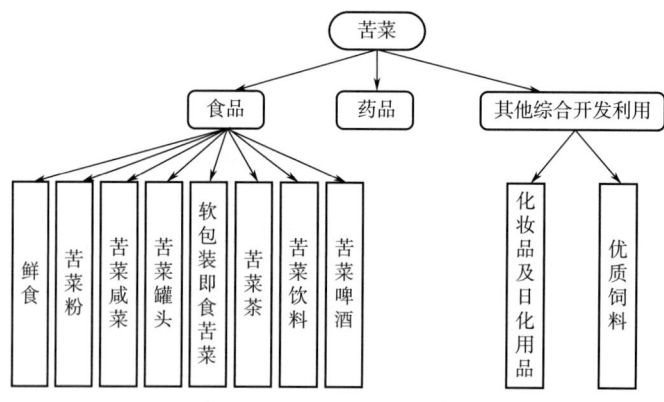

图 11-2　苦菜的综合开发利用

思考题

1. 苦菜包括哪些种类？你能在野外经常见到哪些种类？
2. 苦菜有哪些药用成分？
3. 苦菜如何被加工成食品食用？
4. 苦菜具有哪些药理作用？
5. 如何进行苦菜的综合开发利用？

【知识窗】小满日食苦菜

两千多年前，我国人民就开始食用苦菜，并逐步地形成了苦菜文化。二十四节气不仅是中国古代订立的一种用来指导农事的补充历法，而且与古人的饮食养生习俗息息相关，在古代不同的节令都曾有一种"食草"（即吃野菜）的风俗。先秦古籍《逸周书·时训解》即有"小满之日，苦菜秀"的说法。小满节气的主打"草"，是苦菜，《神农本草经》把苦菜列为"上品"。小满时苦菜花最美、菜最好吃，于是有了"苦菜秀"的概念。古人为何要在小满这天吃苦菜？小满正是青黄不接的最后一刻，在粮食不丰足的年景，苦菜正好填肚皮，以补充粮食短缺，久之成俗。古谣称："春风吹，苦菜长，荒滩野地是粮仓。"小满日食苦菜原因并不单一，明代王磐《野菜谱》写道："苦麻苔，带苦尝；虽逆口，胜空肠。"小满过后，炎夏即将到来，吃苦菜有迎夏祛病的意思。在中医眼里，苦菜身价很高，明代李时珍称其为"天香菜"，有清热、凉血和解毒的功效。《本草纲目》称："夏三月宜食苦，能益心和血通气也。"

第十二章

鱼腥草的开发利用

[学习目标]

1. 了解鱼腥草的分布及植物学特征。
2. 掌握鱼腥草的营养成分和药用化学成分。
3. 理解鱼腥草的药理作用。
4. 熟悉利用鱼腥草开发的产品特性。

第一节 鱼腥草概述

鱼腥草（*Houttuynia cordate* Thunb.）为三白草科蕺菜属的多年生草本植物，具有浓重腥味，又名蕺菜、侧耳根、猪鼻孔、狗贴耳、臭菜、臭腥草等。鱼腥草始载于《名医别录》，2002年被列入《既是食品又是药品的物品名单》，成为我国中部、东南及西南地区的特色山野菜资源。

一、鱼腥草的分布

三白草科共4个属、8个种，广泛分布于亚洲和北美，其中中国产3个属、4个种，而蕺菜属仅有1种，即鱼腥草。鱼腥草对环境的适应性强，多分布于我国南方各省区，西北、华北及西藏地区也少有分布，以疏松肥沃的微酸性和中性土壤中生长最为旺盛。

鱼腥草耐阴性强，但是怕霜冻、不耐干旱和水涝，光照不足会严重影响其生长，因此在生长茂密的森林中少有分布。

二、鱼腥草的植物学特征

鱼腥草为多年生宿根草本植物，植株高15~50cm，根状茎细长，横走，白色。茎下部有节，节上轮生小根；茎上部直立，基部伏生紫红色，无毛。叶互生，心形，长 3~8cm，宽 4~6cm，密生细腺点，先端急尖，全缘，叶柄长 1~3cm，常有疏毛，托叶膜质，披针形，基部与叶柄连合成鞘状。穗状花序生于茎上端与叶对生，长 1~3cm，基部有 4 片白色花瓣状总苞，花小而密，两性，无花被，苞片线形，雄蕊 3 枚，花丝细长，雌蕊由 3 个下部合生的心皮组成，子房上位，花柱分离。蒴果呈壶形，顶端开裂。种子呈卵圆形，有条纹（图 12-1）。花期为 4—7 月，果期为 6—9 月。

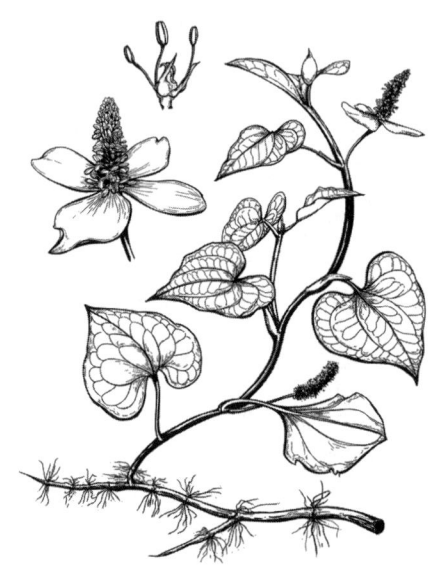

图 12-1 鱼腥草的植株形态

三、鱼腥草的生物学特征

早在唐代《新修本草》中就对鱼腥草有"叶似荞麦，肥地亦能蔓生，茎紫赤色，多生湿地、山谷阴处。"的记载。

鱼腥草性喜温暖潮湿。0℃以上能正常越冬，12℃发芽出苗，生长前期要求 15~25℃，地下茎成熟期要求 20~25℃。喜湿耐涝，生于低湿洼地、水沟边、田埂，对水分要求较高。

鱼腥草适应性较强，对光照和土壤条件要求不严，比较耐阴，在微酸性砂土或壤土生长良好，土壤 pH6.5~7.0 为宜。

四、鱼腥草的繁殖方式

鱼腥草通常以分株繁殖、根茎繁殖与插枝繁殖三种繁殖方式为主。

（1）分株繁殖　主要在春季和夏季时进行，将鱼腥草的母株从地里挖出来，分成几株直接进行栽植，或是将植株分株之后，用准备好砂壤土质地的苗床进行养殖。

（2）根茎繁殖　鱼腥草是多年生宿根草本植物，地下茎为白色，十分发达。于 4—5 月，将野生鱼腥草根状茎剪成 8~10cm 长，具有 3 个以上腋芽的小段，并留须根，种植。

（3）插枝繁殖　一般在春夏时节进行，选择生长健壮没有病虫害的枝条作为插穗，长度为 12~15cm，扦插、移栽定植。

第二节 鱼腥草的营养成分及其开发利用

鱼腥草营养丰富，全株可食用，由于荒年可以充饥，又称"饥菜""蕺菜"。《植物名实图考》记载："湖南夏时煎水为饮，以解暑。"唐代《新修本草》也提到："山南江左人好生食之。"由此可见，作为一种资源丰富的山野菜，鱼腥草的食用在我国有悠久的历史。

近年来，随着民众生活质量的提高，越来越提倡绿色饮食，加之受"回归大自然"之风的影响，越来越多人采食鱼腥草，其营养成分及生理活性也受到了越来越多的关注和研究。

一、鱼腥草的营养成分

鱼腥草富含生物活性成分和营养成分，每100g新鲜茎叶中含水分87.96g、蛋白质2.2g、脂肪0.4g、碳水化合物6g、粗纤维1.2g、灰分2.02g、钙74mg、磷53mg、铁40mg、挥发油20~50mg、维生素217.5mg（叶）、57.5mg（茎），其中含维生素C33.7mg、维生素B_1 0.013mg、维生素B_2 0.172mg，总能量150kJ。每100g风干鱼腥草的根茎中含钙66mg、铁40mg、粗脂肪2.2g、蛋白质2.5g、糖3g、粗纤维18.35g以及多种维生素。

二、鱼腥草食用价值的开发利用

鱼腥草的地下茎作为一种新鲜蔬菜，可凉拌、炒食、做汤或腌渍，还可加工成鱼腥草茶、酒、汽水等系列保健饮料和食品。鱼腥草食品的开发，正从传统的半成品（凉拌、干品、饮料、酒、茶等食品）向航空食品、减肥食品和戒烟食品等方向发展。

（一）鲜食

鱼腥草全株可食用，既可生食也可加工腌渍后再食用。

鱼腥草是南方地区的常用佐料，如凉拌鱼腥草，即将鲜茎叶洗净，用开水浸烫一下，再加入盐、酱油、醋、姜、麻油等调味品，拌匀即可。还可制作鱼腥草蒸鸡、鱼腥草炒鸡蛋、鱼腥草炒肉丝、鱼腥草烧猪肺、鱼腥草粥、腊味小炒鱼腥草等作为日常菜品食用。

鱼腥草的地下茎呈白色、脆嫩、纤维少、辛香味浓郁且口感好，可用于制作各种菜肴。鱼腥草在四川、贵州等地常作为一种地道美味野菜，通常是凉拌菜，春季全草加盐稍腌渍，挤去水分凉拌吃；也用于炖肉、下面、煮粥、热烫做汤或馅等。在福建，人们常将鱼腥草地上部分晒干储存，用于炖猪肉或小肠汤，大部分是熬成凉茶消暑解渴。

（二）饮料

鱼腥草经榨汁或浸提处理后制成的鱼腥草饮料、鱼腥草可溶性纤维饮料或鱼腥草汽水，具有清热解暑、增强免疫力等功能。

1. 鱼腥草速溶茶

速溶茶也称为茶精，是以成品茶为原料，从茶叶中浸提出茶经过滤、浓缩、干燥等工序而制成的粉末状、碎片状或颗粒状的类似于速溶咖啡的方便固体饮料，具有饮用方便、相对体积小、易保存运输、不含有害物质等特点，且含有传统茶叶中能够进入茶汤的营养成分和风味物质，保留茶对人体的大部分功效，是当前国际上颇为流行的一种很有前景的饮品。鱼腥草的制作工艺如下：

鱼腥草（地上茎叶）→ 杀青 → 烘干 → 粉碎 → 浸提 → 离心 → 浓缩 → 抽滤 → 加焦糖 → 喷雾干燥 → 成品

采用水煮法提取鱼腥草地上部分制速溶茶的得率为10.20%，其中的总黄酮含量为62.3g/kg。

2. 鱼腥草根茎茶

鱼腥草的根茎经切分、炒青、整形等制茶工艺，可制成香喷喷的粉末状散装或袋泡鱼腥草茶原料，经过进一步调配、精制成商品茶，如鱼腥草袋泡茶、鱼腥草凉茶。

3. 鱼腥草苦丁茶饮料

鱼腥草苦丁茶饮料制作工艺流程如下。

（1）选料及清洗　选择老嫩适中的鱼腥草地上茎叶，清洗，将其切成2~3cm长的小段，并置于1g/L的柠檬酸溶中浸泡，5min后取出沥干，于细胞组织破碎机中破碎。

（2）打浆　鱼腥草与水的比例为2:1，在细胞组织破碎机中进行。

（3）浸提过滤　将鱼腥草浆放入浸提杯中，升温至60℃左右，保温浸提30min，其间应不停地搅拌，再过滤取汁，然后送入离心机中离心，用双层纱布过滤掉细小的粗纤维。

（4）调配　鱼腥草中含有特殊的鱼腥味，而苦丁茶具有味苦，因此，与白砂糖和柠檬酸之间的比例必须合理调配才能尽量掩盖饮料中的鱼腥味并且又具有特殊的爽口风味。

（5）杀菌　利用巴氏杀菌法，在80℃左右保持25min，然后封盖保存。

在鱼腥草营养保健型饮料的制作中，添加苦丁茶，不但能够在一定程度上遮掩鱼腥草的腥味，而且得到的产品清新爽口。

4. 鱼腥草清肺润肺复合饮料

原料由中药材鱼腥草、芦根、薏苡仁、杏仁、桃仁、桔梗组成，具有清热化痰、逐瘀排脓、益气润肺、养胃健脾之功效，经常饮用可以提高人体自身免疫功能。原料组成（按质量份计）：鱼腥草20份、芦根10份、薏米10份、桔梗10份、杏仁8份。

工艺流程操作要点如下。

（1）提取　称取配方量的鱼腥草、芦根、薏苡仁、桔梗放入提取罐，再将经破皮后的杏仁加入提取罐中，加入15倍质量的90℃热水。

（2）萃取　控制萃取温度90~100℃，恒温萃取60min，萃取液经过滤，收集备用。

（3）调配　称取饮料总质量3%~5%的白砂糖，热水溶解后加入到萃取液中，定容。

（4）包装　灌装温度为70~80℃，121℃灭菌15~20min，即得到鱼腥草清肺润肺复合饮料。

鱼腥草既可鲜榨调味制成野菜汁，现榨现食，又能开发出鱼腥草味奶茶和酸乳。广东、广西、福建等地常把鱼腥草鲜榨调味制成野菜汁，已成为一种时尚。

鱼腥草饮料要解决鱼腥味较重的难题，可以通过添加南瓜粉、刺梨汁、绞股蓝碎末调整和改善鱼腥味，同时提高饮料的营养价值。

（三）鱼腥草面制品

1. 鱼腥草粗纤维饼干

鱼腥草选用地上部分，原料组成包括鱼腥草3~4份、全麦粉200~220份、大米8~10份、牛乳30~40份、蔗糖20~30份、猪油2~10份、鸡蛋3~9份、食盐0.25~0.5份、小苏打0.8~1份。

鱼腥草粗纤维饼干，具有制作方法简单，食用方便的特点。饼干中添加了鱼腥草粗纤维，具有清热解毒、消肿疗疮、利尿除湿、清热止痢、健胃消食的功效，同时可抗病毒、提高机体免疫力。

2. 鱼腥草酥饼

将鱼腥草地下部分洗净，切段，65℃烘干，粉碎，制成鱼腥草粉过筛备用。鱼腥草酥饼的制作原料包括鱼腥草粉 10g、低筋粉 190g、黄油 50g、色拉油 50g、糖 6g、食盐 1.2g、小苏打 1.6g、适量水。

配料 → 预混 → 面团调制 → 静置 → 切片成型 → 烘烤（160℃，8min）→ 包装 → 成品

酥饼是主要的焙烤食品之一，具有食用量大、保质期长、方便和易营养强化等特点适用于大部分年龄段的消费者。酥饼中的油脂含量较高，极易氧化酸败，会严重影响产品的保质期，鱼腥草具有抑制酥饼氧化的作用，可以一定程度上延长其保质期。

（四）鱼腥草抗菌保鲜膜

将鱼腥草洗净后置于 65℃真空干燥箱中烘干，粉碎研磨后，使用 95%（体积分数）乙醇溶液进行提取。取壳聚糖、明胶和甘油混合成溶液，添加 0.06~0.1g/mL 鱼腥草提取液。制成涂膜保鲜液采用流延法制备，将涂膜保鲜液置于 50℃，100Hz 超声清理器中超声脱气 5min，排除气泡后，将适量保鲜液倒入平板上，使其均匀流延，冷却静置 10min，置于 50℃真空干燥箱中烘干 8~10h，揭膜制得抗菌复合膜。

添加鱼腥草提取液能有效提高保鲜膜的综合性能，以蓝莓果为例，鱼腥草抗菌保鲜膜可有效维持蓝莓果实的品质和营养价值，延长其保质期近 10d。

第三节　鱼腥草的药用成分及其开发利用

鱼腥草是中国传统的中草药之一，素有"中药抗生素"之称，是我国重要的药食两用资源。鱼腥草作为中药具有作用温和、多靶向性和毒副作用少等优点，既可以作为一些疾病的处方成分，也可以制作成保健品用于一些疾病的预防。

一、鱼腥草的药用成分

（一）挥发油成分

鲜鱼腥草中的挥发油占总鲜株重的 0.018%，其中叶和茎挥发油含量相近，但远低于花（0.28%）。鱼腥草中挥发油成分复杂，其中癸酰乙醛（即鱼腥草素）及月桂醛均有特异臭气；并含有甲基正壬酮、癸醛、癸酸、α-蒎烯、β-蒎烯、d-柠檬烯、莰烯、乙酸龙脑酯、苏樟醇、石竹烯、石竹素、桉树精、丁香酚、左旋乙酸冰片酯、乙酸香叶酯等多种成分。鱼腥草鲜品中的癸酰乙醛和甲基正壬酮含量高于干品。

研究已鉴定出鱼腥草挥发油组分 371 种，包括醇类 52 种、烯类 31 种、酚类 6 种、烃 2 种、酮类 29 种、醛类 20 种、醚类 4 种、酸类 27 种、酯类 32 种以及其他化合物 71 种。

（二）黄酮类化合物

鱼腥草中含有多种黄酮类化合物，多以苷类形式呈现，如金丝桃苷、异槲皮苷、槲皮苷及

槲皮素以及槲皮素-3-O-β-d-半乳糖-7-O-β-d-葡萄糖苷、山柰酚-3-O-β-d-[α-l-吡喃鼠李糖（1→6）]吡喃葡萄糖苷、槲皮素-3-O-α-d-鼠李糖-7-O-β-d-葡萄糖苷等。此外，鱼腥草还含有芦丁、瑞诺苷、阿福豆苷、广寄生苷、芹黄素及野黄芩素等。研究发现，槲皮苷是鲜鱼腥草药材中含量最高的成分，也是鱼腥草的主要活性成分之一。鱼腥草不同部位按黄酮类成分含量由高到低分别为花、叶、果实、地上茎。

（三）生物碱类化合物

目前从鱼腥草中分离得到的生物碱有70多种，以阿朴啡型生物碱为主，如鱼腥草碱 A，还有酰胺类、吡啶类、马兜铃内酰胺类等生物碱和去甲头花千金藤二酮 B、橙黄胡椒酰胺苯甲酸酯、橙黄胡椒酰胺乙酸酯、N-反式阿魏酰酪胺、橙黄胡椒酰胺以及内酰胺类生物碱和蕺菜酰胺生物碱等。

（四）多糖类化合物

鱼腥草中的多糖含量为157.3~202.9g/kg，分子质量为5~500ku，主要由甘露糖、葡萄糖、果糖、葡萄糖醛酸、阿拉伯糖等单糖组成，并含有少量的半乳糖、木糖、鼠李糖等多糖成分，多为水溶性多糖。

（五）甾醇类化合物

鱼腥草含豆甾醇、菜豆醇、β-谷甾醇、菠菜醇、豆甾醇-4-烯-3,6-二酮、菜籽甾醇等。

二、鱼腥草的药理作用

鱼腥草在2003年曾被国家中医药管理局推荐为用于防治重症非典型性肺炎（SARS）的8种中药之一，在临床应用中显著地改善了患者的免疫能力，同时毒副作用也较小。2005版《人禽流感诊疗方案》中收录的基本药方也包括鱼腥草。药理研究表明鱼腥草对多种流感病毒都具有较强的抑制作用，临床上对于肺炎、急性上呼吸道感染等感染性疾病具有明显的抑制作用。

（一）传统药理作用

鱼腥草性味辛、寒，入肺、肝经，有清热解毒，行水消肿，利尿通淋，祛瘀生新之功。魏晋时期陶弘景曾在《名医别录》中提到："蕺，味辛，微温。主治蠼螋溺疮。"《本草纲目》言其："散热毒痈肿，疮痔脱肛，断痁疾，解硇毒。"《滇南本草》言其："治肺痈咳嗽带脓血，痰有腥臭，大肠热毒，疗痔疮。"清代汪绂编撰《医林纂要探源》记载其功效："行水，攻坚，去瘴，解暑。疗蛇虫毒，治脚气，溃痈疽，去瘀血。"清代四川地区民间草药书《分类草药性》言其："治五淋，消水肿，去食积，补虚弱，消鼓胀。"《现代实用中药》记载其："生叶：烘热外贴，为发泡药，可治疮癣。凡疥癣肿胀，湿疹，腰痛等可作浴汤料。生嚼其根，防止冠心病心绞痛发作。"《中国药植图鉴》记录鱼腥草："可作急救服毒的催吐剂。"

（二）现代药理作用

1. 抑菌作用

鱼腥草中的癸酰乙醛为抑制细菌生长的有效成分，对卡他球菌、溶血性链球菌、流感杆菌、肺炎双球菌和金黄色葡萄球菌有明显的抑制作用。

鱼腥草挥发油对多种革兰阴性菌和革兰阳性菌（大肠埃希氏菌、金黄色葡萄球菌、铜绿假单胞菌、粪肠球菌、化脓性链球菌、肺炎克雷伯菌、黏性丝孢酵母和枯草芽孢杆菌）具有一定的抑菌活性。鱼腥草多糖对金黄色葡萄球菌、大肠杆菌及多种食品腐败菌均有抑制作用，且具有一定的广谱性。

鱼腥草乙醇提取物具有广谱抑菌活性，对痢疾杆菌、多黏芽孢杆菌、大肠杆菌、金黄色葡萄球菌、枯草芽孢杆菌以及裂殖酵母、酿酒酵母和黑曲霉等均有广谱抑菌作用。

2. 抗病毒作用

研究发现，鱼腥草中的槲皮素具有体外抗人巨细胞病毒（HCMV）的作用。在甲型流感病毒 H1N1 诱导的小鼠急性肺损伤模型中鱼腥草黄酮类化合物具有抗病毒和抗炎双重作用，其中金丝桃苷和槲皮苷的活性最好，能抑制神经氨酸苷酶的活性。

鱼腥草挥发油对甲型、乙型流感病毒和腮腺炎病毒均有一定的抑制效果，作用机制是通过干扰病毒包膜从而杀灭流感病毒，保护宿主细胞，抑制流感病毒感染引起的细胞凋亡。鱼腥草挥发油对单纯疱疹病毒 HSV-1、流感病毒和人体免疫缺陷病毒（HIV）具有抑制作用，并且不显示细胞毒性；对脊髓灰质炎病毒、柯萨奇病毒无抑制活性；其中甲基正壬酮、月桂醛和辛醛 3 种主要成分均可使 HSV-1、流感病毒和 HIV 失活。

鱼腥草水提物具有抗 SARS 病毒活性，显著抑制 SARS 病毒 3CL 蛋白酶（3CLpro）和 RNA 依赖性 RNA 聚合酶（RdRp）表达。鱼腥草乙酸乙酯提取物对甲、乙型流感病毒也有较好的抑制作用。

近年发现，鱼腥草多糖具有良好的抗诺如病毒的作用，主要通过破坏病毒核酸和病毒外壳蛋白结构的方式发挥对诺如病毒的灭活作用。鱼腥草 80%（体积分数）乙醇提取物和水提物都具有抗登革病毒（DENV-2）活性。

3. 抗炎作用

鱼腥草的抗炎活性成分主要是鱼腥草素和槲皮素，机制涉及调节淋巴细胞亚群、抑制补体下调、调节炎症信号通路、抗氧化应激等方面，临床上用于治疗呼吸系统、五官科、泌尿生殖、消化系统等炎症性疾病。

鱼腥草中所含的黄酮类化合物对早期的炎症、炎症导致的毛细血管通透性增高、体液渗出及肿胀均有显著的抑制作用，3 个黄酮类成分（阿福豆苷、金丝桃苷和槲皮苷）对治疗肺部炎症性疾病显示出潜在的治疗价值。鱼腥草总多糖可改善急性肺损伤局部炎和水肿症状，其抗炎作用有可能通过抗补体作用实现。

研究发现，鱼腥草水煎剂对大鼠甲醛性足肿胀有较显著的抑制作用，能够抑制浆液渗出，促进组织再生和伤口愈合。鱼腥草乙醇提取物的水溶物可抑制牙龈卟啉菌生长，治疗口腔感染性疾病；鱼腥草乙醇提取物也可通过抑制 T 辅助细胞 2（Th2）对炎症病灶的趋化及其下游通路炎症因子表达来发挥抗炎疗效；鱼腥草的蒸汽提取物可通过 IL-4/STAT6、TGF-β/Smad 通路来修复急性肺损伤或快速肺纤维化（炎症性疾病）；鱼腥草超临界提取物（HSE）则主要通过抑制环氧化酶（COX-2）相关基因和蛋白质的表达来发挥抗炎作用。

4. 抑制肿瘤生长

鱼腥草素和新鱼腥草素对小鼠的艾氏腹水癌有明显的抑制作用，对癌细胞有丝分裂最高抑制率为 45.7%。鱼腥草生物碱对人肺癌细胞（95D、A549、SPC-A-1、H1975、H460）体外增殖具有抑制作用，并诱导其发生其凋亡；鱼腥草总黄酮提取物能抑制子宫颈癌 SiHa 细胞生长，并诱导其凋亡；鱼腥草水溶性果胶多糖诱导人肺癌细胞 A549 周期停滞和凋亡。

鱼腥草挥发油在 Lewis 肺癌小鼠体内外均能杀死肿瘤细胞，抑制肿瘤的生长。在人乳腺癌细胞（MCF7）中，鱼腥草挥发油通过下调 B 淋巴细胞瘤 Bcl-2 蛋白表达量促进细胞凋亡。

鱼腥草 95%（体积分数）乙醇提取物可以诱导人黑色素瘤细胞 A375 程序性细胞死亡，激活半胱天冬酶（Caspases）依赖性途径和与高迁移率组蛋白 B1（HMGB1）还原相关的 p38 磷酸化途径。

5. 增强免疫力

鱼腥草素能增强白细胞的吞噬功能，增强机体非特异性和特异性免疫能力，显著提高外周血 T 淋巴细胞的比例，促进免疫球蛋白 M（IGM）的生成。

鱼腥草多糖可以免疫调节活性，其作用机制是增强或激活免疫细胞如淋巴细胞、巨噬细胞的活性，促进免疫细胞内细胞因子的产生。

鱼腥草水提物可通过调节促炎因子的表达而提高免疫功能。鱼腥草水煎液也能增强巨噬细胞的吞噬能力，提高血清备解素，对 X 线照射引起的免疫功能损伤有一定的保护作用。

三、利用鱼腥草开发的药品

（一）鱼腥草的典籍记载

《中华人民共和国药典（2020 年版）》记载中药鱼腥草为三白草科植物蕺菜（*Houttuynia cordata* Thunb.）的新鲜全草或干燥地上部分。鲜品全年均可采割，干品夏季茎叶茂盛花穗多时采割，除去杂质，晒干。其味辛，微寒，归肺经，具有清热解毒，消痈排脓，利尿通淋的功效，用于治疗肺痈吐脓、痰热喘咳，热痢，热淋，痈肿疮毒。每次用 15~25g，不宜久煎，鲜品用量加倍，水煎或捣汁服。外用适量，捣敷或煎汤熏洗患处。

（二）鱼腥草的经典中药配方

（1）治病毒性肺炎、支气管炎、风热感冒　鱼腥草 10g、厚朴 9g、连翘 9g、研末；桑枝 20g，煎水冲服药末。此为治风热感冒、支气管炎名方。（《江西草药》）

（2）治肺病咳嗽盗汗　鱼腥草叶 40g，猪肚 150~200g。将鱼腥草叶置猪肚内炖汤服。每日一剂，连用三剂。（《贵州民间方药集》）

（3）治恶蛇虫伤　鱼腥草、皱面草、槐树叶、决明子。一处杵烂敷之。（《救急易方》）

（4）治痢疾　鱼腥草 20g、山楂炭 6g。水煎加蜜糖服。（《岭南草药志》）

（5）治乳腺炎、蜂窝织炎、中耳炎、肠炎　内服：煎汤，10~15g（鲜者 30~50g）；或捣汁。外用：煎水熏洗或捣敷。有清热解毒功效。（《常用中草药手册》）

（6）治慢性鼻窦炎　鲜鱼腥草捣烂，绞取自然汁，每日滴鼻数次。另用鱼腥草 20g，水煎服。（《陕西草药》）

（三）鱼腥草药品

鱼腥草作为中药饮片、中成药成分，被广泛应用于在呼吸系统疾病、消化系统疾病、妇科和男科疾病以及外伤等临床药品中。

目前已经开发的主要鱼腥草药品有复方鱼腥草片、复方鱼腥草合剂、鱼腥草滴眼液、复方鱼腥草胶囊、鱼腥草颗粒、超细纯鱼腥草粉、鱼腥草口服液等。鱼腥草在连花清瘟片（胶囊、颗粒）、柴银口服液、椰露止咳合剂、热感清喷雾剂、梅翁退热片等中成药中也是重要组成成分。

第四节　鱼腥草的综合开发利用

除食品药品外，鱼腥草还被广泛用于畜禽及水产养殖、日用化妆品以及保护生态环境等领域。

鱼腥草在兽医临床上常用于畜禽肺炎发热、肺痈、肺炎咳嗽、风热感冒、喘气病的治疗，效果非常理想。多种鱼类的急、慢性肠炎及鳖的腮腺炎、红脖子病、白底板病和虾的多种细菌性和病毒性疾病等的治疗都选用含有鱼腥草的中药，以鱼腥草为主的方剂已成为这些动物常见病和多发病的常规治疗手段。鱼腥草提取物还具有抗氧化功能，被用于日用化妆品中。此外，鱼腥草对土壤适应性强，是良好的防止水土流失的植物，可以起到固土、防止山体滑坡的作用，用于公路、铁路两边的水土保持。鱼腥草的综合开发利用如图12-2所示。

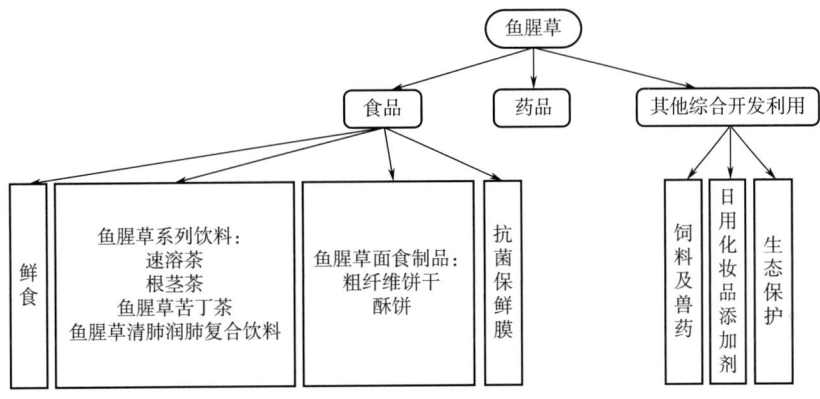

图 12-2　鱼腥草的综合开发利用

思考题

1. 鱼腥草是属于什么科属的植物？鱼腥草还有什么别名？
2. 鱼腥草的生长环境有什么特点？
3. 鱼腥草的繁殖方式各有什么优缺点？
4. 鱼腥草有哪些营养成分？能开发哪些食用产品？
5. 鱼腥草中的药用成分是什么？
6. 鱼腥草的药理作用有哪些？
7. 结合鱼腥草已有的研究成果，谈谈如何深化鱼腥草的综合开发利用？

【知识窗】鱼腥草（蕺菜）的由来

　　勾践为我国春秋时期越国国君，曾败军于吴国，做了吴王夫差的俘虏，受尽折磨，勾践忍辱负重，假意讨好夫差，方被放回越国。回国后遇灾年，百姓无粮充饥，为使百姓渡过难关，勾践翻山越岭寻找，终于发现一种山野菜可以食用，生命力还非常顽强，割了又长，产量高，越国百姓依靠这种山野菜度过灾年，由于这种山野菜有鱼腥味，勾践将其命名为"鱼腥草"。又因为勾践是在蕺山上采食的鱼腥草，所以人们也将鱼腥草也称为"蕺菜"。《旧经》云："越王嗜蕺，采于此山。"蕺山现今位于绍兴城区东北面，这个地方也因为有了越王采食蕺菜的故事而闻名天下。宋代王十朋的《咏蕺》写道："十九年间胆厌尝，盘馐野味当含香。春风又长新芽甲，好撷青青荐越王。"此诗句已刻在蕺山上的崖壁上，讲的正是这个典故。目前，蕺山仍然保存着众多地标性的历史建筑和文化遗产，如"蕺"字相关的古代建筑蕺山亭和蕺山书院。

第十三章 紫苏的开发利用

CHAPTER 13

[学习目标]

1. 了解紫苏的植物学特征及生物学特性。
2. 掌握紫苏的营养成分和食用加工工艺。
3. 掌握紫苏的药用成分和药理学作用。
4. 了解紫苏综合利用价值。

第一节 紫苏概述

紫苏综合开发利用

紫苏（*Perilla frutescens*）是唇形科（Labiatae）紫苏属（*Perilla* Linn.）植物的总称，为一年生草本植物，又名荏、赤苏、香苏等。紫苏为第一批被原卫生部列入《既是食品又是药品的物品名单》的物质之一，在我国的种植历史可以追溯到3000年以前。

一、紫苏的分布

紫苏原产中国，全世界范围内有1个种和3个变种，主要生长在热带和温带地区，分布于印度、缅甸、中国、日本、朝鲜、韩国、印度尼西亚和俄罗斯等国家。

我国华北、华中、华南、西南地区及台湾省均有紫苏野生种和栽培种，其中四川、宁夏、甘肃、湖北、陕西、辽宁、安徽等省为紫苏主产区。

二、紫苏的植物学特征

紫苏为一年生直立芳香草本植物，根系发达，主根深入土壤30cm，但大部分根系分布在2~18cm的土层内，茎高近2m，绿色或紫色，四棱形，茎上有密密的长柔毛。叶呈阔卵形或圆形、长、宽约 10cm，先端短尖，基部近圆形，膜质或草质，两面呈绿色或紫色。总状花序长约 15cm，密被长柔毛；唇形花，花冠为白色至紫红色，长 3~4mm。小坚果近球形，灰褐色，直径约 1.5mm，具网纹（图 13-1）。花期为 8—11 月，果期为 8—12 月。

图 13-1　紫苏的植株形态

三、紫苏的生物学特性

紫苏属典型短日照植物，适应性强，具有喜肥、耐阴、喜光的特征。

紫苏性喜温暖湿润的气候，较耐高温，生长适宜温度为 25℃，植株在较低的温度下生长缓慢，夏季生长旺盛；开花期适宜温度是 22~28℃，适宜的相对湿度为 75%~80%；较耐湿，耐涝性较强，不耐干旱，尤其在产品器官形成期，若空气过于干燥，将导致茎叶粗硬、纤维多、品质差。

紫苏在排水较好的砂质壤土、壤土、黏土上均能良好生长，适宜土壤 pH 为 6.0~6.5；在瘠薄的土地上也能够正常生长，尤喜排水良好疏松肥沃的田地，可充分发挥其生长潜力，实现高产。

四、紫苏的繁殖方式

紫苏对土壤和环境的要求并不严格，可利用荒山、荒坡或零星闲散地或接麦茬繁殖，也可与玉米等农作物套种。紫苏可通过种子种植和侧枝扦插两种方式进行繁殖。

（1）种子繁殖　紫苏主要以成熟的种子繁殖为主，可通过两种方式进行种植：①种子直播，南方一般在 3 月初，北方在 4 月中旬或下旬进行紫苏田间直播，两地在种植时间上通常相差一个月左右。②苗床育苗，一般在种子量少、天气干旱或温度较低的情况下采取育苗移栽的方法。当苗高达到 5cm 左右时选择阴天或午后进行移栽，栽后及时浇 1~2 次透水。

（2）扦插繁殖　紫苏具有较强的分枝和发生不定根的能力，可利用侧枝进行扦插育苗繁殖。

第二节 紫苏的营养成分及其开发利用

紫苏最早记录出现在南宋罗愿所著的《尔雅》:"(紫苏叶)研汁煮粥,良,长服令人体白身香。"北魏贾思勰的《齐民要术》中记载了苏子油的制备和食用方法:"(紫苏)收子压取油,可以煮饼。荏油(紫苏油)色绿可爱,其气香美,煮饼亚胡麻油,而胜麻子脂膏。"明代李时珍在《本草纲目》中提及:"紫苏嫩时有叶,和蔬茹之,或盐及梅卤作菹食甚香,夏月做熟汤饮之。"明朱橚在《救荒本草》中也提及:"子(紫苏子)可炒食。又研米做粥。甚肥美。亦可笮(zé)油用。"紫苏是集菜、油、药、香料、保健于一体的多用途经济植物,在药食两用方面的开发利用前景十分广阔。

一、紫苏的营养成分

紫苏叶含有丰富的营养物质和特有的风味物质。据检测,每100g紫苏嫩叶含蛋白质3.84g、纤维素3.49~6.96g、脂肪1.30g、还原糖0.68~1.26g、胡萝卜素7.94~9.09mg、维生素C 55~68mg、维生素E 22.16mg、钾522mg、钙217mg、钠62.64mg、镁70.40mg、磷65.60mg、铁20.70mg等。

紫苏种子含大量油脂,可用于提取食用油,籽粒粗脂肪含量为35.06%~53.28%(质量分数),出油率高达45%左右,油中含大量的不饱和脂肪酸,含α-亚麻酸64.73%、亚油酸15.43%、油酸14.01%,总量达94.17%,有"植物深海鱼油"的美称。

紫苏含有丰富的氨基酸,紫苏叶和紫苏子总氨基酸含量分别为27.82mg/g和26.77mg/g。叶片和种子中分别检测到18种和17种游离氨基酸,分别含7种和8种人体必需氨基酸。

二、紫苏食用价值的开发利用

紫苏营养丰富,既可鲜食,也可榨油,以及开发多种功能性食品。

(一)鲜食

紫苏叶鲜食可作为菜肴,如蔬菜沙拉;作为生鲜食材(虾、蟹等)的固定伴侣,有解毒和暖胃之功效;还可加工成紫苏粥、拼盘、泡菜等。

(二)紫苏油

紫苏油含有多种营养成分和活性因子,不含或很少含芥酸物质,有助于人体消化和吸收。紫苏油以紫苏子为原料,经清理除杂后水洗、滤干、阳光下晒干或烘箱中烘干、微波、调质、冷压榨,取纯净的紫苏子毛油经离心、抽滤后得到。整个工艺流程采用低温压榨,温度均低于70℃,可最大程度保留各脂肪酸成分及其他脂溶性营养成分,得到的紫苏油清亮透明,安全无毒,卫生,无污染。

(三)紫苏饮料

1. 紫苏汁

以新鲜紫苏叶为主要原料打汁,配以蜂蜜或蔗糖等,可制成色、香、味俱佳,具有一定保健功能的天然饮品。

2. 紫苏冻干茶

通过采集紫苏新鲜叶片，清洗、预处理、杀青、真空冷冻干燥、粉碎、筛分、包装等生产工艺制成，具有"苏香、叶绿、汤明、味正"等特点，风味独特，同时具有解毒、食疗、保健等多种功效。

3. 紫苏叶活性成分饮品

采用微波与酶及热水联合对紫苏叶中的活性物质进行提取，经由原料清洗、浸提、配料、过滤、灌装、杀菌等步骤加工而成。产品含紫苏叶提取液 200~300g/kg、白砂糖 60~70g/kg、氯化钠 1.0~1.5g/kg、柠檬酸钠 4~6g/kg、磷酸钠 2~3g/kg、d-异抗坏血酸钠 6~8g/kg、乙基麦芽酚 0.03~0.05g/kg、果葡糖浆 15~20g/kg、柠檬酸 2.4~3.5g/kg 等。

紫苏叶活性成分饮品较好地保持了紫苏的原有风味，多酚、黄酮类物质含量高，具有很好的营养价值。

（四）紫苏休闲食品

将紫苏子筛选、清洗、晾干，配以其他佐料，加入面粉中做成饼干、面包、锅巴、蛋糕、麻花，或包在面皮中制成水饺、包子、蛋黄派、月饼等，经过蒸、烤、煮、炸等工艺可制成多种形式的休闲食品。

（五）紫苏发酵酱

以紫苏饼粕为原料，经磨细、过筛，以质量比 1:（2~3）润水，并蒸汽爆破，利用微生物技术接种米曲霉孢子粉、琉盛曲霉孢子粉以及乳酸菌、制曲，再拌浓盐水和耐盐酵母进行盐水发酵后得到紫苏原酱，经胶体磨磨细，巴氏杀菌后即制得口感独特、色泽诱人、风味俱佳的紫苏发酵酱。

（六）食品添加剂

1. 紫苏色素

以结实末期的紫苏叶为原料，以含 10g/L 盐酸的 40%~60%（体积分数）乙醇溶液超声提取，大孔树脂吸附，并用 pH 为 3~4 的 55%~65%（体积分数）乙醇水溶液洗脱，低温冷冻干燥可得到色价高、稳定性强、保质期长的紫苏色素产品，可用于食品、医药等领域。

2. 食品防腐剂

待紫苏阴干后，将干燥的紫苏地上部位粉碎，过筛，加入 1:（1~5）:10 比例的蒸馏水蒸馏，馏出物加入无水硫化钠干燥 24h 去除水相，得挥发油。每 100mL 挥发油用 40g 无水硫酸钠干燥，得到紫苏挥发油，在食品储藏空间内，利用紫苏挥发油的挥发特性，进行气相杀菌，可达到食品防腐效果。

第三节　紫苏的药用成分及其开发利用

紫苏全株在临床上均具有重要的药理作用，为我国常用的传统中药。

一、紫苏的药用成分

紫苏的主要药用成分包括挥发油、类黄酮、酚酸、萜类及甾醇类化合物等,以及其他苷类物质。

(一)挥发油

挥发油是紫苏叶主要化学成分和特异香气的来源,其含量为 3.3~6.4g/kg,包括萜类、芳香类和脂肪族类等多种化合物。

萜类多为单萜,主要包括紫苏醛、d-柠檬烯、反-柠檬醛、紫苏酮、胡椒烯酮、(−)-胡椒酮、异白苏烯酮、香薷酮、紫苏烯、紫苏醇、芳樟醇、白苏烯等,少部分为倍半萜,主要包括 β-丁香烯及其衍生物和 β-石竹烯等物质。

芳香烃型挥发油主要包括芹菜脑、肉豆蔻醚、β-细辛脑、莳萝脑、榄香素等物质;脂肪族类成分有新植二烯、7-辛烯-4-醇和茉莉酮等。

(二)黄酮类化合物

紫苏含有丰富的黄酮类化合物,主要为黄酮及其苷类化合物。黄酮主要包括芹菜素、木犀草素和黄芩素;黄酮苷主要包括芹菜素-7-氧-二葡萄糖苷、木犀草素-7-氧-二葡萄糖苷、芹菜素-7-氧-葡萄糖苷、芹菜素-7-氧-咖啡酰葡萄糖苷、木犀草素-7-氧-葡萄糖苷、野黄芩素-7-氧-葡萄糖苷、野黄芩素-7-氧-二葡萄糖苷等。花色苷类是紫苏叶片的显色成分,主要是矢车菊素类的花色苷,其中含量最高的是丙二酰基紫苏宁,其次是紫苏宁。

(三)酚酸类化合物

紫苏中含有丰富的酚酸类化学成分,主要是咖啡酸、迷迭香酸及其酯化物等成分,包括咖啡酸、咖啡酸甲酯、咖啡酸乙烯酯、咖啡酸-3-O-葡萄糖苷、迷迭香酸、迷迭香酸甲酯、迷迭香酸乙酯、迷迭香酸-3-O-葡萄糖苷、3′-脱羟-迷迭香酸-3-O-葡萄糖苷、阿魏酸、阿魏酸甲酯、没食子酸、香草酸、阿魏酸、原儿茶醛等。

(四)三萜类及甾体类化合物

紫苏中含常见的三萜类和甾体类化合物包括齐墩果烷型三萜、熊果烷型三萜及甾醇类化合物。

(五)其他苷类物质

紫苏中还含有其他苷类物质,如紫苏苷 A~E、茉莉酸-5′-O-葡萄糖苷、野樱苷、接骨木苷、苦杏仁苷异构体等。

二、紫苏的药理作用

(一)传统药理作用

紫苏是我国传统中草药之一,始载于魏晋时期的《名医别录》:"味辛,温。主下气,除寒中,其子尤良。"唐代《千金要方》中记载:"紫苏是入肺、脾经,具有发表,散寒,理气作用。"明末清初《本草汇言》记载:"紫苏,能散寒气,清肺气,宽中气,安胎气,下结气,化痰气,乃治气之神药也。"明朝御医李中梓在《雷公炮制药性解》中述:"……入肺、脾二经。叶能发汗解表,温胃和中,除头痛、肢节痛。"《本草纲目》记载:"紫苏,近世要药也。其味辛,入气分,其色紫,入血分。同橘皮、砂仁,则行气安胎;同藿香、乌药,则温中止痛;同香附、麻黄，则发汗解肌；同芎、当归则和血散血；同木瓜、厚朴，则散湿解暑，治霍乱、脚气；同桔梗、枳壳，则利膈宽肠；同杏仁、莱菔（fú）子，则消痰定喘。"此外，《本草纲目》还记载："紫苏……解鱼蟹毒，治蛇犬伤。以叶生食作羹，杀一切鱼肉毒。"

（二）现代药理作用

紫苏的生物活性成分主要为挥发油、黄酮类化合物、酚酸类化合物等，具有抑制肿瘤、抗炎、抗氧化、抗过敏、降血糖等多种药理作用。

1. 抑制肿瘤作用

紫苏醇作为紫苏挥发油的主要成分，具有抑制肿瘤发生和抗肿瘤的双重功效，其抑制肿瘤的可能机制是通过阻断一些重要的信号通路 Ras、ERK 和核因子 NF-κB 等，达到抗癌活性，ERK 被认为是 Notch 信号通路的正向调节因子，Notch 信号通路是一种结构保守的配体受体结合的信号通路，在细胞生长、分化、侵袭和肿瘤转移方面发挥重要作用。

2. 抗炎作用

紫苏醛能显著降低凋亡相关 mRNA 的表达，并抑制大鼠脑缺血-再灌注诱导的促炎因子的过表达。紫苏叶提取物对大、小鼠的急、慢性炎症，局部组织和全身炎症有良好的缓解作用，这与其调控免疫细胞的活性和功能、抑制炎症介质的释放和活性、调控活性氧簇和一氧化氮水平等作用机制有关。

3. 抗氧化损伤作用

紫苏叶水提物对阿霉素诱导的人肾小管上皮细胞（HK-2 细胞）氧化损伤具有保护作用，可促进细胞增殖，抗氧化能力和 SOD 水平显著增高，MDA 和 ROS 水平显著下降，减轻细胞凋亡率，降低凋亡蛋白质的相对比值，并可抑制 MAPK 信号通路中 p38MAPK、ERK 蛋白质的磷酸化，其作用机制可能与其发挥抗氧化作用，并通过氧化应激相关的线粒体凋亡途径抑制细胞凋亡相关作用。

4. 抗过敏作用

炒紫苏子醇提物具有明显的抗过敏调节作用，其抗过敏作用是通过对过敏反应的多环节调节实现的，可明显降低过敏反应素总免疫球蛋白 E（IgE）和特异 IgE 水平，调节细胞因子网络平衡，显著调节过敏反应介质的生成与释放。

5. 降血糖作用

紫苏叶提取物对猪胰肠、大米及酵母来源的 α-葡萄糖苷酶具有较好的抑制作用，抑制类型均属于竞争性抑制。其可能的作用机制：紫苏叶提取物对人结直肠癌细胞（Caco-2 细胞）上的麦芽糖酶和蔗糖酶有良好的抑制作用，并且对葡萄糖的转运有一定的抑制作用。

三、利用紫苏开发的药品

（一）紫苏的典籍记载

《中华人民共和国药典（2020 年版）》记载：中药紫苏为唇形科植物紫苏（*Perilla frutescens*）的干燥成熟三部位（籽、叶、梗）作为药用。中药紫苏籽味辛，温，归肺经，具有降气化痰，止咳平喘，润肠通便的功效，用于治疗痰壅气逆，咳嗽气喘，肠燥便秘。每次用量 3~10g。

中药紫苏叶为紫苏的干燥叶（或带嫩枝），在夏季枝叶茂盛时采收，除去杂质，晒干，味辛，温，归肺、脾经，具有解表散寒，行气和胃的功效，用于治疗风寒感冒，咳嗽呕恶，妊娠呕吐，鱼蟹中毒。每次用量 5~9g。

中药紫苏梗为紫苏的干燥茎，在秋季果实成熟后采割，除去杂质，晒干，或趁鲜切片，晒干味，辛，温，归肺、脾经，可以理气宽中，止痛，安胎，用于治疗胸膈痞闷，胃脘疼痛，嗳气呕吐，胎动不安。每次用量 5~10g。

（二）紫苏的经典中药配方

（1）加味香苏散　苏叶 4.5g，陈皮、香附各 3.6g，甘草 2.1g，荆芥、秦艽（jiāo）、防风、蔓荆子各 3g，川芎 1.5g，生姜 4g，可以发汗解表。（《医学心悟》）

（2）半夏厚朴汤　苏叶 6g，半夏 12g，厚朴 9g，茯苓 12g，生姜 15g，可以行气散结，降逆化痰。（《金匮要略》）

（3）苏羌达表汤　苏叶 9g，防风 4.5g，光杏仁 9g，羌活 4.5g，白芷 4.5g，广橘红 4.5g，鲜生姜 3g，浙茯苓皮 9g，可以祛风散寒，化湿解表。（《重订通俗伤寒论》）

（三）紫苏药品

1. 藿香正气口服液

主要成分包括紫苏叶油、苍术、陈皮、厚朴、白芷、茯苓、大腹皮、生半夏、甘草浸膏、广藿香油。用于治疗外感风寒、内伤湿滞或夏伤暑湿所致的感冒。

2. 通宣理肺丸

主要成分包括紫苏叶、前胡、桔梗、苦杏仁、麻黄、甘草、陈皮、半夏（制）、茯苓、枳壳（炒）、黄芩。具有解表散寒，宣肺止嗽的功效。主治感冒咳嗽，发热恶寒，鼻塞流涕，头痛无汗，肢体酸痛。

3. 参苏丸

主要成分包括紫苏叶、党参、葛根、前胡、茯苓、半夏（制）、陈皮、枳壳（炒）、桔梗、木香、甘草、生姜、大枣。益气解表，疏风散寒，祛痰止咳。用于治疗身体虚弱、感受风寒所致的感冒。

4. 香苏散

由苏叶、香附、陈皮、甘草组成的中药方剂。具有疏风散寒、理气和中之功效。主治外感风寒，内有气滞证（指人体的某一脏腑或某一部位气机阻滞、运行不畅所表现的证候），症见形寒身热，头痛无汗，胸脘痞闷（胸部和胃脘部堵塞不舒、痞硬胀闷的一种感觉），不思饮食，舌苔薄白，脉浮。

第四节　紫苏的综合开发利用

紫苏可作为工业干性原料油、化妆品原料和紫苏精油的来源，还可应用于防腐剂、牲畜饲料、天然染料等领域。

紫苏油具有高碘值、高干性、高不饱和甘油酯的"三高"特性，是非共轭酸油脂中干性最强的一种油脂，可用作油布、油纸的防水原料，也是涂料、油墨、油漆和肥皂、人造革和润滑油等的优质原料油。早在北宋时期，《图经本草》就记录了紫苏油的广泛使用："……笮油……制炼涂帛、纸。遮尘避雨。……漆竹木乃，滑美。生油可灯。入蜡可烛……夜晦得灯，光明如月之苏。"还可将紫苏油配制各种功能化妆品,如防止皮肤干燥、粗糙和预防皮肤老化,改善头皮屑增多,防止脱发和促进毛发生长。紫苏的茎、叶经水蒸气蒸馏可得紫苏精油,对葡萄球菌、大肠杆菌、痢疾杆菌有抑制作用,兼有防腐和增加风味的双重效果,可广泛用作广谱、高效、天然的食品、化妆品及药品的防腐剂。紫苏饼粕是紫苏子脱脂后的副产品,是理想的奶牛精饲料,其味芳香,功效比值、净蛋白质比值和真消化率高,是非常好的植物蛋白资源,可用于单胃动物饲料。紫苏叶中可提取出紫苏花色苷,是一种比较稳定的天然染料,用于纺织品的染色。紫苏的综合开发利用如图13-2所示。

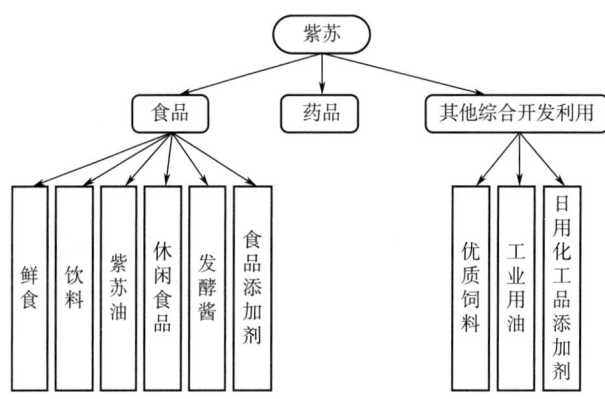

图13-2 紫苏的综合开发利用

思考题

1. 紫苏属唇形科植物,其具有哪些生物学特性?
2. 紫苏的繁殖方式有哪些?
3. 紫苏用作食物的主要组织部位是什么?
4. 下面是一首关于紫苏的词:
   秀才落得甚乾忙。冗中秋,闷重阳。百年三万,消得几科场。吟配十年灯火梦,新米粥,紫苏汤。如今且说世平康。收战场。息欃(chán)枪。路断邯郸,无复梦黄粱。浪戴说为农今决矣,新酒熟,菊花香。(《江城子·中秋忆举场》,宋·逸民)
   该词中紫苏的食用方法为鲜食,紫苏还有哪些食用方法呢?
5. 紫苏中主要的药用成分是什么?具有哪些药理作用?
6. 除了食用和药用,紫苏还有什么其他用途?
7. 在你的生活中,有哪些地方用到了紫苏?
8. 结合紫苏已有的研究成果,谈谈如何深化紫苏的综合开发利用?

【知识窗】紫苏的由来

中国民间流传着关于"紫苏"的传说:相传东汉末年,华佗带着徒弟在河边采药,他看见一只水獭逮住一条大鱼,水獭吞吃了很长时间,把肚皮撑得像鼓一样,它一会儿在水里,一会儿在岸上，一会儿躺下不动，一会儿来回折腾，这水獭难受极了。后来，水獭爬到岸边一片紫草旁边，吃了些草叶，又躺下，一会儿竟没事了。华佗心想，鱼类属凉性，紫草属温性，紫草可以解鱼毒。后来，华佗还把紫草的茎叶制成丸和散，他又发现这种草药还具有发散的功能，可以益脾、利肺、理气、宽中、止咳、化痰，能治很多病症。因为这种药草是紫色的，吃到腹中很舒服，所以华佗称其为"紫舒"，在后世相传时发生了误传，久而久之，就成了"紫苏"了。

第十四章 马齿苋的开发利用

CHAPTER 14

[学习目标]

1. 了解马齿苋的俗称。
2. 掌握马齿苋的植物学特征和繁殖方式。
3. 掌握马齿苋的主要营养成分以及主要食用产品的生产工艺。
4. 掌握马齿苋的主要药用成分及主要临床应用,理解其主要药理作用。
5. 了解马齿苋的综合开发利用。

第一节 马齿苋概述

马齿苋综合开发利用

马齿苋(*Portulaca oleracea* L.)为马齿苋科(Portulacaceae)马齿苋属(*Portulaca*)一年生草本植物,别名众多,如医书中称马苋、五行草、长命菜、五方草、瓜子菜等;在不同地域的俗名也很多,如麻绳菜、马齿草、耐旱草、蚂蚁菜、酸菜、猪肥菜等十几个。马齿苋在我国具有悠久的食药用历史,并于2002年由原卫生部列入《既是食品又是药品的物品名单》。

一、马齿苋的分布

马齿苋约有19个属580个种,全球除高寒地区外,广泛分布于热带、亚热带至温带地区,南美洲、东亚、欧洲以及中东地区都有其野生型,在俄罗斯、英国、法国、荷兰、美国等国家早已有其栽培型。中国主要有马齿苋3个属,8个种,在南北各地均有分布。

二、马齿苋的植物学特征

马齿苋为一年生草本植物,全草无毛,肉质,肥厚多汁。茎平卧或斜倚,伏地铺散,多分枝，圆柱形，长 10~15cm，淡绿色或带暗红色。叶互生，有时近对生，叶片扁平，肥厚，呈倒卵形，似马齿状，长 1~3cm，宽 0.6~1.5cm，叶柄粗短。花无梗，直径 4~5mm，常为 3~5 朵簇生枝端，苞片 2~6 片，叶状，膜质，近轮生，花瓣 4~5 片，黄色，呈倒卵形，长 3~5mm。雄蕊通常为 8 个，或更多，长约 12mm。蒴果为卵球形，长约 5mm，盖裂；种子细小，多数，偏斜球形，黑褐色，有光泽，直径不及 1mm，具小疣状凸起（图 14-1）。花期为 5—8 月，果期为 6—9 月。

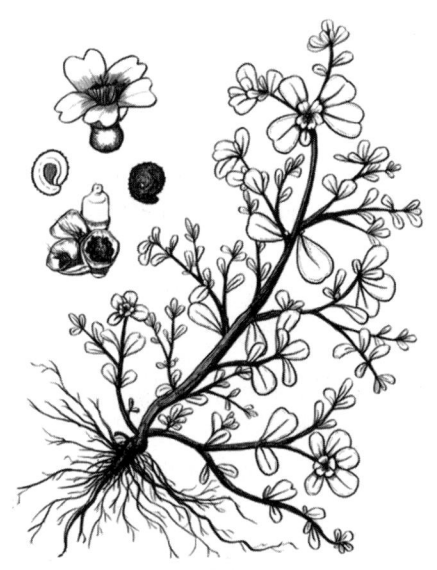

图 14-1　马齿苋的植株形态

三、马齿苋的生物学特性

马齿苋属植物适应性和生命力极强，耐热、耐旱、耐涝、抗病，但不耐寒，对光照的要求不严格，强光、弱光下均可正常生长。

马齿苋发芽温度一般在 18℃，最适生长温度为 20~30℃，随着温度升高生长速率加快。

马齿苋对土质要求不高，在任何土壤中都能生长，适宜在各种田地和坡地栽培，可生长于菜园、农田、路旁、河滩、废墟等，在中性和弱酸性土壤中生长更好。

四、马齿苋的繁殖方式

（1）种子繁殖　当马齿苋蒴果、种壳呈黄色时种子已成熟，应及时采收，防止种子散落。马齿苋种子有 5~6 个月的休眠期，解除休眠的适宜浸种时间为 9~12h（30℃）。催芽温度为 30~35℃，赤霉素处理可打破休眠，促进其种子发芽，适宜浓度为 200mg/L。

（2）扦插繁殖　马齿苋枝条易生根，扦插枝条从当年播种苗或野生苗上采集，采集发枝多、长势旺的强壮马齿苋，每段留有 3~5 个节的扦插密度（株行距）3cm×5cm，插穗入土深度约 3cm，扦插后要及时浇水，适当遮阴，一周后即可成活。

第二节　马齿苋的营养成分及其开发利用

马齿苋是一种高蛋白质、高灰分、低碳水化合物的野生蔬菜，素有"蔬菜之王"的美称。元代忽思慧《饮膳正要》记载："马齿味酸，寒，无毒。"明代吴禄在《食品集》中认为："马齿苋，味酸，气寒。性滑，无毒。"可以充分利用马齿苋的营养价值开发出多种相关食品。

一、马齿苋的营养成分

马齿苋营养丰富，100g 马齿苋约含蛋白质 2.3g、脂肪 0.5g、碳水化合物 3g、粗纤维 0.7g，膳食纤维含量偏高，脂肪含量偏低，符合高纤低脂的饮食需求。每 100g 鲜茎叶中含有人体所需的 18 种氨基酸，氨基酸总量达到 21g/kg，是韭菜的 2 倍，南瓜的 5 倍，以谷氨酸含量最高，占总氨基酸的 13.1%。人体必需的 8 种氨基酸占氨基酸总量的 47%，氨基酸的组成比例也较接近人体组织，是理想的蛋白质的来源。马齿苋中含脂肪酸，包括芥子酸、花生四烯酸、14-十八烯酸、油酸、花生酸、肉豆蔻酸、月桂酸、亚麻酸、亚油酸等，尤其含有植物中极为少见的 ω-3 脂肪酸中的二十碳五烯酸和二十二碳六烯酸。

马齿苋中含 β-胡萝卜素、维生素 C、叶酸等维生素和镁、铁、铜、锌等矿物质元素，具体维生素及矿物质元素种类及含量见表 14-1。

表 14-1　马齿苋中维生素及矿物质元素种类及含量　单位：mg/kg 鲜重

成分	含量	成分	含量
β-胡萝卜素	20	磷	180~440
维生素 C	210~242	钾	3400~4940
烟酸	4.8~6.8	钠	266.5~450.0
叶酸	0.12	镁	390~680
维生素 A（IU）	13200.0	铁	19.9~21.0
维生素 B_5	0.4	锌	0.4~1.7
维生素 B_6	0.7	铜	0.9~1.1
维生素 B_1	0.3~0.5	锰	2.1~3.0
维生素 B_2	1.1	铅（重金属）	0.08
硒	0.2	镉（重金属）	0.12

二、马齿苋食用价值的开发利用

马齿苋属于酸味山野菜，民间食用马齿苋的方法很多，既可鲜食又可再制后食用，也可冷冻贮藏、腌制、做粥等。

（一）鲜食

1. 凉拌

在现蕾前采摘新鲜的马齿苋，用沸水焯过后（减轻酸味，口感柔脆），加盐、芝麻油或熟油、蒜泥，调匀即可食用。古人有对马齿苋鲜食的记载，如明代朱橚《救荒本草》记载"采苗叶，先以水焯过，晒干，炸熟，油盐调食"，和现在的吃法大致相同。

2. 煮粥

唐代孟诜《食疗本草》云："（马齿苋）可细切煮粥，止痢，治腹痛。"元代宫廷药膳马齿菜粥的做法是将马齿菜洗净，取汁，和粳米同煮粥。

此外，还可以将新鲜的马齿苋嫩茎、叶洗净，炒食、做汤、做馅、拌、炝等，做出的菜脆润微酸，鲜美可口。也可以将新鲜的嫩茎、叶洗净，切碎，加入面粉、鸡蛋、五香粉、盐和水，搅拌均匀，摊片儿。

西方也有食用马齿苋的习惯。例如，地中海地区的居民喜欢将肥嫩多汁的马齿苋拿来进行烹炒、凉拌。法国人喜欢将鲜嫩的马齿苋放进沙拉中食用，此外，他们还开发出马齿苋三明治以及佐餐用的马齿苋酱等多种食品。

（二）马齿苋加工产品

1. 速冻马齿苋

将马齿苋的嫩茎叶清洗干净，用热水或蒸汽热烫后，整理成一定长度的段，分装到食品级塑料袋中，用封口机封口，然后速冻贮藏，化冻后同鲜菜一样食用。产品可炒食、煮汤、煮粥或解冻后制馅等。

2. 干制马齿苋

将鲜嫩的马齿苋原料除去杂质，漂洗干净后投入锅中热烫，热烫后沥干水分即可烘烤或晾晒。烘烤时的温度≤60℃，烘烤过程中要定时通风排湿，晾晒过程中也要经常翻晒、揉搓，使其干燥得快而均匀。凉至半干再爆炒，炒出的菜中有腌渍的味道。凉至全干，长期存放，随吃随取。也可以将干制马齿苋和其他原料混合，制成马齿苋茶或做袋装方便面的配料。

3. 盐渍马齿苋

将鲜嫩的马齿苋原料去除杂质，漂洗干净后沥干水分，露天晾晒6~8h，然后用盐腌渍。一般采用2次盐渍法：第1次盐渍用盐量为菜量的20%~30%，一层菜一层盐，缸满后压上重石，10d后倒缸；第2次盐渍用盐量为菜量的10%~15%，方法同第1次，腌制10~15d后即可分装入塑料桶内，产品可存放6个月以上。

盐渍后的马齿苋一般要经过脱盐处理后再加工成各种产品。马齿苋原料也可糖渍或腌制成泡菜及各种风味的酱菜和糖醋菜等。

（三）其他马齿苋食品

1. 马齿苋饮料

（1）马齿苋单汁 以野生马齿苋为原料榨汁，配方为马齿苋汁400g/L、木糖醇100g/L、柠檬酸1.5g/L。

（2）马齿苋车前草复合饮料 配方为干马齿苋6.67g/L、干车前草8.33g/L、白砂糖60g/L、蜂蜜12g/L、柠檬酸1.4g/L。

（3）马齿苋苹果汁复合饮料 配方为马齿苋浸提液200g/L、苹果汁200g/L、柠檬酸1.5g/L、白砂糖50g/L。此产品口感纯正，营养丰富，具有一定的保健功能。

2. 马齿苋果冻

马齿苋果冻的生产配方为天然马齿苋汁200g/L、柠檬酸1g/L、白砂糖130g/L、胶凝剂12g/L（琼脂：果胶为3:2）。该产品的特点：具有清香味道，酸甜可口，质地均匀光滑，呈浅棕黄色、半透明、弹性、胶凝状态及咀嚼感良好。

3. 马齿苋冰淇淋

将鲜牛乳、乳粉、膨化玉米粉和甜味剂（赤藓糖醇）混合，加入适量的纯净水溶解，完全溶解后添加马齿苋汁、稳定剂（羧甲基纤维素钠、海藻酸钠、黄原胶）、乳化剂混合均匀，90℃灭菌15min，冷却至2~4℃，老化4~6h，凝冻，灌杯成型，-30℃下硬化，进冷库贮藏，得到成品。

第三节 马齿苋的药用成分及其开发利用

马齿苋为药食两用植物，被世界卫生组织列为世界上使用最广泛的药用植物之一，并且成为国家卫健委公布的《既是食品又是药品的中药名单》中所列的110种中药材之一。

一、马齿苋的药用成分

马齿苋含有多种药用活性成分，主要包括黄酮类、生物碱类、多糖类、萜类、香豆精类化合物以及多种有机酸。

（一）黄酮类化合物

马齿苋全草中总黄酮含量约为76.7g/kg，已发现的黄酮类化合物主要包括槲皮素、染料木苷、染苷和蒽醌苷，以及染料木素、山奈酚、木犀草素、芹菜素、杨梅素、橙皮苷等。还从马齿苋提取液中发现了3种新的黄酮单体：($3S$)-5-羟基-3-（2-羟基苄基）-7-甲氧苯并二氢吡喃-4-酮（Oleracone C）、5-羟基-3-（2-羟基苄基）-7-甲氧基-4H-苯并吡喃-4-酮（Oleracone D）以及1-（2-羟基-4,6-二甲氧基苯基）-3-（2-羟苯基）-1-丙酮（Oleracone E），2,2′-二羟基-4′,6′-二甲氧基查耳酮等。

（二）生物碱类化合物

马齿苋含有多种类型的生物碱，主要包括异喹啉生物碱、吲哚啉类酰胺生物碱、环二肽（二酮哌嗪）类生物碱、酰胺类生物碱和酪胺类生物碱等。以及去甲肾上腺素、多巴胺、N-反-阿魏酰基去甲辛弗林、N-顺-阿魏酰基去甲辛弗林、3-喹啉羧酸、吲哚-3-羧酸、东莨菪素、甜菜红色素及乙酰化的甜菜红色素、马齿苋碱Ⅰ、马齿苋碱Ⅱ、尿囊素等。

（三）多糖类化合物

研究人员利用超声波法提取马齿苋多糖，采用Deae-纤维素阴离子交换法和Seph-adex凝胶渗透色谱法对粗多糖进行分离纯化，得到三个馏分，分别命名为POL1、POL2和POL3，相对分子质量分别为18ku、55ku和108ku，比较发现9月采收的马齿苋含有较高的多糖。

（四）萜类及甾醇类化合物

研究表明马齿苋中含有多种萜类及甾醇类化合物，如马齿苋单萜A、马齿苋单萜B、蒲公英萜醇、甘草次酸、3-乙酰糊粉酸、白桦酸、熊果酸、黄体素、齐墩果酸、$α$-香树脂醇、$β$-香树脂醇、环木菠萝烯醇等37种之多。

（五）香豆素类化合物

马齿苋的香豆素类成分主要有东莨菪亭、佛手柑内酯、异茴香内酯、6,7-二羟基香豆素、反-对香豆酸、伞形花内酯和大叶桉亭。香豆素类成分可通过超声-微波提取，其平均质量分数为 8.862mg/g。

（六）有机酸类化合物

马齿苋含有多种有机酸类化合物，其中酚酸类化合物有 3,4-二羟基苯甲酸、对羟基苯甲酸、2,2′-二羟基- 4′,6′-二甲氧基查尔酮、反-3-羽扇豆醇棕榈酸酯阿魏酸、4-羟基-5-甲基呋喃-3-羧酸、5-羟甲基糠酸、原儿茶酸、阿魏酸、没食子酸、咖啡酸、香豆酸、水杨酸、香草酸、p-羟基安息香酸等。

二、马齿苋的药理作用

马齿苋不仅营养丰富，全草可以药用，而且具有较高的药用价值，药用历史悠久，近年发现其具有多种药理作用。

（一）传统药理作用

公元 5 世纪的《雷公炮炙论》中已有马齿苋的入药记载；《本草经集注》也记载其药性"小酸"；《新修本草》也记录"马苋亦名马齿草。味辛，寒，无毒"。唐代孟诜《食疗本草》中提到："马齿苋能延年益寿，明目。"李时珍《本草纲目》认为："马齿苋所主诸病，皆只取其散血消肿之功也。"《滇南本》记载：马齿苋"益气，清暑热，宽中下气，润肠，消积滞，杀虫，治疗疮红肿疼痛。"《本草拾遗》提出了马齿苋"破痃癖（脐腹偏侧或胁肋部时有急痛的病症），止消渴"的功效。《开宝本草》曰："服之长年不白。治痈疮，杀诸虫。生捣汁服，当利下恶物，去白虫。和梳垢，封疔肿"，进一步扩充了马齿苋的功效。《食疗本草》记载用马齿苋煮粥可达到"止痢、治腹痛"的食疗效果。《农桑经》记载："元旦饮酒食马齿苋数箸以除一年不正之煞。"

（二）现代药理作用

马齿苋素有"天然抗生素"的美称，是防治痢疾、泄泻的特效中草药之一。现代医学实验也证明，马齿苋具有抗菌、抗炎、降血糖、抗肿瘤、抗衰老等多种功效。

1. 抗菌、抗炎作用

现代医学证实马齿苋抗菌谱较广，对多种细菌如大肠杆菌、志贺氏菌、沙门菌、痢疾杆菌、金黄色葡萄球菌及酵母菌（如酿酒酵母）、霉菌（如黑曲霉）等均具有抑制作用，特别是对感染性腹泻常见菌——大肠埃希氏菌、志贺氏菌和条件致病菌——克雷伯氏菌（*Klebsiella*）、枸橼酸杆菌（*Citrobacter*）具有较明显的抑制性作用。

马齿苋提取液可通过降低面部糖皮质激素依赖性皮炎患者血清中炎症因子的水平，改善面部皮肤炎症，减少皮肤红斑量，并具有保湿功能。马齿苋生物碱可降低脂多糖刺激下巨噬细胞促炎因子的分泌量，抑制炎症反应。

2. 降血糖作用

马齿苋多糖能够促进胰岛 β 细胞的增殖、增加细胞内三磷酸腺苷（ATP）含量、促进胰岛素的分泌、提高 SOD 活性，并可以抑制四氧嘧啶诱导的细胞内 Ca^{2+} 水平升高和线粒体膜电位的下降。

马齿苋含有的生物碱成分协同黄酮类化合物抑制醛糖还原酶活性，降低糖分解速率，减慢肠道吸收糖的速率，从而降低血糖浓度。去甲肾上腺素能够促进胰岛 β 细胞分泌胰岛素。

马齿苋含有大量的 ω-3 不饱和脂肪酸可抑制甘油三酯的合成，降低血清胆固醇含量，防止动脉粥样硬化，减轻胰岛素抵抗。

3. 抗肿瘤作用

马齿苋多糖对小鼠实体瘤具有明显的抑制作用，且以剂量和时间依赖方式抑制海拉（Hela）细胞增殖。马齿苋生物碱具有抑制体外培养人肺腺癌细胞株（A549 细胞）增殖作用，具有抑制肿瘤细胞生长的作用。马齿苋还富含微量元素硒，能抑制自发瘤、移植瘤及化学致癌物质所诱发的肝癌、皮肤癌及淋巴癌的发生发展。

4. 抗衰老作用

马齿苋水提液可以明显改善 $AlCl_3$ 诱发的阿尔茨海默病（AD）模型小鼠的学习记忆行为，与之相关的化学成分有黄酮类成分、马齿苋酰胺 E 及抗氧化成分维生素 E、维生素 C、β-胡萝卜素等。马齿苋总黄酮可通过调节海马胆碱系统代谢，提高 AD 小鼠空间学习和记忆能力。

5. 辅助治疗白癜风作用

马齿苋含有丰富的铜元素，人体内游离铜是酪氨酸酶的重要组成成分，经常食用马齿苋能增加表皮中黑色素细胞的密度及黑色素细胞内酪氨酸酶的活性，是白癜风患者和因铜元素缺乏而致须发早白患者的辅助食疗佳品。

三、利用马齿苋开发的药品

（一）马齿苋的典籍记载

《中华人民共和国药典（2020 年版）》记载，中药马齿苋为马齿苋科植物马齿苋（*Portulaca oleracea* L.）的干燥地上部分。夏、秋二季采收，除去残根和杂质，洗净，略蒸或烫后晒干，制成马齿苋饮片，味酸，性寒，归心、肝、脾、大肠经，具有清热解毒，凉血止血，止痢的功效，用于治疗热毒血痢，痈肿疔疮，湿疹，丹毒，蛇虫咬伤，便血，痔血，崩漏下血，每次用量 9~15g。

（二）马齿苋的中药配方

（1）治小便热淋　马齿苋汁服之。（《圣惠方》）

（2）治赤白带下　不问老稚孕妇悉可服。马齿苋捣绞汁 450g，和鸡子白（鸡蛋清）30g，先温令热，乃下苋汁，微温取顿饮之。（《海上集验方》）

（3）治阑尾炎　生马齿苋 100~150g。洗净捣绞汁 30mL，加冷开水 100mL，白糖适量，每日服三次，每次 100mL。（《福建中医药》）

（4）治耳有恶疮　马齿苋 37g（干者）、黄柏 18g。捣罗为末，每取少许，绵裹纳耳中。（《圣惠方》）

（5）治蜈蚣咬伤　用马齿苋汁涂之。（《肘后方》）

（三）马齿苋药品

1. 消痢片

取马齿苋干品加水煮 2 次，煮液浓缩至 1∶1，加入 60%（体积分数）乙醇，醇液滤去沉淀物，滤液回收乙醇成稠膏状，加适量淀粉制颗粒，干燥，加润滑剂压片包衣，每片含量相当于干马齿苋 2.5g。主治肠炎、细菌性痢疾，便脓带血。

2. 马齿苋合剂

成分为马齿苋 60g、青叶 15g、蒲公英 15g。适应症为带状疱疹。马齿苋合剂中马齿苋清热解毒；大青叶清热解毒，凉血消斑；蒲公英善清肝胃二经热毒，且清利湿热。共奏清肝火利湿热之功。

3. 马齿苋平衡祛痘膏

治疗湿疹皮炎的膏药，成分为马齿苋提取液、茶树精油、薰衣草精油、海藻、芦荟、金银花、金盏花等。功效为祛痘溶脂、除油去污、去角质。

第四节 马齿苋的综合开发利用

马齿苋营养丰富，粗纤维含量少，适口性好，消化利用率高，生喂、熟喂、青贮、晒干或发酵后饲喂均可，是畜禽以及水产品养殖的优质饲料。马齿苋提取物可作为天然抑菌成分制备日化用品，如治疗牙龈炎的牙膏、防脱洗发水、止痒香皂、美白化妆品等。马齿苋耐寒耐旱，易于管理，还能吸收土壤中的重金属，可用于土壤的原位修复，具有较高园林及生态价值。马齿苋的综合开发利用如图 14-2 所示。

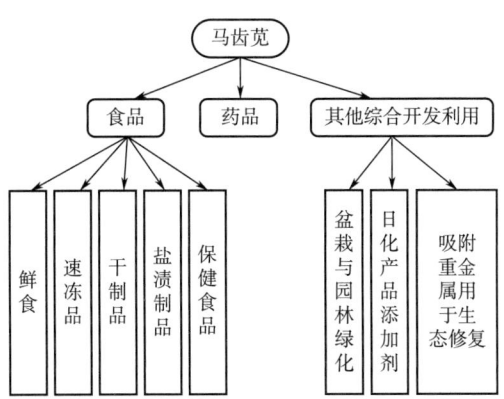

图 14-2 马齿苋的综合开发利用

🔍 思考题

1. 马齿苋属于马齿苋科植物，在生物学方面具有哪些显著特征？有何用途？
2. 马齿苋的繁殖方式有哪些？
3. 马齿苋用作食物的主要组织部位是什么？如何将马齿苋加工成各种功能不同的食品？
4. 马齿苋含有的主要药用成分是什么？主要临床应用于哪些方面？
5. 除了食用和药用，马齿苋还有什么其他用途？
6. 结合马齿苋已有的研究成果，谈谈如何深化马齿苋的综合开发利用？

【知识窗】 马齿苋的由来

　　传说在很久以前，有个有钱的大户人家，婆婆常虐待自己的儿媳齿苋。有一年，村中流行痢疾，齿苋得了此病。婆婆怕传染到自己及家人身上，把儿媳赶到菜园的茅草屋里，每天只给送点稀饭，根本吃不饱。齿苋无奈，只好去菜园挖些野菜放到稀饭中煮着吃。谁知连吃几天，痢疾竟不治而愈。病好后，齿苋回到家中，发现婆婆、丈夫也染上了痢疾，卧床不起。齿苋忙去野外挖些野菜为婆婆、丈夫治病。经过几天的疗养，家人的病就痊愈了。齿苋还挖野菜送给村里患痢疾的乡亲们，不久村里的痢疾病人全部被治愈了。齿苋挖的这种治疗痢疾的野菜外形像马的牙齿，又是齿苋最先发现的，因此，人们将这种能治痢疾的野菜起名叫"马齿苋"。

第十五章
薄荷的开发利用

CHAPTER 15

[学习目标]

1. 了解薄荷的基本生物学特性和采收加工方法。
2. 掌握薄荷的营养成分和食用价值的开发利用。
3. 熟悉薄荷的药用成分及药用价值的开发利用。
4. 了解薄荷的综合开发利用。

第一节 薄荷概述

薄荷综合开发利用

薄荷（*Mentha haplocalyx* Britq.）是唇形科（Labiatae）薄荷属（*Mentha* L.）植物，又名水薄荷、苏薄荷、蕃荷叶、鱼香草等，其中大部分是多年生草本植物，少数为一年生。薄荷是一种重要的香料植物，也是我国常用的传统中药材之一，它还是 2002 年首批《既是食品又是药品的物品名单》中的中药材之一，营养和医药价值都很高。

一、薄荷的分布

薄荷广泛分布于北半球的亚热带和温带地区，少数生长在南半球。全世界约有薄荷属植物 30 种，栽培最广泛的薄荷品种为亚洲薄荷（*M. candensisis*）和椒样薄荷（*M. xpiperita*）。前者主要栽培于印度、巴西、中国等国家，后者主要栽培于美国、英国、法国等国家。

我国有薄荷属植物 12 种，其中野生薄荷有 6 种，主要分布于东北、华东、新疆地区，亚洲薄荷主要栽培于安徽、江苏等地；椒样薄荷主要栽培于新疆伊犁地区以及陕西、甘肃的部分地区。《本草纲目》记载："苏州所莳者，茎小而气芳，江西者稍粗，川蜀者更粗，入药以苏产为胜。"

二、薄荷的植物学特征

薄荷为多年生或一年生草本植物，植株高 10~100cm，具节，直立或匍匐于地面，具根茎，茎方形，具四棱，多分枝，上部被微柔毛，下部沿棱被微柔毛，叶对生，叶片为长圆状披针形、披针形或椭圆形，叶片边缘具牙齿、锯齿或圆齿，先端通常锐尖或为钝形，基部为楔形、圆形或心形，密生白色绒毛，轮伞花序，常由多朵花密集而成，花冠为淡红紫色、稀白色，轮生于茎上部叶腋内，花萼呈管状钟形或钟形。小坚果为长圆形，暗褐色，椭圆形（图15-1）。花期为6—10月，果期为8—10月。

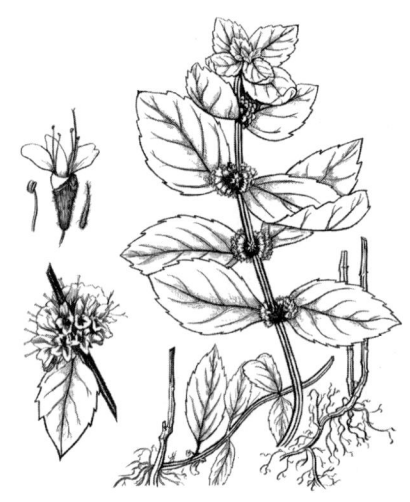

图15-1 薄荷的植株形态

三、薄荷的生物学特性

薄荷为长日照植物，喜光线充足、温暖湿润的环境，耐湿性强，唯不耐旱。日照长，可促进薄荷开花，有利于薄荷油、薄荷醇、薄荷脑的积累。

薄荷对温度适应能力较强，具有一定的耐寒性，根茎在早春5~6℃时开始萌发，在冬季 -30 ~ -20℃地区可安全越冬；生长适宜温度为20~30℃。

薄荷适应能力较强，常生长于河边、湖畔、潮湿草地，在海拔2100m以下的地区都能生长。薄荷对土壤的要求并不严格，一般土壤均能种植，以土层深厚富含有机质砂质壤土、冲积土为好，以pH6.0~7.5为宜。

四、薄荷的繁殖方式

薄荷根系发达，其根茎和地上茎具有很强的萌芽能力，生产上以根茎繁殖为主，也可通过种子、扦插及气生根等方式进行繁殖。

(1) 根茎繁殖 收割薄荷后，将根茎保留在土壤中。10月下旬至翌年4月上旬（早春较好），选择白色、健壮且节间短的根茎，剪成10cm左右的小段作为繁殖材料进行种植。《本草纲目》对这一繁殖方式早有描述："人多栽莳，二月宿根生苗，清明前后分之。"

(2) 种子繁殖 薄荷的种子较小，萌发率低，所形成的幼苗生长较慢。应3—4月或9—10月播种。

(3) 扦插繁殖 在3—10月选择生长健壮的母株，将地上茎分节切断，去掉部分叶片后可插入湿土、湿沙、湿木屑等基质里，也可插入水中进行水培。

(4) 气生根繁殖　薄荷有明显的气生根，剪下带气生根的枝条，放在土中或基质中，可繁育出新的植株。

第二节　薄荷的营养成分及其开发利用

《本草纲目》记载："方茎赤色，其叶对生，初时形长而头圆，及长则尖。吴、越、川、湖人多以代菜"，说明薄荷在中国古代就被广泛食用。

一、薄荷的营养成分

薄荷具有较高的营养价值，每 100g 新鲜薄荷含有水分 90g、蛋白质 2.0g、脂肪 0.6g、碳水化合物 1.7g、膳食纤维 4.2g、维生素 B_2 0.22mg、烟酸（烟酰胺）1.26mg、维生素 A（视黄醇当量）528μg、维生素 E（α-生育酚当量）0.8mg、维生素 B_1 0.04mg、维生素 C 53mg、叶酸 64μg 以及钾 420.0mg、钙 230.0mg、镁 30.0mg、磷 32mg、钠 13mg、铁 1.80mg、锌 1.90mg、碘 6.6μg 等矿物质元素。

以江苏射阳地产薄荷为例，研究发现其叶、茎及整株中游离氨基酸的总含量分别为 98g/kg、40g/kg 和 70.1g/kg。薄荷叶中含有十六种常见氨基酸，其中天冬氨酸和谷氨酸含量最高，均达到 12.7g/kg。薄荷含有丰富的人体必需氨基酸，每 100g 干叶片中含有亮氨酸 0.95g、缬氨酸 0.60g、苯丙氨酸 0.57g、苏氨酸 0.55g、异亮氨酸 0.44g、赖氨酸 0.43g。

二、薄荷食用价值的开发利用

薄荷的主要食用部位是茎和叶，既可鲜食，也可以做成饮料以及多种食品，其常用的食用方法如下。

（一）鲜食

嫩茎、叶营养丰富，含蛋白质及多种维生素和微量元素，可生食、凉拌或炒菜；可制作薄荷粥、薄荷糕、薄荷冰凉粉和薄荷豆腐，也可用在汤类、肉类、鱼类和甜点中调味。

1. 薄荷豆腐

按照质量份数，薄荷豆腐的配方为：黄豆 200 份、薄荷 10 份、桑叶 10 份、菊花 10 份、葛根 12 份、蝉蜕 2 份、内酯 4 份、食品级硫酸钙 6 份和食品级氯化镁 3 份。制作工艺主要分为准备混合汁（除黄豆以外）、黄豆浸泡与煮浆、打浆、凝固、成型五步。

2. 薄荷糕

薄荷糕的配方为：糯米 200 份、粳米 200 份、绿豆 100 份、薄荷香精 5 份、玫瑰油 5 份、白糖 20 份、橄榄油 30 份和水 30 份。薄荷糕清香爽口，为夏令消暑佳品，在我国江浙和岭南地区颇受欢迎。《本草新编》云："古人用入糕饼中，正取其益肝而平胃，况薄荷功用又实奇乎。"

（二）饮料

薄荷饮料可消暑止渴，预防口腔溃疡，长期饮用具有保健作用。

1. 薄荷鲜橙汁

将 250g/L 薄荷汁、300g/L 橙汁、100g/L 糖浆和 4g/L 的柠檬酸混合可制成薄荷鲜橙汁，色香俱全，清香爽口。具体的加工工艺流程如下。

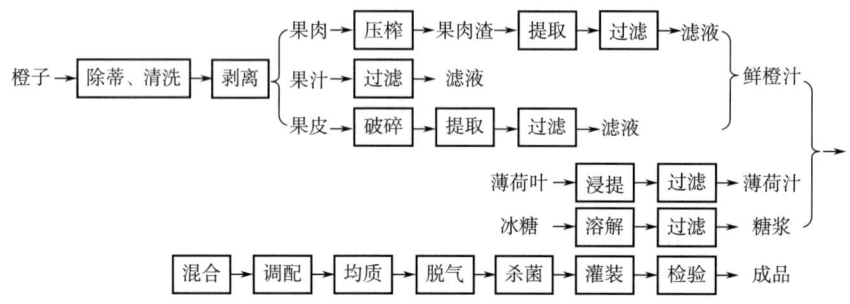

2. 薄荷根饮料

新鲜薄荷根加水浸渍或加水在锅中加热蒸发浓缩得薄荷根提取液，相对密度为 1.001~1.36。再在薄荷根提取液中加入麦芽糖，然后过滤并将所得滤液加热至 100℃。其配方（质量分数）为薄荷根提取液 65%~98%、麦芽糖 2%~35%。根据对甜度的要求，对两者的配比可作较大调整。

（三）薄荷茶

《本草新编》中记载："余尝遇人感伤外邪，又带气郁者，不肯服药，劝服薄橘茶立效。方用薄荷一钱（3g）、茶一钱（3g）、橘皮一钱（3g），滚茶冲一大碗（300mL）服。存之，以见薄荷之奇验也。"

1. 薄荷叶茶包

成品茶包 3.5g 含有干制薄荷叶 0.5g、茉莉花 0.5g、金银花 0.5g、枸杞 2g。冲泡时茶与水的比例为 1∶100，即水量为 350mL。95℃泡 5min 后可以饮用。薄荷茶可消除胀气，缓解胃痉挛及恶心感，增强食欲，清热解毒，改善睡眠及加强记忆力。

2. 薄荷凉茶

其配方为冬瓜 5 份、冰糖 4 份、薄荷叶 0.4 份、百合 1 份、菊花 0.05 份、饮用水 88 份。该凉茶产品的制作工艺流程包括原材料预处理、配置浆料、杀菌及罐装、预检、二次高温杀菌、抽检和包装等。

（四）薄荷酒

薄荷酒属于保健酒，酒精度数不高，老少皆宜。加气薄荷预调酒的制备方法：通过蒸馏法获得天然薄荷提取物，然后将 3mL 薄荷混合液（含 0.05g 薄荷提取物）、6mL 糖溶解液（含 6g 蔗糖）、10mL 食用酒精、0.05g 柠檬酸、0.01g 山梨酸钾、0.03g 抗坏血酸钠、0.003g 柠檬黄、0.001g 亮蓝和 74mL 纯净水加入调配罐中，经混合、调配后冷却至 0~4℃，再经 2~4 倍体积的二氧化碳酸化，即获得加气薄荷预调酒。

（五）休闲食品

将薄荷油作为食品添加剂，制作薄荷糖、薄荷饼干、薄荷咀嚼片、薄荷巧克力、薄荷羊肉干等食物，清爽宜人，具有独特风味。

1. 薄荷糖

由于薄荷糖可以清除口气，深受人们喜爱。

（1）薄荷糖　选取糖副产物、白砂糖、薄荷油和水作为原材料，其中，白砂糖的质量占白砂糖和糖副产物的总质量的50%，薄荷油的添加量为糖液的0.2%。经过选材、混合加热、过滤浓缩、添加薄荷油和冷却成型五步工艺，即能生产出较为松软、不会粘牙且不易吸水融化的薄荷糖。

（2）薄荷枸杞子糖　薄荷油1份，明胶40份，琼脂40份，果糖30份，食用香精0.2份，枸杞子或其他植物提取物10份。

2. 薄荷饼干

使用薄荷叶提取物20份、蜜梅10份、起酥油10份、糖8份、柠檬酸3份、牛乳10份、蛋清5份、盐3份和面粉30份，可制成口味独特、低糖且富含氨基酸和维生素的薄荷饼干。

第三节　薄荷的药用成分及其开发利用

薄荷是传统的中药材之一，在我国已有2000多年的药用史。《本草纲目》记载："薄荷，辛能发散，凉能清利，专于消风散热……"薄荷性味辛、凉、无毒。"薄荷油"已经被多个国家列入药典，被用作芳香药、调味药和祛风药，用于皮肤或黏膜产生清凉感以减轻不适及疼痛。

一、薄荷的药用成分

薄荷主要包括挥发油以及黄酮类化合物、有机酸等多种非挥发性药用活性成分。

（一）挥发油

薄荷之所以能用作天然香料和药材，是因为它含有丰富的挥发油类，包括醇、酮、酯、萜烯和萜烷等。

薄荷新鲜叶含挥发油8~10g/kg，干茎叶中含13~20g/kg。挥发油中的主要成分为左旋薄荷醇（Menthol，商品名为左旋薄荷脑），含量高达620~870g/kg；此外还有80~120g/kg左旋薄荷酮、30g/kg乙酸薄荷酯，同时还含有胡薄荷酮、异薄荷酮、胡椒酮、胡椒烯酮、薄荷异黄酮苷、异瑞福灵、迷迭香酸、咖啡酸等40多种活性成分。

（二）非挥发性成分

薄荷中还含有一些非挥发性成分，如黄酮类和黄酮醇类化合物。目前已经从薄荷中分离出来的黄酮类化合物主要有：5,6,4′-三羟基-7,8-二甲基黄酮、薄荷异黄酮苷、5,6-二羟基-7,8,3′,4′-四甲氧基黄酮、异瑞福灵、5-羟基-6,7,3′,4′-四甲氧基黄酮、木犀草素-7-葡萄糖苷、5,4′-二羟基-7-甲氧基黄酮、醉鱼草苷、刺槐素-7-O-新橙皮糖苷、5,6,4′-三羟基-7,8,3′-三甲氧基黄酮、5-羟基-6,7,8,3′,4′-五甲氧基黄酮、5,3′-二羟基-6,7,8,4′-四甲氧基黄酮、5,6-二羟基-7,8,4′-三甲氧基黄酮、5,4′-二羟基-6,7,8-三甲氧基黄酮。

此外，薄荷中也含有苯甲酸、反式桂皮酸、咖啡酸等有机酸类化合物，以及大黄素、大黄酚、熊果酸、胡萝卜苷等药用成分。

二、薄荷的药理作用

在世界各地，薄荷属植物有悠久的种植和使用文化，薄荷在我国已有 2000 多年药食两用史。

（一）传统药理作用

薄荷性味辛，凉。归肺、肝经。明代李时珍《本草纲目》记载："薄荷，辛能发散，凉能清利，专于消风散热。故头痛、头风、眼目、咽喉、口齿诸病、小儿惊热及瘰（luǒ）疬（lì）、疮疥为要药。"清代严西亭《得配本草》记述："（薄荷）辛、微苦、微凉。入手太阴、足厥阴经气分。散风热，清头目，利咽喉口齿耳鼻诸病。治心腹恶气，胀满霍乱，小儿惊热，风痰血痢，瘰疬疮疥，风瘙瘾疹，亦治蜂虿蛇蝎猫伤。"清代黄宫绣《本草求真》认为："薄荷，气味辛凉，功专入肝与肺。故书载辛能发散，而于头痛、头风、发热恶寒则宜，辛能通气，而于心腹恶气、痰结则治；凉能清热，而于咽喉、口齿、眼、耳、瘾疹、疮疥、惊热、骨蒸、衄（nù）血则妙。"

清代赵瑾叔《本草诗》记载："薄荷苏产甚芳菲，咬鼠花猫最失威。泄热祛风清面目，鲜脱发汗转枢机。"

（二）现代药理作用

除传统用于解热镇痛、胃肠道紊乱等疾病治疗外，薄荷属药用成分的抗氧化、抗辐射、抗菌、抗病菌、抗癌及降血压等活性也逐渐被发现。

1. 抗氧化、抗辐射作用

薄荷属植物的药用活性成分显示出良好的抗氧化活性。留兰香（*M. spicata*）精油对 DPPH 自由基和亚油酸体系具有良好清除活性，可能与其主成分香芹酮有密切联系。薄荷挥发油能够显著提高老年小鼠血清和肝脏中 SOD 与谷胱甘肽过氧化物酶（GSH-Px）的活性，降低 MDA 含量，从而提高细胞的抗氧化能力，增强免疫，抵抗衰老。

薄荷精油能够抵抗电离辐射，可用于太空或核环境中辐射的防治。小鼠在全身辐照前口服辣薄荷（*M. piperita*）精油，可减轻睾丸、肝脏、骨髓、脾脏以及肠道损伤，其机制可能与增加一氧化氮释放、自由基清除、抑制脂质过氧化有关。

2. 抗菌作用

亚洲薄荷（*M. arvensis*）精油、加拿大薄荷（*M. canadensis*）精油等挥发性成分对多种病原微生物具有抑制作用。

哈特普列薄荷（*M. cervina*）精油对铜绿色假单胞菌等革兰阴性菌（G⁻菌）以及金黄色葡萄球菌等革兰阳性菌（G⁺菌）均有抑制效果，对 G⁻菌的抑制作用更强。同时哈特普列薄荷精油，可作为治疗脚气等真菌性疾病的替代药品。留兰香（*M. spicata*）精油具有抑菌、保护口腔黏膜的作用，可与桉树精油联用防治龋齿。

3. 抗病毒与抗癌作用

薄荷精油可能通过干扰病毒包膜结构，或将病毒吸附和侵入所必需的化合物隐匿而产生抗病毒作用。向单纯疱疹病毒 HSV-1 或 HSV-2 的培养基中加入薄荷精油后，病毒生长均受到较强抑制。薄荷多糖对呼吸道合胞病毒也有较强的抑制作用。

研究显示，唇萼薄荷（*M. pulegium*）精油对人卵巢腺癌 SK-OV-3、子宫颈癌 Hela 和肺癌 A549 细胞株均表现出抑制作用，在伊朗已被用于宫颈瘤治疗。薄荷醇能抑制人胃癌细胞 SGC-

7901生长。薄荷的水提物能抑制小鼠肉瘤S_{180}及刘易斯（Lewis）肺癌细胞的生长。

4. 其他作用

有文献还报道了薄荷油的其他作用，如解热镇痛、抗过敏、利胆、解痉和避孕等。这些作用多已在动物实验中得到证明，但还需进一步研究，以探索其用于临床治疗的可能性。

三、利用薄荷开发的药品

（一）薄荷的典籍记载

《中华人民共和国药典（2020年版）》记载，中药薄荷为唇形科植物薄荷（Mentha haplocalyx Briq.）的干燥地上部分，于夏、秋二季茎叶茂盛或花开至三轮时，选晴天，分次采割，晒干或阴干。药材或饮片中，含挥发油不得少于0.80mL/g；按干燥品计算，含薄荷脑（$C_{10}H_{20}O$）不得少于2mL/g。中药薄荷味辛，凉，归肺、肝经，能疏散风热，清利头目，利咽，透疹，疏肝行气，用于治疗风热感冒，风温初起，头痛，目赤，喉痹，口疮，风疹，麻疹，胸胁胀闷。每次用量3~6g。

（二）薄荷的经典中药配方

（1）薄荷汤　薄荷30g、葛根15g、人参0.6g、甘草（炙）15g、防风（去芦）15g。（《伤寒微旨论》卷上）

（2）洗肝汤　薄荷叶、当归、防风、羌活、山栀仁、大黄、川芎、甘草各60g。（《医部全录》）

（3）清解汤　薄荷叶12g、蝉蜕（去足）9g、生石膏18g、甘草4.5g。（《医学衷中参西录》）

（4）鸡苏散　薄荷15g、滑石36g、甘草6g。（《伤寒直格》）

（三）薄荷油的提取及薄荷药品

1. 薄荷油的提取方法

将薄荷茎叶晒至半干后，分批放入蒸馏锅内，经水蒸气蒸馏可得到挥发油。薄荷油经冷冻、部分脱脑后，得到的挥发油为薄荷素油，另一部分为粗薄荷醇。再将粗薄荷醇进一步精制，可获得洁白透亮的薄荷醇晶体。

2. 薄荷药品

（1）清凉油　它的主要成分包括薄荷脑、樟脑、薄荷素油等，可以用来提神醒脑、止痒消肿、缓解晕车症状，是居家旅行必备的万能药。

（2）复方薄荷脑软膏　每克含薄荷脑13.5mg、水杨酸甲酯3.33mg、樟脑90mg、松节油0.83mg，可以缓解伤风感冒所致的鼻塞以及昆虫叮咬、皮肤皲裂、轻度烧烫伤、擦伤、晒伤和皮肤瘙痒等症状。

（3）薄荷通吸入剂　主要成分为薄荷脑、冰片、樟脑等，功能为散风开窍，是普通感冒鼻塞的辅助用药。

（四）薄荷的毒性

薄荷油及其成分在一定摄入量范围内对人体是安全的。《中华人民共和国药典（2020年版）》规定，成人每日薄荷油的摄入量不得超过0.6mL。在薄荷油中毒的病例中，过量服用会首先出现胃肠不适，1~2h内出现中枢神经系统毒性，最终死于多脏器衰竭。薄荷油中毒的病人，应采用洗胃排出毒物，使用 N-乙酰半胱氨酸进行解毒。

第四节　薄荷的综合开发利用

除了食用、药用价值外，薄荷的另一个重要用途是用作工业产品中的添加剂。薄荷里提取的薄荷精油被广泛地添加于各类化妆品、洗护用品、口香糖、牙膏、酒、烟草和其他产品中，以增加香气。还可以利用芳香植物驱虫的特性，将薄荷作为地被植物覆盖果园、菜园，提高对害虫的驱避效果，实现有机生产。薄荷植株高大，开花整齐，在园林中常作背景材料。薄荷极易存活，繁殖迅速，尤其适合家庭种植，在观赏的同时，可以摘叶食用、驱赶蚊虫，花费极少的成本即可实现综合利用。

总之，薄荷具有很高的食用、药用和工业利用价值，与人类生产生活密不可分。未来，应提高对薄荷药用、保健等相关成分的提取效率，开发综合利用技术和加工工艺，不断挖掘资源潜力，提高资源利用率。薄荷的综合开发利用如图 15-2 所示。

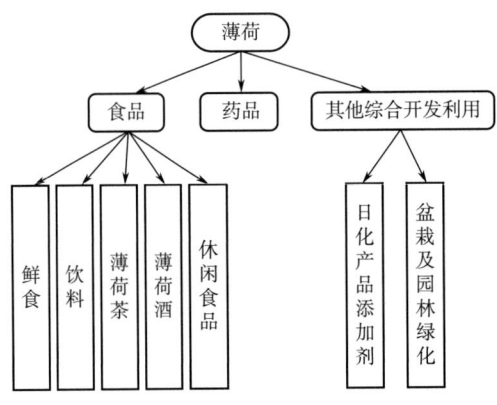

图 15-2　薄荷的综合开发利用

思考题

1. 薄荷在植物学方面具有哪些显著特征？
2. 薄荷的繁殖方式有哪些？这些繁殖方式各有何优缺点？
3. 不同产地的薄荷成分有何差异？
4. 薄荷中主要的药用成分是什么？主要临床应用于哪些方面？
5. 薄荷除了食用和药用，还有什么其他用途？

【知识窗】薄荷的由来

　　Mentha 是希腊神话里一位美丽的精灵，她虽然受到惩罚变成了小草，却拥有了令人舒服的清凉迷人的芬芳，越是被摧折踩踏就越浓烈，生命力十分旺盛，传说薄荷的名字就来源于她的名字。薄荷是常用中药之一，我国清朝陈士铎的《本草新编》写道："薄荷，不特善解风邪，尤善解忧郁，用香附以解郁，不若用薄荷解郁之更神。薄荷入肝胆二经，善解半表半里之邪，较柴胡更为轻清。"薄荷具有疏风、散热、解毒的功效，既能食用，又能药用，因此薄荷深受世界各国人民喜爱。

第十六章 艾蒿的开发利用

CHAPTER 16

[学习目标]

1. 了解山野菜"艾蒿"的俗名。
2. 掌握艾蒿的植物学特征和繁殖方式。
3. 掌握艾蒿的主要营养成分以及主要食用产品的生产工艺。
4. 掌握艾蒿的主要药用成分及主要临床应用,理解其主要药理作用。
5. 了解艾蒿的综合开发利用。

第一节 艾蒿概述

艾蒿综合开发利用

艾蒿(Artemisia argyi)属于菊科(Compositae)蒿属(Artemisia)多年生草本植物。艾蒿名称诸多,诸如灸草、白蒿、冰台、医草、甜艾、海艾、白艾、蕲(qí)艾、祁艾、大艾、艾蓬、五月艾、黄草(台湾)、红艾、火艾(云南)等。我国使用艾蒿已有两千多年的历史。

一、艾蒿的分布

艾蒿主要分布在亚洲、欧洲及北美洲的温带、寒温带及亚热带地区,如中国大部分、朝鲜半岛、印度、俄罗斯、巴西和蒙古等地。

中国有艾蒿 180 余种,分布广泛,除极干旱与高寒地区外,几乎遍及全国。艾蒿主要分布在东北、华北、华东、西南以及陕西和甘肃等地,其中以祁艾、北艾、蕲艾和海艾几类品种较为著名。

艾蒿主要分布于低海拔至中海拔地区的荒地、路旁、河边及山坡等地,也见于森林草原及草原地区,在局部地区为植物群落的优势种。

二、艾蒿的植物学特征

艾蒿为多年生草本植物，或略呈半灌木状，植株有浓烈香气。主根明显，略粗长，侧根多，常有横卧地下根状茎及营养枝。茎单生或少数，高80~250cm，有明显纵棱，褐色或灰黄褐色，基部稍木质化，上部草质，并有少数短的分枝，枝长3~5cm；茎、枝均被灰色蛛丝状柔毛。叶厚纸质，上面被灰白色短柔毛，并有白色腺点与小凹点，背面密被灰白色蛛丝状密绒毛，头状花序椭圆形，无梗或近无梗，顶生，较小，花冠为管状或高脚杯状，黄色，先端五裂，略带红色。瘦果为长卵形或长圆形（图16-1）。花果期为7—10月。

图16-1 艾蒿的植株形态

三、艾蒿的生物学特性

艾蒿喜光耐旱、抗病、较耐寒，对土壤条件要求不严，适应性较强，以温暖、湿润和肥沃砂质土壤生长较好，以向阳、排水顺畅、土层较深厚、质地疏松、肥力中等以上及保水保肥性较强的砂壤土地栽培为佳。

艾蒿极易繁衍生长，春季当日平均气温达到9~10℃时，艾根芽萌发，24~30℃为艾蒿生长繁盛期，气温高于30℃时，茎秆易老化、抽枝、病虫害加重。10月后，艾蒿生长变缓，进入休眠期，到翌年春季又开始萌发生长。冬季低于-3℃时，当年生宿根生长不良。

四、艾蒿的繁殖方式

（1）种子繁殖 种子出芽率较低（仅为5%）、苗期时间长（2年）。艾蒿的种子繁殖应于早春播种，一般南方在2—3月、北方在3—4月为宜，可直播也可育苗定植。

（2）根茎繁殖 根状茎繁殖成活率高，但苗期也较长（2个月）。一般在早春进行。在芽苞萌动前，挖取多年生的地下全根茎，选取新生长的健壮且无损伤根状茎，截成约 10cm 的小段，晾晒 4~6h，将根状小段平放于沟内，覆土，浇足水后保持土壤湿润。

（3）分株繁殖　分株繁殖具有成活率高、无幼苗生长期、繁殖速率快等优势，而且艾蒿的分蘖能力强，一株一年可以分蘖成十几株。可以在每年 4—5 月，挖掘株丛，分成几个单株栽植。

（4）扦插栽植　在每年 5 月下旬至 6 月剪取生长健壮的枝条，去掉上部幼嫩茎尖和下部老化茎，剪成长 10~15cm 的插条，上端保留 2~3 片叶，下端剪成斜面，抔土约 10cm，保持土壤湿润。

第二节　艾蒿的营养成分及其开发利用

古人食用艾草的历史非常久远，早在约 3000 年前就用鲜艾入膳，陈艾入药。艾饼在宋代时曾为贡品，《宋史·高丽传》记载："上巳日，以青艾染饼，为盘馐之冠。"明朝《救荒本草》记载："野艾蒿，生田野中，苗叶类艾而细，又多花叉，叶有艾香。味苦，救饥。采叶煨熟，水淘去苦味，油盐调食。"明代高濂《饮馔服食笺》记载了一种艾香粽："一法以艾叶浸米裹，谓之艾香粽子。"无论资源匮乏与否，艾草都是餐桌上的时令鲜味。

一、艾蒿的营养成分

艾蒿含有维持人体生命所必需的蛋白质、氨基酸、多种维生素和钙、磷、铁、锌等多种矿物质元素，其中微量元素硒含量是公认抗癌植物芦荟的 10 倍。

艾叶所含的蛋白质在蔬菜中的含量较高。艾蒿的营养成分见表 16-1。

表 16-1　　　　艾叶的营养成分（每 100g 鲜重）

营养成分	含量	营养成分	含量
热量	79.53kJ	钙	9.00mg
碳水化合物	3.70g	铁	0.80mg
脂肪	0.60g	锌	0.17mg
蛋白质	2.20g	铜	0.03mg
纤维素	0.90g	锰	3.38mg
维生素 C	2.00mg	钾	160.00mg
维生素 B_2	0.01mg	磷	11.00mg
烟酸	0.30mg	钠	1.90mg
镁	24.00mg	硒	0.10μg

二、艾蒿食用价值的开发利用

在大部分地区，艾草是被当做一味中药来使用的，在江南很多地区，艾草却成了食物。人们常在春季采摘鲜嫩的艾蒿叶和芽，作蔬菜食用，可炒食、作汤，还可作粥，制作"艾叶茶""艾叶汤""艾叶粥"等食谱，有温阳散寒、滋补暖胃的作用。

（一）鲜食

艾蒿嫩叶在加入小苏打或碱面的开水中热烫2~3min，以去除涩味并保持艾叶的绿色，用于鲜食或加入调料凉拌食用。

（二）艾叶青团

打青团，是清明最有特色的节令食品制作活动之一。艾叶青团又被称为"清明果"。青团主食材是糯米粉，辅料为艾草，将艾草放入料理机榨成艾草汁，然后与将糯米粉、大米粉混合，和面，揉至面团光滑，醒面30min左右。等待30min后，取一小块面团，按压成片状，然后包入适量的红豆沙，封口，揉圆，放入蒸锅中蒸30min左右即可。将其中的糯米粉和大米粉换成小麦面粉，加入酵母发酵还可制作艾叶馒头。

（三）艾蒿米糕

将烫好的艾蒿鲜嫩叶脱去50%~70%的水分，将泡好的糯米、精盐、糖和艾蒿混合，上锅蒸至糯米无硬芯，放入捣碎机中压碎即可。可以填充红豆沙、绿豆沙做成不同的品类，也可以做成不同的形状。

（四）艾蒿粉

把鲜嫩的艾蒿放入盐水和小苏打水的混合溶液中浸泡20~30min，然后用纯净水洗涤2~3次，去除杂质后沥干，干燥直至水分含量为4%~5%，粉碎后过100目筛即得。

（五）艾蒿酥性饼干

将隔热水熔化的黄油打发至乳白色，直至其体积膨胀，呈羽毛状，依次加入称好的糖水和鸡蛋黄、碳酸氢铵和淀粉，搅拌均匀，再慢慢加入艾蒿粉和低筋面粉的混合物，用橡皮刀上下轻轻翻拌，直至艾蒿粉-面粉混合物与料液完全融合，揉成面团，放置3~5min后将面团制成面片，用模具扣压成型，上火180~190℃，下火200~210℃，烤8~12min后取出，再将烤箱温度调至上火150~160℃，下火170~180℃，温度达到时将饼干放进去继续烤制8~12min，取出后冷却至室温即可包装。

（六）艾蒿叶面条

将小麦粉780~820g/kg、小米粉80~100g/kg、玉米粉120~160g/kg、艾蒿粉20~30g/kg混合后，加入适量盐和水分，上面条机加工成型，晾干，包装即为成品。

（七）艾蒿冰淇淋

将烫好的艾蒿鲜嫩叶打浆，原辅料按比例混合配制后95℃杀菌25~30min，调节开始压力为15~20MPa，第二段压力为2~4MPa，65℃均质，冷却到5℃，在2~4℃下搅拌1.5~2h完成老化，-4~-2℃凝冻15~20min，灌装成型，在-18℃下硬化48h即得成品。

（八）艾蒿寿司

将艾蒿叶加水搅打成汁，过滤，得到艾蒿汁，鸡蛋加入玉米淀粉、盐和艾蒿汁充分和匀，煎制成四方形绿色蛋皮，冷却。艾蒿汁、水加入寿司米中蒸熟并保温，再拌入苹果醋和盐，待醋味充分浸入后，冷却。寿司艾蒿米饭铺在寿司艾蒿蛋皮上，放入寿司馅并淋上调味酱料，将蛋皮卷起制成寿司卷，切片即可。

第三节　艾蒿的药用成分及其开发利用

被古人称为"百草之王"的艾蒿可全草入药，其含有多种药用成分，洗、熏、内服、外用皆可。

一、艾蒿的药用成分

艾蒿含有多种药用化学成分，主要包括挥发油、黄酮类、三萜类、多糖及一些小分子化合物。

（一）挥发油

挥发油是艾蒿中药用价值相对较高的一类成分，颜色多为绿色或深绿色，是难溶于水的油状液体。野艾蒿中的挥发油的含量一般为 2.0~21.1g/kg，挥发油的主要成分有 60 多种，其中含量较多的包括胺油精、α-石竹烯、萜品烯、松油烯、柠檬烯、熊果酸、α-侧柏烯、α-水芹烯和香茅醇、莰烯、蒎烯、香桧烯、对-聚伞花素、1-辛烯-3-醇、α-松油醇、樟脑、龙脑、丁香酚等。野艾蒿挥发油和栽培艾蒿挥发油都含有桉叶脑、酮、醇、烷类等成分。

（二）黄酮类化合物

艾草含有总黄酮高达 55g/kg，主要有香叶木素、芹菜素、槲皮素为苷元的黄酮类物质、5,7-二羟基-6,3′,4′-三甲氧基黄酮（异泽兰黄素）、5-羟基-6,7,3′,4′-四甲氧基黄酮、柚皮素和槲皮素、5-羟基-3′,4′,6,7-四甲氧基黄酮、5,6-二羟基-7,3′,4′-三甲氧基黄酮、5,7,3′-三羟基-6,4′,5′-三甲氧基黄酮、5,6,4-三羟基-7,3-二甲氧基黄酮、高车前素、5,6-二羟基-7,4′-二甲氧基黄酮、洋芹素、异鼠李素、苜蓿素、芒柄花素、金圣草黄素、绿原酸、芦丁、香豆素、咖啡酸等黄酮类化合物。

（三）桉叶烷类化合物

野艾蒿中的桉叶烷类化合物主要含有魁蒿内酯、1 氧-4α-乙酰氧基桉叶-2,11(13)-二烯-12,8β-内酯、1-氧-4β-乙酰氧基桉叶-2,11(13)-二烯-12,8β-内酯柳杉二醇等。

（四）其他药用成分

从艾蒿中提取的多糖类化合物较多，如从野艾蒿经水提取后检测到果胶成分占干重的 7.9%，其中含糖醛酸 61%、半乳糖 14%、树胶醛醣 11%。从艾蒿中分离了出由 N-乙酰-d-葡糖胺、葡萄糖、甘露糖、半乳糖、鼠李糖、阿拉伯糖、木糖和核糖组成的水溶性多糖。

此外艾蒿中还分离到咖啡酸三十七烷酯、咖啡酸二十二烷酯、咖啡酸十八烷酯等 3 个咖啡酸酯类成分以及鞣质酸类有机酸。

二、艾蒿的药理作用

我国的艾蒿药用历史悠久，现存的第一部方书——战国时期的《五十二病方》中就有艾叶的疗效与用法的记载，以后在历代本草中均有出现。现代研究发现，艾蒿具有多种药理作用。

（一）传统药理作用

艾草性味苦、辛、温，入脾、肝、肾。它具有灸百病、理气血、逐寒湿、温经止血、止痛、安胎、温胃、止痢，外用除湿止痒等功效，也常用于针灸，故又被称为"医草"，现在中国台湾地区流行的"药草浴"，大多就是选用艾草。

野艾蒿为我国的传统中药，取用地上部分的艾叶入药。孟子曰："七年之病，求三年之艾。"《庄子》中也有"越人熏之以艾"的记载。此外，《春秋外传》有"国君好艾，大夫知艾"，可见艾蒿在当时已成为重要而常用的治病药物。宋代苏颂《本草图经》："近世亦有单服艾者，或用蒸木瓜丸之，或作汤空腹饮之，甚补虚羸。"《本草纲目》记载："艾叶能灸百病""艾以叶入药，性温、味苦、无毒、纯阳之性、通十二经、有回阳、理气血、逐湿寒、止血安胎等功效，亦常用于针灸。"《本草纲目》还记载："服之则走三阴，而逐一切寒湿，转肃杀为融合；灸之则透诸经而经治百种病邪，起沉疴之人为安康。"

（二）现代药理作用

艾蒿主要的化学成分为挥发油、黄酮类、苯丙素类、三萜类化合物和微量元素等，具有多种药理作用。

1. 抗菌、驱虫作用

艾蒿具有很强的抗菌作用，包括抗细菌、抗真菌、抗病毒等，甚至可以驱避昆虫。艾叶浸提物对金黄色葡萄球菌、普通变形杆菌、大肠杆菌、乙型伤寒沙门氏菌和枯草芽孢杆菌均有明显的抑制作用，尤其对金黄色葡萄球菌的抑菌效果最好。艾叶挥发油对5种真菌（疫霉、黑曲霉、粉红聚端孢、青霉、链格孢）的抑制率为25.6%～69.4%，对絮状表皮癣菌、白念珠菌、新型隐球菌具有抑杀作用。

艾叶挥发油中的1,8-桉叶油素、龙脑、樟脑、侧柏酮、石竹烯等成分，尤其1,8-桉叶油素和β-石竹烯是驱避蚊虫的有效成分。

2. 抗肿瘤、抗癌作用

艾叶中的多糖具有抗肿瘤活性，由N-乙酰-d-葡糖胺、葡萄糖、甘露糖、半乳糖、鼠李糖、阿拉伯糖、木糖和核糖组成的水溶性多糖可显著抑制接种小鼠恶性肉瘤（Sarcoma 180）的荷瘤小鼠中移植瘤的生长，延长了荷瘤小鼠的存活时间。

艾蒿中的黄酮类化合物也对肿瘤细胞具有一定抑制生长及促凋亡作用，可以抑制肝癌细胞株（SMMC-7721）增殖、促进其凋亡；槲皮素和芹菜素对人肝癌Hep G2细胞有明显抑制作用；异泽兰黄素对肝癌、乳腺癌等多种恶性肿瘤细胞有抑制增殖和促凋亡作用；粗毛豚草素对3种人肿瘤细胞的体外增殖均有抑制作用，对小鼠接种的实体瘤S180、肝癌H22细胞株也表现出不同程度的抑制作用。

3. 止血作用

艾叶不同炮制品具有不同程度的抗炎、抗凝、缩短出血时间的作用，从弱到强依次是生艾叶、烘艾叶、炒艾叶炭、醋艾炭，醋艾炭有明显的止血、镇痛作用，而生艾叶无明显镇痛效果。艾叶不同组分中体外凝血作用最强的为鞣质酸，临床上常被用来温经止血，其次是艾焦油、5-叔丁基连苯三酚、艾炭、艾灰、艾叶挥发油。

4. 止咳、平喘、抗过敏作用

艾蒿挥发油中的萜品烯醇通过作用于气管在镇咳平喘、祛痰、调节中枢神经方面有很好的效果，同时对由于药物引起的哮喘具有保护作用。将干燥的艾叶用文火炒制后，敷于患者胃部，对于平喘、止咳有明显的改善，对哮喘导致的支气管炎症有很好的治疗效果。

艾叶挥发油中的葛缕醇、反-葛缕醇、2-莰品烯醇等成分具有抗过敏作用，对于大鼠的皮肤过敏反应、血管渗透性增强、肺组织释放变态反应的慢反应物质（SRS-A）有抑制作用，可使肠道收缩，从而阻止大鼠发生过敏反应。

三、艾蒿的药用产品

（一）艾蒿的典籍记载

《中华人民共和国药典（2020年版）》记载，中药艾叶为菊科植物艾（*Artemisia argyi* Levl. et Vant.）的干燥叶，于夏季花未开时采摘，除去杂质，晒干，味辛、苦，温；有小毒，归肝、肺、肾经，具有温经止血，散寒止痛的功能，用于治疗吐血，衄血，崩漏，月经过多，胎漏下血，少腹冷痛，经寒不调，宫冷不孕。每次用量3~9g。外用取适量，供灸治或熏洗用。

（二）艾蒿的经典中药配方

(1) 独艾汤　陈年艾绒50g煎煮，可理气血，逐寒湿，用于治疗四时感冒。（《肘后备急方》）

(2) 艾叶车前汤　艾叶10g、辣蓼10g、车前62g，可清热解毒，利尿通淋，用于治疗肠炎、急性尿道感染、膀胱炎。（《单方验方新医疗法选编》）

(3) 当归艾叶汤　当归50g、生艾叶25g、红糖10g，可温经散寒，行血止痛，用于痛经，症见经行腹痛、下腹凉、手足不温等症。（《蒲辅周医疗经验》）

(4) 寒湿腿痛方艾叶120g、川椒3g、透骨草30g，可散寒除湿，止痛，用于治疗痹痛及寒湿腿痛。（《疡医大全》）

（三）艾蒿药品

(1) 艾附暖宫丸　药物成分主要包括香附、艾叶、肉桂、吴茱萸，前两种药物是主药，具有温经散寒和暖宫的作用；后两种药物是辅药，可以散寒通脉。艾附暖宫丸具有很好的治疗痛经、月经不调、月经量不正常等症状的效果。

(2) 暖宫孕子胶囊　由熟地黄、香附（醋制）、当归、川芎、白芍（酒炒）、阿胶、艾叶（炒）、杜仲（炒）、续断、黄芩组成。用于治疗血虚气滞、腰酸疼痛、经水不调、赤白带下、子宫寒冷、久不受孕等症。

(3) 艾叶油软胶囊　主要成分为艾叶油。具特异的香气，味微苦，可以止咳、祛痰，用治疗于慢性支气管炎的咳嗽痰多。

（四）艾灸

艾灸疗法是运用艾绒在体表的穴位上烧灼、温熨，借灸火的热力以及药物的作用，通过经络的传导，以起到通经活络、温经止血，散寒止痛、扶正祛邪的效果，从而防治疾病的一种治法。明代药物学家李时珍在《本草纲目》里记载："凡用艾叶，须用陈久者，治令软细，谓之熟艾，若生艾，灸火则易伤人肌脉。"艾绒是由干艾叶经过反复晒杵、捶打、粉碎、筛除杂质、粉尘，而得到的软细如棉的物品。灸材已于2017年被国家食品药品监督管理总局纳入二类医疗器械管理范畴。

第四节　艾蒿的综合开发利用

艾蒿可作为牲畜饲料，增加营养，防病抗病。艾蒿精油可直接用于肉类保鲜。将艾蒿粉加入制作保鲜袋原料中，可延长食品保鲜期。艾蒿粉可以作为组成原料制备按摩膏、沐浴露、保湿水、牙膏等日化产品，具有杀菌、止痒、消炎、抑菌、增强皮肤免疫力的作用。利用艾蒿还可开发新型植物型农药和空气清新剂，具有消毒、抗菌、杀虫以及驱蚊等作用。艾蒿适应性很强，对土壤无特殊要求，生长、繁殖速率快且根系发达，可用于生态修复领域。此外，艾蒿还可用于制备染料、印泥、枕芯、随身携带的香囊以及日常保健挂件等。艾蒿的综合开发利用如图16-2所示。

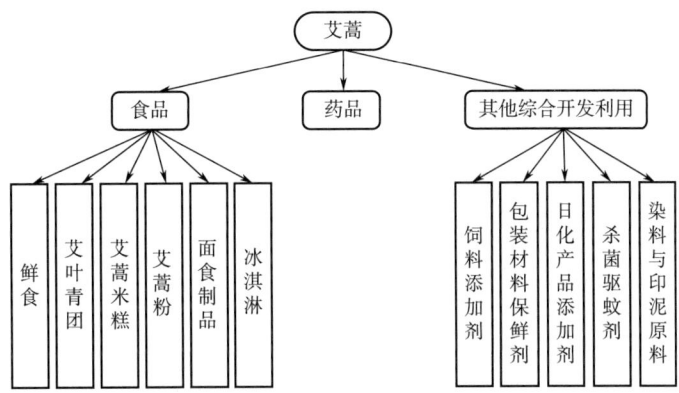

图 16-2　艾蒿的综合开发利用

> **思考题**
> 1. 艾蒿属于菊科植物，在植物学方面具有哪些显著特征？有何用途？
> 2. 艾蒿的繁殖方式有哪些？这些繁殖方式各有什么优缺点？
> 3. 艾蒿用作食物的主要组织部位是什么？如何将艾蒿加工成各种功能不同的食品？
> 4. 艾蒿中主要的药用成分是什么？主要临床应用于哪些方面？
> 5. 除了食用和药用，艾蒿还有什么其他用途？
> 6. 结合艾蒿已有的研究成果，谈谈如何深化艾蒿的综合开发利用？

【知识窗】民间挂艾驱邪习俗的由来

传说很久以前有位神仙到人间体察民情，向一对夫妇讨要一点食物充饥。女主人不仅不给食物，还嘲笑他，放狗咬他。神仙气坏了，决定放火烧了全村！五月初五那天一大早，神仙正要将这个村子烧掉，看到一个老太太背着大孩子领着小孩子艰难地过河逃命。询问后老太太说：

"一人不善众遭难，带着孩子来逃命，巧遇大孩失爹娘，孩子离娘多凄难，不能让他遭祸殃，亲生儿子不当紧，领着过河理应当。"神仙被善良的老太太感动，对老太太说："带着孩子快回庄，红绸绑艾拴门上，艾蒿一束绸一方，你家可以免灾殃。"老太太一回村把整个村庄家家户户的门前都用艾蒿和红绸做了标记，连村头那个很坏的女人家也给挂上了。午时三刻到了，老远就能看见一团火球向村子里落下来，可是村子里家家户户门前都挂着艾蒿和红绸，那火球在村子里转了几圈后又向天上飞去。村子里的房子一幢也没烧掉，人们都非常感激那位好心肠的老太太。从此民间就流传了"五月五挂艾蒿"可以避邪的习俗。

第十七章 碱蓬的开发利用

[学习目标]

1. 掌握碱蓬的生物学特征。
2. 了解碱蓬的营养成分和食用加工工艺。
3. 了解碱蓬的药用成分和药理作用。
4. 了解碱蓬的综合利用价值。

碱蓬始载于明代早期的《救荒本草》:"碱蓬一名盐蓬,生水傍下湿地,茎似落藜,亦有线楞,叶似蓬而肥壮,比蓬叶亦稀疏,茎叶间结青子,极细小。"《野菜博录》中收录了"鹻蓬"("鹻"同"硷",即"碱蓬"),与《救荒本草》记载文字基本相同。

碱蓬综合开发利用

第一节 碱蓬概述

碱蓬为藜科(Chenopodiaceae)碱蓬属(Suaeda)一年生草本植物。又名盐蒿、咸蓬、碱葱、海鲜菜、黄须菜。常见种有碱蓬 [*Suaeda glauca* (Bunge) Bunge] 和盐地碱蓬 [*Suaeda salsa* (L.) Pall.],其中盐地碱蓬也被称作翅碱蓬(*Suaeda heteroptera* Kitag.)。该属植物全部是盐生植物,具有重要的生态和经济价值。

一、碱蓬的分布

全世界共有碱蓬属植物 100 余种,分布于世界各地的海滨、潮间带、盐碱荒漠、内陆盐湖与咸水湖边、干涸盐湖盆地及各种盐碱环境中。

我国碱蓬资源丰富,主要分布于东北、内蒙古、河北、山西、陕西北部、宁夏、甘肃北部、青海、新疆、浙江、江苏、山东的沿海地区。

二、碱蓬的植物学特征

碱蓬属植物是盐碱荒漠特有的植物类群,该属植物分布广,种群数量大,植物形态存在一定的变异性。

碱蓬属植物为一年生草本、半灌木或灌木,茎直立或平卧,叶狭长,肉质无柄,呈条状柱形或半圆柱形,对生,枝细长,上部多分枝,花两性或兼有雌性,单生或多朵簇生为团伞花序,小苞片呈鳞片状,白色膜质,花被近球形,5深裂或浅裂;雄蕊有5个,柱头为2~3个,种子呈凸镜形,黑色有光泽(图17-1)。花期为6—8月,果期为9—10月。

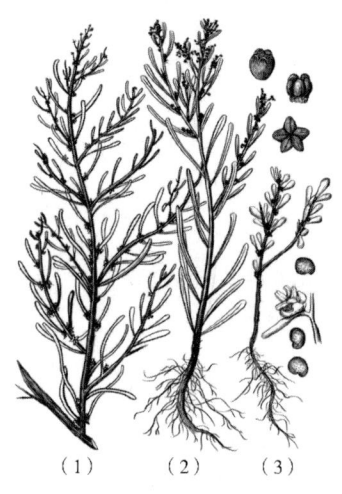

图 17-1 碱蓬植株的形态
(1)(2)(3)代表不同生长环境下生长的碱蓬植株形态差异。

三、碱蓬的生物学特性

碱蓬生长于海滨、荒地、田边等含盐碱的土壤中,是一种典型的盐碱地指示植物,也是由陆地向海岸方向发展的先锋植物。碱蓬抗逆性强,耐盐碱、耐寒、耐涝、极耐贫瘠,少有病虫害,对土壤含盐量适应范围很宽,可在 NaCl 含量 0.3~43.6g/kg 的土壤中正常开花结实,在 pH 9.92~10.40 的碱性土壤环境中均能生长,在河谷、渠边潮湿地段和土壤极其瘠薄的盐滩光板地均能正常生长发育。碱蓬喜湿怕旱,相对湿度在85%以上有利于植株生长,要求较强的直射光照,最适气温 18~25℃。当温度达到31℃以上时,高温阻碍其新鲜嫩枝的正常生长,这就是在中国沿海地区,到了浙江以南的沿海就再也见不到盐地碱蓬的原因之一。

四、碱蓬的繁殖方式

碱蓬主要采用种子繁殖,春播一般在3月下旬开始,4月中旬是碱蓬较为适宜的大田播种时期,秋播在9月中下旬,苗期需要保证一定湿度。

当年收获碱蓬种子在秋、冬季进行设施栽培时,通过冷藏处理,可以打破其休眠,提高发芽率。碱蓬采收鲜茎叶时间长,通过设施栽培,可以实现全年上市,基本没有病虫害。

第二节 碱蓬的营养成分及其开发利用

《救荒本草》记载："碱蓬，生水傍下湿地……其叶味微咸，性微寒。采苗叶炸熟，水浸去碱味，淘洗，油盐调食。"碱蓬是一种优质的蔬菜和油料作物，具有较高的食用和药用价值。由于碱蓬生长于盐碱地上，不与粮食作物和其他经济作物争地，是值得充分开发的植物资源，盐地碱蓬已被我国列为新食品原料。

一、碱蓬的营养成分

（一）蛋白质和氨基酸

碱蓬中蛋白质的含量较一般蔬菜高，是补充蛋白质的优质植物资源。幼嫩盐地碱蓬的总蛋白含量为41g/kg，远高于油菜和菠菜。

碱蓬的氨基酸种类齐全，植株中能检测到除色氨酸以外的17种氨基酸，且含量较均衡，其必需氨基酸含量均高于菠菜。碱蓬种子中含有18种氨基酸，含量丰富，必需氨基酸组分齐全，其中必需氨基酸含量占氨基酸总量的36.44%，可作为优质植物蛋白来源（表17-1）。

表 17-1　　　　　　　　　　碱蓬的营养成分及其含量

营养成分	碱蓬中的含量	碱蓬籽中的含量	营养成分	碱蓬中的含量	碱蓬籽中的含量
总蛋白质/（g/kg）	41.0	187.5	天门冬氨酸/（mg/g）	4.4	14.1
粗纤维/（g/kg）	8.0	138.6	苏氨酸/（mg/g）	2.0	5.4
钠/（μg/g）	4003.00	3137.50	丝氨酸/（mg/g）	2.1	4.7
钾/（μg/g）	1146.00	6793.50	谷氨酸/（mg/g）	5.2	26.0
钙/（μg/g）	1865.00	353.30	甘氨酸/（mg/g）	2.0	9.0
镁/（μg/g）	2495.00	37.00	丙氨酸/（mg/g）	1.4	6.6
磷/（μg/g）	527.80	156.50	胱氨酸/（mg/g）	0.4	2.4
铁/（μg/g）	18.00	186.95	缬氨酸/（mg/g）	2.4	10.0
碘/（μg/g）	0.71	—	甲硫氨酸/（mg/g）	0.5	4.6
铜/（μg/g）	2.85	13.00	异亮氨酸/（mg/g）	1.9	6.4
锌/（μg/g）	4.83	45.00	亮氨酸/（mg/g）	3.7	8.9
硫/（μg/g）	693.50	—	酪氨酸/（mg/g）	1.5	5.1
锰/（μg/g）	6.31	58.25	苯丙氨酸/（mg/g）	2.1	6.9
钼/（μg/g）	0.50	—	赖氨酸/（mg/g）	2.7	10.5
铬/（μg/g）	0.78	—	组氨酸/（mg/g）	0.8	5.8
硒/（μg/g）	—	0.02	精氨酸/（mg/g）	2.9	13.8
锶/（μg/g）	—	58.25	脯氨酸/（mg/g）	1.8	5.3

续表

营养成分	碱蓬中的含量	碱蓬籽中的含量	营养成分	碱蓬中的含量	碱蓬籽中的含量
铅/（μg/g）	—	9.00	色氨酸/（mg/g）	—	0.6

（二）矿物质

碱蓬中含多种矿物元素（表17-1），如钾、钠、钙、镁、磷、铁、锌、铜等元素，其中钾和钠的含量最丰富，这与其生长的盐碱环境有关。植株中钙元素含量较高，是菠菜的2.5倍，碱蓬还含有碘元素，经常食用可减少甲状腺囊肿的发生。

（三）脂肪酸

碱蓬还是一种开发价值很高的油料作物，碱蓬籽含油量为150~240g/kg，不饱和脂肪酸占90%以上，其中亚油酸占60%，亚麻酸占4%。虽然碱蓬籽总含油量低于一般油类作物，但其不饱和脂肪酸的含量均高于花生油、大豆油、菜籽油、棉籽油等植物油，是一种高级食用油。

从碱蓬籽油中检测出十多种脂肪酸，包括亚油酸、油酸、棕榈酸、棕榈油酸、亚麻酸、花生酸、顺-7-十六碳烯酸、硬脂酸、顺-11-二十碳烯酸、11,14,17-花生三烯酸、花生四烯酸、15-二十四烯酸等。

（四）维生素

100g新鲜碱蓬植株中富含胡萝卜素37.8μg/g、维生素B_1 3.1μg/g、维生素B_2 2.5μg/g、维生素B_5 39.0μg/g、维生素B_6 3.8μg/g、叶酸1.6μg/g、维生素C 520.0μg/g、维生素E 2.3μg/g。

碱蓬籽油中的脂溶性维生素含量较高，特别是维生素E含量高达2g/kg，盐地碱蓬穗轴中维生素E含量为14.61mg/kg，维生素C含量为9.22mg/kg。碱蓬和盐地碱蓬中维生素A含量较高，每千克碱蓬穗轴中维生素B_2是稻米的68倍、甘薯的57倍和小麦的38倍。

（五）色素

碱蓬红色素为水溶性色素，颜色鲜艳，是一种较为理想的食用天然色素来源。碱蓬色素主要成分为花色苷类色素，总花色苷含量为189~223mg/kg鲜重，单体花青素含量为98~116mg/kg鲜重。翅碱蓬的花色苷提取物主要由矢车菊色素、芍药色素、天竺葵色素、飞燕草色素、牵牛花色素、鸡冠花素等组成。碱蓬红色素最大吸收波长为538 nm，对温度和pH敏感，在酸性条件下稳定，在碱性条件下变性，pH为4~6时稳定性最好。

二、碱蓬食用价值的开发利用

碱蓬生长在荒野滩涂，远离污染，其生长环境没有使用化肥和农药，且植株和种子富含维生素、氨基酸、矿物质，属于标准"绿色食品"，可作为沿海滩涂特色耐盐蔬菜进行产业化开发。

（一）鲜食

碱蓬的幼茎、幼叶可作为蔬菜食用，营养丰富、脆嫩可口，具有特别的海鲜味，味道鲜美、口感好。春夏时节，选绿色嫩苗尖部，采摘，洗净，用沸水焯过，清水浸泡后沥水备用。如此处理的碱蓬既可以做时令蔬菜，又可以作为包子、饺子等面食的馅料，是具有开发前景的绿色蔬菜。碱蓬嫩茎叶进行深加工可以生产系列产品，如罐头、盐渍品、小菜、菜汁等。

(二）碱蓬籽油

碱蓬籽可以用来提取食用油。碱蓬籽油富含油酸、亚油酸、亚麻酸等多种不饱和脂肪酸，具有极高的营养保健价值。碱蓬籽油的各理化指标的检测结果为酸价 1.90mg KOH/g、碘价 149.9g I /100g、皂价 192.1mg KOH/g、过氧化值 2.55mmol /kg，均符合食用植物油标准。

（三）碱蓬饮料

将稀释后的碱蓬原汁与白砂糖和柠檬酸进行配比，加入 0.5g/L 维生素 C 护色，可制备成碱蓬草饮料，成品呈紫红色、颜色鲜艳、酸甜适宜，具有碱蓬草汁特有的清香，是一种具有开发潜力的新型健康饮料。

第三节　碱蓬的药用成分及其开发利用

碱蓬具有较高的药用价值，在古代已作为中药使用，具有清热消积、利水消肿之功效，主治瘰疬、痢疾、水肿。现代医学研究发现，碱蓬属植物具有降血糖、降血压、降血脂、扩张血管、防治心脏病和增强人体免疫力等作用。

一、碱蓬的药用成分

黄酮类化合物是藜科植物中的一大类生物活性物质，碱蓬属植物中黄酮苷元主要有槲皮素、木犀草素等，这些苷元大多与葡萄糖等组成单糖苷或多糖苷，且以 3，4，7 位成苷取代较多。

从盐地碱蓬乙醇提取液中分离得到的黄酮类化合物主要包括槲皮素、槲皮素-3-O-β-d-葡萄糖苷、木犀草素-7-O-β-d-葡萄糖苷、3′-甲氧基-木犀草素-4′-葡萄糖苷、木犀草素-7-O-β-d-葡萄糖苷酸甲酯、3′-甲氧基-木犀草素-7-O-β-d-葡萄糖醛酸、4′-甲氧基-槲皮素-3-O-β-d-葡萄糖苷。

二、碱蓬的药理作用

（一）传统药理作用

碱蓬药材始载于《救荒本草》："其叶味微咸，性微寒。"

根据《本草纲目拾遗》记载"碱蓬，性咸凉、无毒、清热、消积。"《中华本草》记述碱蓬全草有清热消积之功效，主治食积停滞、发热。《药性考》记载碱蓬的性味功能为"味咸性凉，清热消积"，另有："记盐蓬、碱蓬二种，皆产北直咸地，土人割之，烧灰淋汤，煎熬得盐。其叶似蒿圆长，至秋时茎叶俱红。烧灰煎盐，胜海水煮者。"

（二）现代药理作用

1. 预防心血管疾病作用

碱蓬籽油不饱和脂肪酸含量占总脂肪酸的 90% 以上，其中亚油酸占 60%、亚麻酸占 4%。检测发现，碱蓬、角碱蓬和翅碱蓬中亚麻酸含量分别为 41g/kg，100.6g/kg 和 110.1g/kg。不饱和脂肪酸具有多种生理生化功能，能防止细胞老化，降低血液黏稠度，改善血液循环，适用于预防心血管系统疾病。因此碱蓬籽油是老年人、高血压病人良好的保健食用油。研究表明盐地碱蓬籽油能显著降低高脂小鼠血液中的总胆固醇和甘油三酯含量，证明盐地碱蓬籽油具有一定的降血脂作用。

2. 抗氧化作用

花青素是小分子水溶性色素，是强效的自由基清除剂，其抗氧化能力约为维生素 E 的 50 倍。体外抗氧化实验结果显示，200μg/mL 碱蓬色素对 DPPH 自由基的最大清除率达 90.2%；3mg/mL 碱蓬色素对羟基自由基的最大清除率达 70.2%；100μg/mL 碱蓬色素对超氧阴离子的最大清除率为 23.6%。

碱蓬中含有的黄酮类化合物作为有效的抗氧化成分，对 DPPH 自由基和羟基自由基具有一定的清除作用。碱蓬总黄酮对 DPPH 自由基的清除效果大于对羟基自由基的清除效果。花期的碱蓬总黄酮含量要远远大于在发芽期和展叶期的碱蓬，从该时期提取的总黄酮物质的抗氧化活性最高。

3. 抑菌、抗炎作用

不同生长时期的碱蓬总黄酮提取物对大肠杆菌和金黄色葡萄球菌均具有较强的抑制作用，且对金黄色葡萄球菌的抑制作用要大于对大肠杆菌的抑制作用。

盐地碱蓬幼苗和种子提取物的甲酰化产物均具有抗炎活性，幼苗提取物的甲酰化产物抗炎活性稍强，其中 γ-亚麻酸甲酯是发挥抗炎活性的主要物质。

第四节　碱蓬的综合开发利用

碱蓬集食用、药用、饲用于一身，改善土壤环境与生态修复，还可用于生产化工原料，开发碱蓬可取得良好的经济效益、生态效益和社会效益。

碱蓬干草富含丰富的蛋白质、膳食纤维、多种维生素及矿物盐成分，可以提高牲畜饲料中的矿物元素含量、增强免疫、改善肉质等。碱蓬籽富含不饱和脂肪酸的特性使其具有生产富含保健性脂肪酸畜产品的潜力。碱蓬籽提取油脂后的残渣，可作为优质的饲料蛋白质添加剂，经微生物发酵后有更高的利用效率。但是，由于碱蓬中盐成分含量较高，在实际应用中应合理地添加碱蓬，防止高盐含量对动物消化代谢、生产性能产生不利的影响。

碱蓬耐盐能力强，对滨海盐渍土具有显著的改良作用，被誉为盐碱地改造的"先锋植物"。在高盐潮滩上，碱蓬首先扎根于潮滩，加速了潮滩的土壤化过程，有效地降低土壤表层含盐量，增加土壤有机质含量，从而有利于其他植物的生长。另外，碱蓬对常见重金属 Cu、Zn、Pb 和 Cd 均有累积作用，能同时承受盐和重金属的双重胁迫，因此，可利用碱蓬对盐渍土、重金属污染土壤进行生态修复。

碱蓬全株富含钾盐，将植株晒干烧成灰，用水浸渍，过滤浓缩后即析出钾盐，包括碳酸钾、硫酸钾、氯化钾，可用作钾肥或作为化工原料。

碱蓬株型美观，有"翡翠珊瑚"的雅称。秋季碱蓬植株成熟后变成棕红色，具有很高的观赏价值。在我国辽宁省盘锦市辽河三角洲有一片宽达 1500m，绵延百余里的海滩长满了碱蓬。每到秋天碱蓬植株成熟后，由碧绿变成棕红色，如同一张巨大的红色地毯铺展在海滩上，其间有片片翠苇点缀。目前盘锦红海滩已被列入辽宁"八大自然奇观"之一，并被评为辽宁"五十佳景"。碱蓬的综合开发利用如图17-2所示。

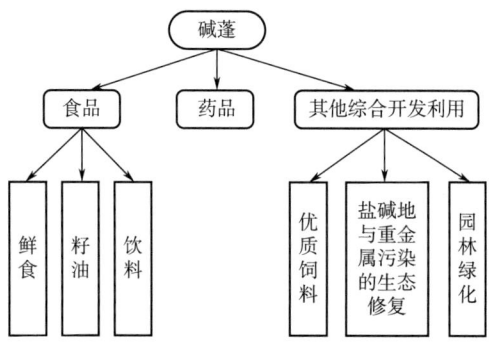

图17-2 碱蓬的综合开发利用

思考题

1. 根据碱蓬籽油的化学组成，谈谈其应用价值。
2. 碱蓬为什么能在盐碱地和海边滩涂上生长，其抗盐机制是什么？
3. 将碱蓬作为食材或饲料时应注意什么？
4. 为什么碱蓬被称为盐碱地治理的先锋植物？

【知识窗】"皇席菜"的由来

传说唐朝大将薛仁贵（614—683年）征东途经沿海地区，被追兵逼迫，军粮尽绝，兵士饥寒交迫，胜利无望，只好用盐碱地盛产的野菜——盐地碱蓬充饥。后来征东胜利，设宴庆功，薛仁贵忆起此菜的功劳，便令人采来烹制，百官品后，交口称赞，此后逢宴必备此菜，并冠名"皇席菜"。"红海滩"里的盐地碱蓬不怕旱、不怕涝，曾是很多人的"救命菜"。盐碱地杂草曾作为救荒野菜使无数人从死亡线上挣脱出来。海岸边的村民曾采来盐地碱蓬的籽、叶和茎，掺着玉米面，蒸出"红草馍馍"，度过了灾荒之年。

第十八章 蕨麻的开发利用

[学习目标]

1. 了解蕨麻的分布与主要的生物学特性。
2. 熟悉蕨麻的主要营养价值和常见的食用方式。
3. 掌握蕨麻的主要药用成分及其功效。

蕨麻又名"人参果",据考证,《西游记》中记载的唐僧一行四人去西天取经,途径甘南时所吃的人参果就是指的这种植物。"蕨麻"是藏语"绰麻"("戳玛")的音译,常以其入药。蕨麻性平,味甘,营养丰富,人长食之,有延年益寿、健脾益胃、生津止渴、益气补血、滋阴补肾之效,是一种理想的"药食两用"植物。

第一节 蕨麻概述

蕨麻学名鹅绒委陵菜(*Potentilla anserina* L.),为蔷薇科(Rosaceae)委陵菜属(*Potentilla*)的多年生草本植物,是一种典型的匍匐茎繁殖生长植物。蕨麻又称人参果、延寿草、蓬莱果、莲花菜、蕨麻委陵菜等。蕨麻在我国作为食品和药品至少有1200年的历史。

一、蕨麻的分布

蕨麻是鹅绒委陵菜的变种,鹅绒委陵菜在世界上已报道的变种有8个,分布于世界各地。

鹅绒委陵菜在中国已发现4个变种:蕨麻原变种、无毛蕨麻变种、灰叶蕨麻变种和尕(gǎ)蕨麻,常生长于海拔500~4957m的河岸、路边、山坡草地及草甸等处,是一种半阴性耐盐植物。

二、蕨麻的植物学特征

蕨麻是多年生草本植物，高 10~25cm，根细长，秋冬季节中部或末端膨大成圆球形、纺锤形或线结状的块根，根皮为棕褐色或红褐色，肉质呈白色，茎匍匐纤细，为紫红色，可达 1m 或更长，茎节处生根形成新株，外被伏生或半开展疏柔毛或脱落几无毛，叶基生，为间断奇数羽状复叶，叶柄长 2~30cm，有小叶 6~11 对，对生或互生，无柄或有短柄，上面无毛或被深绿色稀疏柔毛，下面被银白色绢毛，花单生叶腋，直径为 1.5~2cm，花梗长 2~8cm，被疏柔毛，花瓣有 5 片，呈黄色，倒卵形或近圆形；雄蕊约为 20 枚。花药为黄色，密被长柔毛，故称鹅绒委陵菜，果实为瘦果，卵圆形，褐色，萌发能力很低（图18-1）。花果期为 5—10 月。

图 18-1 蕨麻的植株形态

《新华本草纲要》记载："（蕨麻）只在青藏高原，本种始有块根发育"，其根部才会膨大发育成棒状、球状、线结状等形态，富含淀粉、多糖等营养成分和活性物质，可药食两用，市称"蕨麻"。尤以甘肃、青海、西藏的高寒地区所产的品质最为上乘，是青藏高原特有的野生经济资源植物。在温暖地区，根系常发育不良而纤维化，地上部分发达，多用作饲料及草坪用草。

三、蕨麻的生物学特性

蕨麻喜光耐阴，且喜低温、湿润、日温差较大的生长环境，适应性强，耐旱、耐涝、耐瘠薄，在完全浸水状态下，可以正常生长不受影响，但块根膨大受到一定限制。非常耐寒，冬季在零下几十度的土壤中仍然能够安全越冬。对土壤的适应性广泛，耐盐碱，在黑土、栗钙土、草甸土、高山草甸等各种类型的土壤中，pH 6~8 的环境中均能正常生长发育。

蕨麻适宜的生长温度为 20~30℃，不耐高温，当温度达到 40℃时，蕨麻的地上部分死亡；耐低温，其块根在-30℃冷冻处理后的生长状况良好，属于低温耐寒型植物，且必须经过冷冻的低温处理，充分完成其春化阶段，才能促进蕨麻的正常生长。蕨麻在干旱少雨和雨量充沛的地区（年均降水量为 250~750mm）均能生长。

四、蕨麻的繁殖方式

蕨麻种子难以收集，有性生殖不发达。蕨麻主要利用其块根、须根和分枝（即匍匐茎）进行营养繁殖。

（1）分枝繁殖　蕨麻匍匐茎生长量可达 1.2~1.3cm/d，总长可达 1m 多。通常每年的 6 月，蕨麻健康植株会产生大量的匍匐茎，其上每个节都会产生相应的不定根和不定芽，剪取这些匍匐茎即是营养繁殖的良好材料。

（2）块根繁殖　通常每年的 9 月，青海地区的蕨麻须根顶部开始膨大，形成球状、葫芦状、线结状、棒状等形态的块根。蕨麻块根可以直接用于播种繁殖，也可以将块根分切后进行播种繁殖。块根萌芽率高，其后代遗传性状稳定，是蕨麻繁殖的主要方式。

第二节　蕨麻的营养价值及其开发利用

蕨麻是藏族人民喜食的一种食物，其他民族食用不多，因此史书记载不多。但据考证，《西游记》中记载的"人参果"就是蕨麻。据《珍宝图鉴》记载："春蕨麻性凉，味甘，人畜皆食，止热痢。秋天性变温，故秋蕨麻性温而不热，经常大量食用，不上火，对于体质虚弱的老人，先天不足的婴儿，尤为佳品……"《中国土特产大全》记载："蕨麻是西北高寒草原的特产，主产于青海。既能食用，又可入药，素有'人参果'之美称。蕨麻味甜，可做八宝饭、煮粥和作为蒸糕点的配料。"《青海风俗简志》中介绍了许多与蕨麻有关的食品，如"送亲……刚到家，先吃面食或蕨麻，……之后进入正式婚宴"。

一、蕨麻的营养成分

蕨麻块根肉质白嫩，质粉，略糯，味甜，营养丰富，适口性强，具有高纤维、高蛋白质、低脂肪、低热量等特点，是有良好的营养保健功效，是符合现代营养学关于健康食品要求的天然保健佳品。

据检测，100g 去皮的鲜蕨麻块根中含能量 335kJ、蛋白质 1.26g、粗纤维 3.20g、脂肪 1.11g、碳水化合物 74.30g、维生素 C 19.20mg、维生素 E 3.36mg。蕨麻块根中各种营养成分的含量明显高于传统的根茎类食品；同时含锌 2.13mg、钙 271.10mg、铁 43.00mg、铜 0.72mg、镁 118.80mg、硒 0.27mg 等矿物质元素，钙磷比（Ca/P）接近联合国粮食及农业组织（FAO）推荐的 1∶1，更有利于人体对钙和磷的吸收。蕨麻中的膳食纤维含量达 15.23mg/g，故它能防止便秘、糖尿病、肥胖，降低心血管疾病等的发病率。

蕨麻中含有 18 种氨基酸，种类齐全。氨基酸的总含量高于同类食品，必需氨基酸占总氨基酸的 55% 以上，比例合理。以天门冬氨酸、谷氨酸含量最高，分别占总氨基酸含量的 14.45% 和 13.16%。蕨麻中还含有总黄酮、鞣质、多糖等活性物质。

二、蕨麻食用价值的开发利用

蕨麻不同形状块根的营养成分存在显著差异。球状蕨麻多糖、淀粉含量较高，适口性好，口感较甜，可用于开发食品；而棒状蕨麻中鞣质、粗纤维等含量较高，适口性较差，口感发涩，可用于开发药用及保健品。同时，不同季节采收的蕨麻块根的营养成分也存在显著差异。春季采收的蕨麻块根淀粉、鞣质含量低，适口性好，可用于鲜食或加工成普通食品；而秋季采收的蕨麻块根中多糖、鞣质、总黄酮等有效成分含量较高，可作为保健型产品开发利用。人们除了用其治病，更多的是当作养生补血的食品。

（一）鲜食

蕨麻是藏族人民喜食的一种食品。如今其经常作为馈赠贵宾的吉祥物品，用于保健强身。蕨哲是一种藏族节日食品，"蕨"，即人参果，"哲"，即大米，其烹调方法：将大米蒸熟，蕨麻煮熟，米饭上加一把蕨麻，再加白糖，浇上炼化的酥油即可。蕨哲是藏族在重大节日、重大宗教活动和喜庆宴席上的必备食品。

将米与蕨麻一起煮烂后食用，清香可口；也可将蕨麻与牛羊肉或猪肉同炖，不仅香味浓郁，而且营养丰富，尤其适合身体虚弱之人。蕨麻粉与豆沙粉1∶1混合，加入700g/kg蔗糖、250g/kg琼脂，趁热灌模可制得甜味及弹性俱佳的蕨麻羹。蕨麻块根的皮呈红褐色，可以作为红色配菜，也可作为调配菜肴的黑色素。在青海省最常见的是将玉米、松仁、青豌豆与蕨麻配菜，看上去色泽艳丽，吃起来滑润舒爽，香甜可口，回味无穷。

（二）蕨麻保健食品

蕨麻可制成各种特色小吃，如藏式糕点、油汁蕨麻、尤蕨麻、蕨麻枣米粥等，同时可根据蕨麻的营养成分特点，如淀粉、果胶含量较高，做成符合汉族习惯的小点心出售。将蕨麻、芜根、青稞作为主要原料，将巧克力作为夹心，制成早餐饼干；也可将蕨麻加工成蕨麻罐头、蕨麻果酥、蕨麻果冻、蕨麻锅巴等蕨麻休闲食品。

（三）蕨麻饮料及蕨麻酒

蕨麻去除表皮，经破碎、研磨、均质、离心、酶解、糖化和超滤可得到蕨麻原汁，可直接做成糖水蕨麻，也可与其他原料进行调配做成蕨麻饮料。蕨麻风味为主的红枣、红豆或绿豆蕨麻饮料，就是以50份的蕨麻汁为主料，50份的红枣汁、50份的红豆汁或50份的绿豆汁中为辅料，添加3份的蔗糖汁和2份的柠檬汁为调味料制成，口感佳，营养价值高，易于规模化生产。此外80g/L的蕨麻汁加入120g/L的胡萝卜汁、97g/L蔗糖、3g/L柠檬酸、2g/L羧甲基纤维素钠，增加营养价值的同时，可改善饮料的色、香、味，起到增色作用。

蕨麻富含淀粉，总糖含量高，可酿造甜酒、白酒等酒类产品，适口性较强。

第三节　蕨麻的药用成分及其开发利用

蕨麻的应用历史悠久，蕨麻块根味甘，春采性凉，秋采变温质佳，清热止泻，主治脾虚腹泻、贫血及营养不良等症，是一种常用的藏药。

一、蕨麻的药用成分

蕨麻的主要活性成分为多糖、三萜类、酚酸类、黄酮类、香豆素类、甾类等。

(一)多糖

蕨麻多糖为酸性杂多糖,是分子质量较小的α-吡喃糖,并含有氨基糖。主要由阿拉伯糖、半乳糖、半乳糖醛酸、鼠李糖、葡萄糖、葡萄糖醛酸、木糖、甘露糖、岩藻糖经α-糖苷键连接组成,是藏药蕨麻的主要生物活性成分之一。研究人员采用苯酚-硫酸法测得蕨麻多糖含量为110.8g/kg。

(二)三萜类化合物

蕨麻素是从蕨麻中分离提取的三萜类化合物,均为五环三萜类,大部分为乌苏烷型,还有少量的齐墩果烷型和羽扇豆烷型,且多在C2、C19位有α羟基取代。成苷位置在C28位,糖基多为葡萄糖,少数糖基为半乳糖。研究人员采用大孔吸附树脂和硅胶柱色谱及高效液相色谱(HPLC)制备色谱技术从蕨麻根茎中分离出了3种三萜皂苷类成分:2α,3β,19α-三羟基-齐墩果酸-28-O-β-d-葡萄糖苷、2α,3β,19β-三羟基-乌苏酸-28-O-β-d-吡喃半乳糖苷(Ⅱ)和2-羰基-3β,19α-二羟基-乌苏酸-28-O-β-d-葡萄糖苷。其中化合物Ⅱ命名为蕨麻苷,结构式见图18-2。

(三)酚酸类化合物

从蕨麻中分离到的酚酸类化合物主要包括异阿魏酸、丁香酸、乌索酸、19α-羟基乌索酸、野椿酸、委陵菜酸等。

(四)黄酮类化合物

蕨麻中所含的黄酮类成分约20种,可分为黄酮、黄酮醇类、黄烷-3-醇类和花青素类。其苷元主要为槲皮素、山柰酚、少数为木犀草素、杨梅黄酮和异鼠李素。黄酮苷中有单糖和双糖,常见的单糖为葡萄糖、鼠李糖、木糖和半乳糖,双糖为芸香糖和桑布双糖,成苷位置在C3位。蕨麻中含有儿茶素和棓儿茶素。

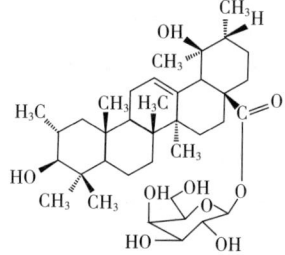

图18-2 蕨麻苷的化学结构

(五)其他化合物

蕨麻中的香豆素类化合物主要有7-羟基-6-甲氧基香豆素、7-羟基香豆素等,甾类化合物主要是β-谷甾醇。

二、蕨麻的药理作用

蕨麻块根的药用价值早有记载,是一味重要的藏药,历来被用来预防和治疗疾病。国内外学者通过对蕨麻的生物活性成分分析,发现其诸多药理作用。

(一)传统药理作用

问世于8世纪的藏医药学经典《月王药诊》是我国现存最早的藏医药学经典名著,记载了蕨麻叶的使用:"小肠出血、小肠干燥、粘连胃壁、眼不闭合,蕨麻叶、天南星、五味子、蔗糖诸药配伍制为粉剂,硇(nǎo)砂和光明盐为汤,送服。蔗糖功效舒散肠扭转。蕨麻叶功效潮湿滋润……"经典著作《四部医典》中记载:"消除肿胀的要诀:热性肿胀用干糊药物施治时,蒸汽大而发热红肿……如果不能治愈,药用蛋黄、蕨麻叶子、绿绒蒿、豆花贝母、瓦苇、水等配伍涂于肿胀处,再用热酒糟吮吸施治。"

蕨麻块根的文献记载于《珍宝图鉴》:"春蕨麻性凉,味甘,人畜皆食,止热病。秋天性变温，故秋蕨麻性温而不热，经常大量食用，不上火，对于体质虚弱的老人，先天不足的婴儿，尤为佳品……"

清代赵学敏在《本草纲目拾遗》中写道："张掖河西地有草根，一种形如黄连，盘根屈曲，有若缺然，边人取之，实筥（biān）豆用之，供馈遗，名曰延寿果，俗又称鹿跑草，其味甚甜。理血中邪湿，温补下元，去风痹疬疖痛，小儿食之，定惊悸。"

中华人民共和国成立后，关于青藏地区中草药有多部著作，如《西藏常用中草药》中记载："性味功能：性平，味甘。健脾益胃，生津止渴，益气补血。主治用法：脾虚腹泻，病后贫血，营养不良等症。"《中华藏本草》中记载："收敛止血、止咳利痰。治诸种出血及下痢，亦有滋补之效。"

（二）现代药理应用

蕨麻的生物活性成分主要为蕨麻素、蕨麻苷、蕨麻多糖等化合物，具有保肝作用、保护心肌细胞、抗氧化、抗衰老、抗缺氧、增强免疫等作用，已广泛应用于脾虚腹泻、贫血及营养不良等疾病的临床治疗。

1. 保肝作用

蕨麻素可缓解谷丙转氨酶和谷草转氨酶的升高，促进血清蛋白含量和肝糖原合成的增加，从肝脏代谢水平上增强肝细胞抗损伤的能力。蕨麻素通过提高谷胱甘肽过氧化物酶的活性，来降低丙二醛的含量，从而对化学性肝损伤具有保护作用。同时，蕨麻素还可明显抑制乙肝病毒的复制。蕨麻多糖同样对化学性肝损伤具有保护作用，其主要是通过降低肝脏中谷丙转氨酶和谷草转氨酶活性，稳定细胞膜结构而实现的，也可能与其清除自由基和抗脂质过氧化有关。

2. 保护心肌细胞作用

蕨麻醇提取物具有抗心肌缺血、缺氧损伤作用，可以改善心脏功能。研究发现，蕨麻醇提取物可显著提高缺氧损伤的心肌细胞内的超氧化物歧化酶活性，减少丙二醛产生；显著减少乳酸脱氢酶和肌酸激酶的外漏量，提示蕨麻醇提物能够保护心肌细胞。同时，蕨麻醇提物可有效减轻缺氧导致的心肌细胞肿胀变形、细胞质空泡化及 DNA 凝集等损伤变化，并可明显降低一氧化氮的产生，抑制一氧化氮合成酶（iNOS）表达，降低 P53 蛋白表达，说明蕨麻醇提取物对心肌细胞缺氧损伤具有显著保护作用。

3. 抗氧化、抗衰老作用

蕨麻多糖可对细胞内的羟基自由基、超氧阴离子及体外培养的淋巴细胞产生的过氧化氢具有良好的清除作用。鲜蕨麻提取液也具有较强的抑制自由基和抗氧化作用，能够改善衰老小鼠的学习记忆能力，有效延缓衰老体征的出现，具有明显的抗衰老作用。蕨麻醇提物能够明显对抗氧自由基导致的红细胞老化。蕨麻还含有丰富的维生素 C、维生素 E，它们是天然的抗氧化剂；同时，蕨麻中含有的黄酮类化合物也具有抗氧化作用。

4. 抗缺氧作用

蕨麻醇提物均可明显提高缺氧小鼠的存活时间，并降低其整体耗氧量，说明蕨麻具有显著的抗缺氧能力，可以增强机体对缺氧状态的耐受能力，其机制主要是由于蕨麻含有丰富的抗氧化物，可以清除机体缺氧时所产生的羟基自由基、超氧阴离子，增强机体的抗氧化活性。

5. 对免疫功能的调节作用

蕨麻水提液和醇提液对免疫功能低下的小鼠网状内皮系统的吞噬功能具有明显的激活作

用,同时能不同程度地拮抗环磷酰胺引起的免疫抑制。研究发现,蕨麻多糖能提高机体的免疫功能。同时,蕨麻多糖可清除自由基或是一种自由基反应抑制剂,通过调节机体内自由基水平及氧化还原信号的传递进而提高机体免疫功能。

三、利用蕨麻开发的药品

(一)蕨麻的典籍记载

《天下中草药汇编》记录中药蕨麻为蔷薇科委陵菜属鹅绒委陵菜(Potentilla anserina L.),以块根入药。夏天采挖,洗净晒干。性味甘,平。功能主治补气血,健脾胃,生津止渴,利湿。用于病后血虚,营养不良,脾虚腹泻,风湿痹痛。《西藏经常使用中草药》记:蕨麻为蔷薇科多年生草本蕨麻的块根,在甘肃、青海、西藏,根下部膨大成纺锤形或卵形块根。6—9月采挖,撤除杂质,洗净贮藏。

(二)蕨麻的经典中药配方

1. 治脾胃虚弱,浮肿　蕨麻30g、大米30g,熬稀饭喝。(《青海常用中草药手册》)
2. 健脾益胃,生津止渴,益气补血,治脾虚腹泻,病后贫血,营养不良　蕨麻根煎汤,25~50g;内服。(《西藏常用中草药》)

第四节　蕨麻的综合开发利用

蕨麻资源全身都是宝,既可用于食品行业和医药行业,还具有很高的生态效益,对于保护青藏高原生态环境起到重要作用,还可以作为蜜源植物,同时还可用于畜牧饲料业以及为其他相关轻工业提供原料。随着人们对蕨麻资源和相关产业认识的不断提高,对于蕨麻资源利用会更进一步综合化、产业化和合理化。蕨麻的综合开发利用如图18-3所示。

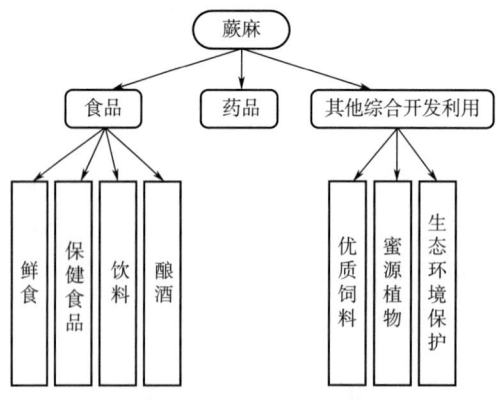

图18-3　蕨麻的综合开发利用

> 🔍 **思考题**
>
> 1. 蕨麻和鹅绒委陵菜的区别和联系是什么？
> 2. 蕨麻主要的生物学特性是什么？
> 3. 蕨麻的主要营养成分和常见的食用方式是什么？
> 4. 蕨麻主要的药用成分及其功效是什么？
> 5. 结合已有研究成果，谈谈如何深化蕨麻的综合开发利用。
> 6. 试谈蕨麻综合开发利用过程中，亟须解决的关键科学问题是什么。

【知识窗】民俗与蕨麻

藏族人民食用蕨麻的历史极为悠久，成书于公元 8 世纪的藏医经典著作《月王药诊》《四部医典》中就已有蕨麻（人参果）的记载。据《新华本草纲要》记述："只在青藏高原，本种始有块根发育。"蕨麻也是藏民居住区常用的民俗礼品。

蕨麻在青藏地区作为食品是一种美食，历史上曾把它作为"贡品"，如今还经常作为馈赠贵宾的吉祥物品。《青海风俗简志》中介绍了许多与蕨麻有关的食品，如藏式糕点、油汁蕨麻、尤蕨麻、蕨哲。在婚嫁时，蕨麻也是藏民需要食用的食品，如《青海风俗简志》记载："送亲……刚到家，先吃面食或蕨麻，藏语叫'咖卓'，之后进入正式婚宴……"。

在藏历新年时，家家户户都要吃蕨麻；藏民还有采集蕨麻的风俗，《青海风俗简志》记载："每当六七月份，蕨麻开出黄色的小花，密密点点，叶株铺在地面上，根部成串，呈圆柱状、珠状。待成熟时，用藏式小镐挖出晾干，或自用，或赠送，或出售。"

第十九章 蒲菜的开发利用

[学习目标]

1. 了解蒲菜的植物学特征及生物学特性。
2. 掌握蒲菜的生长繁殖方式。
3. 了解蒲菜的营养价值并掌握几种蒲菜食品的生产工艺。
4. 掌握蒲菜中主要的药用成分及其功能,了解蒲菜的综合产品开发。

第一节 蒲菜概述

蒲菜(*Typha latifolia* L.)是香蒲科(Typhaceae)香蒲属(*Typha*)多年生植物香蒲的假茎,又名蒲草、水烛、蒲儿菜、蒲芽、蒲白、象牙菜、香肠草等。蒲菜入宴在我国已有两千多年历史,《周礼》中即有"蒲菹(zū)"的记载,是重要的水生经济植物之一。

一、蒲菜的分布

蒲菜主产于热带至温带,主要分布于欧亚和北美,生于湖泊、池塘、沟渠、沼泽及河流缓流带。蒲菜在我国的分布情况具有一定的地域特征,以温带地区种类较多,多生于沼泽河湖及浅水中,我国江苏、浙江、四川、湖南、陕西、甘肃、河北、云南、山西等地都有分布,优质主产区为云南建水、元谋、江苏淮安及山东济南等地。

二、蒲菜的植物学特征

蒲菜的根状茎呈乳白色。地上茎粗壮,向上渐细,高 1.3~2m。叶片呈条形,长 40~70cm,宽 0.4~0.9cm,光滑无毛,上部扁平,下部腹面微凹,背面逐渐隆起呈凸形,横切面呈半圆形,细胞间隙大,海绵状,叶鞘抱茎。蒲菜的花为单性,雌雄同株,花序为穗状,雄花序生于上部至顶端，雌性花序位于下部，与雄花序紧密相接，或相互远离，苞片叶状，着生于雌雄花序基部，也见于雄花序中，雄花无被，通常由1~3枚雄蕊组成，雌花无被，部分具小苞片，子房柄基部至下部具白色丝状毛，果实呈纺锤形、椭圆形，果皮膜质，呈透明或灰褐色，具条形或圆形斑点。种子为椭圆形，褐色或黄褐色，光滑或具突起，含1枚肉质或粉状的内胚乳，胚轴直，胚根肥厚（图19-1）。

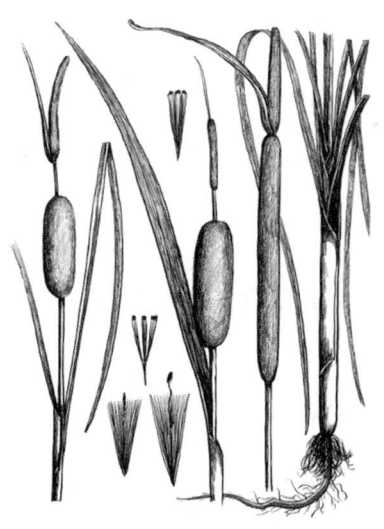

图19-1 蒲菜的植株形态

三、蒲菜的生物学特性

香蒲属植物为多年生宿根性沼生、水生或湿生草本植物，喜高温多湿气候，生长适宜温度为15~30℃，当气温下降到10℃以下时，生长基本停止，能耐-9℃低温，当气温升高到35℃以上时，植株生长缓慢。生长最适水深20~60cm，也能耐70~80cm的深水。长江流域的蒲菜在6—7月抽薹开花。蒲菜对土壤要求不严，在黏土和砂壤土上均能生长，以有机质达20g/kg以上，淤泥层深厚肥沃的壤土为宜。

四、蒲菜的繁殖方式

蒲菜生长健壮，生产中多采用分株繁殖或播种繁殖。

（1）分株繁殖　3—8月为蒲菜的生长季节，选择1~3月龄的新株，按每丛2~3株的密度进行栽植。

（2）种子繁殖　在10月上旬剪取成熟、干燥的蒲棒，搓下种子晒干，放入通风干燥、温度为0~4℃的环境中贮存。在第二年春季室外温度稳定在10℃时进行播种。

第二节　蒲菜的营养成分及其开发利用

蒲菜，俗称草芽，为香蒲的嫩茎。"其蔬伊何，惟笋及蒲"这句出自《诗经》的诗句，表明了我国人民食用竹笋和蒲菜已有两千多年历史。《周礼》上也有"蒲菹"的记载。明朝顾过诗曰："一箸脆思蒲菜嫩，满盘鲜忆鲤鱼香。"

一、蒲菜的营养成分

被称为"蔬菜珍品"的蒲菜，每100g可食部分含蛋白质1.1g、脂肪0.1g、碳水化合物1.7g、膳食纤维0.1g、钙38.5mg、磷22.4mg、铁0.2mg、胡萝卜素0.01mg、维生素C 5.762mg、烟酸2.932mg、烟酰胺1.207mg。

用氨酸自动分析仪分析测定宽叶香蒲花粉、狭叶香蒲花粉、长苞香蒲花粉、蒙古香蒲花粉中的氨基酸成分，结果发现这4个品种都含有天冬氨酸、苏氨酸、丝氨酸、谷氨酸、缬氨酸、精氨酸、脯氨酸、胱氨酸、色氨酸等18种氨基酸，其中狭叶香蒲花粉总氨基酸含量最高，蒙古香蒲花粉总氨基酸含量最低。

二、蒲菜食用价值的开发利用

《名医别录》记载蒲菜："香蒲生南海池泽。蒲黄生河东池泽，四月采之。"《周礼》记载："以为菹，谓其始生。取其中心入地，大如匕柄，白色，生啖之，甘脆。以苦酒浸，如食笋，大美……"《本草纲目》记载："蒲，丛生水际，似莞而褊，有脊而柔。二、三月苗，采其嫩根，瀹（yuè）过作鲊，一宿可食。亦可炸食、蒸食，及晒干磨粉作饼食。"说明我国食用蒲菜已有悠久的历史，且蒲菜自古即被视为名贵蔬菜。

（一）鲜食

蒲菜很难保存，是一款季节性很强的蔬菜，采摘季一般是在农历的6—9月，有大量鲜货开始上市，食用期只有两个月左右。蒲菜可直接烹制食用，食用部位为其短缩茎和幼嫩的叶鞘，色泽洁白、质地肥嫩香脆，清香爽口，嫩脆若笋，风味独特，营养丰富。

淮安是中国四大菜系之一——淮扬菜的发源地，而蒲菜就是淮扬菜的重要原料之一，用于冷炝热烩、氽汤烧肉圆，或与豆腐虾米配了作汤等，可做出20多种样式，如"开洋蒲菜""鸡粥蒲菜""香蒲狮子头"等，已被列入《江苏名菜谱》，其中"开洋蒲菜"在2002年被评为"中国名菜"。

（二）蒲菜罐头

为延长蒲菜保质期，可选取新鲜的蒲菜原料制成色泽乳白、口感清脆、香味浓郁、营养丰富的蒲菜罐头。

（三）蒲菜泡菜

蒲菜假茎十分娇嫩，在贮藏、运输和加工过程中极易发生褐变、软化。因此，有学者对蒲菜泡菜的生产工艺进行了相关研究。

选取新鲜蒲菜为原料，修整为长短、粗细一致的小段，用95℃的热水漂烫4min后用流动冷水冷却，然后加入20g/L $CaCl_2$ 以及1g/L Na_2SO_3 混合溶液进行护色，加入配好的卤水，添加菌种，并将大蒜、生姜、花椒、八角、白糖和干辣椒加入，装坛密封后进行发酵。研究表明，当植物乳杆菌的添加量为2mL/L，食盐浓度为80g/L，白糖添加量为150g/L，发酵温度为28℃，发酵时间为5d时，泡菜的感官品质最好，且亚硝酸盐的含量较低。

（四）蒲菜饮料

将经过预处理的蒲菜取汁，按一定比例，可调配出适口的蒲菜饮料。

1. 蒲菜红茶饮料

蒲菜汁 250g/L、红茶汁 600g/L、糖 100g/L、柠檬酸 1g/L，混合后可以制得一种澄清型蒲菜红茶饮料。

2. 香菇-香蒲固态发酵功能饮品

按照香蒲 60%、麸皮 20%、荷叶 18%、蔗糖 2% 的比例配料，料水比为 1∶1.5 的比例制作固态培养基，在无菌条件下接入香菇菌种，静置培养待香菇菌丝发满后，即得香菇-香蒲发酵复合物，经提取、浸提、过滤，最后按照常规饮品糖酸比勾兑得到香菇-香蒲固态发酵功能饮品。

（五）蒲菜面制品

米面制品自古以来就是中国人所喜爱的主食，许多学者将蒲菜与传统面制品相结合，制作出了许多创新食品。

1. 蒲菜汤包

蒲菜切粒，与鱼鳞熬煮制得的鱼鳞冻、山药泥混合制陷，开发出一款蒲菜、山药鱼鳞冻汤包。

2. 蒲菜蛋糕

将蒲菜榨汁，经护色后添加进蛋糕中，顺应当下低糖饮食的潮流，用非糖甜味剂代替蔗糖，采用薄坯短时烘烤法制成蒲菜低糖蛋糕。

3. 蒲菜面包

将蒲菜榨汁浓缩、干燥、超微粉碎制得蒲菜粉，与莲子芯磨粉按一定比例混合，加入面粉，制得一款营养丰富且具有一定保健功能的蒲菜莲子芯营养面包。

（六）蒲菜休闲食品

传统蒲菜与现代休闲食品结合研制出多种创新食品。

1. 蒲菜无糖果冻

将 15g 明胶、120g 木糖醇、1.8g 柠檬酸添加到 120g/L 的蒲菜汁中，可制得口感爽滑，酸甜可口且具有浓郁蒲菜风味的蒲菜无糖果冻。

2. 蒲菜纸

以蒲菜为原料制作蔬菜纸，加工成富含膳食纤维、维生素及矿物质的功能性休闲食品，其中膳食纤维在加工生产中相当稳定，且含量丰富，生产出的蒲菜纸色泽鲜艳，成纸性、胶黏性、易揭性、脆性良好。

第三节 蒲菜的药用成分及其开发利用

一、蒲菜的药用成分

蒲菜的花粉称蒲黄，其中含有黄酮类化合物、甾醇类化合物等药用活性成分。

（一）黄酮类化合物

黄酮类化合物是蒲黄的主要有效活性成分。研究发现东方香蒲花粉、宽叶香蒲花粉、狭叶香蒲花粉、长苞香蒲花粉、蒙古香蒲花粉中主要含异鼠李素3-O-芸香糖苷、异鼠李素-3-O-新橙皮苷、槲皮素、柚皮素、异鼠李素,仅狭叶香蒲花粉中含山奈酚-3-O-芸香糖苷;长苞香蒲花粉含槲皮素-3-O-新橙皮糖苷及香蒲新苷。

(二)甾醇类化合物

狭叶香蒲含有豆甾烷-4-烯-3-酮、豆甾烷-3,6-二酮、β-谷甾醇、胡萝卜苷、嘧啶-2,4-二酮,且豆甾烷-4-烯-3-酮是在香蒲中首次发现。

(三)挥发油

采用气相色谱-质谱联用(GC-MS)测定蒲黄中挥发油的化学组成,鉴定出45种成分,其中主要包括2,6,11,14-四甲基十九烷、棕榈酸甲酯(Methyl palmitate)、棕榈酸、2-十八烯醇、2-戊基呋喃(2-pentylfuran)、β-蒎烯、8,11-十八碳二烯酸甲酯、1,2-二甲基苯、1-甲基萘、2,7-二甲基萘等。

二、蒲菜的药理作用

(一)传统药理作用

《周礼》记载蒲黄:"以为菹,谓其始生……花黄,即花中蕊屑也。细若金粉,当其欲开时,有便取之……医家又取其粉下筛后,有赤滓,谓之蒲萼。入药以涩肠止泄,殊胜。"《神农本草经》将蒲黄列为上品:"蒲黄,味甘,平。主心腹膀胱寒热,利小便,止血,消瘀血。久服,轻身益。"《本草纲目》记载:"蒲菜甘平、无毒,主治五脏心下邪气、口中烂臭、小便短少赤黄、乳痛、便秘、胃脘灼痛、坚齿明目聪耳等。久食有轻身耐老,固齿明身聪耳之功。"

(二)现代药理作用

蒲菜的根茎[蒲蒻(ruò)]、花粉(蒲黄)、果穗(蒲棒)均有药用价值,其中以蒲黄的药效最为显著。

1. 辅助降血脂、抗动脉粥样硬化作用

用一次性腹腔注射维生素D和饲喂高脂饲料复制动脉粥样硬化动物模型,对实验动物用蒲黄混悬液低、中、高剂量按2,4,8mL/kg体重灌胃给药,结果表明,发现蒲黄可通过调节脂质代谢、调控NO合成、抗脂质过氧化等途径辅助抗动脉粥样硬化。

2. 蒲黄对凝血过程的影响

早期研究认为,蒲黄能使家兔血小板数目增加,凝血酶原时间缩短,明显缩短血液凝固时间。研究人员以威斯塔(Wistar)大鼠为研究对象,通过测定其凝血酶原时间(PT)、凝血酶时间(TT)、活化部分凝血活酶时间(APTT)、血浆纤维蛋白原(FIB)四项指标观察蒲黄炭品对实验动物凝血系统的影响,研究结果显示蒲黄炭品组、蒲黄正丁醇组、蒲黄炭品正丁醇组的凝血酶原时间、凝血酶时间以及活化部分凝血活酶时间,相对于对照组均有显著降低。

3. 提高免疫功能作用

用蒲黄乙醇提取物按照100mg/(kg·d)的剂量灌胃荷瘤小鼠,发现肿瘤生长受到明显抑制($P<0.01$),说明蒲黄乙醇提取物能够辅助提高荷瘤小鼠体液免疫和细胞免疫功能。

4. 其他作用

(1) 镇痛作用　研究发现,蒲黄溶液的镇痛效果较持久且不会引起呼吸抑制和中枢抑制,但蒲黄的镇痛作用机制还不清楚。

(2) 对循环系统的作用　低浓度蒲黄乙醇提取液可以增强蟾蜍体外心脏收缩力,高浓度则抑制蟾蜍体外心脏收缩力,说明蒲黄具有双向调节体外心脏作用。

(3) 对血管内皮损伤的保护作用　蒲黄不仅能辅助降低血脂,而且能缓解高脂血症对血管内皮造成的损伤。

(4) 抑菌作用　蒲黄煎液在试管内能抑制结核分枝杆菌的生长,对豚鼠实验性结核病具有一定疗效。蒲黄水溶液在体外对金黄色葡萄球菌、铜绿假单胞菌、大肠埃希氏菌、伤寒杆菌、痢疾杆菌及Ⅱ型副伤寒杆菌均有较强的抑制作用。

三、利用蒲菜开发的药品

蒲黄、香蒲皆首载于《神农本草经》并被列为上品。

(一) 香蒲的典籍记载

《中华人民共和国药典(2020年版)》记载：中药蒲黄为香蒲科水烛香蒲(*Typha angustifolia* L.)、东方香蒲(*Typha orientalis* Presl)或同属植物的干燥花粉(为黄色粉末)。于夏季将采收的蒲棒上部的黄色雄性花序晒干后碾轧,筛取即得花粉,味甘、平,归肝、心包经,具有止血、化瘀、通淋的功能,用于治疗吐血、衄血、咯血、崩漏、外伤出血,经闭通经,胸腹刺痛,跌扑肿痛,血淋涩痛。每次用量5~10g,包煎。外用适量,敷患处。

(二) 蒲黄的经典中药配方

(1) 治霉菌性口腔炎　生蒲黄组成：粉涂搽口腔。(《临床药物新用联用大全》)

(2) 功能性子宫出血　鹿茸散组成：蒲草175g,鹿茸、当归60g,上三味,研末过筛,酒服2g,日三。不知,稍加至4g。可以补肾固冲,养血止血。主治肾虚,冲任不固,漏下不止。(《备急千金要方》卷四、《太平圣惠方》卷七十三)

(3) 活血利水蒲黄酒　蒲黄、小豆、大豆各9g,上三味,以酒适量煎,分三次服,主治脾虚水停,遍身水肿或暴肿。(《千金翼方》卷十九)

(4) 清心肾,利小便　蒲黄散组成：蒲黄(生)、赤茯苓、木通、车前子、桑白皮(炒)、荆芥、灯心、赤芍药、甘草(微炒)、滑石等分,上药为末。每服6g,用葱白、紫苏煎汤调服。(《证治准绳.类方》卷六、《袖珍方》卷二引《太平圣惠方》)。

(5) 清热利湿　蒲灰散组成：蒲灰52.5g、滑石22.5g,上二味,杵为散。每服6g,白饮送服,一日三次。主治湿热引起的小便不利,小腹急胀,尿道疼痛。(《金匮要略》卷中)

第四节　蒲菜的综合开发利用

蒲菜经济价值较高,假茎及短缩茎可作名贵蔬食,花粉即蒲黄可入药。蒲菜全草为良好的造纸原料,含纤维量为350~600g/kg,出麻率在38.3%以上,含纤维量高的叶可用来编制草袋、草包、草席、坐垫、茶垫、提篮等手工编织品。香蒲一般密生在湖岸、沼泽地、池塘、沟渠等浅水中,常成丛、成片生长,叶丛细长如剑,株丛挺立,色泽淡雅,常用于点缀园林水池、湖畔,构筑水景。蒲菜根系发达,其群落可以控制水土流失,促进土壤的发育和熟化,被广泛应用于城市湿地公园,为许多水生鸟类生物提供栖息地,丰富整个湿地公园的生物多样性。蒲菜能耐高浓度的重金属，对土壤和水体中的重金属具有较强的富集能力，因此可以有效净化城市生活污水及工矿废水中的磷、氮，降低重铬酸盐指数（Dichromate oxidizability，CODcr）、生物需氧量（Biochemical oxygen demand，BOD）、总悬浮物等污染指数，起到净化水质的作用。蒲菜的综合开发利用如图19-2所示。

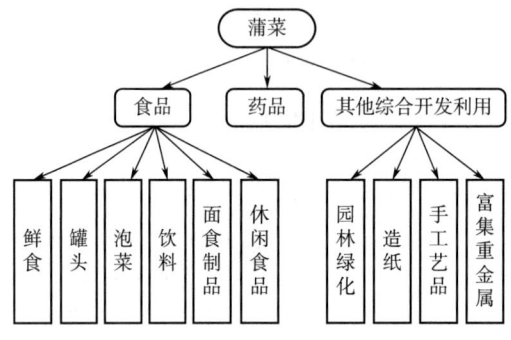

图 19-2　蒲菜的综合开发利用

思考题

1. 蒲菜的繁殖方式有哪些？
2. 蒲菜药用的主要化学成分是什么？
3. 蒲菜入药可以主治哪些疾病？
4. 蒲菜可以开发出哪些食品？
5. 蒲菜能够净化水质、作为城市景观植物的依据有哪些？
6. 结合时代发展，谈谈蒲菜未来在食用方面有哪些发展前途。

【知识窗】蒲菜的"抗金菜"名称由来

"蒲菜佳肴甲天下，古今中外独一家"，这句歌谣在江苏淮扬地区广为流传，究其起源，则不得不提及南宋抗金名将梁红玉。南宋建炎五年，敌国派十万精兵攻打淮安，梁红玉被敌军围困，一时间内无粮草、外无军援。偶然间，梁红玉和将领们发现饥饿的马匹在食用蒲茎，随即带领士兵们尝试采集蒲菜充饥，从而解决了粮草短缺的困难。最后，在军民共同努力下，终于打败了金兵。自此，蒲菜在淮安民间就被称作"抗金菜"。2014年5月，农业部正式批准对江苏省淮安市特产的"淮安蒲菜"实施农产品地理标志登记保护。

第二十章
黄花菜的开发利用

[学习目标]

1. 了解黄花菜的植物学特征及生物学特性。
2. 掌握黄花菜的生长繁殖方式以及不同品种黄花菜的形态特点。
3、了解黄花菜的营养价值并掌握黄花菜食品的生产工艺。
4、掌握黄花菜中主要的药用成分及功能,了解黄花菜的综合开发利用。

第一节 黄花菜概述

黄花菜(*Hemerocallis citrina* Baron L.)属百合科(Liliaceae)萱草属(*Hemerocallis*)多年生宿根草本植物,学名萱草,古名忘忧草,又名金针菜、金萱草、鹿葱花、安神菜、丹棘等。黄花菜在中国最早记载于《诗经·卫风·伯兮》篇,有"焉得谖草,言树之背"之句。"谖草"同"萱草",即黄花菜。黄花菜花香、鲜甜、味美,是我国著名的特产干菜,主要栽培种有北黄花菜、小黄花菜和萱草等。

黄花菜综合开发利用

一、黄花菜的分布

萱草属有约16个种,主要分布在中欧至东亚,欧洲也有少数分布,属内物种主要分布于亚洲温带至亚热带地区。中国也是黄花菜原产地之一,约有11个种,主要集中于浙江、江苏、吉林、甘肃、湖北、四川、江西、湖南、陕西、广东与内蒙古草原等地海拔2000m以下的山坡、山谷、荒地或林缘等。

我国邵东、淮阳、庆阳、渠县、虎嗷、大荔、祁东等7个产地的黄花菜已由原国家质量监督检验检疫总局批准,对其实施地理标志产品保护,地域保护范围内,黄花菜的种植面积在3.27万公顷左右。

二、黄花菜的植物学特征

黄花菜为多年生宿根草本植物，植株一般高 30~90cm，根系主要分布在地下 20~50cm 土层处，最深可达 130~170cm，其根可分为肉质和纤细根两类。叶片为基生，呈条形，叶片交替包被形成假茎。花葶稍长于叶，分枝上生长单花，具有 6 片淡黄色花被片。蒴果形状呈钝三棱状椭圆形，果实有三心室，每个果实含种子 20 多个，黑色，有棱（图 20-1）。花果期为 5—9 月，从开花到种子成熟需 40~60d。

图 20-1　黄花菜的植株形态

三、黄花菜的生物学特性

黄花菜耐瘠、耐旱，地缘或山坡均可栽培，酸性、弱碱性土壤均可生长，以富含腐殖质、排水良好的湿润土壤为宜，不宜过湿或积水，否则会影响其根系生长，引发病害。

黄花菜的生长温度为 4~35℃，早春均温 5℃以上时幼苗开始出土，叶片生长适温为 15~20℃；开花期温度要求较高，以 20~25℃为宜。黄花菜的地上部分不耐寒，遇霜即枯死，地下根系和缩短茎可在-10℃的低温下存活。黄花菜喜光又耐半阴，对光照适应范围广，可与较为高大的作物间作，有效日照时长越长越有利于黄花菜生长。

四、黄花菜的繁殖方式

（1）种子繁殖　在盛产期选择优良的黄花菜植株，预留 5~6 个粗壮的花蕾结果，其余全部摘掉，果实发育成熟微裂时收获种子。种子繁殖宜采用秋播，约 4 周左右出苗，播种苗培育 2 年后开花。该繁殖方式主要用于育种。

（2）分株繁殖　分株繁殖于叶枯萎后或早春萌发前进行，将植株掘起剪去枯根及过多的须根，分成 3~4 株即可。分株苗当年即可开花，是最常用的繁殖方式，操作简单，成活率高，开花早。

（3）切茎繁殖　切掉分株茎的上部 5cm 以上的叶片和叶鞘和茎下部 2cm 以下的根系，剩余部分剥掉叶片和叶鞘，露出茎锥，将茎锥体切成2~3cm长的茎块进行栽植。

（4）组织培养　多为从外植体诱导产生愈伤组织，后经球状体阶段形成试管苗。培养过程中根据外植体类型与培养目的不同多选用MS、1/2MS和N_6培养基。

第二节　黄花菜的营养成分及其开发利用

黄花菜主要的可食用部位为花蕾，晒干后呈金黄色，富含蛋白质、维生素、纤维素、可溶性糖及矿物质。营养价值与香菇、木耳、冬笋、银耳等相当，被视作"席上珍品"。在孙中山先生的养生食谱中，黄花菜位于"四物汤之首"（四汤为黄花菜、黑木耳、豆腐、豆芽）。

一、黄花菜的营养成分

黄花菜中总糖含量为390g/kg，且同时含有水溶性的单糖与双糖，主要成分为葡萄糖、蔗糖、果糖，蔗糖含量最低，果糖含量最高，占总可溶性糖的56%，果糖与葡萄糖两者占总可溶性糖的90%以上。黄花菜的必需氨基酸含量丰富，包括7种必需氨基酸（Lys、Thr、Val、Met、Phe、Ile和Leu），1种条件必需氨基酸（Tyr）和2种半必需氨基酸（His和Arg），其中Glu、Leu、Ile、Asp、Ser、Thr和His为主要游离氨基酸，占总量的75%以上。不同品种黄花菜的维生素含量存在一定差异，但均含有丰富的维生素C，维生素B_6含量较少，维生素B_2和维生素B_3含量最少。

研究表明，黄花菜主要食用部位为花蕾，每100g黄花菜的花蕾干制品含碳水化合物60.1g、蛋白质14.1g、脂肪0.4g、钙463mg、磷173mg、铁16.5mg、胡萝卜素3.44mg，碳水化合物、蛋白质、脂肪三大营养物质含量分别为600，140，20g/kg。与花椰菜、番茄、胡萝卜等栽培蔬菜比较，黄花菜的碳水化合物、蛋白质、钙与磷含量明显更高，铁含量、胡萝卜素含量、维生素C含量仅次于这些蔬菜（表20-1）。

表20-1　　黄花菜与花椰菜、番茄及胡萝卜的营养成分比较（鲜品）

营养成分	蔬菜种类			
	鲜黄花菜	花椰菜	番茄	胡萝卜
可食用部分质量占比/%	99	53	97	79
碳水化合物/（g/kg）	116	30	22	83
蛋白质/（g/kg）	29	24	0.8	0.6
脂肪/（g/kg）	5	4	3	6
钙/（mg/kg）	730	180	8	190
磷/（mg/kg）	690	530	240	290
铁/（mg/kg）	14	7	8	70
胡萝卜素/（mg/kg）	11.7	0.8	3.7	13.5
维生素C/（mg/kg）	330	830	80	120

二、黄花菜食用价值的开发利用

（一）鲜食

1. 适时采收

适时采收是保证黄花菜质量的关键。适宜采摘的黄花菜的花蕾外观个大饱满，花嘴欲裂未裂，色泽呈黄绿色，花瓣上纵沟明显，此时花蕾充分长成但尚未开放，为成熟花蕾。

采收时间一般为11时至17时，黄花菜为陆续现蕾，陆续开花，因此需要每天采收。阴雨天花蕾开放早，可适当提前采摘。

2. 贮藏保鲜

黄花菜的保鲜处理一般为低温贮藏、气调贮藏、冷杀菌技术与化学贮藏4种，低温贮藏可降低黄花菜与微生物的代谢，首先对采后黄花菜进行真空预冷降温至8℃，真空包装后于4~6℃下冷藏，食用保鲜期可达20~30d。冷杀菌技术通过减压、辐照、电场、臭氧等技术杀灭黄花菜中的微生物以达到保鲜效果；气调贮藏通过调节环境中的二氧化碳和氧气含量，降低黄花菜和微生物的生命活动；化学贮藏通过浸泡或喷涂化学试剂在黄花菜表面杀死或抑制微生物活动，以防止腐烂变质。

（二）速冻黄花菜

挑选达到生产要求的黄花菜原料，经过清理、清洗、沸水烫漂和沥水后，将产品放入冷库进行速冻，温度为-40~-35℃。冻品间不宜相隔太近，保持一定的空隙方便冷空气流通，使黄花菜花蕾的中心温度以最快的速度达到-18℃以下，立即包装后放入-20℃冷库冷冻。

（三）黄花菜干制品

干制是黄花菜传统的加工方法，工艺简单且大大延长了贮藏时间。

1. 高温干制品

（1）传统晒干法　为了固定采收后黄花菜的品质，黄花菜采收后首先要先进行热烫处理，以防止酶促褐变，确保制品有良好的色泽，延长产品的贮藏期。

首先把花蕾放入蒸笼中，黄花菜堆的高度约为10cm，堆放时应保持四周高中间低的形状，待水沸腾后再蒸5min，再改小火焖蒸3~4min。当蒸筛或甑子内的花蕾颜色由黄绿色变为淡黄色，花蕾堆高度下降一半左右时，花蕾蒸制完成。

在晴天，将已蒸好摊凉的黄花菜平整不重叠地摆放在晒坪上，经过1d即可干燥完成，如一次晒不干则需要收回并摊放，以防霉变，等待下次晾晒。

（2）烘干法　烘干法是采用气流传热将水分从黄花菜中带出。首先将烘房升温至85~90℃，随后装入刚采收的鲜黄花菜，经过黄花菜大量吸热，等到烘房温度下降至60~65℃，持续烘干12~15h，然后减少供热让温度自然下降到50℃并保持到烘干为止。烘房内的湿度保持在60%以下以保证干燥效率。

烘干也可使用热风、远红外线和微波薄层等来辅助增加干燥速率和效果。

2. 低温干制品（真空冷冻干燥制品）

真空冷冻干燥是通过冷冻升华的方式使黄花菜中的水分跳过液化直接升华到空气中。

黄花菜经挑选、清理、清洗、烫漂、沥水后，需要及时进行速冻，随后在真空条件下进行冻干。冻干黄花菜质量最好，但设备投资大、干燥时间长、加工成本高，产品价格相对昂贵。

(四)黄花菜饮品

使用挑选合格的黄花菜经漂洗、除杂、热烫后,加入水打浆、过滤,加入配料调配后进行脱气,再经过均质、杀菌、灌装、封口即可获得产品。黄花菜饮品的最适杀菌方式为高温短时杀菌,冷却至80℃后在无菌状态下进行热灌装。

(五)即食预包装黄花菜

用不含硫的脱水黄花菜为原料,经过清洗、复水、预煮后离心脱水,加入调味料、保脆剂,装袋、真空密封后进行在90℃下杀菌5min,冷却后得到开袋即食的黄花菜产品。产品采用复合铝箔包装、聚丙烯复合蒸煮袋或玻璃瓶包装,保质期可达到9个月以上。

第三节 黄花菜的药用成分及其开发利用

在我国医学的发展历史中,黄花菜常被列为食疗食品之一,其花、茎、叶和根均可入药。目前已从该属植物中分离得到黄酮类、蒽醌类、萜类、精油生物碱等多种化合物。

一、黄花菜的药用成分

(一)黄酮类化合物

从黄花菜花蕾和根中分离得到了一系列类黄酮化合物,包括山柰酚类糖苷、槲皮素类糖苷、异鼠李素类糖苷、芦丁等黄酮醇类衍生物,金圣草素类糖苷等异黄酮类衍生物,查尔酮类衍生物根皮素类糖苷以及二氢黄酮类化合物橙皮苷等。黄花菜提取物中槲皮素类糖苷含量较高。

(二)蒽醌类化合物

黄花菜中的蒽醌类化合物集中在根部,主要为取代基分布在两侧的苯环上的大黄素型蒽醌。从黄花菜的根中分离出的蒽醌包括大黄酚、美决明子素、美决明子素甲醚、芦荟大黄素、黄花蒽醌等。采用索氏提取法对黄花菜根部中的蒽醌化合物进行了提取测定,发现总蒽醌质量分数为0.45,其中游离蒽醌和结合蒽醌分别占0.17%和0.28%。

(三)萜类化合物

黄花菜的干燥根中分离出了7种已知的三萜类化合物和一种新的二萜物质。从黄花菜的花中分离出了21种类胡萝卜素,包括新黄质、叶黄素、β-隐黄质、全反式β-胡萝卜素及其顺式异构体等。

在黄花菜花蕾、茎和根中都存在萜类物质,包括新黄质、紫黄质、叶黄素、13-顺式-叶黄素5,6环氧化物、叶黄素5,6-环氧化物、玉米黄质、β-隐黄质、全反式β-胡萝卜素及其顺式异构体等类胡萝卜素类化合物,具有反式双环的新型二萜Hemerocallal A等。

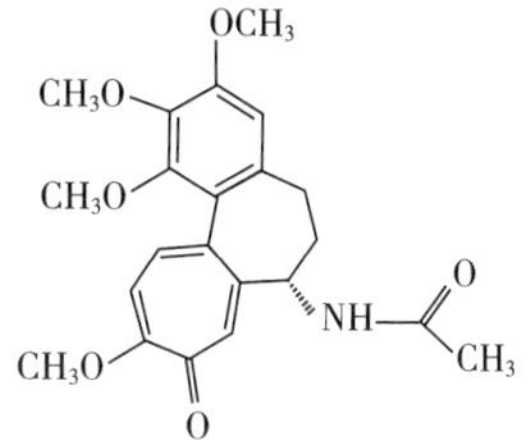

(四)生物碱

在黄花菜花蕾、根和叶中含有不同种类的生物碱,包括胆碱,谷氨酰胺类衍生物Hemerocallisamine I,新型吡咯生物碱

图20-2 黄花菜中秋水仙碱的化学结构

Hemerocallisamine Ⅱ，新型 γ-内酰胺衍生物 Hemerocallisamine Ⅲ~Ⅶ和 Hemerominor A~H。秋水仙碱是一种卓酚酮类生物碱（图20-2），广泛存在于百合科植物中，在临床上被用于治疗痛风、抑制癌细胞增殖等，具有一定毒性，在黄花菜的根、叶和花中均有较高含量。利用溶剂萃取-高效液相色谱法对15种黄花菜的秋水仙碱含量进行检测可以发现不同品种黄花菜的秋水仙碱含量差异较大，秋水仙碱含量最高的为长嘴子花（13.53μg/g），含量最低的为桥头花（1.69μg/g）。

二、黄花菜的药理作用

（一）传统药理作用

黄花菜具有平肝利尿、消肿消炎、镇痛止血、健胃安神等功能，能治疗肝炎、黄疸、耳鸣、心悸、大便下血、腰痛、水肿、关节肿痛、感冒、头晕等多种病症。

《本草纲目》记载："黄花菜，性味甘凉、无毒、解烦热、除酒瘟、利胸膈，安五脏，煮食治小便赤涩，令人好欢无忧及明目。"清代著名医学家王士雄的食养专著《随息居饮食谱》谓其："利膈、清热、养心、解忧积忿、醒酒……"《滇南本草》记载："黄花菜，其补阴血、止腰痛、治崩漏、乳汁不通。"说明黄花菜是帮助妇女产后补血、通乳的佳品。《云南中草药选》记载黄花菜具有镇静、利尿、消肿的作用，可以治疗头昏、心悸、小便不利、水肿、尿路感染、乳汁分泌不足、关节肿痛等。

（二）现代药理作用

近年研究表明，黄花菜中的黄酮类与蒽醌类化合物等活性物质，具有抑癌、抗氧化、抑菌、护肝等多种功效。

1. 抗肿瘤、抗癌作用

从黄花菜根中分离得到多种蒽醌类化合物具有抗肿瘤活性，均可抑制乳腺癌细胞（MCF-7）与中枢神经癌细胞（SF-268）、肺癌细胞（NCI-H460）和克隆癌细胞（HCT-116）的增长；与维生素C和维生素E可发生协同作用抑制癌细胞的增殖。黄花菜中秋水仙碱可以明显抑制细胞的有丝分裂的过程，是一种广泛使用的抗肿瘤药物，能抑制癌细胞的增长，如今已经在临床上用于乳腺癌、白血病及皮肤癌等疾病的治疗。

2. 抗氧化作用

从黄花菜的花中分离出一种新型萘苷（Stelladerol）具有较强的抗氧化能力，一些黄酮类化合物也表现出一定的抗氧化活性，且没有表现出细胞毒性。黄花菜花的提取物可以显著抑制肝癌细胞产生的活性氧水平，其中的咖啡酸衍生物和黄酮苷同样有显著的抗氧化能力。

3. 抑菌、消炎作用

黄花菜中提取的精制多糖是一种水溶性、非淀粉、非果胶、不含单糖和二糖的杂多糖，具有α-型吡喃糖苷结构，是一种与蛋白质或多肽以共价键结合的糖复合物，对细菌具有特异性的抑制作用。通过超临界二氧化碳流体萃取技术从黄花菜中提取出的秋水仙碱，已被用于辅助治疗痛风性关节炎及其他炎症，可以与中性粒细胞微管蛋白结合，阻止白细胞在炎症部位的趋化、黏附和吞噬，从而起到止痛与消炎的作用。

4. 护肝作用

萱草中所含的黄酮苷类化合物对四氯化碳诱导建立的小鼠肝纤维化模型的肝功能改善与肝损伤缓解有良好的辅助作用。萱草花提取物对肝细胞具有较强的保护作用与清除自由基作用。同时，黄花菜根中的活性成分大黄素对辅助治疗小鼠的肝纤维化具有积极的作用。

5. 其他作用

黄花菜可以作为新的植物凝血素，经过提纯可以对血红细胞有凝聚作用；黄花菜还具有抗抑郁作用，被称为"忘忧草"，在民间常被用于治疗抑郁症。

此外，研究人员使用冷冻干燥后的黄花菜对小鼠进行饲喂，发现黄花菜还具有一定催眠作用。

三、利用黄花菜开发的药品

（一）黄花菜的典籍记载

依据《中药大辞典》，药用黄花菜标准如下。

(1) 全草　用百合科植物黄花菜的全草入药，具有散瘀消肿、祛风止痛、生肌疗疮的功效，可以用于治疗跌打肿痛、劳伤腰痛、疝气疼痛、头痛、痢疾及疮疡溃烂、耳尖流脓、眼红痒痛、白带淋浊。

(2) 根　用百合科植物折叶萱草的根入药，秋季采挖根，除去残茎，洗净切片晒干，具有养血平肝、利尿消肿的功效，可以用于治疗头晕、耳鸣、心悸、腰痛、吐血、衄血、大肠下血、水肿、淋病、咽痛、乳痈。

（二）黄花菜的经典中药配方

(1) 补虚下奶，平肝利尿，消肿止血　秋季采挖的萱草根，煎汤，10~15g，或炖肉，内服，或外用捣敷。(《昆明民间常用草药》)

(2) 产后乳少　将黄花菜50g、瘦猪肉200g清炖加盐佐膳，可以生津止渴，利尿通乳。(《经验方》)

(3) 治劳伤过度，肢体无力　黄花菜鲜全草30g，水煎，冲红糖，早晚饭前各服1次；忌食酸、辣、芥菜等物。(《天目山药用植物志》)

(4) 流行性腮腺炎　取鲜黄花菜50g（干品20g），将黄花菜加水适量煎煮，食盐调味。用法用量：吃菜喝汤，每日1次。可以清热，消肿，利尿养血平肝。(《民间方》)

（三）黄花菜药品

1. 健肝片

由萱草根、板蓝根、茵陈、丹参、大枣组成，有清热利湿的功效，用于急性肝炎。

2. 催乳颗粒

由黄芪、党参、白术、当归、川芎、柴胡、王不留行（炒）、漏芦、萱草根组成，可益气养血、通络下乳。用于产后气血虚弱所致的缺乳、少乳。

3. 黄萱益肝散

由萱草、土大黄、千里光、猕猴桃、红土茯苓、野蔷薇、獐牙菜、骚羊古、南五味子、丹参、甘草组成，可清热解毒、疏肝利胆。用于肝胆湿热所致的慢性乙型肝炎。

（四）黄花菜活性成分的制备

1. 黄花菜多酚的制备

黄花菜中的多酚含量很高，干品得率达28%以上，其制备工艺如下。

黄花菜粉末→ 浸提 → 抽滤 → 浓缩蒸发 → 过层析柱 → 冷冻干燥 →黄花菜多酚

提取时间60min、料液比1:15、提取温度35℃、乙醇浓度55%（体积分数），在此条件下，多酚得率为28.89%。

2. 黄花菜多糖的制备

黄花菜精制多糖（DPH）是一种潜在的天然抑菌剂，具有一定的开发应用前景，其制备工艺如下。

黄花菜样品→预处理→浸提→过滤→浓缩→醇析沉淀→离心分离→黄花菜粗多糖（CPH）→复溶→除蛋白→脱色→纯化→黄花菜精制多糖（DPH）

提取时间3h、固液比1：20（质量体积比）、提取温度80℃、乙醇浓度80%（体积分数）、离心速率4000r/min、离心时间10min、脱蛋白透析时间36h、纯化后干燥温度60℃，在此条件下黄花菜精制多糖得率为23.82%。

利用超声波或微波辅助提取黄花菜多糖可节省多糖提取时间，提高多糖的产量。

四、黄花菜的毒性

黄花菜中含有秋水仙碱，进入人体后可被人体肠胃缓慢吸收，经过体内转变形成一种叫氧化二秋水仙碱的有毒物质，一次食用超过100g鲜黄花菜便可能引起中毒。但秋水仙碱易溶于乙醇、氯仿或水，遇热易分解，因此食用时，应先将鲜黄花菜用开水焯过，再用清水浸泡2h以上，捞出用水洗净后再进行炒食。

第四节　黄花菜的综合开发利用

黄花菜（即萱草）在春季萌发早，叶色翠绿，花期较长，花香馥郁，花色繁多，在园林中多丛植于岩间石畔、幽径路旁，具有很高的观赏价值，是布置庭院、草地的好材料。黄花菜根还可作为饲料添加剂。从黄色菜根中分离得到的多种化学成分对不同阶段的血吸虫（成虫、幼虫）具有一定抗性，还能杀死蚊子幼虫和蔬菜害虫，可以作为杀虫剂。黄花菜花提取液添加到洗发水及生活用品中具有增强保湿、抗氧化、杀菌、抗炎抗过敏等功效。黄花菜适应性广，耐瘠薄，抗干旱，对土壤、水肥要求不严格，耐低温，对光照适应范围广，在整个生育期内病虫害又较少，技术要求不高，因此，用于环境绿化栽植后不需要精细管理就能生长良好。另外，黄花菜对空气中的氟污染十分敏感，当空气受到氟污染后，其叶尖端由绿变褐，可以作为指示植物，警报人们环境空气质量需要改善。黄花菜的综合开发利用如图20-3所示。

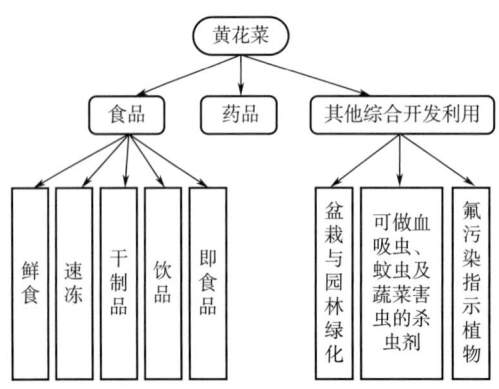

图20-3　黄花菜的综合开发利用

思考题

1. 黄花菜主要的可食用部位是什么？其具有什么营养价值？
2. 黄花菜的主要繁殖方式有哪些？
3. 黄花菜所含的药用成分是什么？主要用于治疗哪些疾病？
4. 在现代功能食品开发中，黄花菜常用于新产品开发，其主要产品形式有哪些？
5. 黄花菜采收后的贮藏期很短，如何提高黄花菜的贮藏保鲜时间？
6. 请问食用黄花菜与工业加工时该如何去除黄花菜中所含的毒性物质？
7. 黄花菜除了食用、药用、观赏等方面，还有什么其他利用价值？
8. 结合已有的研究成果，谈一谈该如何对黄花菜进行深度综合开发利用。

【知识窗】 黄花菜"金针菜"名数由来

民间流传着关于黄花菜的传说：三国时期，华佗有六根神针，极有神效。有一年，江苏泗阳地区瘟疫流行，华佗行医至此，日夜为人扎针治病，挽救了众多生命。一日，一队曹兵来找华佗，说是曹操头痛不已，请华佗去为曹操治病，华佗不从，曹兵以刀相逼。华佗临走前，把四根金针洒向四面八方，漫山遍野便长满了一种长叶草，顶部生长着金黄色的花朵，每朵花瓣内生有六根如金针状的花蕊。人们采其花煮水喝下去，慢慢地止住了瘟疫。因这种植物既能治病又能食用，所以人们称其为"金针菜"。

第二十一章 百合的开发利用

CHAPTER 21

[学习目标]

1. 熟悉和了解百合的生物学特性。
2. 了解百合的植物学特征和繁殖方式。
3. 掌握百合的营养成分以及主要食用产品的生产工艺。
4. 掌握百合的主要药用成分及临床应用,了解其主要药理作用。
5. 了解百合的综合开发利用。

第一节 百 合 概 述

百合为百合科(Liliaceae)百合属(*Lilium*)多年生草本球根植物,因鳞茎由二三十瓣重叠累生于一起,仿佛百片合成,状如白莲花,故命名为百合,名番韭、百合蒜、重迈、中庭等。百合由野生状态变成人工栽培已有悠久历史,公元4世纪时人们已广泛用作食用和药用。百合于1984年被我国前卫生部列入首批《既是食品又是药品的物品名单》。

一、百合的分布

全世界的百合约有90多种,主要分布在北半球的温带的和寒带地区,少数分布在热带高海拔山区,南半球野生种则少有分布。中国、日本及朝鲜的野生百合分布较广。

中国是百合种类分布最多的国家,百合植物资源丰富,也是世界百合起源中心,约有47个种,18个变种,占世界百合总种数的一半以上,其中有36个种、15个变种为中国特有的种。百合在中国从西藏高原到华北平原均有分布,其中华中、西北、东北、西南四个地区百合分布较密集且种类丰富。

二、百合的植物学特征

百合为单子叶多年生球根草本植物,株高70~150cm。根有两种,茎生根由埋在土壤中的茎秆产生，形状纤细，分布在土表之下，寿命为 1 年；基生根从鳞茎基部产生，多分枝，粗壮呈肉质根，其寿命为 2 年或更久。茎分为地下鳞茎和地上茎，地下鳞茎球形，淡白色，为茎基部膨大部分，由数十枚鳞片组成，着生在鳞茎盘上。地上茎直立，呈圆柱形，部分品种在腋叶间产生"珠芽"，地下部分则长出"籽球"。叶多散生，呈披针形至椭圆形，先端渐尖，无柄或有短柄，全缘，数目为 50~150 枚，具有 1~7 条叶脉，中脉明显，叶色黄绿，具光泽，质地柔软。花单生或成总状花序，呈星形、喇叭形、漏斗形，花色丰富；蒴果长卵圆形，每个蒴果可产生数百枚种子，种子扁平，周围具膜质翅（图 21-1）。

图 21-1 百合的植株形态

三、百合的生物学特性

百合较耐寒，生长适温为 15~25℃，温度低于 10℃，生长缓慢，温度超过 30℃ 则生长不良，以白天温度 21~23℃、晚间温度 15~17℃ 为最适。百合鳞茎具有自然休眠的特性，未解除休眠的鳞茎种植后会出现发芽率不高和盲花现象。百合大多数品种在 4℃ 低温冷藏 6~8 周可打破休眠，当环境温度达到 8℃ 以上时，鳞茎就开始发芽及生长活动。百合对土壤要求不严，但在土层深厚、肥沃疏松的砂质壤土中，鳞茎色泽洁白、肉质较厚，根系粗壮发达，耐肥。百合怕水涝，土壤湿度过高则引起鳞茎腐烂死亡。

四、百合的繁殖方式

我国种植百合已有悠久历史，目前主要有无性繁殖和有性繁殖两种，其中以无性繁殖为主。

（1）鳞片繁殖 选用 3~4 年成熟鳞茎，将鳞片采用多菌灵杀菌后扦插，约 40d 后鳞片下端切口处便会形成几个小鳞茎，这种方法繁殖系数较高。

（2）小鳞茎繁殖 百合老鳞茎的茎轴上长出的新生小鳞茎，消毒后播种。

（3）珠芽繁殖　珠芽由几枚肥厚的鳞片组成，可于夏季成熟后采收，于9—10月在苗床上播种，能自然生根长叶。

（4）有性繁殖　秋季采收成熟的种子，在苗床内播种，第二年秋季可产生小鳞茎，培育2~3年后成为开花鳞茎。但此法时间长，种性易变，在生产上鲜少用到。

第二节　百合的营养成分及其开发利用

我国自古就有食用百合的习惯。宋代林洪在《山家清供》记载："春秋仲月采百合根曝干，捣筛和面作汤饼，最益气血，又蒸熟可以佐酒。"《本草纲目》云："百合新者，可蒸可煮，和肉更佳；干者做粉食，最宜人。"明代高濂在《饮馔服食》中收录"百合面"："用百合捣为粉，和面搜为饼，为面食亦可。"

一、百合的营养成分

百合鳞茎富含多种营养成分，每100g鲜百合鳞茎有热量678kJ、蛋白质3.2g、脂肪0.1g、碳水化合物37.1g、膳食纤维1.7g、维生素C 18mg、烟酸0.7mg、维生素B_2 0.04mg、维生素B_1 0.02mg、胡萝卜素1.2μg、视黄醇56.7μg、钾510mg、磷61mg、镁43mg、钙11mg、钠6.7mg、铁1mg、锌0.5mg、锰0.35mg、铜0.24mg、硒0.2μg。同时百合也是富含钾的食材，是传统的滋补佳品。百合含有丰富的氨基酸成分，在野生百合中检出赖氨酸3.4g/kg、缬氨酸7.9g/kg、异亮氨酸3.1g/kg、苯丙氨酸13.5g/kg、亮氨酸3.3g/kg和苏氨酸3.0g/kg。

百合鳞茎富含淀粉，占鲜重质量的12.0%~15.0%，淀粉含量是判断百合种球质量的关键标准。百合淀粉中淀粉纯度高，且含有较高的粗蛋白和较低的粗脂肪，说明百合淀粉的营养价值高。此外，百合鳞茎属于粗纤维食物，是开发膳食纤维类功能性食品的优良材料。

二、百合食用价值的开发利用

百合鳞茎肉质肥厚，多片，色泽洁白，味甜清香，略有苦味，可鲜食，但保鲜期较短；可粗加工为百合干、百合淀粉、百合花、百合晶等产品，还可深加工成百合休闲食品、百合饮料、百合酒等。

（一）鲜食

鲜百合鳞茎洗净后可以蒸、煮、炒、做羹、粥等，具有醇而不腻，酥脆甘香的特点，有补五脏、养阴、清热润肺等功效。

（二）百合干

将鲜百合制成百合干，可以延长其保质期，方便随时取用，烹饪食用前用冷水浸发即可；也可磨制成百合粉，做成百合面、百合糕饼、百合月饼馅料等食用。

1. 百合干

百合鳞茎清洗分级，分别在沸水锅中烫煮杀青，加入适量抗氧化剂防止褐变，水淹没百合片，用木棒缓缓搅动，烫煮时间为10~60s。百合片捞出后迅速用水漂凉，沥干表面水分，倒入烘盘中，进入烘烤房烘干，至百合手感硬脆，手折时断裂有声响即可。

2. 真空冻干百合干片

挑选百合鳞茎，剥开鳞片，清水清洗，放入-40℃~-30℃速冻库中速冻，再放入真空仓内干燥 6~18h 至含水量达到 4%~12%，制成百合干片产品。

3. 真空冻干整头百合干

以整头鲜百合为原料，经真空低温干燥技术制成整头百合干。制备方法：百合挑选与清理，适当速冻，放入真空低温干燥仓内，采用微波加热干燥，在真空干燥过程中保持低温，使含水量达到 4%~12%，制成整头百合干产品，装入防潮包装袋内。如此得到的产品基本保留整头鲜百合原有的整头形状和风味，营养成分、功效成分损失较小，色泽呈自然乳白色、美观，干燥效率高，浪费小。

（三）百合淀粉和百分精粉

1. 百合淀粉

将清洗后的百合鳞茎投入 50~55g/L 柠檬酸和亚硫酸氢钠水溶液中浸泡 1~2h，消除后期产品褐变问题，破碎打浆，调节 pH 至 3~5；加入蔗糖糖化 2~7h，用以改善产品容易凝沉、老化的问题，然后经过筛分、除砂、离心干燥后制得百合淀粉。本生产方法简单，制作出来的百合淀粉不仅保留了有效成分，而且色泽雪白、透明度高，易于保存。

2. 百合精粉

鲜百合去蒂，放入清洗机清洗，利用锤式粉碎机进行粉碎，过筛，得浆渣混合物，采用分离机依次进行浆渣分离，水浆分离，使用离心机离心干燥，烘干机热风干燥，过筛（150目振动筛），即得成品。百合淀粉纯度≥99%，水分≤15%，色泽洁白无异色，可实现大型机械化生产，满足市场对高标准百合精粉质量的需求。

（四）百合膳食纤维

1. 以百合鳞茎为原料制备百合膳食纤维工艺如下。

百合鳞茎→ 清洗 → 粉碎 → 碱水浸泡 → 过滤后去上清 → 漂洗至中性（漂白）→ 熟化处理 → 冷却干燥 → 超微粉碎（120目）→百合膳食纤维

2. 以百合残渣为原料制备

用以百合为原料提取百合生物总碱、百合多糖、百合淀粉后的剩余残渣为原料制备百合膳食纤维。

将新鲜百合球茎洗净，粉碎，加入提取罐中，加入 75%（体积分数）乙醇，乙醇提取液用于百合植物总碱的分离纯化。醇提后的百合剩余固体物质加入去离子水，在 95℃下浸提 2h，水提液用于提取百合多糖。利用水提后提取罐内的渣膏浆液沉淀分离出百合淀粉，残渣用作百合膳食纤维制备原料。在上述原料中加入 NaOH 溶液，保温并搅拌过滤，用清水调至中性，滤渣用 pH 2.0 硫酸溶液进行酸处理，过滤，滤渣再用清水洗涤调至 pH 至中性，滤渣即为膳食纤维成品。

（五）百合清汁和浊汁饮料

选择肉质肥厚、多片、无腐败变质的新鲜百合茎为原料，经过除杂后清洗，沸水浴热烫 5min，冷水冷却，经过磨浆进行酶解（主要包括中温淀粉酶、果胶酶、纤维素酶、高温淀粉酶等），采用中空纤维膜过滤，得到滤液和滤饼，加入柠檬酸、果葡糖浆等进行调配，均质即成产品。可以将澄清滤液调配成百合清汁，滤饼调配成浊汁，从而得到两种饮料。该产品较好地保留了百合中的生物活性物质，同时充分利用了百合原料中的淀粉、蛋白质及纤维等组分，原料利用率高，同时解决了百合存在的淀粉含量高、味道清淡、后味苦涩等问题，所得产品具有良好的保健功效及百合特有的风味。

（六）百合米醋

将糯米与百合粉碎加入水、氯化钙、α-淀粉酶蒸煮液化，冷却后加入糖化酶进行糖化，然后加入酵母、酸性蛋白酶发酵，再加入醋酸菌继续发酵，最后过滤得到澄清透明的百合米醋。该产品充分保留了百合的药用价值及营养成分，提高了米醋的保健功能，采用液态发酵法酿制，可以使氨基酸增多以致醋酸味柔和，使产品同时具有醋香味和百合香气。

（七）百合酒

1. 发酵型百合酒

制作百合酒原酒主要包括百合浆制备、蜂蜜水制备、复配发酵等步骤。①百合浆制备：将百合片用水浸泡、打浆，加热后用淀粉酶酶解，加入糖化酶糖化后灭酶备用。②蜂蜜水制备：将蜂蜜水稀释酶解，添加营养盐（如铵盐及磷酸二氢钾等）后灭菌备用。③将百合浆和蜂蜜水按一定比例混合，接菌发酵，加入澄清剂，过滤得到百合酒酒液，再经后熟处理制得百合酒原酒。该产品中百合和蜂蜜的营养成分保存完好，保持了自然的百合清香，是酿造品质较高的一种发酵型百合酒。

2. 百合黄酒

糯米浸泡，蒸煮，加曲发酵备用，鲜百合粉碎，加热处理，加入米酒发酵醪进行糖化发酵，加入麦曲发酵制得保健百合黄酒。该产品保留了百合的营养成分，并赋予黄酒百合的保健功能。百合黄酒的酸度较大、糖含量较高，并且具有一定的酒精度有利于百合黄酒的贮存。

（八）百合茶

百合茶集多种蔬菜营养于一身，具有味质鲜美，清香高雅，润肺清火，安神利尿的特性。

1. 叶片和花茶

将百合植株叶片和花蕾在180~200℃下杀青，再在130~150℃下烘干至含水量<6%即可。

2. 百合花茶

在百合含苞待放，花蕾呈微黄色时采摘，采用微波烘干机进行烘烤，冷却后再次烘烤，冷却，密封，包装即可。本产品生产工艺简单易操作，解决了百合花茶由于采摘时间不当使其精华部分——"花蕊、花粉"掉落或被污染等问题，提高了百合的药用和食用价值。

（九）百合休闲食品

1. 百合脯

百合脯采用百合、白糖、蜂蜜为主要原料，加入少量柠檬酸钠通过蒸煮、冷却、烘干、冷却、干燥等步骤制成。采用鳞茎与白砂糖相结合，营养丰富，食用方便，老少皆宜，便于携带。

2. 百合咀嚼片

将干百合进行粗粉碎、超微粉碎、筛分，获得百合超微粉碎粉（粒径≤5μm），以百合超微粉碎粉为主要基料，以木糖醇为辅料，充分混合制得百合咀嚼片。百合咀嚼片甜味适中、清脆爽口，较好地保留了原料的营养成分，提高了百合中功能活性成分的生物利用率。

第三节 百合的药用成分及其开发利用

我国百合食用与药用的历史非常悠久,百合含有多种药用活性成分,其现代药理作用研究已取得了较大进展。

一、百合的药用成分

百合主要含有皂苷、多糖、酚酸甘油酯、生物碱、类黄酮等药用活性成分。

(一) 皂苷类化合物

百合鳞茎含有的皂苷类化合物主要为甾体皂苷,已分离得到50多种,根据苷元结构的不同,可分为螺甾烷醇型、异螺甾烷醇型、变形螺甾烷醇型和呋甾烷醇型四类。糖基的连接方式为 $1\rightarrow2$、$1\rightarrow3$、$1\rightarrow4$、$1\rightarrow6$,苷元上连接的糖基主要有葡萄糖、鼠李糖、甘露糖、阿拉伯糖及木糖。

(二) 酚酸

酚酸甘油酯类化合物为百合鳞茎苦味的主要物质基础,已分离出 1-O-咖啡酰单甘油酯、香豆酸、阿魏酸、绿原酸、没食子酸、香草酸、丁香酸等。

(三) 生物碱

采用高效液相色谱法测定百合鳞茎中秋水仙碱的质量分数为 0.046%~0.051%。从百合中还分离出黄酮类生物碱、甾体生物碱、小檗碱、吡咯啉类生物碱、甾体生物碱、β_1-澳洲茄边碱、β_2-澳洲茄边碱等。

(四) 黄酮类化合物

从百合鳞茎中已分离出儿茶素、表儿茶素、芦丁、槲皮素、山柰酚、根皮苷杨梅酮、二氢杨梅酮、二氢槲皮素、圣草酚、矢车菊素芸香糖苷等药用活性成分。

(五) 多糖类

通过超声波辅助提取卷丹百合多糖,纯化到一个分子质量为 8.52×10^6 u 的多糖组分,由鼠李糖、阿拉伯糖、葡萄糖和半乳糖残基按物质的量的比为 15:17:8:20 组成,糖醛酸质量分数为 25.68%。在新鲜百合的鳞叶中分离得到了 LP1 及 LP2 两种多糖,LP1 由葡萄糖、甘露糖以 1:2.46 的比例组成,LP2 由葡萄糖、甘露糖、阿拉伯糖、半乳糖醛酸以 1:0.73:2.61:1.8:0.84 的比例组成。

二、百合的药理作用

百合是传统的中草药,含有多种生物活性成分。中医认为,百合味甘微苦,性味温和,可降心火镇定心神。现代药理研究表明,百合在抗疲劳、抗抑郁、降血糖、止咳等多方面有很好的疗效。

(一) 传统药理作用

历代本草均有记载,"百合"之名,最早来自《神农本草经》:"百合,味甘,平。主治邪气腹胀，心痛，利大、小便，补中益气，列为中品。"《别录》称百合："除浮肿胪（lú）胀、痞满、寒热、通身疼痛及乳难、喉痹，止涕泪、狂叫、惊悸，杀蛊毒气。"《救荒本草》云："百合，味甘辛，平。"《药性论》记载百合："除心下急、满、痛，治脚气，热咳逆。"《食疗本草》云："主心急黄。"《本草述》记载："百合之功，在益气而兼之利气，在养正而更能去邪，为渗利和中之美药。"《本草从新》曰："久嗽之人，肺气必虚，虚则宜敛。百合之甘敛，甚于五味之酸收也。"《医林纂要》记载："百合，以敛为用，内不足而虚热、虚嗽、虚肿者宜之。与姜之用正相反也。"

若治肺痈热闷，《圣惠方》云："新百合四两，用蜜半盏，拌和百合，蒸令软，时时含如枣大，咽津。"《本草纲目拾遗》记载："百合清痰火，补虚损。"《本经正义》云："百合之花，夜合朝开，以治肝火上浮，夜不成寐，甚有捷效。不仅取其夜合之义，盖甘凉泄降，固有以靖浮阳而清虚火也。"

（二）现代药理作用

百合作为药食同源药材，具有广泛的药理活性。研究发现，百合具有止咳、抗抑郁、抗氧化、抗炎等多种药理作用，作用有较高的开发利用价值。

1. 调节神经、抗抑郁作用

百合治疗精神疾病历史悠久，在历代本草中均有记载。现代研究发现，百合皂苷作为抗抑郁的有效成分，抗抑郁的主要途径包括：①通过提高抑郁症模型的大鼠脑内 5-羟色胺、多巴胺的含量进而对单胺类神经递质功能不足有很好的改善作用；②通过降低血液中皮质醇及促肾上腺皮质激素的含量，从而减少下丘脑促皮质素释放因子的表达；③增加海马糖皮质激素受体 mRNA 的表达，抑制抑郁模型大鼠亢进的下丘脑-垂体-肾上腺轴。

2. 调节血糖、降血脂作用

体外实验结果显示，百合甾体皂苷能加速小鼠胚胎成纤维细胞（3T3-L1）前脂肪细胞分化，增加人肝癌细胞（HepG2）及 3T3-L1 脂肪细胞中葡萄糖的消耗，说明百合中的甾体皂苷可能是潜在的降血糖有效成分。

百合多糖可以改善 I 型糖尿病大鼠的体重、空腹血糖水平以及胰岛素水平，直接或间接地提高了糖代谢酶的活性，促进周围组织对葡萄糖摄取和利用，使血糖水平下降。高浓度百合膳食纤维能够明显降低高糖饮食小鼠的血糖水平，抑制餐后血糖水平的飙升和提高高糖饮食小鼠的葡萄糖耐受程度。

3. 免疫调节、抗肿瘤作用

百合多糖是调节免疫的主要活性物质。高剂量（200，400g/L）的百合多糖均能升高小鼠网状内皮系统的碳粒廓清速率、脾及胸腺指数、血清溶血素含量。卷丹鳞茎乙醇提取物中的生物碱、皂苷能够激活免疫细胞，抑制 A549 人肺癌细胞增殖。

4. 止咳、祛痰、平喘作用

用百合水浸提液给小鼠灌胃，可使二氧化硫引咳的咳嗽潜伏期延长，咳嗽次数减少，也可使酚红排出量显著增加。百合的水煎液也可抵抗氨水引起的小鼠咳嗽。经蜜制后的百合，可增强对上述两种化学物质引起的刺激性咳嗽的止咳作用。

百合可通过增加气管黏液的分泌而达到祛痰作用。另外，百合对组胺引起的动物哮喘有缓解的作用。

三、利用百合开发的药品

百合种类众多,产地自然环境差异较大,药材质量不一,市场上存在着以百合同属非药典收录品种入药的现象,易造成药材混乱。

(一)百合的典籍记载

《中华人民共和国药典(2020 年版)》记载:中药百合为百合科植物卷丹(*Lilium lancifolium* Thunb.)、百合(*Lilium brownii* F. E. Brown var. *viridulum* Baker)或细叶百合(*Lilium pumilum* DC.)的干燥肉质鳞叶,于秋季采挖,洗净,剥取鳞叶,置沸水中略烫,干燥,水分含量不得超过 13.0%,总灰分不得超过 5.0%,按干燥品计算,含百合多糖以无水葡萄糖($C_6H_{12}O_6$)计,不得少于 21.0%。中药百合味甘、寒,归心、肺经,具有养阴润肺,清心安神的功效,用于治疗阴虚燥咳,劳嗽咳血,虚烦惊悸,失眠多梦,精神恍惚,每次用量 6~12g。

(二)百合的经典中药配方

临床上百合是传统的滋阴药,主要用于神经衰弱、肺虚干咳、咳血、慢性支气管炎、肺气肿、水肿、小便不利、心悸、失眠及热性病后期产生的精神不宁、神志恍惚,也可用于治疗癔病和妇女更年期综合征。

(1) 百花膏 百合 100g、款冬花 100g、蜂蜜 200g,适用于肺阴亏虚所致的久嗽不止、咳唾痰血。方中百合清热滋阴,润肺止咳,款冬花消痰止嗽,二药配伍,润肺止咳之力更强。又佐以善于润燥之蜂蜜为丸,相得益彰,效果更佳。(《济生方》)

(2) 百合知母汤 百合 160g,知母 9g。治热病余热未清之虚烦惊悸失眠多梦等,能清心安神。方中百合滋阴润肺,养阴清心,除烦安神;知母苦甘寒润,清热泻火,滋阴润燥。二药相合,阴虚得补,虚热得清。(《金匮要略》)

(3) 百合地黄汤 百合 160g、生地黄汁 200mL,主治百合病、阴虚内热,心烦或惊悸,干咳或少痰,神志恍惚,沉默寡言,如寒无寒,如热无热,时而欲食,时而恶食,小便赤,舌红少苔,脉细数。《金匮要略》

需要注意,百合属于寒凉的药物,脾胃虚寒,慢性腹泻的患者不宜使用,不然会导致腹泻加重。孕妇、老年人、婴幼儿不可大量服用百合,不然会造成消化不良的症状发生。

第四节 百合的综合开发利用

百合还可以用于观赏,制作化妆品和纤维纺布,提取色素以及作为添加剂等。

百合花姿绰约,叶片青翠娟秀,茎干亭亭玉立,花朵五颜六色,花形各异,有些品种还有很强的花香,深受人们的喜爱。在东方,百合被视为爱情的象征,寓意百年好合,百事合心,吉祥如意。在西方,百合花是圣洁的象征。百合与薏苡仁、青瓜、茯苓混合提取获得汁液,加入椰子油和蜂蜜,膏体杀菌后可以制成唇膏;百合与玫瑰、芦荟、红景天、菊花等植物精华液复配制成具有良好的美白、保湿、祛痘功能的面膜和护肤品。以百合的根、茎、叶作为原料自然风干、粉碎,乙醇浸提后制得的百合甾体皂苷提取物作为添加物制得一种无纺布能够起到助眠作用。百合鳞茎及花提取物可以作为天然色素添加剂、增香剂、抗氧化剂、抑菌剂等用于多种食品的加工。随着百合深加工程度不断提高，百合将带来更多的社会效益和经济效益。百合的综合开发利用如图 21-2 所示。

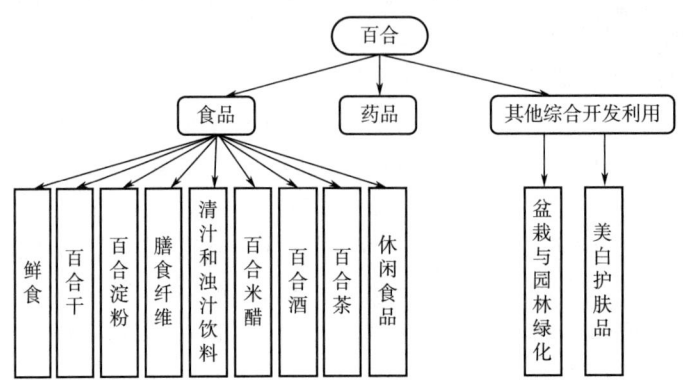

图 21-2　百合的综合开发利用

> 🔍 思考题
>
> 1. 百合在植物学方面与单子叶植物类群有哪些关系？
> 2. 百合的繁殖方式有哪些？各有哪些优缺点？
> 3. 百合有哪些主要的营养成分？目前主要开发了哪些产品？
> 4. 百合有哪些主要的药用成分？其药理作用是什么？
> 5. 如何通过百合深加工，提高其综合利用价值？

【知识窗】"百合"名称的由来

在植物学界，百合的来头很大，是整个单子叶植物类群的象征。由野生变成人工栽培已有悠久历史，其植株挺立，叶似翠竹，状如喇叭，素有"云裳仙子"之称。其花代表纯洁清新，其种球由浅白色肉质鳞片层叠抱合而成，状似白莲，寓意"百年好合、百事合心、吉祥如意"，故命名为"百合"。

第二十二章 桔梗的开发利用

[学习目标]

1. 熟悉和了解桔梗的生物学特性。
2. 了解桔梗的植物学特征。
3. 了解桔梗的繁殖方式。
4. 了解桔梗的营养成分,掌握桔梗食用方面的开发利用,掌握桔梗晶的制作工艺。
5. 掌握桔梗的药理活性及其药典标准,了解其祛痰、镇咳机制。
6. 了解桔梗的综合开发利用现状。

第一节 桔梗概述

桔梗是桔梗科（Campanulaceae）桔梗属（*Platycodon*）多年生草本植物,又名包袱花、铃铛花、僧帽花,桔梗属只有桔梗1种。桔梗是原卫生部公布的第一批药食同源目录品种,是我国销量最大的40种传统中药材之一。

一、桔梗的分布

桔梗科桔梗属植物全世界仅有1种及1个变种,桔梗在远东地区、朝鲜半岛、日本列岛、东西伯利亚地区的南部均有分布,常在的群落有稀疏的蒙古栎林、棚栋林、棒灌丛、中华绣线菊灌丛和连翘灌丛等。

桔梗在我国分布广泛,其广布华南至东北,主要在东经100°~145°,北纬20°~55°。东北、华北的品种称为"北桔梗",产量最大;华东地区的品种称为"南桔梗"。野生桔梗主产于内蒙古、吉林、黑龙江、辽宁、安徽、河北、贵州等地。

二、桔梗的植物学特征

桔梗为一年生草本或多年生草本植物，全株光滑，高 40~50cm，体内具有白色乳汁。茎直立，上部稍分枝，根肥大肉质，长圆锥形或圆柱形，外皮为黄褐色或灰褐色，叶近无柄，茎中下部对生或 3~4 片叶轮生，叶片呈卵状披针形，茎上部叶小而窄，互生。花为两性，单生或数朵呈总状花序；花萼为钟状，花冠为阔钟状，呈白色、蓝色或紫色，裂片为 5，蒴果为倒卵形，先端为 5 裂。种子多数，为卵形，呈黑色或棕黑色，具光泽，具胚乳（图 22-1）。花期为 7—9 月，果期为 8—10 月。

图 22-1　桔梗的植株形态

三、桔梗的生物学特性

桔梗喜光、喜温暖、凉爽湿润的气候，耐寒，不耐荫，怕积水，忌大风。桔梗常生长于砂石质的草山坡、灌丛间、杂木林砍伐后的山坡、较干旱的草原、岩石缝隙等阳光充足的环境，在疏松肥沃、排水良好的砂质土壤中生长良好。土壤水分过多，积水会引起根部腐烂，因此，桔梗虽对土壤要求不严，但以排水良好、土层深厚、富含腐殖质的沙质壤土为宜。

桔梗最适的生长温度为 20℃，北方的幼苗在 -21℃ 条件下也不会死亡。"北桔梗"于 4 月发芽，6 月开花，8—10 月可采收种子。桔梗为直根系，胚根当年主要为伸长生长，一年生苗的根茎只有 1 个顶芽，二年生苗可萌发 2~4 个侧芽。遇霜地上部分虽会枯死，但地下部分能顺利越冬。主根第一年生长最快，可达 15~30cm，第二年明显增粗。

四、桔梗的繁殖方法

（1）种子繁殖　每年 4 月播种。采用直播方式，种子放置在 19~24℃ 的环境中，用湿润的麻片覆盖，15d 左右即可出苗，30d 左右苗齐。

（2）扦插繁殖　用茎基部作插条，每小段插条约 10cm，去掉下半部叶，插入基质约 5cm，插后及时浇透水，以后经常喷水保湿。

（3）根头繁殖　秋季在收获桔梗时，选择发育良好、无病虫害的植株，从芦头（桔梗的根茎）下 1cm 处切下，用细火灰拌一下进行栽种。

（4）组织培养　选用桔梗茎尖作为外植体，建立桔梗的组织培养繁殖方法。

第二节　桔梗的营养成分及其开发利用

梁代陶弘景所著的《本草经集注》中描述桔梗："近道处处有，叶名隐忍。二、三月生，可煮食之。"桔梗的根和叶都具有很高的药用以及食用价值，是多个民族的传统食材。

一、桔梗的营养成分

据报道，每 100g 的鲜桔梗中含蛋白质 3.5g、脂肪 1.2g、碳水化合物 18.2g、胡萝卜素 2.2mg、膳食纤维 2.9g、维生素 B 20.44g、维生素 C 36.00mg、维生素 E 3.67mg、钙 44.00mg、钾 146.00mg、磷 106.0mg、铁 3.10mg、铜 0.05mg。桔梗中富含膳食纤维、维生素和矿物质元素，其中维生素 E 的含量为红心红薯的 13 倍，铁的 6 倍。桔梗中 γ-氨基丁酸（GABA）的含量可达 0.18~0.31g/kg，GABA 是脑内重要的抑制性递质，参与激素的分泌调节，能降血压，防止动脉硬化，调节心律失常。同时对促进胰岛素的分泌以及促进酒精代谢，预防肥胖较为有利。

桔梗中含有丰富的脂肪酸，分别占总脂肪酸的质量为：肉豆蔻酸（Myristic acid）0.03%、棕榈酸（Palmitic acid）10.7%、硬脂酸（Stearic acid）3.9%、十六碳烯酸（2-hexadecenoic acid）0.5%、油酸（Oleiacid）12.0%、亚油酸（Linoleic acid）72.6%。桔梗还含有 17 种氨基酸，包括 8 种人体必需的氨基酸，其中精氨酸、脯氨酸、谷氨酸含量最高，三者占到总氨基酸比例近 70%，此外赖氨酸含量在 0.23% 干重左右。

二、桔梗食用价值的开发利用

桔梗作为蔬菜食用已有悠久的历史，韩国、日本以及我国东北地区的人对桔梗的食用十分普遍。传统的食用方法是将桔梗制成咸菜、凉拌菜等。目前，利用现代工艺技术已经开发出桔梗晶、桔梗蜜饯和桔梗饮料等产品。

（一）鲜食

桔梗可鲜食，如凉拌桔梗、桔梗炒菜、腌制桔梗、桔梗汤等。

（二）桔梗即食产品

1. 桔梗菜丝

桔梗菜丝是利用鲜桔梗，通过切丝、漂烫、消毒、沥干等步骤制成的方便食品。桔梗菜丝呈淡黄色、均匀、饱满、有脆性，口感纯正，无苦味感，有桔梗风味。

2. 桔梗泡菜

桔梗可通过发酵制成桔梗泡菜。以桔梗为原料，添加泡菜盐 20 份、抗氧化植物提取物 10 份、大蒜 40 份、生姜 20 份和食糖 10 份、乳酸菌 30 份和水 1000 份进行发酵。此方法制成的桔梗泡菜风味优良、质量稳定、亚硝酸盐含量低。

3. 桔梗脯

桔梗在清洗、漂烫后，加入蔗糖 350g/kg、柠檬酸 3g/kg、食盐 20g/kg、环状糊精 1g/kg，然后沸腾煮制，进行干燥，制成低糖桔梗脯。低糖桔梗脯呈浅黄色，肉质色泽基本一致，表面不黏不糙，有透明感及光泽，桔梗片完整，组织饱满，质构柔软，酸甜咸适口，无苦味感，有桔梗风味，无异味。

（三）桔梗晶

以 1kg 桔梗为主要原料，清洗、煮熟（桔梗易熟，水开即可）、打浆，并将滤液浓缩至 0.3kg，加入 20g 的环状糊精、0.2kg 糊精与 2kg 蔗糖粉，混匀后，经过热风干燥、打粉、过筛、造粒等步骤制成桔梗晶。桔梗晶为淡黄色颗粒，口味清香、无苦涩味。具体工艺如下。

桔梗→清洗→煮熟→打浆→过滤→滤液浓缩→加入辅料→干燥→造粒→混合造料→成品

（四）桔梗系列饮品

1. 桔梗酒

桔梗可与橘皮等中药材共同酿制药酒。以桔梗、橘皮等为原料，采用水煮浸提方法得到药汁，再调节 pH 至 4.0，加入适量糖与 SO_2 以及 30mg/kg 果胶酶。然后接种活化酵母，低温（20~25℃）发酵 5~7d（前酿），再经过后酵、陈酿、澄清过滤等工序酿制出色、香、味俱佳的桔梗酒。桔梗酒澄清透明，酸甜适口，滋味浓郁，具有和谐的酒香及药香，酒精度为 15%~18%。具体工艺流程如下。

桔梗→分选破碎→煮汁过滤→清汁→成分调整→发酵→倒罐→后发酵→陈酿→澄清→过滤→成品装瓶

2. 桔梗饮料

将桔梗粉碎后提取浓缩汁，再添加 60g/L 蔗糖、1g/L 柠檬酸、2g/L β-环状糊精进行调配，制成桔梗保健饮品。桔梗饮料产品色泽呈淡黄色，有桔梗特有的滋味，苦味淡，无异味。

3. 桔梗茶

以桔梗（20~40 份）为主要原料，添加栀子 10 份、山楂 5 份、甘草 5 份、淡竹叶 6 份、罗汉果 1 份、胖大海 2 份、麦冬须根 2 份、菊花 20 份、薄荷 0.5 份。该产品冲泡后具有良好的适口性，有效成分丰富。

（五）桔梗面条

500g 鲜桔梗，煮熟后，打浆过滤，滤液加入以下材料：环糊精 10g、面粉 5kg、食盐 160g、海藻酸钠 10g，然后加水揉捏，通过压面、干燥制成桔梗面条。桔梗面条呈淡黄色，口感好，气味清香，无苦涩味，煮面条时不浑汤。桔梗中含有丰富的膳食纤维，是高纤维食品，利用此特点，可开发出多种纤维产品。

第三节 桔梗的药用成分及其开发利用

桔梗是中国传统中药材之一，中药中的桔梗一般指桔梗的干燥根。桔梗性苦、辛，平。归肺经。有宣肺、利咽、祛痰、排脓的功效，常用于治疗咳嗽痰多、胸闷不畅、咽痛音哑等症。

一、桔梗的药用成分

桔梗的主要化学成分包括皂苷类、黄酮类、多糖等化合物。

（一）皂苷类化合物

皂苷是桔梗的主要活性成分，其皂苷成分均属于齐墩果烷型五环三萜衍生物（图22-2），根据三萜皂苷的苷元类型可分为3类：桔梗酸类、桔梗二酸类、远志酸类。

已从桔梗中共分离得到77种三萜皂苷类化学成分，是典型的双糖链皂苷，所配糖基包括 d-葡萄糖、l-鼠李糖、l-阿拉伯糖、d-木糖和 d-芹糖及其衍生物，主要连接在C3与C28位，糖基连接位置与种类的差异，使桔梗中的皂苷类成分复杂多样。

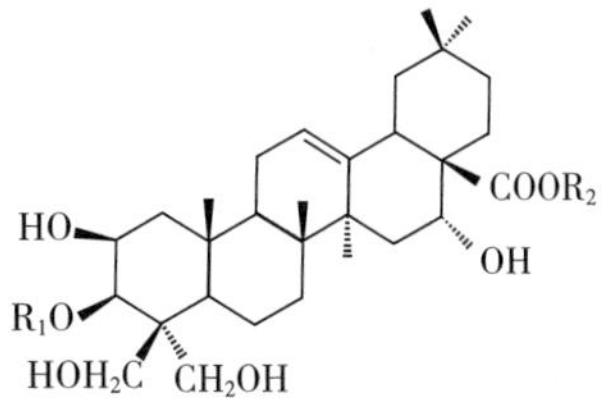

桔梗中的皂苷单体包括：桔梗皂苷D、桔梗皂苷A、桔梗皂苷B、远志苷D等，其中，桔梗皂苷D是桔梗提取物中的主要活性成分。

图22-2 桔梗皂苷型的化学结构

（二）黄酮类化合物

从桔梗中分离鉴定出13种黄酮类化合物，主要为二氢黄酮、黄酮及黄酮苷类化合物：黄杉素、槲皮素、芹菜素、木犀草素等。

（三）多糖

桔梗中含有桔梗聚糖，是由大量的果糖聚合而成，目前已经鉴定出的结构有桔梗聚糖GF2~GF9。此外，桔梗中还含有一定量的菊糖。

（四）其他化合物

桔梗根中含有菠菜甾醇、α-菠菜甾醇、$\Delta 7$-豆甾烯醇、白桦脂醇以及 β-谷甾醇等甾醇类物质。桔梗根中还分离出了酚酸化合物，主要包括咖啡酸、绿原酸、阿魏酸、香豆酸、异阿魏酸、高香草酸等。桔梗根中还含有没食子酸类、鞣花酸类、苯丙酸类等酚类化合物。

二、桔梗的药理作用

桔梗是一种常见传统药材，以根入药，具有宣肺、利咽、祛痰、排脓的功效。现代药理研究表明其具有祛痰、镇咳、抗肿瘤、抗氧化、降血糖、保肝等作用。

（一）传统药理作用

桔梗始载于《神农本草经》："功著于华盖之脏，有'诸药舟楫'之称，既能载诸药上行，又能引苦泄峻下。"桔梗对心肺功能的恢复有着很好的疗效，宋代《古今录验》记载桔梗："疗卒中蛊下血如鸡肝者，……。取桔梗捣屑，以酒服方寸匕，日三。"《集验方》对桔梗的功效也有记录："疗胸中满而振寒，脉数，咽燥不渴……是肺痈。治之以桔梗、甘草各二两炙……"《药笼小品》曰："入心肺胃。开提气血，散表寒邪，故能开胸膈滞气。"

桔梗还具有解毒的功效，北宋时期的《本草图经》记载："桔梗，生嵩高山谷及冤句，今在处有之……而荠苨亦能解毒，二物颇相乱。"宋代《证类本草》中记载桔梗："除寒热风痹，温中消谷，疗喉咽痛，下蛊毒。"

（二）现代药理作用

1. 祛痰、镇咳作用

桔梗有很好的化痰、止咳平喘作用。桔梗水煎液具有显著的化痰功效，桔梗中含有大量的皂苷类化合物，服用后能刺激咽部神经末梢，促使呼吸道中的分泌物增加，使呼吸道黏膜上黏附的浓痰变稀从气管脱落，从而起到祛痰的效果。桔梗皂苷 D 与桔梗皂苷 D3 被认为是化痰的主要有效成分。桔梗皂苷能减少小鼠组胺引喘及枸橼酸致咳的咳喘次数，同时延长潜伏期，增加呼吸道的酚红排泄量，促进脂氧素 A4（LXA4）、干扰素-γ（IFN-γ）的释放，平衡辅助性 T 细胞 1 与辅助性 T 细胞 2 的比值（Th1/Th2），减少氧自由基的生成和分泌，进而起到缓解哮喘的作用。

2. 抗肿瘤作用

桔梗皂苷具有良好的体外抗肿瘤活性，桔梗皂苷 D、桔梗皂苷 D2、去芹糖桔梗皂苷 D 能显著抑制肺癌细胞（A549）、卵巢癌细胞（SK-OV-3）、黑素瘤细胞（SK-MEL-2）、神经癌细胞（XF-498）和结肠癌细胞（HCT-15）的增殖。此外，桔梗皂苷 D3 与远志皂苷 D 对人肝癌 Bel-7402 细胞株、人胃癌 BGC-823 细胞株及人乳腺癌 MCF-7 细胞株的增殖也具有抑制作用。

桔梗皂苷 D 能抑制口腔鳞癌细胞的生长和对机体的侵袭，对前列腺癌 PC-3 细胞系的增殖具有显著的抑制作用，其抑制人胃癌 SGC7901 细胞株的机制是调控 ERK 信号通路，通过激活 JNK 和 p38 信号途径调控 Bcl-2 和 Bax 蛋白质表达，从而使线粒体膜电位下降，最终诱导癌细胞凋亡；桔梗多糖对 U14 宫颈癌实体瘤小鼠肿瘤生长有显著的抑制作用。

3. 抗氧化作用

桔梗多糖能有效清除羟基自由基和超氧阴离子自由基，呈显著的剂量依赖性。桔梗多糖对 H_2O_2 诱导的 PC12 细胞具有保护作用，它能提高细胞内 SOD 和 GSH-Px 的活性，降低细胞中乳酸脱氢酶（LDH）、MDA 和 ROS 的含量，抑制 NOX2、p22phox 和 Rac 等蛋白的表达。

桔梗总皂苷的体外抗氧化能力强于同浓度下的抗坏血酸。桔梗皂苷 D 能显著提高内皮细胞内的 NO 浓度、减少丙二醛含量，抑制动脉细胞黏附分子-1 和细胞黏附分子-1 的表达和单核细胞及内皮细胞的黏附作用。

4. 降血糖作用

桔梗提取物能抑制糖尿病小鼠餐后血糖水平的非正常升高，提高小鼠对胰岛素的敏感性，从而增强胰岛素的作用效果。桔梗多糖能降低糖尿病大鼠的空腹血糖值、空腹胰岛素水平、胰岛素敏感指数，显著增加葡萄糖耐受量。桔梗多糖还能提高肝组织中的 SOD 活性，降低 MDA 浓度，并修复高糖引起的血管内皮细胞损伤。

桔梗总皂苷对Ⅱ型糖尿病的并发症有一定的改善作用，可以降低肝脏中谷丙转氨酶和谷草转氨酶含量，从而使肝脏指数降低。此外，桔梗中的多种酚酸类成分可通过抑制糖基化终末产物的形成从而减少并发症的发生。

5. 保肝作用

桔梗提取物能改善四氯化碳（CCl_4）诱导下大鼠肝坏死及炎症的情况，抑制病鼠肝 α-溶胶原信使核糖核酸（mRNA）和 α-平滑肌纤蛋白（α-SMA）在肝中的表达。

桔梗皂苷能控制肝组织中谷草转氨酶和谷丙转氨酶含量的增加，抑制甘油三酯的累积，减少细胞色素 P450 的表达，从而预防肝损伤。桔梗皂苷还能抑制病鼠肝组织形态的变化，通过清除自由基并阻断细胞色素 P450 2E1 酶（CYP2E1）介导的乙醇生物活性，起到保护肝脏的作用。

三、利用桔梗开发的药品

（一）桔梗的典籍记载

《中华人民共和国药典（2020 年版）》记载：中药桔梗为桔梗科植物桔梗 [*Platycodon grandiflorum*（Jacq.）A.DC.] 的干燥根。春、秋二季采挖，洗净，除去须根，趁鲜剥去外皮或不去外皮，干燥，水分含量不得超过 15.0%，总灰分不得超过 6.0%，按干燥品计算，含桔梗皂苷 D（$C_{57}H_{92}O_{28}$）不得少于 0.10%。中药桔梗味苦、辛，平，归肺经，具有宣肺，利咽，祛痰，排脓的功效，用于治疗咳嗽痰多，胸闷不畅，咽痛音哑，肺痈吐脓。每次用量 3~10g。

（二）桔梗的经典中药配方

（1）桔梗汤　桔梗 15g，甘草 30g，以水 600mL，煮取 200mL，分温再服。主治肺痈，咳而胸满，振寒脉数，咽干不渴，时出浊唾腥臭，久久吐脓如米粥者。（《金匮要略》）

（2）排脓散　桔梗 10g、芍药 20g、枳实 20g 打粉，用开水泡服或米粥调服，每次 5~10g，每日 3 次，主治支气管哮喘发作期痰黏难咯、胸闷、胸痛者，有平喘祛痰的效果。（《金匮要略》）

（3）妊娠中恶，心腹疼痛　桔梗 37g、水 200~300mL，生姜 6~9g，煎后温服。（《圣惠方》）

（4）治喉痹及毒气　桔梗 74g，水 600mL，煮取 200mL，顿服之。（《千金方》）

（5）治肺痈吐血　桔梗 9g、冬瓜仁 12g、薏苡仁 15g、芦根 30g、金银花 30g。水煎服。（《青岛中草药手册》）

（三）桔梗药品

目前国内已开发出多种桔梗药品。

1. 复方桔梗止咳片

本品主要用于镇咳、祛痰，可治疗流行性感冒、支气管炎、小儿支气管炎、小儿咳嗽、支气管哮喘、慢性支气管炎。主要成分为桔梗、远志（蜜炙）、款冬花（蜜炙）、甘草。辅料为苯甲酸钠、淀粉、糊精、硬脂酸镁、乙醇。

2. 桔梗八味颗粒

桔梗八味颗粒为棕黄色颗粒，味甘、微苦。主要成分为桔梗、沙棘、紫草、拳参、绵马贯众、枇杷叶、甘草、琐琐葡萄，具有清热、止咳、化痰的功效。

第四节　桔梗的综合开发利用

桔梗根提取物具有抗氧化活性、抑菌作用，根据此特点，桔梗根可用于抗氧化、防衰老化妆品的研发；桔梗还可应用于化妆品中香味物质与色素物质的制备；桔梗提取物还可作为美白、抗皱化妆品的有效成分，目前日本已经将桔梗提取物添加至沐浴液中，起到润肤、美白的功效。

桔梗是多年生的花卉，株高 70~100cm，花单朵或两三朵生于梢头，含苞时如僧帽，开后似铃铛，有紫蓝、翠蓝、净白、粉色、黄色等多种颜色，多为单瓣，也有重瓣和半重瓣。桔梗花娇而不艳，有宁静淡雅的感觉，既可作为盆栽、还可作为插花的材料、也可用于花坛及草地绿化，已经成为园林绿化中一道独特的风景。桔梗的综合开发利用如图 22-3 所示。

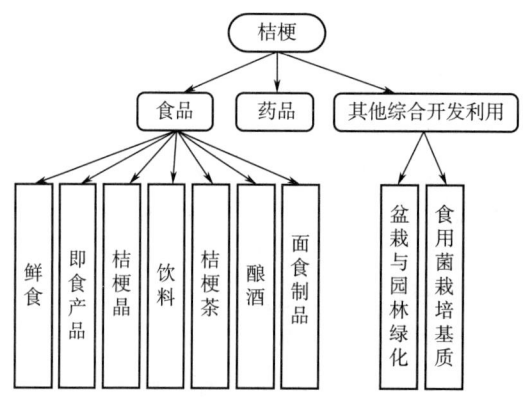

图 22-3　桔梗的综合开发利用

思考题

1. 简述桔梗的植株形态特征。
2. 桔梗的营养成分有哪些？
3. 桔梗作为食品可开发出哪些产品？
4. 桔梗皂苷有哪些主要的皂苷元？配糖都有哪些？
5. 传统及现代药理认为桔梗有哪些功效？
6. 桔梗祛痰的机制是什么？

【知识窗】"桔梗"名称的由来

民间传说药王孙思邈云游到锡伯河下游遮盖山脚下时，发现这里有一种植物开着蓝色铃铛形状的花，根茎有苦味，当地人称之为"霍日敦查干"，可以药膳两用，药效甚是神奇。药王孙思邈在参考了当地名称"霍日敦查干"的"迅速吉祥""逢凶化吉"的含义，把"吉"和"更"两字分别加上"木"字旁，便成了流传到现在的"桔梗"了，其含义就是"吉祥"和"更新重生"。

第二十三章 葛的开发利用

CHAPTER 23

[学习目标]

1. 了解葛的植物学特征和繁殖方式。
2. 掌握葛的营养成分以及主要食用产品的生产工艺。
3. 掌握葛的主要药用成分及其临床应用，了解其主要药理作用。
4. 了解葛的综合开发利用。

第一节 葛 概 述

葛综合开发利用

葛（*Pueraria*）是豆科葛属植物的总称，为多年生落叶藤本植物，又名野葛、葛根、葛藤、葛麻藤、葛薯等。葛根在我国作为食品药品已有约 2000 年的历史。葛根于 1998 年被我国原卫生部列入《既是食品又是药品的物品名单》。

一、葛的分布

全世界约有葛属植物 20 种，主要分布于温带和亚热带地区海拔 100~2000m 的地方，喜生长于森林边缘或河溪边的灌木丛中，属阳生植物，常成片生长于向阳坡面。葛在日本、朝鲜半岛、越南、印度、马来西亚等地都有分布。

中国是葛属植物分布的中心，有葛属植物 8 个种和 3 个变种，具有品种资源多、分布广以及产量高等特点，其中药食两用葛根主要为野葛和粉葛，是中国葛粉和中药葛的主要来源。在我国，葛主要分布在中南、西南和东南部，包括四川、重庆、广东、广西、云南、贵州、湖南、湖北、江西、河南、浙江、福建等省。

二、葛的植物学特征

葛是攀缘多年生落叶藤本植物，全株被黄褐色茸毛，根有两种形态，即水平生长的须状根和圆柱形的块状根，块根外皮呈灰黄色，可深达 3m。茎为草质或基部为木质，分枝多，缠绕或攀缘，叶为羽状三出复叶，总状花序为腋生或顶生，两性花，呈蓝紫色或紫红色，数朵簇生于节上，萼为钟状，花冠为蝶形，荚果为条形，扁平；种子为长椭圆形，呈红褐色，平滑而光泽（图 23-1）。花期为 8—9 月，果期为 9—10 月。

图 23-1　葛的植株形态

三、葛的生物学特性

葛喜光，且喜温暖湿润的生长环境，适应性强，耐寒、耐旱、耐瘠薄，但不耐水淹。葛对土壤要求不严，在微酸性的红壤、黄壤，花岗石砾土、沙砾土及中性泥沙土、紫色土中均可生长，只要有缝隙即可扎根，以深厚的腐殖壤土和砂质壤土栽培为佳。

葛适宜生长温度为 22~26℃，可在最高气温 39.1℃，最低气温 -23.1℃ 的条件下生长。适宜生长在年降水量 800~1000mm 的区域。生长条件适宜时葛藤主茎每日可伸长 3m 以上，分枝多，覆盖地面速度快。葛根系发达，且密生根瘤菌，故有"山地抗旱先锋植物"之称。

四、葛的繁殖方式

（1）种子繁殖　每年 3~4 月播种，种子用 30~35℃ 清水浸泡 24h 后点播。葛种子的硬粒率为 40%~50%，不经处理不易发芽。

（2）压条繁殖　在夏季选健壮枝条，将葛藤埋入土中促使其生根，待第二年春剪成单株，重新挖起栽种。

（3）扦插繁殖　在早春枝条未萌发前，选择生长 1~2 年的粗壮葛藤，每 2~3 个节剪成一段，插条入土中 10~15cm，插后及时喷水催芽。

(4) 根头繁殖　在冬季采挖时，切下 10cm 左右长的根头，直接栽种。
(5) 组织培养　利用葛的茎段腋芽为外植体萌发获得的试管苗，建立葛的组织培养繁殖方法。

第二节　葛的营养成分及其开发利用

梁代陶弘景所著的《本草经集注》记载："葛根，味甘，平，无毒……人皆蒸食之。"唐代《食疗》记述："葛根蒸食之，消酒毒，其粉亦甚妙。"葛根肥大，味甘、辛、平、无毒，联合国粮食及农业组织等众多权威机构预测葛根有望成为"世界第六大粮食作物"。

一、葛的营养成分

新鲜葛根的淀粉含量很高，为 200~300g/kg，其中支链淀粉约占 1/4 以上。葛粉颜色净白，口感好，具有糊化温度低、透明度高、膨化性好、黏度稳定性强等特点。

据检测，100g 去皮的鲜野葛根中含能量 605.00kJ、蛋白质 2.20g、脂肪 0.20g、碳水化合物 33.70g、维生素 B_1 0.09mg、维生素 B_2 0.05mg、维生素 C 24.00mg。葛根中富含钾、钙、镁、锌、铁、锰等矿物质元素，可以补充人体对矿质元素的需要，其中葛根中含有较高的钾元素，可达 2g/kg 鲜重，食用葛根可以达到补充钾的目的。新鲜粉葛的可溶性膳食纤维含量达到 136.6g/kg，不溶性膳食纤维含量为 72.1g/kg，淀粉含量达到 500g/kg 以上，粗纤维达到 70g/kg 以上，木质素超过 90g/kg，而野葛中以上各种成分的含量分别为 95.3、105.4、163.1、141.9、163.1g/kg。

葛根含有丰富的人体必需氨基酸，100g 葛根干物质中含有赖氨酸 10.00mg、甲硫氨酸 7.54mg、苯丙氨酸 9.65mg、苏氨酸 9.63mg、异亮氨酸 7.54mg、亮氨酸 11.54mg、缬氨酸 11.24mg、组氨酸 6.74mg。

二、葛食用价值的开发利用

葛全身是宝，营养丰富，含有多种有利于健康的营养成分，可鲜食，还可用于开发功能性食品。

（一）鲜食

葛根可鲜食，作为主食或菜肴，如葛根粥、葛根凉拌菜、葛根蒸菜、葛根炖菜、葛根炒菜等。

（二）葛片及全粉

葛根可切分干燥后制成葛片，或再加工成葛根全粉。葛根及其产品营养成分丰富（表 23-1），可用于制药和提取淀粉。由于葛根制药和提取淀粉生产过程相互分离，即从葛根中分离黄酮类化合物时舍弃了淀粉，而从鲜葛根中提取淀粉时又舍弃了黄酮类化合物以及其他营养成分，损失较大。如果加工成超微全粉，可较好地保存鲜葛根中的各种营养成分及活性成分。

表 23-1　　葛根及其产品的主要化学成分含量

种类	水分/(mg/g)	淀粉/(mg/g)	总膳食纤维/(mg/g)	蛋白质/(mg/g)	粗脂肪/(mg/g)	总黄酮/(mg/g)	钾/(mg/kg)	钙/(mg/kg)	镁/(mg/kg)	锌/(mg/kg)	铁/(mg/kg)	锰/(mg/kg)
葛片	107.3	461.3	367.6	100.5	12.1	2.6	951.20	308.30	171.50	3.26	16.31	2.46
葛粉 1	114.4	924.5	53.7	6.8	4.6	0.8	29.54	15.03	4.84	—	3.05	0.12
葛粉 2	86.8	936.0	44.3	6.6	2.8	1.1	40.36	20.24	5.84	—	5.34	0.11

（三）葛根休闲食品

以葛粉或葛根淀粉为主要原料可以制成各种休闲食品，如即食葛粉、葛粉果冻、葛根果汁等。将葛根淀粉加入蔗糖、果葡糖浆、琼脂等配料，可以制成葛粉糖果；在葛根淀粉中配以适量磷脂、单甘油酯、白砂糖等辅料，通过预糊化处理，可以制成速溶葛根淀粉，食用简单方便，只需用温开水冲调即可食用。

（四）葛系列饮料

1. 葛根鲜榨汁

采用新鲜葛根榨汁，加入 0.5g/L 维生素 C 以及 1g/L 柠檬酸作为护色剂，制得颜色净白、质量上乘的葛根汁；如再向葛根汁中按 4∶1 比例倒入鲜牛乳，并添加 90g/L 蔗糖以及 1.5g/L 复合稳定剂等，可制得风味佳质量好的复合饮料——葛根乳。

2. 葛解酒饮料

将葛根/葛花、蜂蜜、山楂、柑橘皮干粉按照 3∶3∶1∶1 比例混合，加入 10 倍质量的水进行勾兑，用柠檬酸调整 pH 至 3.5 左右，搅拌均匀后制得野葛解酒饮料，在醒酒的同时还有清热解毒、养肝护胃的作用。

3. 葛叶复合固体饮料

将杀青后的葛鲜叶、杜仲鲜叶、银杏鲜叶、绿茶鲜叶分别在真空 90℃ 环境中烘干，在无菌环境中分别粉碎成小粉粒，而后在真空包装机中包装，按照不同混合配比可以制成便于携带和服用的葛叶复合固体饮料。

（五）葛叶/花茶

1. 葛叶红茶

葛叶红茶由葛叶和茶树幼嫩芽叶混合，经萎凋、揉捻、发酵、滚形、制形和微波提香等工艺加工制成。

采用幼嫩葛叶和茶树幼嫩芽叶，在室内自然萎凋 2h，混合后在 36℃ 热风萎凋机中处理 4h（主要作用是通过热温促进葛叶和茶叶中的活性成分氧化变红，形成红茶特有的品质风味），当萎凋叶形萎缩清香外溢时进行机械揉捻，随后在 35℃ 低温发酵 3h，保持湿度 85%，加入淀粉葡萄糖苷酶，之后在滚炒机中炒干滚形，在微波提香机中提香，制得葛叶红茶。葛叶红茶将葛叶与茶叶中的营养物质相互渗透并有机融合，共同发酵后产生了独特香味。

2. 葛花茶

在 8—9 月花蕾还未完全开放时采收葛花，将花蕾摘下或连梗剪下，除掉枝叶等杂质，晒干制得葛花茶。以朵大、未完全开放、色淡紫者为佳。

葛花含有多种营养成分，《本草纲目》记载，葛花性味甘凉，具有特殊的"解酒醒脾"功效，故民间有"千杯不醉野葛花"之说。

（六）葛根酒

葛根中的淀粉含量为200~300g/kg，适于用作酿酒原料。

1. 葛根蒸馏酒

将葛根、高粱和大米分别浸泡与蒸煮后摊晾，按照一定比例加入配糟，再加入多微葛根小曲（葛根中的活性成分具有一定的抑菌作用，葛根小曲以葛根为原料培养驯化而成），30℃培菌2d，再于30℃封缸发酵一周，进行蒸馏出酒。葛根蒸馏酒的酒精度可高达68%，酒体清亮透明，口感醇绵、清香，具有高粱和葛根特有的清香味。

2. 葛根黄酒

黄酒酿造分糖化阶段和后发酵阶段。以葛根、葛花及葛藤为材料进行低温萃取，获得葛提取液，在后发酵阶段中添加葛提取液，减少葛的活性物质在酿造过程中的损失，制得的葛根黄酒风味佳，葛活性成分高。

（七）葛根醋

葛根醋的主要生产工艺为液化、酒精发酵、醋酸发酵、过滤等。

（1）液化　将葛根淀粉与水混合，加热至65~70℃，加入高温α-淀粉酶，加热至95~98℃，恒温液化至完全（加入碘指示剂无蓝色出现），加水稀释至可溶性固形物为15%。

（2）酒精发酵　将液化的混合液冷却至20℃，加入大曲、麸曲和活性干酵母，在20~30℃发酵一周。

（3）醋酸发酵　将酒精发酵液、白醋和醋酸菌悬液进行发酵，至发酵罐中酒精度低于0.5%。

（4）过滤　醋酸发酵液采用硅藻土进行过滤，加水调整，以乙酸计、总酸为80g/L以上，进行巴氏杀菌，即得葛根醋。

葛根醋色泽棕黄透亮，酸味浓郁醇厚，保留了葛根淀粉中的矿物质元素和黄酮类物质，营养丰富。

（八）葛叶蛋白

野葛叶含蛋白质250g/kg以上，提取流程如下。

清洗→打浆→提取→脱色→浓缩→醇沉→烘干→成品

将野葛叶按液料比（1~2）∶1加入水粉碎打浆，90℃加热120min提取，冷却过滤，活性炭柱过滤脱色，在85℃下浓缩，冷却，纯酒精沉降，过滤，滤渣于60℃真空烘干包装，获得较高含量野葛叶蛋白。葛叶蛋白以水和乙醇作为提取与沉降剂，成本低，产品安全，是一种绿色的蛋白质生产方法。

（九）葛根黄瓜涂膜保鲜液

鲜葛根切块后加5倍质量的水，煮沸30min，过滤成为葛根汁液，黄瓜加入3倍质量的水榨汁，葛根汁液与黄瓜汁等量混合后，加入10%（体积分数）乙醇水溶液，调节pH至7.0，4℃下冷藏备用。保鲜液可涂抹于果蔬和冷鲜肉表面，使用安全且能有效延长其保鲜时间。

第三节　葛的药用成分及其开发利用

作为传统的中药材之一，葛根味甘、辛，性凉，归肺、胃经，是临床应用中的常用中药。

一、葛的药用成分

1. 异黄酮类化合物

异黄酮类化合物是葛根中的主要活性成分，主要包括葛根素、大豆苷元，是作为评价葛根质量的指标。

1959年，日本科学家尤纪卡（Yukio）等从野葛中发现了一种异黄酮——葛根素。目前已有超过46种异黄酮类化合物被从葛中分离鉴定出来，包括葛根素、大豆苷元、大豆苷、金雀花异黄素、鹰嘴豆芽素A、染料木素苷、芒柄黄花素、芒柄花苷、3′-羟基葛根素、葛根素木糖苷、3′-甲氧基葛根素、大豆黄素4′,7-双葡萄糖苷、葛根素芹菜糖苷、异甘草素、3′-甲氧基大豆苷元、3′-甲氧基大豆苷等。

葛根素，又称葛根黄素，即8-β-d-葡萄吡喃糖-4′,7二羟基异黄酮，分子式为$C_{21}H_{20}O_9$。白色结晶物，可溶于水，但溶解度比较小（6.24g/L），其水溶液为无色透明或微黄色。

2. 三萜类化合物

从葛根中分离得到的三萜类化合物主要为齐墩果烷型皂苷，包括皂角精醇、槐二醇、大豆皂醇、大豆苷醇A等。

3. 香豆素类和葛根苷类化合物

葛根中的香豆素类化合物主要是苯丙二氢呋喃衍生物，如6,7-二甲氧基香豆素、香豆雌酚和葛根酚，以及二氢查尔酮的衍生物葛根苷A、葛根苷B和葛根苷C。

4. 生物碱及其他化合物

葛根中的生物碱主要有尿囊素、5-甲基海因、生物碱卡赛因等，含有的脂肪酸有花生酸、2,2-烷酸、2,4-烷酸、1-2,4-烷酸甘油酯等。

二、葛的药理作用

（一）传统药理作用

葛根首次记载于东汉时期的《神农本草经》："葛根，味甘，平。主消渴，身大热，呕吐，诸痹，起阴气，解诸毒"，被列为中品。梁代陶弘景所著《本草经集注》记述："葛根，当取入土深大者，破而日干之。生者捣汁饮之，解温病发热……多肉而少筋，甘美。但为药用之，不及此间尔。"《补缺肘后方》描述："煮葛根饮汁治疗食诸菜中毒，发狂烦闷，吐下欲死。"

葛根也具有活血止痛的作用，早在唐代《本草拾遗》中就记载："葛根生者破血，合疮，堕胎。"《伤寒杂病论》中记录的葛根汤主治项背强痛，即为痹痛。

葛叶始载于《本草经集注》："葛叶，主治金疮，止血。"葛藤始载于《新修本草》："葛蔓，烧为灰，水服方寸匕，主喉痹。"葛根和葛花还有解酒毒的传统疗效，《千金方》中记载："葛根，治酒醉不醒。"《普济方》《儒门事亲》中以葛粉、葛花等为原料，制作葛花丸及葛根散，治疗饮酒过量。

（二）现代药理作用

葛根中含有多种生物活性成分，具有改善心脑血管功能、辅助降血糖、解酒保肝和抗氧化等药理作用。

1. 改善心脑血管功能作用

葛根素在血管内皮舒张因子合成酶（NOS）的作用下，内皮细胞中 NO 的前体——l-精氨酸产生 NO，弥散入血管平滑肌细胞内，激活鸟苷酸环化酶，使细胞内环磷酸鸟苷（cGMP）水平增高，从而导致血管舒张。

葛根素抗脑缺血再灌注损伤的能力与其可以抑制细胞凋亡有关，葛根素可下调凋亡相关基因（*c-fos*、*p53*）、促凋亡基因（*Bax*）和凋亡诱导分子 Fas 蛋白的表达，上调抗凋亡基因（*Bcl-2*）蛋白的表达，促进过氧化物酶体增殖物激活受体 γ（PPAR-γ）的表达，抑制肿瘤坏死因子 α（TNF-α）引起的细胞内钙离子超载，从而防止 TNF-α 诱导的细胞凋亡。

葛花总黄酮对大鼠脑缺血再灌注模型具有显著的保护作用（图 23-2）。

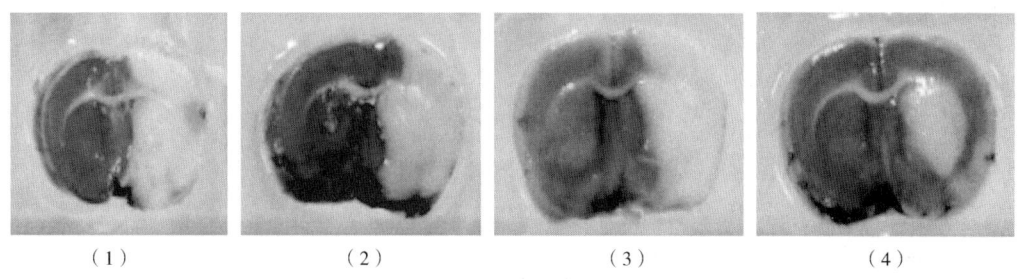

图 23-2　各组大鼠局灶性脑缺血再灌注模型 2,3,5-氯化三苯基四氮唑（TTC）染色观察
（1）对照组　（2）小剂量葛花总黄酮组（50mg/kg）　（3）中剂量葛花总黄酮组（100mg/kg）
（4）大剂量葛花黄酮组（200mg/kg）

2. 辅助降血糖作用

葛根素可降低血糖水平，促进组织糖摄取，提高糖耐量，其中的机制可能与核因子 E2 相关因子 2（Nrf2）、磷脂酰肌醇-3 激酶（PI3K）信号通路相关。Nrf2 可与抗氧化应激的基因、反应元件结合，促进血红素氧化酶 1 蛋白的表达；同时 PI3K 信号通路与细胞增殖、凋亡、转运以及葡萄糖转运有关，说明葛根素可能通过 PI3K 信号通路转运葡萄糖，达到降血糖作用。

同时，葛根素能够促进胰岛 β 细胞增殖、减少胰岛 β 细胞凋亡，改善机体对糖的吸收和利用，使血糖水平处于平稳状态，逐渐恢复胰岛功能。

3. 解酒和保护肝脏作用

葛根素能够通过修复肝脏损伤及诱导肝星状细胞凋亡，有效逆转酒精复合 CCl_4 诱导的大鼠肝纤维化，还可以通过调节 GSK-3β/NF-κB 信号网路调控减轻酒精对肝细胞的毒副作用，起到护肝的作用。葛的解酒作用机制可能与增强肝脏抗氧化能力有关。

研究发现，葛根和葛花提取物可以显著缩短小鼠醒酒时间，降低血液中乙醇的浓度，其中醇提物优于水提物。野葛叶醇提物也具有较好的解酒护肝作用。

三、利用葛开发的药品

葛根既可以直接加工成饮片作为药用，也可提取葛根素制备多种药品。

（一）葛根的典籍记载

《中华人民共和国药典（2020年版）》记载：中药葛根为豆科植物野葛 [*Pueraria lobata* (Willd.) Ohwi] 的干燥根。于秋、冬二季采挖，趁鲜切成厚片或小块；干燥，按干燥品计算，葛根素含量不得少于24g/kg。中药葛根味甘、辛、凉，归脾、胃、肺经，具有解肌退热，生津止渴，透疹，升阳止泻，通经活络，解酒毒的功效，用于治疗外感发热头痛，项背强痛，口渴，消渴，麻疹不透，热痢，泄泻，眩晕头痛，中风偏瘫，胸痹心痛，酒毒伤中。每次用量10~15g。

（二）葛的经典中药配方

（1）葛根芩连汤　葛根24g、黄芩9g、黄连9g、炙甘草6g，具有解表清热的功效。（《伤寒论》）

（2）葛根知母玉液汤　葛根7.5g、知母30g、生山药50g、生黄芪25g、生鸡内金10g、五味子15g。清热泻火，润燥生津，主治乙型糖尿病症属气阴两虚型。（《医学衷中参西录》）

（3）葛根麻黄汤　葛根12g、麻黄9g、桂枝6g、生姜9g、炙甘草6g、赤芍6g、大枣12g，具有解肌退热的功效。（《伤寒论》）

（4）大葛根汤　葛根100g、白芍30g、薏苡仁30g、黄芪24g、麻黄15g、桂枝10g、制川乌10g、炙甘草10g。祛风通络、温经止痛。（《伤寒大白》）

（三）葛根素的提取和葛根药品

1. 葛根素的提取方法

（1）葛根素提取方法一　取干葛根装入容器内，向容器内加入8倍体积的正丁醇加热至60℃浸泡，将3次反复提取液合并浓缩至膏状，在膏状物中加入冰乙酸结晶、过滤、水重结晶得到成品葛根素，葛根素含量992.1g/kg。

（2）葛根素提取方法二　取野葛根，烘干后粉碎，用8倍体积的80%（体积分数）乙醇水溶液回流提取3h，共提取3次，混合减压浓缩得到浸膏，提取率为97%，葛根素含量约为110g/kg。

取浸膏，用正丁醇和醋酸铵混合液继续萃取，用30%（体积分数）乙醇水溶液进行稀释后装柱（AB-8型大孔吸附树脂）；经过用水、10%、30%（体积分数）乙醇梯度洗脱，收集，当洗脱液中葛根素含量不小于700g/L时真空干燥和重结晶，得到葛根素成品，葛根素含量为995g/kg，回收率为85%。

2. 葛根药品

（1）葛根素（注射针剂、片剂）用于治疗心肌梗死、冠心病、心绞痛、视网膜动静脉阻塞、突发性耳聋，是近年来新开发的较高端的产品。

（2）愈风宁心片　有薄膜衣片，除去包衣后显棕褐色，微甜，微苦。主要成分为葛根，可以解痉止痛，增强脑及冠脉血流量。

（3）葛根芩连片　为糖衣片，除去糖衣后显黑棕色，味苦，微涩。主要成分为葛根、黄芩、黄连和炙甘草4味中药。临床常用于治疗急性肠炎、细菌性痢疾、肠伤寒、胃肠型感冒等属表证未解，里热甚者。

第四节　葛的综合开发利用

葛还可用于牲畜饲料、生物能源、织布造纸、园林绿化等领域。

葛藤的茎、枝、叶富含粗蛋白、粗脂肪、粗纤维，属于高质量的牧草，可以促进唾液腺分泌，是牲畜和家禽的天然催肥中草药剂。葛藤可制麻织布、制造高级书写纸和包装纸。葛根、葛藤和葛叶还可作为燃料乙醇的生产原料。葛为多年生豆科攀缘植物，通过固氮增加土壤肥力，可用于城市立体绿化。葛根系发达，耐干旱、瘠薄，在保护堤岸、路基等方面有显著作用。需要注意的是，野葛具有极其旺盛的生命力，常缠绕于其他植物上，被覆盖植物因攀缘藤本茎绞缢及阳光阻碍而衰退，逐渐形成葛的单一群落，危害生物多样性，因此应该充分、合理地开发利用野葛资源。葛的综合开发利用如图 23-3 所示。

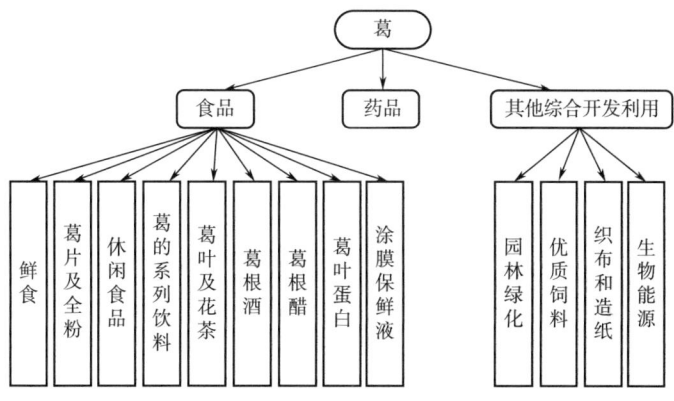

图 23-3　葛的综合开发利用

> 🔍 思考题
>
> 1. 葛属于豆科植物，在植物学方面具有豆科的哪些显著特征？
> 2. 葛的繁殖方式有哪些？这些繁殖方式各有什么优缺点？
> 3. 葛用作食物的主要组织部位是什么？如何把葛加工成各种功能不同的食品？
> 4. 葛根中主要的药用成分是什么？其主要临床应用于哪些方面？
> 5. 中药葛根可与什么中药进行配伍使用，临床能治疗什么疾病？
> 6. 除了食用和药用，葛还有什么其他用途？
> 7. 葛全身是宝，为什么有时还称葛为有害生物？
> 8. 超级电容器称电化学电容器，是一种介于物理电容器和二次锂离子电池之间的新型储能器件，具有充放电速度快、循环寿命长等优点，制作电极材料是目前研究的热点，其中用于碳基电容器的电极材料主要为活性炭。葛根能否制备活性炭，制作成超级电容器？
> 9. 结合葛已有的研究成果，谈谈如何深化葛的综合开发利用？

【知识窗】"葛"的由来

中国民间流传着关于"葛"的传说：相传东晋升平年间（357—361年），我国著名养生家"葛洪"带领徒弟寻找"仙山福地"修道炼丹。来到茅山，发现此山漫山遍野长有一种"青藤"，其根如白茹，渣似丝麻，榨出的白液，清香中略带甘甜，既可清热解毒，祛燥消疹，也可煮之食用充饥。青藤还能解毒治病，织布遮衣，由于是葛洪发现的，于是就将这种青藤取名为"葛"。

第二十四章

魔芋的开发利用

[学习目标]

1. 了解魔芋的植物学特征和生物学特性。
2. 熟悉魔芋的营养成分并了解魔芋的食用价值。
3. 掌握魔芋的药用成分和药理作用。

第一节 魔芋概述

魔芋（*Amorphophallus rivieri* Durieu）是天南星科（Araceae）魔芋属（*Amorphophallus*）植物的总称，是中国古书中的药草之一，早在3000年前我国已开始栽培和食用魔芋。魔芋的别名有：蒟（jǔ）蒻（ruò）、磨芋、土南星、七角莲、蛇春头等。魔芋已被联合国确定为十大保健食品之一，美国和欧盟也相继将魔芋列入添加剂及食品范围。我国于1998年将魔芋列入普通食品管理的新资源食品名单。

一、魔芋的分布

全世界约有魔芋属植物163种。天南星科植物属于旧大陆热带分布类型，其起源于亚洲热带雨林的底层植被，主要分布于东南亚（中南半岛）、中国、日本、古南大陆和非洲。魔芋在我国的适宜种植区主要有东南山地、云贵高原、四川盆地等热带、亚热带湿润季风气候区域。

二、魔芋的植物学特征

魔芋植株的地下部分由变态缩短的球状肉质块茎及从其上端发出的根状茎、弦状根和须根构成，由于魔芋的根无维管形成层和木栓形成层，故其不能加粗生长。魔芋块茎为扁球形，直径3~4cm，有的达25cm以上，顶部下凹，边缘有圆锥形芽眼，具小球茎，光滑，呈浅绿色或绿色。魔芋叶有大型复叶和变态叶（鳞片叶）两种类型，每个芽外面都包裹着数片鳞片。叶柄光滑或粗糙具疣，长 20~50cm，有的高达 4m，有灰色或淡绿色斑块。魔芋为佛焰花，由花葶、花序和佛焰苞组成，花的颜色有白、绿、红或紫色，花序各部分的色泽、形态与种有关，是区别种的重要标志。魔芋的花序能散发出奇异的气味，花期为 4—6 月。魔芋顶端优势极强，只要顶芽分化成花芽则其下的叶芽均不能长出，称为"花叶不见面"。魔芋果实为椭圆形浆果，初期为绿色，成熟时转为黄绿色、橘红色或蓝色，具一个或少数几个种子（实非种子，是小球茎），果期为 8—9 月（图 24-1）。魔芋的叶、根和花果均在生长周期结束时枯萎死亡，唯有块茎保留，成为其延续生长的器官。

图 24-1　魔芋的植株形态

三、魔芋的生物学特性

魔芋为半阴性或阴性植物，适宜在荫蔽、温暖和湿润的环境条件下生长，忌高温、寒冷和强光等。同时，由于地下球茎的膨大，魔芋对土层、土质和水肥等的条件要求更高。

魔芋的最适生长温度为 20~25℃，适应温度为 5~43℃。魔芋对水分的要求很高，水分不合理对其根系生长和结实均有很大影响，适宜生长的空气相对湿度为 80%~90%。魔芋球茎生长于地下，土层深厚、质地疏松、有机质丰富和通气排水良好的轻质沙壤土最适宜魔芋生长。多数魔芋品种最适宜在 pH6.5 的微酸性土壤生长，但中性或碱性的土壤也能种植魔芋。

魔芋喜散射光或弱光，忌强光，种植宜选择周围森林覆盖率高、阳光直射时间短、半阴半阳、空气湿度高的山区小环境，或与玉米等高秆作物间作。

四、魔芋的繁殖方式

魔芋生产亩用种量较大，成为阻碍其发展的重要因素之一。魔芋产区芋农加速种芋繁殖的主要方法如下。

(1) 芋鞭繁殖　在挖魔芋时,收集其根状茎,按照每段 2~3 芽,将芋鞭切成 3~10cm 段,并搅拌草木灰,防切口腐烂,晒后播种。

(2) 小块茎繁殖　种芋越大,投入的效益越低,因此可用 200~300g 小种芋繁殖。

(3) 带蒂顶芽繁殖　用刀从距顶芽 3~4cm 处向块茎下方斜切将芽取下,使带芽块茎呈上大下小的半球形,切口涂草木灰,待伤口愈合后播种。

(4) 种子繁殖　魔芋果实为浆果,每果有"种子"1~4 粒。翌年 3 月上中旬播种,为了打破休眠,播前用 5~10g/L 赤霉素溶液浸种 5min。

第二节　魔芋的营养成分及其开发利用

唐《六臣注文选》记载:"蒟,蒟酱也,缘树而生,其子如桑葚,熟时正青,长二三寸,以蜜藏而食之,辛、香、温,调五脏。"魔芋属种很多,形态各异,有些种只能用药,有些种食用和药用均可。魔芋食品不仅味道鲜美,口感怡人,且有减肥健身、治病抗癌等功效,被人们誉为"魔力食品""健康食品"等。

一、魔芋的营养成分

魔芋是一种低热能、低蛋白质、高膳食纤维的食品。葡甘聚糖是决定魔芋用途及价值的主要成分。魔芋中含有 16 种氨基酸,其中包括 7 种必需氨基酸。以 100g 干重计,魔芋含葡甘聚糖 30~60g、淀粉 10~50g、可溶性糖 1.5~10g,此外还含有蛋白质 2.2g、脂肪 0.1g、碳水化合物 17.5g、钙 19.0mg、磷 51.0mg。

二、魔芋食用价值的开发利用

魔芋不可鲜食,但可以制作成多种魔芋食品。另外,魔芋仿生食品既有嚼劲,又能即开即食,色香味俱佳,深受人们喜爱。

(一)魔芋豆腐

魔芋豆腐作为一种传统食品,口感和风味独特,制作方法简单。先将魔芋刷洗干净,磨成浆,煮熟,20min 后加碱和淀粉,静置即得,再可根据需要量切块。依据常规的魔芋豆腐加工方法,将柠檬酸钠用作促凝剂,最后通过乳酸和醋酸对魔芋豆腐粗坯进行的加热硬化处理,去除了魔芋豆腐中的碱味,生成乳酸钠和醋酸钠,提高了魔芋豆腐口感,制得的魔芋豆腐柔韧性好,口感细嫩。

"雪魔芋"是用浸漂后的魔芋豆腐块,冷冻 24~48h,让豆腐内的水分结成冰,遇热融解后即成海绵状的"雪魔芋",然后切成小片晒干或烘干,即成"干雪魔芋"。需要注意的是原辅料的选择,其中魔芋粉的黏度必须达到 10000~14000mPa·s。

(二)魔芋粉丝

利用魔芋葡甘聚糖的胶凝、粘黏、增稠、稳定等特性,将魔芋粉与其他淀粉复配则可代替明矾提高粉丝的弹性和韧性。

（三）魔芋片（角）

鲜芋不易贮存，魔芋收获后可以加工成芋片、芋角，使其含水量降至15%以下。制作方法是将鲜魔芋球茎清洗、去皮后切片，再经护色、干燥、包装得到成品。

（四）魔芋精粉

魔芋精粉（胶）又称魔芋胶，可分为普通魔芋精粉、普通魔芋微粉、纯化魔芋精粉和纯化魔芋微粉4种。

其中魔芋精粉的制作方法：将块根切片、粉碎后浸于乙醇中，在60℃下减压干燥，用石油醚脱脂，加氢氧化钠溶解后过滤，滤液用盐酸中和后再加醋酸铅提取，取滤液，通入硫化氢以除去铅离子，加乙醇沉淀，离心分离后用丙酮干燥，先为粗品，再用氢氧化钠溶解，过滤，用盐酸中和后浓缩，用乙醇沉淀，离心后再用丙酮干燥而得魔芋精粉。

（五）魔芋仿生食品

魔芋仿生食品是以魔芋精粉为主要原料，利用机械设备生产的色、形、味、口感等与原生物食品相似的食品，例如，魔芋鱿鱼、魔芋麻辣肉干、仿生果肉制品等。

（六）魔芋休闲食品

1. 魔芋酸乳

将魔芋精粉和海藻糖添加到酸乳中制作的海藻糖魔芋酸乳，不仅可以提高酸乳黏稠度，更强化了该产品的保藏时间和营养功效。主要制作方法：将魔芋精粉用β-葡聚糖酶进行酶水解，在其中加入脱脂乳粉、50g/L海藻糖，并用高压均质机均质，然后灭菌、冷却，接入3%（体积分数）的酸乳菌种，在42℃的恒温培养箱中发酵即可。

2. 魔芋果冻

魔芋果冻配方为魔芋精粉0.3kg、卡拉胶0.3kg、白砂糖10~12kg、原果汁5kg、柠檬酸15~30g、氯化钾20~60g，香精和色素适量，加净水至100kg。

3. 魔芋软糖

一类魔芋软糖是利用魔芋葡甘聚糖与其他食品胶的协同胶凝作用制备而得，另一类是在利用其他胶凝剂制备软糖时添加一定量的魔芋精粉。

（七）魔芋饮料

在蛋白饮料中添加2~4g/L的魔芋精粉，可使产品不析油、不凝集沉淀，品质更加稳定，质感厚重。在带果肉的饮料中，加入少量魔芋葡甘聚糖及复合胶，因能形成凝胶立体网络结构，可大大改善其悬浮效果，调节口感并改善外观质量。

（八）魔芋面条

将面粉与水适量搅拌均匀，加入适量食用碱，搅拌，使之混合均匀，再将魔芋精粉与水混合并加热搅成糊浆状，冷却，与先前搅拌的面粉混合搅拌均匀，最后用轧面机将其加工成面条。

（九）魔芋豆乳

先将黄豆磨成豆浆，以豆浆为基料加入魔芋精粉适量，加热煮沸，搅拌，再加入牛乳、白糖、乳化剂等，继续搅拌至魔芋精粉颗粒均匀，冷却，装瓶即成。这种魔芋豆乳集植物蛋白食品与膳食纤维食品于一体，营养全面、合理、科学。

（十）魔芋罐头

魔芋罐头有盐水魔芋罐头、魔芋排骨罐头、糖水魔芋胡萝卜罐头等。

第三节　魔芋的药用成分及其开发利用

中医学认为，魔芋性寒、味辛、有毒，具有消肿、消疼、攻毒等功效，内服须久煎。

一、魔芋的药用成分

魔芋的药用成分主要包括葡甘聚糖、神经酰胺、黄酮类化合物、挥发油、生物碱等成分。

（一）葡甘聚糖

魔芋葡甘聚糖是一种水溶性非离子型多糖，主链由 d-甘露糖和 d-葡萄糖以 β-1,4 吡喃糖苷键连接，在主链甘露糖的 C 位上存在着以 β-1,6 糖苷键结合的支链结构，大约每32个糖残基上有3个支链，并且某些糖残基上有乙酰基。天然的魔芋葡甘聚糖是由放射状排列的胶束组成，其结构有 α 型（非晶型）和 β 型（晶型）两种。

（二）神经酰胺

神经酰胺属于 N-神经鞘脂类，是由含有酰胺基团的长链鞘氨醇碱类与脂肪酸通过共价键连接形成的。由于鞘氨醇类和脂肪酸的组合不同，神经酰胺的结构特点存在差异。

（三）黄酮类化合物

黄酮类化合物是一类含有苯并-γ-吡喃酮结构的多酚类化合物，是植物体内自主代谢合成的酚类化合物的次生代谢产物。根据实验显色变化的不同可知，魔芋粉中可能含有黄酮、黄酮醇及异黄酮类，魔芋皮中可能含有二氢黄酮、黄酮醇和二氢黄酮醇及其苷类化合物。

（四）挥发油

用正己烷萃取分离魔芋挥发油，共鉴定出23种有效成分，包括18种烷烃类、2种酯类、1种酮类、1种醇类、1种酰胺类。

（五）生物碱

生物碱是存在于自然界中含氮的碱性有机化合物，其本身有毒，是中草药中的一种重要有效成分，魔芋中生物碱的含量约 10~20g/kg。总生物碱含量相对较低的湘芋一号和白魔芋更有利于魔芋产品的深加工。

二、魔芋的药理作用

魔芋在我国有较广泛的分布，其中具有药用价值的有疏毛魔芋、南蛇魔芋、东川魔芋、疣柄魔芋等。从魔芋块茎中提取的杂多糖魔芋葡甘露聚糖具有重要的药理作用。

（一）传统药理作用

梁代陶弘景撰注《本草经集注》时，将《名医别录》中的365种药物收入，其中首载了"由跋"，当时已用作药物，"由跋"即魔芋。

魔芋具有消肿散结的作用，《开宝本草》记载了药用魔芋主治痈肿风毒，使用时可以摩敷肿上。《本草会编》也记录了魔芋治腮肿的药用价值。明代李时珍的《本草纲目》记载魔芋："具解毒消肿、化痰散结、化瘀等"功效。李昉等重修《开宝本草》，改名为《开宝重定本草》，其中有"蒟头生吴、蜀、叶似由跋、半夏，根大如碗，生阴地，雨滴叶下，生子，一名蒟蒻"

的记述。《医林纂要》记录魔芋:"去肺寒,治咳嗽。"

(二)现代药理作用

1. 减少肝脏的脂肪堆积作用

魔芋葡甘聚糖可以减少肝脏组织中脂质的积聚,间接改善肝脏功能,因为脂肪滴过多可能促进肝线粒体功能障碍和氧化应激相关损伤。在高脂饮食的背景下,加入葡甘聚糖可通过减少脂质而减轻肝功能异常,抑制氧化应激并调节脂质代谢相关基因表达,且葡甘聚糖的干预功能与其剂量相关。肝组织的组织学分析表明,与高脂饮食对照组相比,饲喂葡甘聚糖抑制了肝组织中脂肪滴的积累并改善了肝细胞肥大。

2. 降血糖作用

魔芋精粉的降血糖作用机制主要是通过改善糖代谢环境,减轻四氧嘧啶对胰岛细胞的损伤,改善受损细胞的功能产生降糖作用。用魔芋精粉对四氧嘧啶糖尿病大鼠模型进行实验,发现给药两周后,能显著降低模型大鼠的空腹血糖值,糖耐量能力明显增加,表明魔芋精粉可使四氧嘧啶糖尿病大鼠的胰岛结构逐步恢复和改善。

3. 降血脂作用

魔芋低聚糖摄入人体后不易被消化液中的酶分解,进入大肠后被双歧杆菌利用,促使双歧杆菌大量增殖。双歧杆菌通过控制新形成的低密度脂蛋白胆固醇接收器和影响羟基甲基戊二酸单酰辅酶 A 还原酶的活性,控制胆固醇的合成从而降低低密度脂蛋白胆固醇含量。低聚糖还可以与胆酸结合,降低胆酸在肝循环的浓度从而迫使胆固醇向胆酸方向转化,低聚糖与胆酸的结合物排出体外,阻止胆酸再吸收,间接降低了胆固醇浓度。体外实验发现,魔芋多糖能抑制回肠和结肠黏膜对胆酸的主动吸收和运转,推测这也是魔芋多糖降胆固醇作用的机制之一。

4. 抗癌作用

葡甘聚糖对甲基硝基亚硝基胍诱发的小鼠肺癌有不同程度的抑制和预防作用,也可抑制二甲肼诱发的大鼠肠癌。葡甘聚糖具有明显促进小鼠免疫功能的作用,对其胸腺指数和脾脏指数具有增高作用,对巨噬细胞合成和释放 IL-1 和 TNF-α 细胞因子有明显促进作用。此外,葡甘聚糖能提升小鼠血清中 TNF-α 的水平,可作为治疗肿瘤的免疫调节辅助制品。

5. 抗衰老作用

长期食用魔芋可延缓脑神经胶质细胞、心肌细胞和大中静脉内皮细胞的老化,清除体内自由基,具有抗衰老作用。

6. 其他作用

由于魔芋自身热量低,且分子质量大、黏性大,吸水膨胀性极强(可吸水膨胀 80~100 倍),有饱腹感,能延缓食物从胃到小肠的通过,降低单糖吸收,使脂肪酸的合成能力下降,增加大肠水分,润肠通便,加快废物排出,因此魔芋可以起到辅助减肥作用。

三、利用魔芋开发的药品

(一)魔芋的典籍记载

《中华本草》记载了魔芋的药用和食用作用以及炮制方法。

(1) 来源　中药魔芋为天南星科植物魔芋、疏毛魔芋、野魔芋、东川魔芋的块茎。

(2) 性味　味辛、苦,性寒,有毒。

(3) 炮制　取原药材,除去杂质,洗净,润透,切厚片,干燥,筛去灰屑。饮片呈扁圆形厚片，切面呈灰白色，有多数细小维管束小点，周边暗红褐色。

(4) 功能主治　化痰消积、解毒散结、行瘀止痛。主痰嗽、积滞、疟疾、瘰疬、症瘕、跌打损伤、痈肿、疔疮、丹毒、烫火伤、蛇咬伤。

(5) 注意事项　不宜生服，内服不宜过量。误食生品及炮制品，过量服用易产生中毒症状（舌、咽喉灼热，痒痛，肿大）。

（二）魔芋的经典中药配方

(1) 治久疟不愈　蒟蒻、何首乌，炖鸡服。（《四川中药志》）

(2) 治流行性腮腺炎　魔芋15~20g，用醋磨汁涂患处，日涂4~5次。（南京药学院《中草药学》）

(3) 治丹毒　华东蒟蒻捣烂拌入嫩豆腐，敷患处。（南京药学院《中草药学》）

(4) 治跌打扭伤肿痛　鲜华东蒟蒻适量，酌加韭菜、葱白、黄酒同捣烂，敷患处。（《安徽中草药》）

(5) 治毒蛇咬伤　华东蒟蒻、青木香、半边莲各等量。共捣烂，外敷伤口周围及肿处。（《中草药手册》）

(6) 治脚癣　蒟蒻块茎切片，抹擦患处。（《浙江民间常用草药》）

（三）魔芋药品

采用魔芋葡甘聚糖为主要原料，使胶囊产品具有魔芋葡甘聚糖所具有的增稠、乳化、黏结、保水、稳定、抗潮等特点，提高了药用胶囊的性能，扩大了适用范围。可用于治疗习惯性便秘、老年性便秘，防治高脂血症和糖尿病。

第四节　魔芋的综合开发利用

魔芋是一种低热能、低蛋白质、高膳食纤维的食品，并且富含人体所需的十几种氨基酸和微量元素，还具有水溶、增稠、稳定、悬浮、凝胶、成膜、黏结等多种理化特性，所以魔芋既是一种天然保健食品又是理想的食品添加剂原料。魔芋胶可作为压裂液新型原材料应用于石油工业，与其他压裂液相比，魔芋胶具有耐温、抗剪切和携砂能力强、水不溶物和残渣量低、反排率高、对岩层损害较小等特点，是一种难得的天然植物胶。魔芋的综合开发利用如图24-2所示。

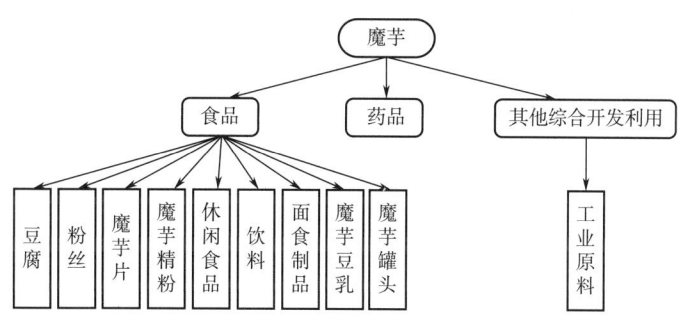

图24-2　魔芋的综合开发利用

🔍 **思考题**

1. 魔芋属天南星科植物，在植物学方面有哪些显著的特征？
2. 魔芋的繁殖方式有哪些？
3. 魔芋主要的药用成分是什么，有哪些药理作用？
4. 魔芋全身有毒为什么还可以食用，食用前有什么注意事项？
5. 除了食用和药用，魔芋还有什么其他用途？
6. 魔芋为什么有辅助减肥的作用？

【知识窗】魔芋的传说

清代《植物名实图考》记载："衡山产蒟头，俗称磨芋，曰鬼芋。""芋"又有"吁"（xū）之意，《说文解字》记载："大芋实根骇人，故谓之芋。"后人因其形态千姿百态，观之有惊悚感，现统称"魔芋"。魔芋全株有毒，需要研磨成粉和加工后方可食用。

相传炎黄大帝的夫人麻婆娘娘乘着白鹤，来到白鹤洞山上的老虎垭，只见漫山遍野横七竖八倒了不少人，他们都口吐白沫，浑身抽搐。于是她把当地土地爷叫来询问，才知道是前几天从西天来的一位魔鬼撒下了这些麻舌的黑果。这里三年饥荒，人们饥不择食，吃了这些果子，毒性发作。据土地老爷说，魔鬼撒下的是魔芋，炮制熟透后才能吃。炮制好的魔芋，具有饱肚、养颜、清肠、防癌、解毒之功效。麻婆无私地把用碱水磨魔芋、煮魔芋的秘方奉献给世人，从那时起，魔芋这种绿色食品，养育了中华大地上一代又一代人。

第二十五章 竹的开发利用

[学习目标]

1. 了解竹的应用历史、植物学特征和生物学特性。
2. 掌握竹的营养价值及其开发利用。
3. 掌握竹中的活性成分及其药用价值。
4. 了解竹的综合开发利用。

第一节 竹 概 述

竹是禾本科（Poaceae）竹亚科（Bambusoideae）植物的统称，竹的品种繁多，包括麻竹、罗汉竹、毛竹、四季竹、箭竹等。竹是森林资源之一，在我国一直享有盛誉，宋朝林景熙在《王云梅舍记》中写道："即其居累土为山，种梅百本，与乔松修篁为岁寒友。"竹与梅花、松树并称为"岁寒三友"，还与兰、梅、菊并称为"四君子"。

一、竹的分布

竹大都喜温暖湿润的气候，故盛产于热带、亚热带和温带地区，只有少数分布在温带和寒带。全世界的竹类植物有 70 多个属，包括 1200 多个种，按照分布地域可以将其分为美洲竹区、非洲竹区和亚太竹区三大竹区。

中国是世界上竹类资源最丰富的国家之一，共计有 39 个属，500 多个种，划分为五大竹区，即琼滇攀缘竹区、南方丛生竹区、江南混合竹区、北方散生竹区和西南高山竹区。云南省是世界上著名的天然竹林分布地，分布着 28 个属，220 多个种的竹类植物，有"民族竹文化之乡""世界竹类的故乡"和"大型丛生竹之乡"的美称。

二、竹的植物学特征

竹为多年生禾本科竹亚科草本植物，最矮小的竹种，秆高 10~15cm，最高大的竹种，秆高可达 40m 以上。

竹类的营养器官可分为地下和地上两部分。地下部分有竹根、鞭根、地下茎（俗称竹鞭）及竹秆的地下部分等，地上部分包括竹秆、枝、叶等。地下茎又可分为单轴型、合轴型、复轴型，通常为横向生长，其中间稍空，有节并且多而密，节上长有许多须根和芽，一些芽发育成为竹笋钻出地面长成竹子，另一些芽则发育成新的地下茎。竹枝可分为一枝型、二枝型、三枝型和多枝型，均呈中空。竹叶的形态依竹的属、种而各不相同。竹的生殖器官有花、种子和果实。竹的花一般为风媒两性花，包括雄蕊、雌蕊及鳞被三部分；果实多为颖果；种子胚小（图 25-1）。

图 25-1　竹的植株形态

三、竹的生物学特性

《本草纲目》中描述竹："茎有节，节有枝；枝有节，节有叶。叶必三之，枝必两之。根下之枝，一为雄，二为雌，雌者生笋……六十年一花，花结实，其竹则枯。"

竹的生命周期一般为 12~120 年，一旦竹子开花结实，所有竹株均会死亡，从而完成整个生命周期。竹笋生长后可形成竹秆，竹秆可孕育地下茎，地下茎又可长出新的竹笋，如此周而复始，就会形成一片竹林，因此，往往一片竹林可以看作一棵"竹树"。

竹子是常绿（少数竹种在旱季落叶）浅根性植物，大都喜温暖湿润的气候，对水热条件要求高，而且非常敏感，因此竹子的主产区均具有雨量充沛、热量稳定的生态环境。

竹子对水分的要求严格，既要有充足的水分，又要排水良好。竹子喜深厚肥沃、富含有机质和矿物元素的偏酸性土壤。由于丛生、混生竹类地下茎入土较浅，出笋期在夏、秋，新竹当年不能充分木质化，经不起寒冷和干旱，故北方普遍以散生竹为主。

四、竹的繁殖方式

（1）播种　播种法就是将竹子开花后结出的种子进行播种，从而长出新竹。但由于竹一生只开一次花，花开结实后所有竹株均会死亡，因而此法效率不高，且部分竹种不开花，所以此法只适用于能结实的竹种。

（2）埋枝育苗　适用于丛生的竹种。选取健康强壮的竹子，将竹秆砍成单节，每节上切一个切口，再把竹节放入清水中，浸满竹节后，用黏土将竹节封住，之后使竹节切口向上埋入苗土中，一个月后即可发芽，此间要保持土壤的湿润。

（3）分株育苗　适用于丛生的竹种。选取健壮竹子长出的侧枝（次生枝），将其切下，插到土中，使上半部分枝芽露出；1~2周后，待基部长出根系，枝条萌发新芽后，即可进行扦插繁殖。

（4）移鞭育苗　适用于混生竹种及散生竹种。选择健康的竹子挖取地下茎，保留鞭根、鞭芽，根部多保留些土壤，将地下茎截成0.5m左右的长段，在早春时节栽种，同年夏季就能够长出新竹。

第二节　竹的营养价值及其开发利用

竹类植物的竹笋、竹叶和竹实等都可作为食用部分。《诗经》中有云："其籁伊何，惟笋及蒲。"明代的高濂在《四时幽尝录》中描述："每于春中笋抽正肥，就彼竹下，扫叶煨笋至熟，刀戳剥食。竹林清味，鲜美无比。"

一、竹笋的营养成分

竹笋是江南一带的美食，只有组织柔软细嫩、无苦味及其他恶味，或者一些稍带苦味的蔬菜型竹笋，经过加工除苦后才能食用，主要包括莉竹属、慈竹属、刚竹属以及苦竹属的个别种。

鲜笋具有很高的营养价值，除了含有糖类、蛋白质、脂肪外，还含有胡萝卜素、维生素B_1、维生素B_2、维生素C以及钙、铁、镁等多种矿物质元素。研究发现，不同品种竹中的各营养素含量各不相同，表25-1所示为寒竹属的3个竹种竹笋营养成分和矿物质元素含量。

表25-1　寒竹属3个竹种竹笋营养成分及矿物质元素含量

竹种	水分/%	灰分/(g/kg)	粗蛋白/(g/kg)	纤维素/(g/kg)	还原糖/(g/kg)	维生素C/(mg/kg)	钙/(mg/kg)	镁/(mg/kg)	锌/(mg/kg)	铁/(mg/kg)	硒/(μg/kg)
合江方竹	92.4	7.0	22.2	12.1	4.4	281.5	254.9	129.8	7.6	9.3	18.0
金佛山方竹	91.8	5.0	20.0	12.5	微量	321.5	138.8	102.4	7.9	6.0	19.0
狭叶方竹	91.6	6.0	20.3	12.8	3.9	245.6	182.4	119.7	7.3	11.2	20.0

竹笋中包含的蛋白质氨基酸种类齐全，囊括了多种人体必需氨基酸，同一种氨基酸在不同竹种之间的含量各不相同，同一竹种竹笋中不同氨基酸含量存在较大差异。研究发现，作为大熊猫粗饲料的冬笋（毛竹笋）、雷竹笋以及笔杆竹的叶、枝和茎营养成分中天门冬氨酸和谷氨酸的含量普遍较高，其余各个组分氨基酸含量呈不同变化且含量均相对较低，竹笋的

氨基酸含量相对较高。

二、竹食用价值的开发利用

(一)竹笋

1. 鲜食

竹笋是中国传统的佐餐蔬菜和保健食品,素有"无笋不成席"之说,是宫宴家席上的佳肴珍品。竹笋一年四季皆有,但只有冬笋和春笋的味道最佳,在烹调时,无论选择凉拌、煎炒还是熬汤,味道都鲜嫩清香。

竹笋在食用前应先除去笋中的草酸,一般用开水焯,不同部位竹笋的切法不同,在靠近笋尖的地方适合顺切,下部应该横切,这样在烹制时不但容易熟烂,还会更加入味。

2. 竹笋食品

目前市场上的竹笋食品有很多,常见的竹笋制品包括笋丝、笋干、腌笋、笋汁饮料、竹笋饼干以及竹笋罐头等(图25-2)。

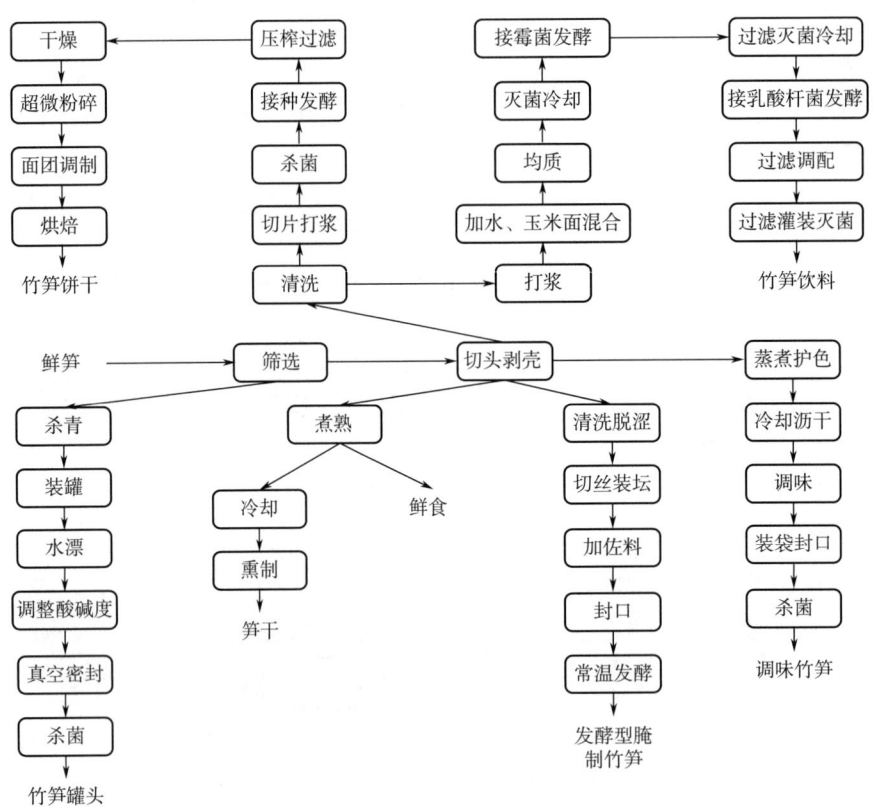

图25-2 竹笋的加工食用

(二)竹叶

竹叶中含有多种有利于健康的营养成分,目前开发利用的范围较广,在食品中主要用于制备竹叶酒、竹叶茶以及保健食品等。

1. 竹叶面食制品

竹香馒头原料配比为面粉：新鲜竹叶 5∶1 混合，再加入适量酵母粉和白糖制成。产品气味芬芳，食用健康，制作简单，外形美观，口感良好，具有保健作用。

2. 竹叶饮料

竹叶提取物可应用于酒（黄酒、啤酒、葡萄酒）的酿造以及软饮料（果汁、茶、乳饮料）的生产过程中，产品添加竹叶提取物后不但会具有独特的竹子风味，还能够增强机体免疫力、调节血脂水平，实现营养保健功能。

（三）竹筒饮品

1. 竹筒红茶

将采摘下来的新鲜茶叶进行萎凋、揉捻，将茶叶装入新鲜竹筒内进行发酵，再将整个竹筒茶叶一块加热，烘干，制成成品竹筒红茶。

2. 竹筒酒（活竹酿造）

竹筒酒活竹酿造的独特生产方式已有久远的历史，主要包括制作基酒和竹酿两大部分。①基酒配制：先采用酒精度为 60% 以上的粮食酒与果酒配置为混合酒；向混合酒中加入澄清剂（包括明胶、纤维素和皂土等）及果糖；②活竹注酒：在活竹上取不相邻的 2~3 个竹节，钻小孔，注入基酒。待竹子继续生长 6 个月以上，基酒在竹筒内陈酿形成竹筒酒，采收、真空密封包装。

竹筒酒酿造是将基酒注入鲜活竹腔中，使基酒随活竹生长经自然陈酿而形成的一种新型保健白酒，其风味独特、色如琥珀、口感甘爽，且因含有黄酮、多酚、氨基酸及多种微量元素。

（四）竹膳食纤维

研究发现，整竹中含有 50%~70% 全纤维素，经过超微粉碎及去杂后的竹膳食纤维含量达 90% 以上，其中不溶性纤维含量 85% 以上，是麦麸的 5 倍多，可溶性膳食纤维含量高于 5%，因此竹是一种极理想的膳食纤维原料。

竹膳食纤维的加工流程主要包括原料清洗、爆破粉碎、提取等操作步骤。①原料清洗：选取新鲜毛竹茎为原料，将其从竹节处切断，反复喷淋冲洗；②蒸汽爆破：将竹茎室温下用清水浸泡 3h，进行蒸汽爆破，爆破采用的蒸气压为 3.2~3.5MPa，保压时间为 90~100s，采用流化床式气流粉碎机进行超微粉碎；③提取：进行超声波处理提取，去除竹微粉中的果胶和竹沥；④干燥：最后经 40~50℃ 干燥至含水量为 5%~10% 即可。

由于竹原料具有高纤维低脂肪的特点，因此竹膳食纤维产品中不含任何脂质成分，品质稳定，自身无味，作为添加剂不影响食品原有的品相、风味和口感，有利于下游产品的开发。

第三节　竹的药用成分及其开发利用

早在春秋战国时期人们就意识到了竹的药用价值。《神农本草经》中记载了竹子不同部位的药用价值及药理作用，历版《中华人民共和国药典》中都有竹子的入药记录。

一、竹的药用成分

（一）竹叶中的药用成分

1. 黄酮类化合物

研究发现，竹叶的总黄酮含量与银杏叶具有可比性，是一种优秀的黄酮资源，主要包括荭草苷、异荭草苷、牡荆苷和异牡荆苷4种黄酮苷，以碳苷黄酮为主，其次是氧苷黄酮和多甲氧基黄酮首蓿素、首蓿素-7-O-β-D-吡喃葡萄糖苷、首蓿素-7-O-新橙皮糖苷、木犀草素、木犀草素-6-C-葡萄糖苷、木犀草素-6-O-阿拉伯糖、木犀草素-7-O-葡萄糖苷、芹菜素、芹菜素-6-C-葡萄糖苷、芹菜素-7-O-葡萄糖苷、芹菜素-8-C-葡萄糖鼠李糖苷、查尔酮-4-O-葡萄糖-4′-芹糖苷、槲皮素、槲皮素-3-O-葡萄糖苷、7-羟基-4-O-葡萄糖-二氢黄酮苷等。

2. 活性多糖

竹叶中富含活性多糖，研究发现竹叶多糖是一种杂多糖，具有α-型吡喃糖苷键结构，由d-葡萄糖、d-半乳糖、d-木糖、l-鼠李糖、l-阿拉伯糖和l-岩藻糖等组成。

3. 酚酸类化合物

竹叶中含有多种酚酸类化合物，包括绿原酸、阿魏酸、咖啡酸、对香豆酸以及没食子酸、肉桂酸等，且酚酸类物质的总含量随着竹龄的增加而增多。

4. 挥发油

挥发油是竹属植物中的挥发性成分，具有典型的清香味，还有很高的药用价值。挥发油以醛、醇、呋喃、酮类为主，如苯甲醛、苯乙醛、庚二烯醛、藏红花醛、大马士酮、α-紫罗兰酮、香叶基丙酮、β-紫罗兰酮、六氢法呢基丙酮、棕榈酸异丙酯、4-羟基-3-甲基苯丙酮等。

（二）竹沥中的药用成分

竹子的茎在经过烘烤以后所得的汁液称为竹沥，又称为竹汁、竹油。研究表明竹沥中含有酚酸类化合物、黄酮类化合物、游离氨基酸及无机元素（钙、铁、锰、锌等）等多种化学成分，竹类不同品种竹沥中药用成分有一定差异，如毛竹竹沥的总黄酮及总多酚含量远高于淡竹竹沥（表25-2）。

表25-2　　　　　　　　　　淡竹和毛竹竹沥定量分析结果

种类	处理方法	得率/%	对香豆酸/（μg/mL）	总黄酮/（μg/mL）	总多酚/（μg/mL）	游离氨基酸/（μg/mL）
毛竹	干馏	9	8.5±0.6	25.2±3.8	395.7±46.0	<36.6
	水提	1000	15.1±0.5	28.2±1.9	271.7±21.2	81.3±8.8
淡竹	干馏	7	5.7±0.2	3.1±0.5	96.2±8.2	<36.6
	水提	1000	28.2±1.6	8.2±0.3	162.6±7.4	92.7±0.2

此外，竹属类植物除竹叶外，竹秆、竹根、竹笋等部位也含有酚酸类化合物，包括3,4-二羟基肉桂酸、邻羟基苯甲醛、愈创木酚、苯酚、松柏醇、香豆酸、木栓酮、对羟基苯甲酸、对羟基苯甲醛和5-叔丁基焦酚等药用活性成分。

二、竹的药理作用

(一) 传统药理作用

我国很早就有利用竹笋、竹叶、竹茹（竹茎秆的干燥中间层）、竹根、竹沥等作为药用的记载。唐代《千金方》认为竹笋："味甘，性微寒，无毒，主消渴，利水道，益气力，可久食。"清代《本草纲目拾遗》记载竹笋有"利九窍，通血脉，化痰涎，消食胀"等功效。东汉时期的《神农本草经》记述："竹叶，味苦，平。主治咳逆上气，溢筋急，恶疡，杀小虫。"明代《本草纲目》记录："竹茹气味甘，微寒，无毒。主治：伤寒劳复，小儿热痫，妇人胎动。"《本草纲目》中记载："淡竹根煮汁服，除烦热、解丹石发热渴。苦竹根主治心肺五脏热毒气。甘竹根，安胎，止产后烦热。"

竹沥具有祛风解热、祛痰健胃、生津利尿、养血益阴等功用。唐代孙思邈的《备急千金要方》记录："以竹沥煮取四升，分六服，先未汗者取汗，一状相当即服，用于治疗卒中风。"元代朱丹溪的《丹溪心法》记录："竹沥滑痰，非姜汁不能行经络。痰在膈间，使人癫狂，或健忘，或风痰，皆用竹沥，亦能养血。"竹沥被明代"药王"李时珍誉为"炎家之圣剂，大热者仙品"。

(二) 现代药理作用

1. 竹叶

竹叶提取物含有多种有效活性成分，具有降血脂、预防心脑血管疾病、保护肝脏、抗氧化及抑菌等多种功能。采用大鼠进行试验，证明了竹叶提取物与银杏叶提取物的作用相同，具有降低血脂水平的功能。竹叶黄酮类化合物对大鼠心肌缺血/再灌注损伤有保护作用。

竹叶多糖能显著降低高血脂、脂肪肝合并肝损伤模型小鼠血清中脂肪代谢指标甘油三酯（TG）、血清总胆固醇（TC）、低密度脂蛋白（LDL）的含量，同时抑制转氨酶（ALT）的活性并降低肝脏中粗脂肪含量，从而修复肝脏功能。研究表明，竹叶多糖可以增强免疫功能，促进免疫因子生成和激活，从而激活体内的自然杀伤细胞，达到抑制肿瘤的目的。

竹叶提取物能降低因酒精性肝损伤引起的血清转氨酶的升高，并使肝脏中脂肪代谢指标甘油三酯的含量下降，保护肝脏功能，预防脂肪肝。

2. 竹沥

鲜竹沥具有止咳、清热豁痰、定惊利窍、清火润燥、止渴等功能。竹沥能够对抗由氨水喷雾所导致的小鼠咳嗽，并且通过气管段酚红法验证了慈竹沥能够增强小鼠气道分泌而发挥祛痰的作用。研究发现，竹沥中的微量元素硒、锌等抗氧化元素具有拮抗呼吸道的过度氧化应激作用，能有效保护 α-1-抗胰蛋白酶氧化损伤从而有利于痰液的排出；竹沥中还含有大量的巯基氨基酸，其可引起痰液中黏蛋白的二硫键断裂，从而降低痰黏度来达到祛痰目的。

竹沥对白色葡萄球菌、枯草杆菌、伤寒杆菌、大肠杆菌等均有较强的抑制作用；对沙门氏菌、志贺氏菌、金黄色葡萄球菌、溶血性链球菌也有抑制作用。

3. 竹根

研究发现，竹根黄酮类成分可以延长小鼠在缺氧状况下的存活时间，能降低小鼠心肌缺血线粒体膜的丙二醛（MDA）含量，对小鼠心肌缺血有保护作用。

三、利用竹开发的药品

（一）竹的典籍记载

竹在《中华人民共和国药典（2020年版）》中的记载如下。

(1) 淡竹叶　中药淡竹叶为禾本科植物淡竹叶（*Lophatherum gracile* Brongn.）的干燥茎叶，夏季未抽花穗前采割，晒干，味甘、淡，寒，归心、胃、小肠经，具有清热泻火，除烦止渴，利尿通淋的功效，用于治疗热病烦渴，小便短赤涩痛，口舌生疮。每次用量6~10g。

(2) 竹茹　中药竹茹为禾本科植物青秆竹（*Bambusa tuldoides* Munro）、大头典竹 [*Sinocalamus beecheyanus* (Munro) McClure var. *pubescens* P. F. Li] 或淡竹 [*Phyllostachys nigra* (Lodd.) Munro var. *henonis* (Mitf.) Stapf ex Rendle] 的茎秆的干燥中间层。全年均可采制，取新鲜茎，除去外皮，将稍带绿色的中间层刮成丝条，或削成薄片，捆扎成束，阴干。前者称"散竹茹"，后者称"齐竹茹"。中药竹茹味甘，微寒，归肺、胃、心、胆经，具有清热化痰，除烦，止呕的功效，用于治疗痰热咳嗽，胆火挟痰，惊悸不宁，心烦失眠，中风痰迷，舌强不语，胃热呕吐，妊娠恶阻，胎动不安。每次用量5~10g。

（二）竹的经典中药配方

(1) 竹叶石膏汤　淡竹叶20g、石膏48g、半夏7.5g、麦冬15g、人参6g、甘草6g、粳米24g，具有清热生津、益气和胃之功效。（《伤寒论》）

(2) 治口舌糜烂　鲜淡竹叶30g、木通9g、生地9g，水煎服。（《福建中草药》）

(3) 治口腔炎、牙周炎、扁桃体炎　淡竹叶30~60g、犁头草、夏枯草各15g，薄荷9g，水煎服。（《浙江民间常用中草药手册》）

(4) 治血淋、小便涩痛　淡竹叶全草30g、生地15g、生藕节30g、煎汤服，日2次。（《泉州本草》）

(5) 治衄血　干淡竹叶15g、生栀子9g、一枝黄花9g。水煎服。（《中草药手册》）

（三）竹的药用活性物质产品

1. 竹叶多糖（Bamboo Polysaccharide）

竹叶原料清洗、烘干、粉碎、热水萃取、乙醇沉淀、过滤、乙醇水溶液重结晶、低温干燥制成竹叶多糖。

竹叶多糖系以竹叶为原料，提取出来的一种天然多糖类生物活性物质，其中含有相当量的免疫活性多糖，促进免疫因子生成和激活，抑制肿瘤细胞生长。

2. 竹叶黄酮（Bamboo leaf flaonoid）

青竹叶清洗、沥干、干燥、粉碎、30%（体积分数）乙醇水溶液提取、趁热过滤、滤液蒸馏（乙醇回收）制成竹叶黄酮。

竹叶黄酮成分比较多，主要以内酯类和黄酮类为主，摄入体内后可以有效地降低血压、血脂水平，对心脑血管疾病有预防作用，同时可以在一定程度上增强人体的免疫力，还能够起到抗氧化的作用。

第四节 竹的综合开发利用

竹叶提取物具有抗炎及抗氧化作用，被应用于护肤化妆品、染发及其他日用化工产品，还可制作天然食品防腐剂。利用竹秆、竹根、竹屑可以制备竹醋液系列产品、一系列竹炭产品，包括洗护系列产品、竹炭吸附净化系列、炭陶工艺品、竹炭纤维系列以及竹炭食品等。

竹纤维是一种新型的可再生纤维素纤维，被称为"生态纤维"，具有良好的透气性、吸水性、耐磨性等特性，可以制作成各种家具、工艺品及高级纸张，还可用于纺织工业。竹还被广泛应用于制备各种竹制日用品、家具及各种建筑材料（如韧性极强的竹钢）。

竹在园林绿化中占有重要地位。自古以来，我国人民有爱竹、赏竹的传统习俗，"宁可食无肉，不可居无竹""历冰霜、不变好风姿，温如玉"；竹子造园在园林绿化中应用广泛。竹具有净化空气、调节气候、保持水土、涵养水源、防风固沙治本等功能；又因萌发快、生长周期短，对于生态环境的适应性较强，能迅速恢复森林植被，在保护生态环境中具有十分重要的作用。竹的综合开发利用如图 25-3 所示。

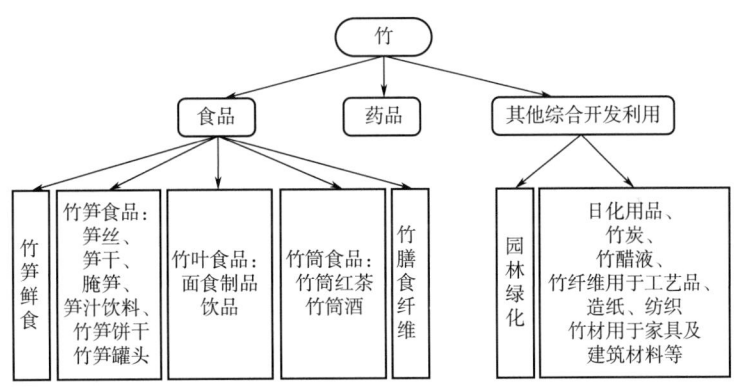

图 25-3 竹的综合开发利用

思考题

1. 竹在我国的分布有哪些特点？竹的繁殖方法有哪些？
2. 竹有哪些部位可以食用？其营养成分有哪些特点？能生产哪些类型的产品？
3. 竹叶和竹沥在临床上有哪些应用？
4. 除了食用和药用，竹还有哪些用途？
5. 结合已有的竹的研究成果，谈谈如何深化竹的综合开发利用？

【知识窗】竹的故事

　　我国历史上关于竹的利用可追溯至7000年前的新石器时代，考古人员在浙江余姚县河姆渡原始社会遗址内发现了竹的实物，1954年，在西安半坡村发掘的仰韶文化遗址中也出土了可辨认出"竹"字标记的陶器，可见在原始社会时期，竹就和人们的生活有了密切的联系。现代著名翻译家杨宪益《竹的故事》描述："自古以来，中国人的衣食住行都离不开竹子。竹笋可以吃，吃饭筷子也用竹子。竹子可以作建筑材料，又可以作窗帘子和席子等。许多日常用具都是竹子作的，如竹篮、竹筐、竹笼、箩、箕等等。下雨要戴竹笠，连雨伞也大部分是用竹子作的。……竹子的用途是列举不尽的。古代中国人谈起一切有用物质来，把竹子单独作为一类，与金、木、土等并列。我们只要拿起字典来，看看那些属于'竹'部的字，如'笋、筠、筏、竽、笛、笔、筐、篮'，就可以知道竹子在我们生活中应用之广。"

第二十六章 枸杞的开发利用

CHAPTER 26

[学习目标]

1. 了解枸杞的生物学特性。
2. 掌握枸杞的营养成分、药用成分与药理作用。
3. 了解枸杞加工利用现状及其发展前景。

第一节 枸杞概述

枸杞综合开发利用

枸杞（*Lycium barbarum* L.）属于茄科（Solanaceae）枸杞属（*Lycium*）植物，枸杞有诸多俗称，如甜菜子、西枸杞、枸蹄子、枸杞果、地骨子、枸地芽子、枸杞豆、血杞子等。枸杞是载入《中华人民共和国药典》内"药食同源"的中草药，最早于《神农本草经》中被列为上品。

一、枸杞的分布

枸杞对生长环境适应性强，是一种世界性分布的植物，在全球呈现离散型分布，约有80余种，主要生于温带和亚温带地区的山坡和沙地，多分布于南美洲和北美洲，少数种类分布在亚欧大陆的温带地区。

我国有宁夏枸杞、黑果枸杞、新疆枸杞等7个品种及北方枸杞、黄果枸杞2个变种，其中最负盛名的是宁夏枸杞，品质最佳，主要分布在华北和西北地区，多为野生种类。

宁夏枸杞目前在宁夏、新疆、内蒙古、青海、甘肃等地有大规模栽培，主要用于采摘枸杞子（果）供药用和食用。

二、枸杞的植物学特征

枸杞是多年生分枝灌木或亚灌木植物，枝条细弱，呈弓状弯曲或俯垂，形成圆形树冠。小枝为灰黄色或灰白色，无毛，通常具刺。叶为纸质或略带肉质，叶脉不明显，单叶互生或簇生，呈披针形或卵状菱形至卵状披针形,扁平,全缘,顶端短渐尖或急尖,有叶柄或近于无叶柄。花为茄红色或淡红色,两性,通常具柄,在长枝上生于叶腋,短枝上簇生,花萼呈钟状,具不等大的萼齿或裂片,花冠呈漏斗状、筒状或近钟状,蓝紫色,筒部比檐部裂片短、近等长或稍长,裂片具耳或无耳,裂片边缘有毛或无毛,雄蕊生于花冠筒的中部或中下部,雄蕊花丝基部处及花冠筒内壁生一圈绒毛,花柱稍伸出花冠外。浆果红色,球形、卵形、长圆形或长椭圆形(图26-1)。花果期为5—10月。

图26-1 枸杞的植株形态

三、枸杞的生物学特性

枸杞是强阳性植物,喜光,在全光照条件下生长发育迅速。枸杞耐旱性较强,在降雨量低于250mm的半干旱、干旱地区均能正常生长,最忌水淹。枸杞生长最适宜的土壤含水量为20%~25%,有积水或土壤过湿,容易导致枸杞根部腐烂、死亡。

枸杞耐盐碱,其分布区的土壤多为碱性土壤、轻壤和砂壤,能在肥力差,土层瘠薄的地区生长。但是在生产上,通常选择土层深厚且肥沃的土壤,以确保提高枸杞的品质和产量。

枸杞喜凉爽气候,对气温适应性强,耐寒性较强,可在-41.5℃的低温下安全越冬。枸杞生长对温度的要求随着品种和生长发育阶段的不同而变化,在生长期需要较高温度,在休眠期要求低温。春季温度在8~14℃根系开始生长,夏季在20~23℃根系生长迅速。花期温度以20~22℃最为适宜,果实生长发育的适宜温度为20~25℃。

四、枸杞的繁殖方式

在生产上多采用种植育苗和枝条扦插法。具体如下。

(1) 种子繁殖 春季、夏季、秋季均可进行播种。播种前用水浸泡种子40h,若采用40~50℃的温水浸泡,可缩短浸泡时间至24h。播种深度为2~3cm,为使种子尽快萌发和出苗整齐,需对种子进行催芽处理。

(2) 扦插繁殖 扦插苗一般在3—4月上旬进行扦插处理,选一年生较弱的徒长枝作为扦插条，长度为15~20cm，粗0.6~1cm。

(3) 嫁接繁殖　在3月下旬至4月初进行嫁接，选择一年生强壮枝和直立性结果枝。嫁接苗长到约15cm需要灌第一次水，在生长期间灌水3~4次，追肥1~2次。

(4) 分株繁殖　枸杞萌芽力强，根部分蘖较多，可进行分株繁殖，且成活率高。在地解冻前或解冻后进行截根移栽。春季是进行枸杞截根的最佳时期。

第二节　枸杞的营养成分及其开发利用

随着对枸杞营养价值和保健功能研究的深入，枸杞的众多功效已被证实，在国内受到越来越多的消费者追捧，欧洲和北美地区也将枸杞宣传为"超级食品"。

一、枸杞的营养成分

枸杞的果实为浆果，富含多种营养成分。研究发现，枸杞中微量元素含量较高，如铁、铜、锌、锰等，同时还含有饱和脂肪酸和不饱和脂肪酸。另外，枸杞子中还含有超氧化物歧化酶、谷醇、豆醇、菜油醇等物质以及多种维生素。据测定，每100g枸杞鲜果中含粗蛋白4.49g、粗脂肪2.33g、碳水化合物9.12g、类胡萝卜素96.00mg、维生素B_1 0.05mg、维生素B_2 0.14mg、维生素C 19.80mg、甜菜碱0.26mg。枸杞果中氨基酸种类齐全，每100g干果中氨基酸含量为9.50g，其中必需氨基酸占总量的24.74%。

枸杞叶中富含蛋白质、维生素和矿物质等营养素，嫩叶可作为蔬菜食用。每100g风干枸杞叶中蛋白质、脂肪及总糖的含量分别为14.0g、3.1g和4.3g。每100g枸杞鲜叶中含胡萝卜素4.29mg、维生素B_1 0.269mg、维生素B_2 0.80mg、烟酸10.58mg、维生素C 35.16mg。

枸杞叶含糖量与常见叶菜相近。宁夏枸杞叶中总多糖、果糖、葡萄糖、蔗糖、麦芽糖含量分别为39.07、12.69、8.99、17.44和8.32mg/g，核苷类成分含量为54.95μg/g，游离氨基酸含量为336.9μg/g。

二、枸杞食用价值的开发利用

枸杞子（果）和枸杞叶富含营养素和功能成分，可加工成多种营养健康食品。

（一）枸杞干

枸杞在加工过程中，最大的难题是除湿、去除水分。枸杞含水量较大，在传统的干制过程中，干燥时间长，受天气影响大，容易发生枸杞堆积、粘连现象，从而导致枸杞发霉变质、变黑等。

枸杞的烘干工艺：①将烘干房温度升至35~40℃，循环风速1.3m/s，烘干2~3h，加快新鲜枸杞游离水分的扩散蒸发速度，当枸杞皮层失水量达50%时，枸杞表皮会出现曲皱；②烘干房内温度自然上升到50~55℃，循环风速下调，烘干8h，经过此阶段烘干，枸杞含水率为30%左右；③烘干房温度逐渐上升至55~60℃，由于枸杞水分越来越少，水分渗出速率减慢，所以还需要较长时间来缓慢排出剩余水分，此阶段烘干8h，得到果皮鲜红、柔软、味甜成品。

（二）枸杞原汁饮料

以枸杞为原料，挤压研磨成汁液后，迅速加入1g/L抗坏血酸和柠檬酸混合液，于90℃条件下预煮片刻，榨汁过滤，离心分离后，再经过精滤、调配、均质、装罐、密封、杀菌、冷却，即得枸杞原汁饮料。若将枸杞鲜果经清洗、匀浆、过滤后得到枸杞鲜榨汁，需要将其放入冷库低温储存（-18℃）。选用约100g/kg的鲜汁，加入抗氧剂、增稠剂等，经脱气、灌装、杀菌等工序便可制成枸杞鲜汁饮料，还可制成枸杞复合果汁饮料。

（三）枸杞酒

一种枸杞酒是用枸杞鲜果经过破碎、接种、低温发酵，制成枸杞发酵酒，主要有枸杞干红、枸杞白兰地；另一种是用枸杞干果浸出液或枸杞鲜果果汁勾兑于白酒之中，生产枸杞配制酒。

（四）枸杞香醋

枸杞香醋包括两种：一种是在制醋生产工艺中加入鲜枸杞汁或枸杞干果进行发酵生产的香醋；另一种是在食醋中加入枸杞果有效成分。枸杞香醋有降血压、降血脂、养颜益寿的保健作用。

加工工艺如下。

枸杞子→分选去梗→压榨→调整成分（糖100g/L、酸6g/L）→添加活化好的酵母→酒精发酵→分离倒罐→添加醋酸菌→醋酸发酵→发酵后熟→澄清→过滤→装瓶→成品

（五）枸杞含乳饮料

1. 枸杞含乳固体饮料

将精选的枸杞清洗后，破碎制成浓浆，按照配方与白砂糖、麦芽糊精、蜂蜜等调配制浆，用碳酸氢钠调pH至6.5~6.8，得到初步枸杞糖浆液备用。再按配方量取大豆、蛋白粉、可可粉、奶油、全脂甜乳粉，置配浆锅中，加水熬制成乳浆。将枸杞糖浆液与乳浆充分混合，加入稳定剂，经过乳化、脱气、真空干燥、粉碎、包装，制得枸杞含乳固体饮料。

2. 枸杞蜜乳

枸杞经清洗、浸泡、打浆，除去果皮和枸杞籽后制得枸杞果汁备用；用乳粉制成乳浊液备用。将增稠剂与乳化剂溶于40℃热水中，依次加入配方量的糖液、蜂蜜、柠檬酸和乳酸水溶液，混合，加热至65~70℃。于40MPa下与枸杞果汁和乳浊液混合，经均质、灌装、密封、杀菌和冷却，可制得枸杞蜜乳。

（六）枸杞软糖

枸杞软糖的主要配料为枸杞浸提汁180g/L、果胶15g/L、明胶8g/L、白砂糖150g/L、果葡糖浆250g/L、柠檬酸8g/L。置于45℃下干燥14h，切块成型，制作出金黄色、透亮、富有光泽和弹性，酸甜适口的枸杞软糖。工艺流程如下。

白砂糖→溶解→熬煮（枸杞汁、果脯糖浆、柠檬酸、熬制好的凝胶剂）→成型→干燥→成品

（七）枸杞叶茶

果用枸杞每年春夏修剪时大量的嫩叶随枝条被扔弃，可用来加工成枸杞叶茶。采摘修剪枝条，选择肥厚、色泽嫩绿、无病虫斑的叶片作为加工原料。工艺流程如下。

原料→清洗→萎凋→烘炒→揉捻→包装→成品

成品茶叶色泽褐绿，开水浸泡后，液体呈绿黄色，口感清香甘醇，经常饮用可强身健体、清除燥热、降血压。

第三节 枸杞的药用成分及其开发利用

中药枸杞是枸杞果的干燥果实，《神农本草经》中枸杞被列为上品，具有滋补肝肾、益精明目的作用。《本草纲目》记载："枸杞子甘平而润，性滋而补，能补肾、润肺、生精、益气，此乃平补之药。"早在《太平圣惠方》中便有枸杞叶"治五劳七伤，庶事衰弱，枸杞粥方"的记载。现代研究表明，枸杞具有抗氧化、抗炎、免疫调节等作用。

一、枸杞的药用成分

（一）枸杞多糖

枸杞果中最多的成分是水溶性枸杞多糖，占干果质量的5%~8%。枸杞果水溶性多糖是由酸性杂多糖、多肽或蛋白质组成的复杂糖肽结构，含有羧基、羟基、氨基等基团，其中糖链含有β-d-吡喃葡萄糖、α-d-吡喃甘露糖、α-d-吡喃半乳糖。枸杞多糖LBP含6种单糖，主要是木糖和葡萄糖与少量的阿拉伯糖、鼠李糖、甘露糖和半乳糖。以α-（1-N6）-d-葡聚糖或α-（1-N4）-d-多聚半乳糖醛酸构成主链，其中具有1,4连接多聚半乳糖醛酸主链结构的多糖活性较强。

（二）黄酮类化合物

黄酮类化合物是枸杞中分布最为广泛的一类化合物，主要有绿原酸、芦丁、刺槐素、芹黄素、槲皮素以及山奈酚等，具有止咳祛痰、扩张冠状动脉、降低血胆固醇、增强心脏收缩的作用，在抗氧化性、抗衰老方面作用效果较显著，被广泛应用于功能性食品和天然保健食品添加物。

（三）生物碱

枸杞中的生物碱类物质主要包括莨菪烷类、哌啶类、吡咯类、酰胺类、咪唑类和其他生物碱，具有良好的稳定性，能够在高温及强酸碱的条件下保持其生理学特性，具有消除自由基、抗氧化、保肝、杀菌、消炎、降血压、抗肿瘤等功效。

（四）酚酰胺类化合物

酚酰胺类成分作为枸杞中的标志性成分之一，具有抗氧化作用，可以作为天然抗氧化剂。研究人员系统对黑果枸杞和宁夏枸杞干果和鲜果中所含多酚类代谢物进行研究，共发现包括酚酸、酚酸酰胺和花青素中的35种酚酸类物质。

二、枸杞的药理作用

（一）传统药理作用

枸杞之名始见于《神农本草经》，并被列为上品；晋朝葛洪单用枸杞子捣汁滴目，治疗眼科疾患。《药性论》中记载："枸杞能补精气，治多种不足，能使颜面光泽，白发变黑，并能明目安神，使人长寿。"《食疗本草》记载枸杞能"坚筋骨，去虚劳，补精气"。《本草纲目》中指出："枸杞子甘平面润，性滋面补，能补肾润肺、生精、益气，此乃平补之药。"《本草通玄》记述枸杞："补肾益精、水旺则骨强，而消渴，目昏，腰痛，藤痛无不愈矣。"《本草备要》称枸杞果有"润肺、清肝、滋肾、益气、生精、助阳、补虚劳、强筋骨、祛风、明目"等作用。

枸杞叶也为"药食同源"之品，其食用历史悠久。《药性本草》中记载："用枸杞叶作饮代茶，能止渴、清烦热、益阳事。"《食疗本草》中记载枸杞："坚筋耐劳、除风、补益筋骨、益人去疲劳。"

（二）现代药理作用

枸杞的主要活性成分是多糖（包括蛋白聚糖）、糖脂、类黄酮和生物碱等，具有滋补肝肾、益精明目的作用。现代研究证实，枸杞多糖可以调节机体免疫力，具有抑制肿瘤生长和细胞突变、延缓衰老、抗脂肪肝、消炎等功效。枸杞叶的活性成分在种类上与枸杞子基本一致，某些成分含量甚至超过枸杞子。

1. 抗氧化、抗衰老作用

（1）枸杞果的抗氧化、抗衰老作用　人体衰老主要是细胞氧化所致，体内自由基脂质过氧化是导致衰老的主要原因。枸杞果水溶性多糖可直接清除羟基自由基，并能抑制自发或由羟基自由基引发的脂质过氧化反应。

以 d-半乳糖诱导建立衰老小鼠为模型，发现给枸杞果水溶性多糖可明显改善小鼠机体退行性变化，增强机体的学习记忆能力、抗疲劳能力和免疫力，并能有效清除机体自由基、提高抗氧化酶活性，保护肝、肾等脏器，具有明显的抗衰老作用。枸杞果水溶性多糖可提高皮肤超氧化物歧化酶活性，减少皮肤丙二醛含量，并增加羟脯氨酸含量，表明枸杞果水溶性多糖具有延缓 d-半乳糖诱导小鼠衰老的潜力。

（2）枸杞叶的抗氧化、抗衰老作用　枸杞叶水提取液具有良好的抗氧化和抗衰老活性，其主要有效成分是枸杞叶中的多糖类（含量高达 102.3g/kg）。枸杞叶能够增强老年小鼠运动耐力，提高机体抗氧化能力，改善学习记忆能力。

2. 降血糖、降血脂作用

（1）枸杞果的降血糖及降血脂作用　枸杞能显著抑制糖尿病大鼠胰腺组织中一氧化氮合酶的表达，减轻一氧化氮对胰岛 β 细胞的氧化损伤程度。此外，枸杞能有效降低高脂血症小鼠血清总甘油三酯、总胆固醇、低密度脂蛋白胆固醇水平，升高高密度脂蛋白胆固醇水平。枸杞多糖可有效控制Ⅱ型糖尿病大鼠的空腹血糖水平，调节糖代谢，减轻糖尿病大鼠胰岛 β 细胞损伤，促进胰岛 β 细胞分泌胰岛素。

（2）枸杞叶的降血糖作用　枸杞叶茶对四氧嘧啶糖尿病动物模型有明显的降血糖效果，同时证明降血糖机制有一部分与枸杞多糖的抑制丙二醛生成量升高，增加受损胰岛细胞内的超氧化物歧化酶活性有关。另外，黄酮类成分也有降血糖的作用，主要影响胰岛 β 细胞的功能，作用缓慢而持久。枸杞叶片可能通过抑制 α-淀粉酶和 α-葡萄糖苷酶活性来达到降血糖效果。因此，枸杞叶可以作为一种良好的黄酮类资源进行开发，为糖尿病患者控制血糖提供更多有效途径。

3. 枸杞果抗肿瘤作用

枸杞多糖在多种不同肿瘤细胞系中可以抑制肿瘤细胞增殖，促进肿瘤细胞凋亡。利用 S180 肿瘤细胞株移植诱导的小鼠肿瘤模型，发现枸杞多糖可以显著增强巨噬细胞的吞噬，增强免疫系统功能，从而抑制移植的 S180 细胞的生长。临床上用于肿瘤病人的辅助治疗，并与抗肿瘤化学药物有协同作用。恶性肿瘤病人食用枸杞多糖后，其巨噬细胞的吞噬率及 T 淋巴细胞的转化率都较治疗前显著提高，能有效对抗肿瘤化疗时造成的免疫抑制和造血抑制等毒副反应。

4. 枸杞果对肝脏的保护作用

枸杞水煎剂和枸杞多糖对 CCl_4 导致的小鼠肝质过氧化损伤有明显的保护作用，并能抑制脂肪在肝细胞内沉积，促进肝细胞新生。临床上用于治疗慢性肝炎、肝硬化等疾病。

枸杞多糖能使 CCl_4 致肝损伤小鼠的肝小叶损伤区域缩小，肝细胞中脂肪滴减少，细胞核增大，RNA 核仁增多，糖原增加，粗面内质网恢复平行排列，线粒体形态结构恢复，数量增加。表明枸杞多糖对肝损伤有修复作用，其作用机制可能是通过阻止内质网的损伤，促进蛋白质合成及解毒作用，恢复肝细胞的功能并促进肝细胞再生（图 26-2）。

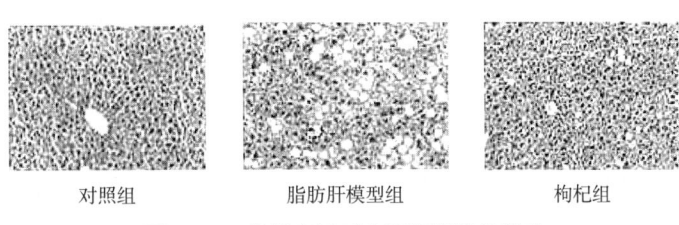

对照组　　　脂肪肝模型组　　　枸杞组

图 26-2　枸杞多糖对小鼠肝脂肪的影响

三、利用枸杞开发的药品

（一）枸杞的典籍记载

《中华人民共和国药典（2020 年版）》规定：中药枸杞为茄科植物宁夏枸杞（*Lycium barbarum* L.）的干燥成熟果实，于夏、秋二季果实呈红色时采收，热风烘干，除去果梗，或晾至皮皱后，晒干，除去果梗。中药枸杞味甘，平，归肝、肾经，具有滋补肝肾，益精明目的功效，用于治疗虚劳精亏，腰膝酸痛，眩晕耳鸣，阳痿遗精，内热消渴，血虚萎黄，目昏不明。每次用量 6~12g。

（二）枸杞的经典中药配方

（1）枸杞丸　枸杞子 600g、干地黄 200g、天门冬 200g，以上三物，细捣，曝令干，以绢罗之，蜜和作丸，大如弹丸，日二，主治劳伤虚损。（隋唐《古今录验方》）

（2）枸杞子散　枸杞子 37g、黄芪 55g、人参 37g（去芦头）、桂心 1g、当归 37g、白芍药 37g，捣筛为散，每服 11g，以水 200mL，入生姜 0.2g、枣 9g，煎至 120mL，去滓，食前温服，主治虚劳，下焦虚伤，微渴，小便数。（北宋《太平圣惠方》）

（3）杞菊地黄丸　熟地黄、山萸肉、茯苓、山药、丹皮、泽泻、枸杞子、菊花。炼蜜为丸，主治肝肾不足，目生花歧视，或干涩眼痛。（清代《医级宝鉴》）

（4）右归丸　枸杞子 120g、熟地 240g、杜仲 120g、山药 120g、肉桂 60g、山萸肉 90g、当归 90g、菟丝子 120g、鹿角胶 120g、制附片 60g，以上药同研磨为细末，先将熟地蒸烂杵膏，炼蜜为丸，9g 大小，每次服二至三丸，白汤送下，温补肾阳，填精益髓，固精缩尿，主治肾阳不足，命门火衰。（《景岳全书》）

(三)枸杞药用产品

1. 枸杞多糖

(1) 提取方法 1　采用水提法提取枸杞子中的多糖,提取温度 80℃,固液比 1∶30,提取时间 3.5h,提取 2 次,枸杞多糖得率 8.34%,对枸杞多糖抗氧化研究表明,枸杞多糖对羟基自由基的清除效果较好,清除率高于维生素 C,而对超氧阴离子自由基的清除率低于维生素 C。

(2) 提取方法 2　枸杞子于 60℃烘干,用氯仿-甲醇 2∶1 溶液脱脂,80%(体积分数)乙醇脱低聚糖、水提取、浓缩、乙醇沉淀、脱水、真空干燥、粗品 LBP DEAE 纤维素(OH⁻)柱分级、浓缩葡聚糖凝胶 G-25 脱盐、浓缩、冷冻干燥,得到纯化枸杞多糖(LBP-X)。

2. 枸杞籽油

枸杞籽中含有大量生物活性物质,含油量为 18%~22%。压榨法提取籽油操作流程:

枸杞籽 → 预处理 → 轧坯 → 压榨 → 毛油 → 精炼 → 籽油产品

操作中应注意枸杞籽除杂后须进行破碎、水分保持在 18%~20%,加热至 85℃,保温 40min,使破碎后的枸杞籽全部软化。枸杞籽油具有降血脂、改善脂肪代谢、降血糖、抗氧化、抗疲劳等作用。

3. 枸杞红色素

枸杞红色素最大吸收峰在 260~320nm,最佳提取工艺:75%(体积分数)乙醇为提取剂,温度 60℃,料液比为 1∶6,浸提 1h,其中料液比对枸杞红色素提取效果影响最大,浸提率 95%。枸杞红色素可以满足营养和药用的双重需求。

第四节　枸杞的综合开发利用

枸杞全身是宝,其根、叶、花、茎都具有保健作用,历代本草对枸杞子的功效均有论述,正如苏轼所说:"根茎与花实,收拾无弃物。"近年来,枸杞综合开发利用取得了一定进展,包括利用枸杞提取物开发日用化学品添加剂、利用枸杞提取膳食纤维、利用枸杞皮渣制作白兰地、活性炭及畜禽饲料等;枸杞还可以在园林绿化中作为绿篱及盆景,用于庭园造景等。开展枸杞的综合利用,不仅可以充分利用资源,获得良好的经济效益,而且可有效降低环保压力,获得巨大的社会效益。枸杞的综合开发利用如图 26-3 所示。

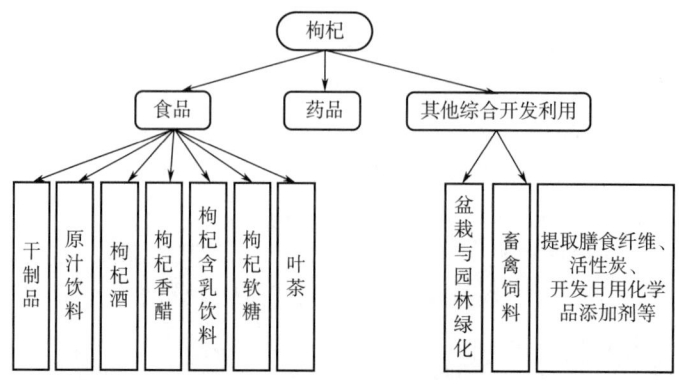

图 26-3　枸杞的综合开发利用

> **思考题**
>
> 1. 枸杞对于生长环境有何要求？
> 2. 枸杞生长的适宜温度范围？
> 3. 枸杞作为药用植物，有哪些作用？
> 4. 枸杞中主要的活性成分有哪些？
> 5. 除了食用和药用，枸杞还有什么其他用途？
> 6. 枸杞的繁殖方式有哪些？
> 7. 通过学习"药食同源"枸杞，请结合实际情况讨论未来枸杞的综合开发利用。

【知识窗】枸杞与"枸杞文化"

（1）吉祥文化　枸杞是中华民俗文化中八大吉祥植物之一。民俗文化中"杞菊延年"的吉祥图，画的就是菊花和枸杞。火红的枸杞是吉祥的象征，而在中国，红色象征着激情、喜庆、幸福，红色的文化是一种成功、吉祥、健康的文化。

（2）地域文化　中国宁夏是枸杞的原产地，早在我国先秦时期的《小雅·北山》中就描述道："陟彼北山，言采其杞"，诗中的"北山"，即今天的宁夏固原一带，宁夏生产的枸杞，粒大色鲜、皮薄肉厚、口感纯正、甘甜爽口，有"天下枸杞出宁夏，中宁枸杞甲天下"的美誉。

（3）文学文化　中华民族有悠久的历史，灿烂的文化，古人不仅利用枸杞作食、疗疾，而且常以枸杞为题，赋诗作歌。单是《诗经》中关于枸杞的诗赋就有7首之多，《诗经·湛露》："湛湛露斯，在彼枸杞，显允君子，莫不令德"；《小雅·北山》："陟彼北山，言采其杞。偕偕士子，朝夕从事"。唐朝著名诗人、文学家刘禹锡曾有诗赞美枸杞子："枝繁本是仙人杖，根老能成瑞犬形。上品功能甘露味，还知一勺可延龄。"

第二十七章 沙棘的开发利用

[学习目标]

1. 掌握沙棘的植物学特性和繁殖方式。
2. 掌握沙棘的主要营养成分及其主要食用产品的生产工艺。
3. 掌握沙棘的主要药用成分及其主要临床应用,理解其主要药理作用。
4. 了解沙棘的综合开发利用。

第一节 沙棘概述

沙棘（*Hippophae rhamnoides* L.）是胡颓子科（Elaeagnaceae）沙棘属（*Hippophae* Linn.）多年生落叶灌木或小乔木,别名醋柳、黑刺。我国的藏药、蒙药和中医在古代就用沙棘来治疗各种疾病。1977年,沙棘被正式列入《中华人民共和国药典》,于1987年被我国原卫生部列入第一批《既是食品又是药品物品名单》。

沙棘综合开发利用

一、沙棘的分布

沙棘属阳生植物,常生长于海拔800~3600m温带地区向阳的山崤、谷地、干涸河床地、山坡的多砾石、砂质土壤或黄土上。全球沙棘属共有6个种,17个亚种,主要分布在中国、蒙古、俄罗斯、北欧和加拿大。

我国是世界上沙棘资源蕴藏量最丰富的国家,沙棘分布面积约占世界总面积的95%,素有"沙棘王国"之称。沙棘广泛分布于我国的山西、内蒙古、辽宁、新疆、西藏等地,有6个种,13个亚种,主要包括中国沙棘、云南沙棘、中亚沙棘、蒙古沙棘和江孜沙棘等。

二、沙棘的植物学特征

以中国沙棘为例,通常高1~5m,生长在高山沟谷中的沙棘可达18m,棘刺较多,粗壮,顶生或侧生，嫩枝呈褐绿色，密被银白色而带褐色鳞片或具白色星状柔毛，老枝灰黑色，粗糙，芽大，呈金黄色或锈色，单叶通常近对生，与枝条着生相似，纸质，狭披针形或矩圆状披针形，长30~80mm，宽4~13mm，两端为钝形或基部近圆形，基部最宽，叶柄极短，果实呈圆球形，直径4~6mm，橙黄色或橘红色；果梗长1.0~2.5mm；种子小，呈阔椭圆形至卵形，有时稍扁，长3.0~4.2mm，为黑色或紫黑色，具光泽（图27-1）。花期为4—5月，果期为9—10月。

图 27-1 沙棘的植株形态

三、沙棘的生物学特征

沙棘是在地球上生存超过两亿年的植物，极耐干旱、贫瘠、冷热、耐风沙，被誉为"植物抗逆之最"，在沙漠和高寒山区等恶劣环境也能够生存，是"地球癌症"——砒砂岩地区唯一能生长的植物。

沙棘喜光，不喜积水，不能适应郁闭度大的林区。对温度和土壤的要求不是很严格，在栗钙土、灰钙土、棕钙土、草甸土上都有分布，在砾石土、轻度盐碱土、沙土，甚至在砒砂岩和半石半土地区也可以生长，但不喜过于黏重的土壤。

沙棘在年日照时数1500~3300h、温度-50~50℃的地区均可生长。一般在年降水量400mm以上的地区生长，如果降水量不足400mm，但于河漫滩地、丘陵沟谷等也可生长。

四、沙棘的繁殖方式

（1）种子繁殖　每年春播前将种子浸胀后进行点播，播种深度为3cm。秋播宜在晚秋进行，播后畦面覆盖，冬季浇水封冻，翌年出苗。

（2）扦插繁殖　插条选择中等成熟的生长枝，插期以6月中旬至8月末为好。用1~2年无性繁殖苗造林，种植密度以密植为好。

第二节　沙棘的营养成分及其开发利用

沙棘的食用和药用价值早在古代就已被各国人民所熟知。沙棘在日本称为"长寿果",在俄罗斯称为"第二人参",在美国称为"生命能源",在印度称为"神果",在中国称为"圣果""维生素 C 之王"。

一、沙棘的营养成分

沙棘富含多种具有良好生物活性的营养成分。以中国沙棘为例,沙棘果实中维生素 C 的含量超过了柠檬和橙子,达到了 3670mg/kg。

每100g 新鲜沙棘果中含有碳水化合物 17.08g、蛋白质 2.52g、粗脂肪 5.94g、膳食纤维 2.93g,同时,沙棘果实还含有丰富的矿物质元素,如钙、钾、铁、镁、锌等(表 27-1)。

沙棘果实和种子富含油脂,沙棘果含油量为 40~250g/kg,沙棘籽含油量为 74~99g/kg,因其较高的含油量常作为食用油的原料。通过全二维气相色谱-质谱联用仪分析中国沙棘果油和籽油脂肪酸构成,得出沙棘饱和脂肪酸以棕榈酸(籽油 7.09%,果油 26.83%)和硬脂酸(籽油 3.32%,果油 1.72%)为主;不饱和脂肪酸中沙棘油含有一种独特的功能性脂肪酸——棕榈油酸(ω-7),在果油中的含量高达 25.71%,还含有 α-亚麻酸(籽油 20.65%,果油 2.23%)、亚油酸(籽油 42.29%,果油 4.31%)。

此外,据检测中国沙棘叶和枝中也富含多种营养成分。如表 27-1 所示,沙棘叶片和枝条中碳水化合物和蛋白质这两大营养素的含量都远高于沙棘果实。叶片和枝条中钙的含量分别是果实的 15 倍和 7 倍。叶片和枝条中铁和锌的含量也较高,叶片中铁含量是果实的 1.5 倍,锌含量是果实的 5 倍。

表 27-1　　　　100g 中国沙棘果实、叶片和枝条中的营养成分比较

营养成分	鲜沙棘果营养素含量	鲜沙棘叶营养素含量	鲜沙棘枝营养素含量
能量/kJ	551.34	1307.92	1244.39
水分/g	77.12	9.00	3.94
灰分/g	0.83	4.06	1.98
粗脂肪/g	5.94	2.25	1.16
粗纤维/g	2.93	13.20	21.10
蛋白质/g	2.52	17.50	13.50
碳水化合物/g	17.08	55.66	58.32
总糖/mg	14.23	2.06	0.95
总酸/mg	0.585	2.20	0.31
总黄酮/mg	0.18	2.10	0.18
胡萝卜素/mg	34.10	13.90	0.19
维生素 C/mg	367	265	—
钾/mg	83.25	53.10	35.18

续表

营养成分	鲜沙棘果营养素含量	鲜沙棘叶营养素含量	鲜沙棘枝营养素含量
钙/mg	30.64	472.20	223.00
镁/mg	16.02	74.90	24.82
钠/mg	36.01	31.08	20.36
铁/mg	13.00	20.19	11.94
锌/mg	2.31	10.84	2.54

二、沙棘食用价值的开发利用

用沙棘加工的食品、饮料、保健品等符合现代人养身保健，追求健康和营养的需求，沙棘基础加工制品如下。

（一）鲜食

沙棘鲜果酸甜可口、营养丰富、具有独特的风味，可直接采摘食用。

（二）沙棘浊汁

将沙棘果实经过挑选、压榨、分离等工艺得到的汁液，成品不经过澄清处理，但需要经过均质和脱气等工艺制成的饮料制品。与清汁相比，沙棘浊汁具有营养物质保留较高，可溶性固形物含量高，口感较好等特点。

沙棘浊汁主要有冷榨浊汁和真空浓缩浊汁，主要工艺流程如下。

1. 沙棘冷榨浊汁

采摘沙棘→果枝分离→分选除杂→压榨取汁→果渣破碎打浆→冷榨浊汁（0~5℃保存）

2. 沙棘真空浓缩浊汁

原果汁→转入真空旋转蒸发器→抽真空→加热→浓缩→抽真空→充氮→封口→浓缩浊汁（0~5℃保存）

（三）沙棘果酒

沙棘果酒也是沙棘制品中广受青睐的营养保健酒，其酒精度（20℃）一般为12.00%，沙棘果酒色泽金黄、晶莹透亮、果香浓郁、风味独特，同时含有多种活性成分。其工艺流程如下。

冷冻沙棘果→打浆→酶解→调整糖度→杀菌→接种→发酵→恒温培养→沙棘果酒

（四）沙棘果醋

沙棘果醋是以沙棘果为原料，制成一种营养丰富、风味优良的酸性保健调味品。其工艺流程如下。

沙棘果汁→糖度、酸度的调整→酒精发酵→制醋→醋酸发酵→盐封→过滤（淋醋）→调制→灭菌→包装→成品

（五）沙棘油

沙棘油是从沙棘籽、沙棘果肉或沙棘整果中通过溶剂提取法、压榨提取法或超临界CO_2技术提取获得的油脂产品，沙棘油在国际上有"油料黄金"的美称。

目前由沙棘开发的油脂系列产品种类有油脂胶囊、微胶囊、口服液及油膏等。

（六）沙棘果皮粉

沙棘果皮粉是沙棘果实经过干燥制得的果粉产品，常用的有真空冷冻干燥、烘干和喷雾干燥等技术，而真空冷冻干燥则能最大限度地保持产品的营养成分、色泽和风味。沙棘果皮粉的膳食纤维含量达 448g/kg，是补充膳食纤维的良好来源。其制作工艺流程如下。

沙棘果实→ 去除油脂 →沙棘果渣→ 皮籽分离 → 干燥 → 粉碎 → 杀菌 → 包装 →成品（金黄色粉末）

（七）沙棘叶茶

取沙棘叶清理、筛选，放入真空微波干燥箱中烘烤 8~12min，将芽、叶取出揉捻至叶片上略覆汁液，再次置于真空微波干燥箱中烘 16~20min，使沙棘含水量小于 8%，于阴凉处摊晾 24h，使茶叶品质稳定，粉碎叶片，过 80~120 目分级筛，得到品质均一的沙棘碎茶，装袋，即成沙棘叶袋泡茶。

第三节　沙棘的药用成分及其开发利用

沙棘因其丰富的药用成分而作为传统药材已有几个世纪，并记载于中国、印度、古希腊的古代典籍中。沙棘果实和叶片的药用价值的资料可以追溯到 773—783 年编著的藏传《四部医典》，为常用蒙药、藏药和中药。1977 年，沙棘被收录入《中华人民共和国药典》，此后各版均有收录。

一、沙棘的药用成分

沙棘的主要化学成分包括多酚类物质、有机酸、类胡萝卜素等。

（一）多酚类物质

1. 黄酮类化合物

黄酮类化合物在沙棘果实、叶片中普遍存在，主要的黄酮苷元有异鼠李素、槲皮素和山柰酚。以异鼠李素作为苷元的黄酮醇有异鼠李素-3-O-槐糖苷-7-O-鼠李糖苷、异鼠李素-3-O-葡萄糖苷-7-鼠李糖苷、异鼠李素-3-O-芸香苷等；以槲皮素为苷元的黄酮醇有槲皮素-3-O-槐糖苷-7-O-鼠李糖苷、槲皮素-3-O-芸香苷、槲皮素-3-O-葡糖苷等；以山柰酚为苷元的黄酮醇主要有山柰酚-7-O-鼠李糖苷等。

2. 原花青素

原花青素是由黄烷醇聚合而成的重要多酚类化合物，沙棘中原花青素的结构单元主要有儿茶素、表儿茶素、没食子儿茶素和表棓儿茶素等。

3. 酚酸

酚酸是植物体内一类简单的酚类化合物，包括两种主要结构，即苯甲酸和肉桂酸衍生物。沙棘中的酚酸类物质包括没食子酸、原儿茶酸、对羟基苯甲酸、肉桂酸、咖啡酸、阿魏酸等。

（二）有机酸

沙棘果实中有机酸含量丰富，这也是影响沙棘果实及相关产品感官品质的重要因素。沙棘中的有机酸以苹果酸、奎宁酸、柠檬酸和维生素 C 为主。

（三）类胡萝卜素

沙棘果实中含有 41 种类胡萝卜素，其中以玉米黄质、β-胡萝卜素和 β-隐黄质为主，还有少量的 α-胡萝卜素、γ-胡萝卜素、二羟基-β-胡萝卜素、番茄红素和角黄素等。

（四）肌醇及其衍生物

肌醇是由 6-磷酸葡萄糖合成，有 9 种异构体形式，其中许多可以形成甲醚肌醇衍生物。沙棘中已检测到存在手性肌醇、肌肉肌醇以及白雀木醇等肌醇类衍生物。

白雀木醇是近年来发现在沙棘中大量存在的甲基肌醇衍生物，沙棘果肉中的含量为 2.19mg/g（鲜重）、籽中为 0.39mg/g（鲜重）、叶中为 59.73mg/g（干重），说明沙棘叶中的白雀木醇含量较高，可作为白雀木醇的潜在来源。

（五）甾醇及其他化合物

沙棘中的甾醇类物质有菜油甾醇、β-谷甾醇、豆甾醇、异岩藻酯醇、豆甾烷醇、羊毛甾醇和 24-亚甲基羊毛甾醇、α-香树脂等。

沙棘中还含有一些特殊的神经递质物质，如 5-羟色胺，它是一种单胺类神经递质，由色氨酸合成，并且是体内合成褪黑素的前体物质。

二、沙棘的药理作用

（一）传统药理作用

在公元 8 世纪上半叶，我国现存最早的藏医学古典名著《月王药诊》中的第 112 章药物的性味功效中对沙棘有如下记载："沙棘医治培根、增强体阳、开胃舒胸、饮食爽口、容易消化。"公元 8 世纪下半叶，著名藏医学家宇妥·元丹贡布编著的《四部医典》中记载了沙棘具有祛痰止咳、利肺、化湿、壮阴、升阳的作用，有 60 余处记载了沙棘的健脾养胃与破病治血等功效，以及沙棘的汤、散、丸、青、酥、灰、酒 7 种制剂与 84 种沙棘的配方。1735 年，著名药学家帝玛尔·丹增彭措所著的《晶珠本草》下部中称："沙棘果除肺瘤、化血、治培根病。"元代饮膳太医忽思慧的《饮膳正要》中记载："赤赤哈纳（沙棘）不以多少水浸取汁，用银石器内熬成膏服用即生津止渴治嗽。"明代李时珍《本草纲目》中记载沙棘："实，气味酸、温、无毒，主治久痢不瘥（chài）及心腹胀满黄瘦，下寸白虫，单捣为末，酒调一钱匕服之甚效。盐、醋藏者，食之生津液，醒酒止渴。"

（二）现代药理作用

沙棘因其各部位含有约 200 种生物活性成分，具有预防心脑血管疾病、糖尿病、改善肥胖等多种作用。

1. 预防心脑血管疾病作用

沙棘具有预防、改善心脑血管疾病的作用。研究人员饲喂仓鼠含沙棘籽油与猪油的高胆固醇饲料（HCD 饮食）和只含猪油的 HCD 饮食，发现沙棘籽油可以使仓鼠血液中的总胆固醇降低 20%~22%，补充沙棘籽油还可以逆转高胆固醇饮食（HCD）诱导的主动脉脂肪条纹的形成。沙棘籽油可通过增加肠道胆固醇的排泄，促进产生短链脂肪酸的细菌的生长，从而有效降低高胆固醇血症仓鼠的血液胆固醇水平。

2. 预防糖尿病作用

沙棘在糖尿病的防治中也呈现出积极的效果，在临床研究中，给予 10 个健康、体重正常的男性志愿者四类研究早餐，一份对照组（A）、三份沙棘餐：沙棘原料为整粒沙棘（B1）、超临界 CO_2 萃取无油浆果（B2）以及经乙醇萃取果渣（超临界 CO_2 萃取油脂后的残渣）后的残渣（B3），结果表明，在 6h 的研究期间，餐后 B1 较餐后 A 抑制了餐后胰岛素峰值反应，并稳定了餐后高血糖及随后的低血糖。此外，B2 比对照膳食产生了更稳定的胰岛素反应，说明去除亲脂性化合物不会影响浆果对胰岛素代谢的有利作用，但是 B3 则未观察到上述效果。因此，有效化合物可能在乙醇可溶性组分中，而不是在亲脂性组分中。

3. 改善肥胖作用

沙棘中的酚类化合物和黄酮类化合物能够以不同的方式调节脂肪细胞生理，如抑制脂质积累和分化或诱导凋亡，从而达到改善体重的效果。

在针对沙棘叶乙醇提取物对体重影响的研究中，将小鼠分为 4 个饲粮组，分别为正常饲粮组、高脂饮食（HD）对照组、沙棘叶醇提物高脂日粮（SL1）组（沙棘叶醇提物饲喂量为 500mg/kg 体重）、沙棘叶醇提物高脂日粮（SL2）组（沙棘叶醇提物饲喂量为 1000mg/kg 体重），13 周后，发现口服沙棘叶醇提取物可显著降低 SL 能量摄入、体重增长速率、附睾脂肪垫重量、肝脏甘油三酯、肝脏和血清总胆固醇水平以及血清瘦素水平。此外，SL 组过氧化物酶体增殖活化受体、肉碱棕榈基转移酶 1 的肝脏 mRNA 表达显著升高，而乙酰辅酶 A 羧化酶水平显著降低。

三、利用沙棘开发的药品

（一）沙棘的药典标准

《中华人民共和国药典（2020 年版）》记载：中药沙棘为胡颓子科沙棘属植物沙棘（*Hippophae rhamnoides* L.）的干燥成熟果实，于秋、冬二季果实成熟或冻硬时采收，除去杂质，干燥或蒸后干燥。中药沙棘酸、涩，温。具有止咳祛痰，消食化滞，活血散瘀的功效，用于治疗咳嗽痰多，消化不良，食积腹痛，瘀血经闭，跌扑瘀肿。每次用量 3~9g。

（二）沙棘的经典中药配方

五味沙棘散：消棘膏 180g、木香 150g、白葡萄干 120g、甘草 90g、栀子 60g。除沙棘膏、白葡萄干外，其余木香等三味粉碎成粗粉，加白葡萄干，粉碎，烘干，粉碎成细粉，混匀后，加沙棘膏混匀，烘干，再粉碎成细粉，过筛即得。五味沙棘散主治肺热久嗽、喘促痰多、胸中满闷、胸胁作痛，适用于患慢性支气管炎见上述症候者。[《中华人民共和国药典（2020 年版）》]

（三）沙棘中黄酮类化合物的提取

将沙棘果实冻干制成果粉后，每克物料加入 5mL 55%（体积分数）的乙醇溶液，在功率为 100W，温度为 65℃条件下超声提取 2.5h，提取 3 次，合并提取液，去除乙醇后，用蒸馏水溶解，通过 D101 大孔吸附树脂纯化，洗脱、解析并收集洗脱液，可得纯度在 90% 以上的沙棘黄酮类提取物。

（四）沙棘药品

1. 沙棘颗粒

药物为黄棕色的颗粒，味道微甜。沙棘颗粒具有止咳祛痰、消食化滞、活血散瘀的功效。

用于治疗咳嗽痰多、消化不良、食积腹痛、跌扑瘀肿、瘀血经闭。

2. 沙棘干乳剂

药物为黄褐色至褐色颗粒，味甜、酸，具有消食化滞，活血散瘀，理气止痛的功效。用于成人功能性消化不良和小儿厌食所致的胃腹胀痛、食欲不振、纳差食少、恶心呕吐等症的辅助治疗。

3. 沙棘丸

主要成分新鲜沙棘果、淀粉、蔗糖、蜂蜜（炼），具有止咳祛痰，消食化滞的功效。用于治疗咳嗽痰多，消化不良，食积腹痛。

4. 沙棘籽油软胶囊

药物为胶丸，内容物为棕黄色的油状液体，具有沙棘的特有气味，具有消食化滞，和胃降逆，活血化瘀的功效，用于治疗气滞血瘀，胃气上逆所致的脘腹胀痛、嗳气返酸、胸闷、纳呆等症，也可用于反流性食管炎或消化性溃疡的辅助治疗。

第四节 沙棘的综合开发利用

沙棘枝叶中的蛋白质、粗脂肪、粗纤维等营养物质丰富，营养价值高于普通牧草，是优良的动物饲料。沙棘油中的亚麻酸、亚油酸及 γ-亚麻酸对皮肤具有保护作用，含有沙棘提取物的面霜有助于治疗黑色素沉积、黄褐斑、皮肤干燥和复发性皮炎等多种皮肤疾病。沙棘根系发达，根蘖性较强，且具有根瘤、抗旱、抗寒、抗病虫、耐盐碱，用于防风固沙，被称为"整治国土的生物武器"。此外，沙棘树叶浓绿，秋天果实成熟之际，满株呈现黄色、红色、橘黄色和橘红色的效果，鲜艳夺目，晶莹剔透，是美化环境的优良树种。

随着沙棘有效成分提取技术和产品综合深加工技术的不断提高，沙棘资源利用会更进一步综合化、产业化和合理化（图27-2）。

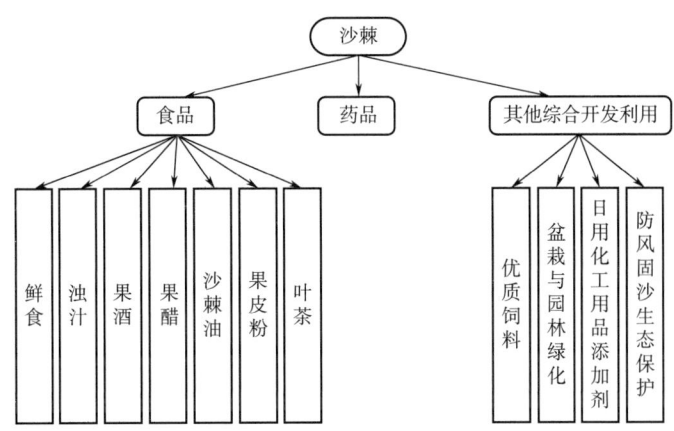

图 27-2 沙棘的综合开发利用

> 🔍 **思考题**
>
> 1. 沙棘有哪些亚种，其中我国主要有哪些亚种？
> 2. 为保证沙棘的优良特征，在实际栽培中，沙棘常见的繁殖方式有哪些？
> 3. 为什么说沙棘全身都是宝？
> 4. 沙棘的药用成分主要有哪些，具有什么药用价值？
> 5. 沙棘的开发利用价值主要体现在哪些方面？
> 6. 除了文中提到的一些沙棘产品，还可以开发哪些沙棘产品？
> 7. 结合沙棘已有的研究成果，谈谈如何深化沙棘的综合开发利用？

【知识窗】"沙棘"名称的由来

沙棘在海外很早便享盛名。古希腊时代，有一次斯巴达人打了胜仗，但是有60多匹战马在战争中受了重伤。斯巴达人不忍看到自己心爱的战马死去，于是将它们放到一片沙棘林中。过了一段时间，他们惊讶地发现那些濒临死亡的战马非但没有死去，而且一个个膘肥体壮，毛色鲜亮。古希腊人从此知道了沙棘的营养和其治病的价值，而且还赋予了沙棘一个浪漫的拉丁文名字"*Hippohgae rhamnoides*"，意思是"使马闪闪发光的树"。

第二十八章 香椿的开发利用

[学习目标]

1. 了解香椿的食用历史与植物学特性。
2. 掌握香椿的主要营养成分和药用成分。
3. 了解香椿的综合开发利用现状。

第一节 香椿概述

香椿（*Toona sinensis*）又名香椿头、椿阳树、杶（chūn）、櫄（chūn）等。香椿在我国已有2300余年的栽培历史，在民间，有着"三月八，食椿芽儿""常食椿巅（椿芽），百病不沾，万寿无边"的说法。中医认为香椿味苦、性寒，能清热解毒、健胃理气。

一、香椿的分布

香椿是我国的特有树种，在全国范围内广泛分布，由于其适应性强但耐旱性较弱的特点，主要分布于温带和亚热带地区，垂直分布在海拔1500m以下的山地和广大平原地区，东至山东，西至甘肃，北起内蒙古，南到广东、海南均有分布，其中以山东、河南、安徽、四川、陕西等地种植最多。

二、香椿的植物学特征

香椿是楝科（Meliaceae）香椿属（*Toona*）高大落叶乔木，树高15~18m，树干直且光滑，材质细腻具有花纹，树皮粗糙呈深褐色，片状剥落。香椿叶具长柄，偶数羽状复叶，长40~50cm，有特殊香气，小叶对生或互生，有8~10对，小叶片呈卵状披针形或卵状长椭圆形，长9~15cm，宽2.5~4cm。香椿花为两性，圆锥状顶生花序，白色，花长4~5mm，花萼有5个锯齿，外被柔毛，花瓣有5枚，白色，椭圆形，花内雄蕊有10枚，其中5枚能育。蒴果为木质，呈狭椭圆形，长1.6~3.5cm，幼果为绿色，成熟后变为深褐色，有皮孔，果瓣薄，种子为红褐色，长0.6~0.7cm，上端有膜质种翅，下端无翅（图28-1）。香椿的花期为6—8月，果期为10—12月。

图28-1　香椿的植株形态

三、香椿的生物学特性

香椿为速生树种，寿命较长，对水、肥的需求量较大，是我国珍贵的经济类树种。香椿喜湿怕涝，对气温反应比较敏感，适应性强，生长快，生长量大，抗病虫害能力强，是一种具有广阔发展前景的树种。对土壤的适应性较广，在酸性土、中性土、轻盐碱地和钙质土中均可正常生长。

香椿在年平均气温12~16℃，最低气温在-20℃以上的区域生长良好，温度达到35℃以上停止生长，抗寒性较强，但幼树抗寒性差。喜光不耐阴，充足的光照有利于提升香椿芽的品质与风味。

四、香椿的繁殖方式

（1）种子播种　在春季3—4月播种，去除种子上的膜质翅，将不带翅膜的净种子进行浸种催芽处理后播种。

（2）根蘖育苗　香椿养分大量累积和受到机械损伤的部位，容易产生根蘖，春季香椿芽萌发前10d左右移栽根蘖苗，可长成另一新的植株。

（3）根插育苗　春季起苗定植时，从香椿苗木上采集根穗，催芽，当根穗上长出新芽时，即可扦插，扦插时可采用畦插或垄插法。

（4）枝插育苗　枝插分为软枝扦插和硬枝扦插。在根基或干基上采集香椿半木质化的枝条作插穗为软枝扦插；截取香椿部分枝条，插入地下培育苗木为硬枝扦插。

第二节 香椿的营养成分及其开发利用

香椿嫩芽因其香气浓郁,风味独特被称为"树上蔬菜"。《中都杂记》中记载:"春日燕地以椿为蔬,喜之叶鲜味佳,实为上品。"高濂所著《遵生八笺》曾提及:"香椿采头芽,汤焯,少加盐,晒干,可留年余。新者可入茶,最宜炒面筋,炖豆腐、素菜,无一不可。"宋代文人苏武的《春菜》一诗中写道:"岂如吾蜀富冬蔬,霜叶露芽寒更茁。"明代徐光启将香椿记入《农政全书》中,称赞香椿:"其叶自发芽及嫩时,皆香甜,生熟盐腌皆可茹。"朱橚的植物图谱《救荒本草》中记载香椿:"采嫩芽炸熟,水浸淘净,油盐调食。"

一、香椿的营养成分

香椿具有独特的气味,这是其区别于其他野菜的重要特征。香椿气味主要来自烯丙基硫醚类、萜类和倍半萜类等物质。香椿还具有特殊的鲜味,在食用时不用加味精就非常鲜美,这是因为香椿中含有丰富的谷氨酸。

根据报道,每 100g 新鲜香椿芽中含能量 196.7kJ、蛋白质 9.8g、脂肪 0.8g、碳水化合物 10.9g、胡萝卜素 0.93mg、粗纤维 2.78g、维生素 C 115mg、维生素 B_1 0.21mg、维生素 B_2 0.12mg、维生素 E 0.99mg、维生素 A 117μg,香椿中还含有丰富的钙、钾、磷、镁、锌、铁、硒等矿物质元素。

研究表明,香椿芽中富含对人体健康起着重要作用的不饱和脂肪酸(包括棕榈酸、亚油酸、亚麻酸等),还含有 17 种氨基酸,其中有 7 种是人体必须每日从膳食中摄取的必需氨基酸。新鲜香椿氨基酸含量约 200mg/g,其中谷氨酸和天门冬氨酸的含量占氨基酸总含量的 42.33%,居于各种山野菜之首。

二、香椿食用价值的开发利用

香椿具有较高的营养价值和保健功能,但是因香椿的生长季节性强、供应期短,采后容易出现失水萎蔫和腐烂变质等,新鲜香椿难以长期保存,不能满足消费者的常年需求,因此香椿加工技术的研发显得尤为重要。

(一)鲜食

香椿可鲜食,作为菜肴,如香椿鸡蛋、凉拌香椿、香椿拌豆腐、炸椿叶卷、椿芽鳝丝等。

(二)脱水香椿

脱水香椿芽味美色鲜,营养丰富,体积小,质量轻,用水浸泡约 0.5h 可恢复鲜芽状态,方便运输与食用。加工工艺流程如下。

原料挑选 → 清洗 → 烫漂 → 冷却 → 沥水 → 干燥 → 分拣计量 → 包装 → 成品

(三)速冻香椿

速冻香椿加工工艺流程如下:

原料挑选 → 清洗 → 烫漂 → 冷却 → 沥水 → 速冻 → 分拣计量 → 包装 → 成品

速冻香椿解冻后，风味和质地几乎未发生变化，是反季节保存香椿的理想方法。

（四）腌渍香椿

腌渍香椿分为盐腌香椿和糖渍香椿两种。

盐腌香椿不论是作为餐桌小食还是香椿的半成品，倍受人们喜爱。盐腌香椿的加工工艺流程如下：

采摘→拣选→腌制→晒干→入缸→成品

糖渍香椿则是为喜好甜食的人群开发的一种产品，其腌制糖浆的配方为蔗糖 70~80g/kg、食盐 120~130g/kg、抗坏血酸 6g/kg、适量焦亚硫酸钠。主要操作步骤为：将漂洗干净的原料放在缸中压实，盐水浸泡，沥干后用糖浆腌渍，12h 后即可食用。

（五）香椿罐头

将香椿制成香椿罐头，不仅携带方便，还可以延长保质期。

1. 盐水香椿罐头

盐水香椿罐头加工工艺流程如下：

原料→挑拣→清洗→装罐→加汤汁→排气→封口→杀菌→冷却→成品

具体操作步骤：挑选新鲜香椿嫩芽，清洗后晾干水分后，分批置于沸水中烫漂，捞出后冰水冷却，装罐，加入汤汁，密封，杀菌，冷却至室温。

2. 即食香椿罐头

即食香椿罐头加工工艺流程如下：

原料清洗→热烫→盐腌→脱盐→清洗→拌匀→装袋→封口→杀菌→成品

主要操作步骤：将采摘的新鲜嫩香椿芽清洗，护色，冷却至室温，用盐腌制后进行脱盐，与调配好的调料一起拌匀，装袋，封口，杀菌，即得成品。

3. 香椿泥罐头

香椿泥罐头加工工艺流程如下：

挑选→清洗→烫漂→护色冷却→沥水→切分→打浆→调味→装罐→封口→杀菌→冷却→成品

（六）香椿调味品

目前香椿调味品主要有香椿火锅底料、香椿调味酱等。

香椿调味酱的加工工艺流程如下：

新鲜香椿芽→盐腌→清洗→脱盐→切分→加入辅料→熬酱→装罐→密封→杀菌→冷却→成品

香椿火锅底料的制作方法：将新鲜香椿芽于沸水中烫漂 40~60s，在火锅底料熬制出锅前 5~8min 投入处理好的香椿芽，熬制温度为 105~110℃，熬制时间为 4~6min，可制作成风味独特、鲜香可口的香椿火锅底料。

（七）香椿休闲食品

以香椿为主要原料的休闲食品，包括香椿饼干、香椿酸乳、香椿冰淇淋等。

香椿粉与面粉和其他配料混合，辊轧成型，烘烤冷却后制成香椿韧性饼干。香椿韧性饼干同时具有香椿的丰富营养和独特风味，兼顾韧性饼干入口松脆、香甜耐嚼的优点。

香椿酸乳的配料为鲜牛乳、香椿汁（鲜牛乳质量的5%）、80g/L白砂糖和1g/L黄原胶，接种乳酸菌（接种量为鲜牛乳质量的5%）于43℃条件下发酵6h，即得香椿酸乳。

香椿冰淇淋是将采集的香椿捣碎研磨后加入护色剂，与其他原料混合均质冷冻后得到的具有独特风味的休闲食品。

（八）香椿茶

香椿茶为采摘春季的香椿嫩芽制作而成。

（九）香椿挂面

以小麦粉为主要原料，香椿芽、魔芋精粉、马铃薯全粉为辅料，食盐为添加剂，原辅材料按质量计为：小麦粉88~90份、香椿芽4.5~5.2份、魔芋精粉0.5~0.8份、马铃薯全粉4~5份、食盐1份；具体制备工艺过程包括：香椿悬浊液的制备、魔芋凝胶的制备、和面、熟化、复合、压延、切条、烘干、切断、包装等。

第三节　香椿的药用成分及其开发利用

香椿是"药食同源"的木本植物，其根皮、叶、嫩枝及果皆可入药。香椿性味苦、涩、温，具有祛风利湿、止血止痛、清热解毒、健胃理气、涩肠止痢、杀虫固精等功效，临床上常用于治疗肠炎、痢疾等疾病。

一、香椿的药用成分

香椿的主要化学成分包括黄酮类化合物、多糖类化合物、多酚类化合物、萜类化合物、苯丙素类化合物、含硫化合物等。

（一）黄酮类化合物

已从香椿中分离鉴定出的黄酮类化合物主要有槲皮素、芦丁、山柰酚、儿茶素、表儿茶素、槲皮素-3-O-β-d-葡萄糖苷、槲皮素-3-O-（6'-O-没食子酰）-β-d-葡萄糖苷、槲皮素-3-O-α-l-鼠李糖苷、山柰酚-3-O-α-d-葡萄糖苷、山柰酚-3-O-α-l-阿拉伯糖苷、山柰酚-3-O-α-l-鼠李糖苷、杨梅素、杨梅苷、6,7,8,2'-四甲氧基-5,6'-二羟基黄酮、5,7-二羟基-8-甲氧基黄酮、去甲氧基荚果蕨醇、荚果蕨醇、原矢车菊素B_3、原矢车菊素B_4等。

（二）多糖类化合物

香椿叶多糖分子质量为833.6ku，由d-甘露糖、d-葡萄糖醛酸、d-葡萄糖、d-半乳糖、d-木糖和l-阿拉伯糖、l-鼠李糖、d-半乳糖醛酸等组成。

（三）多酚类化合物

已从香椿中分离并鉴定的酚类化合物有没食子酸、没食子酸甲酯、没食子酸乙酯、6-O-没食子酰-β-d-葡萄糖苷、1,2,3-三-O-没食子酰-β-d-葡萄糖苷、1,3,6-三-O-没食子酰-β-d-葡萄糖苷、1,2,3,6-四-O-没食子酰-β-d-葡萄糖苷、1,2,3,4,6-五-O-没食子酰-β-d-葡萄糖苷、5-O-没食子酰奎宁酸、没食子酸三聚体、丁香酸、香兰素、4-羟基-3-甲氧基-苯乙醇、4-甲氧基-6-(2',4'-二羟基-6'-苯甲基)-吡喃-2-酮等。

（四）萜类化合物

萜类化合物是由甲戊二醛酸衍生，以异戊二烯碳五单元为骨架而形成的一类化合物，是构成植物色素、香味的主要成分。

从香椿中分离出的萜类化合物主要有两类：一类是三萜类，另一类是倍半萜和二萜类。其中三萜类化合物多常见的主要有齐墩果酸、熊果酸、乌索酸、桦木酸和桦木酮酸等。

（五）其他化合物

除以上化合物外，近年来从香椿中分离与鉴定了 3 个香豆素类和 4 个木脂素类化合物，以及 6 个含硫化合物。另外，还分离得到了二十碳酸乙酯、正二十六烷醇、月桂烷、木脂素酸、芦荟大黄素、腺苷等化合物。

二、香椿的药理作用

香椿作为一种我国特有的珍贵速生树种，其叶、果实、皮均可作为中药材。国内外学者对香椿的药理作用进行了大量的研究，但目前许多功能机制尚不完全清楚。

（一）传统药理作用

"药圣"李时珍曾在《本草纲目》中记载："香椿叶苦、温煮水洗疮疥风疽，消风去毒。"《日华子本草》指出，香椿能："止泄精尿血、暖腰膝、除心腥瘟冷、胸中痹冷、痃（xuán）癖气及腹痛等，食之肥白人。"《陆川本草》记载："椿健胃，止血，杀虫，治痢疾。"

《本草纲目》记载："白秃不生发，取椿、桃、楸叶心捣汁，频之。"《医林纂要》记载香椿皮："泄肺逆，燥脾湿，去血中湿热。治泄泻，痢，肠风，崩，带，小便赤数。"《食疗本草》记载："女子血崩及产后血不止，月信来多，亦止带下，疗小儿疳痢。"《陆川本草》记载："健胃，止血，消炎，杀虫。治子宫炎、肠炎、痢疾、尿道炎。"

（二）现代药理作用

香椿含有多酚、甾醇、皂苷、萜类等多种生物活性物质，对金黄色葡萄球菌、伤寒杆菌等病原菌有明显的抑制作用，在抗氧化、降血糖、抗癌、抗衰老、降血脂等方面有显著效果。因此，香椿的生物活性受到学术界的广泛关注。

1. 抗氧化作用

香椿富含黄酮类和多酚类物质，具有较强的抗氧化能力。根据联合国亚洲蔬菜中心对 150 多种蔬菜的抗氧化能力的研究，香椿的抗氧化能力居于首位，并且不会被胃液破坏。与经常食用的蔬菜水果相比较，香椿的抗氧化活性名列榜首，具有极高的抗氧化活性和清除自由基的能力，其抗氧化能力与香椿含有的丰富的多酚类化合物具有显著相关性。

香椿叶具有较强的抗氧化活性。香椿叶抗氧化物能有效地清除 DPPH 自由基、羟基自由基和超氧阴离子自由基，也能显著抑制亚油酸的过氧化，是一种天然抗氧化剂资源。

2. 降血糖、降血压作用

香椿具有双向调节血糖的作用，香椿叶或籽中黄酮类化合物和酚类化合物可能是其调节血糖水平的主要成分，在预防糖尿病方面有良好的前景。

香椿叶提取物具有降血压功能，推测可能与其含有的蒽醌、鞣质、皂苷等生物活性物质有关，另外香椿中含有较高的苯丙氨酸和谷氨酸，人体能利用苯丙氨酸合成肾上腺素、甲状腺素、黑色素等，谷氨酸可转化生成具有降血压作用的 γ-氨基丁酸。

3. 抗癌作用

香椿的抗肿瘤作用与其多酚类和黄酮类等次生代谢产物有密切关系。香椿叶粗提物可阻断大细胞肺-癌细胞（H661细胞）周期的进程，诱导H661细胞凋亡。

香椿叶提取物在体外和异种移植研究中均对卵巢癌细胞具有明显的细胞毒性作用。香椿提取物和樟脑提取物组合抑制了人白血病细胞的增殖。香椿茎皮粗提物能够抑制人肺腺癌细胞和人白血病细胞生长，同时也能抑制异种嫁接鼠模型的肿瘤增长，且未表现出明显的肾毒性、肝毒性或是骨髓抑制性。

4. 抗疲劳、抗抑郁作用

香椿水提物有抗疲劳作用，可以增加小鼠的游泳时间，减少肌肉内乳酸含量，增加肝糖原含量，减少氧化应激，具有抗运动疲劳的作用。香椿精油可以增加脑海马区多巴胺、去甲肾上腺素和5-羟色胺的含量，从而达到抗抑郁的效果。

三、利用香椿开发的药品

（一）香椿的典籍记载

1.《全国中草药汇编》

（1）药用春椿来源　楝科椿属植物香椿，以根皮、叶、嫩枝及果入药。根皮全年可采，秋后采果，夏秋采叶及嫩枝。

（2）性味　苦、涩、温。

（3）功能主治　祛风利湿，止血止痛。根皮用于痢疾、肠炎、泌尿道感染、便血、血崩、白带、风湿腰腿痛。叶及嫩枝用于治疗痢疾。果用于治疗胃、十二指肠溃疡，慢性胃炎。

2.《中华本草》

（1）来源　药材基源为楝科植物香椿的果实。

（2）性状　干燥果实，长2.5~3.5cm。果皮开裂为5瓣，深裂至全长2/3左右，裂片披针形，先端尖，外表为黑褐色，有细纹理，内表黄棕色，光滑，厚约2.5mm，质脆。果轴呈圆锥形，顶端钝尖，黄棕色，有5条棕褐色棱线，断面内心松泡色黄白。种子着生于果轴及果瓣之间，5列，种子有极薄的种翅，黄白色，半透明，基部斜口状，种仁细小不明显。气微弱。以完整、干燥者为佳。

（3）性味　辛、苦、温。

（4）功能主治　祛风、散寒、止痛。主治外感风寒、风湿痹痛、胃痛、疝气痛、痢疾。

（二）香椿的经典中药配方

（1）治风寒外感　香椿子、鹿衔草。煎水服。（《四川中药志》）

（2）治胸痛　香椿子、龙骨。研末冲开水服。（《湖南药物志》）

（3）治风湿关节痛　香椿子炖猪肉或羊肉服。（《四川中药志》）

（4）治疝气痛　香椿子15g。水煎服。（《湖南药物志》）

（5）治痔漏　香椿子、饴糖。蒸服。（《贵州中医验方》）

（6）香椿皮　香椿树皮或根皮的韧皮部，全年均可采收，但以春季水分充足时最易剥离。香椿皮可以除热、燥湿、涩肠、止血、杀虫，治久泻、久痢、肠风便血、崩漏带下、遗精、白浊、疳积、蛔虫、疮癣。（《经验方》）

第四节　香椿的综合开发利用

　　香椿是我国特有树种，资源丰富，既可食用也可药用，还可作为工业原料，同时具有较高生态价值。香椿生长速度、抗病虫害能力强，是极具发展潜力的乡土树种。香椿种子榨油可作为油漆、润滑油和肥皂等的原料；香椿树干可用于木材、家具和乐器等行业；香椿为高大乔木，是园林绿化的重要树种。香椿的综合开发利用如图28-2所示。

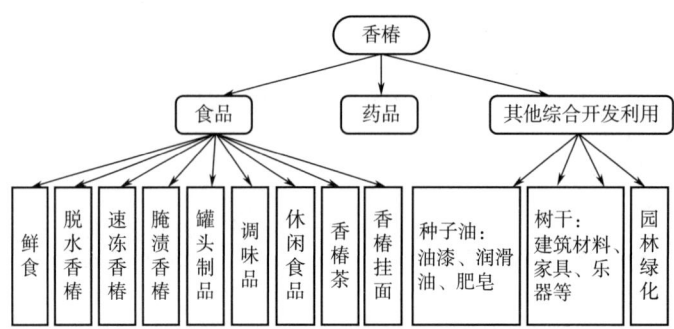

图 28-2　香椿的综合开发利用

思考题

1. 简述香椿的形态特征。
2. 香椿的繁殖方式有哪些？
3. 简述香椿的营养价值。
4. 香椿用作食品的主要组织部位有哪些？用作中药的主要组织部位有哪些？
5. 香椿中主要的药用成分有哪些？
6. 中药中香椿具有哪些功效？
7. 除了食用和药用，香椿还有哪些其他用途？
8. 结合已有研究成果，谈谈如何深化香椿的综合开发利用？

【知识窗】"树中之王"香椿

我国食用香椿历史悠久，古籍中不乏对香椿的记载。《山海经》曾提及"成候之山，其山多櫄木"，其中的櫄木就是香椿。《庄子·逍遥游》中也有记载"上古有大椿者，以八千岁为秋"，证明椿树在古时是长寿的象征。最早食用香椿的记录则是在北宋魏国公苏颂的《本草图经》中，书中提到"椿木实，而叶香，可啖"。相传，公元22年战乱之期，刘秀哥俩带领刘氏宗室子弟加入绿林军与王莽的军队作战，屡战屡胜。后因赵国邯郸冒出个王郎自称是汉成帝的儿子刘子舆，以假乱真被拥戴成皇帝。刘秀受到威胁带兵向南逃跑，粮草用尽被困于深山，当时正值初春，山上无任何可食之物。春风吹来突然闻到淡淡的清香，抬头发现树上长出了金灿灿的嫩芽，人们大喜采摘下来以此充饥，渡过难关。后来刘秀带兵平定河北，建都洛阳，称"汉光帝"，称帝之后论功行赏，封香椿为"树中之王"。

第二十九章 楤木的开发利用

[学习目标]

1. 了解楤木的植物学特征和繁殖特性。
2. 掌握楤木的营养成分及其主要食用产品的生产工艺。
3. 掌握楤木的主要药用成分及临床应用,了解其主要药理作用。
4. 了解楤木的综合开发利用。

第一节 楤木概述

楤木(*Aralia chinensis*)是五加科(Araliaceae)、楤木属(*Aralia* Linn.)植物。别名仙人杖、鹊不踏、刺包头、刺龙包、鸟不宿、刺老鸦、刺嫩芽等。楤木是中国传统的食药两用山野菜,以根皮和茎皮入药,以楤木、龙牙楤木(*Aralia elata*)、太白楤木(*Aralia taibaiensis*)、棘茎楤木(*Aralia echinoeaulis*)、虎刺楤木(*Aralia armata*)、头序楤木(*Aralia dasyphylla*)和食用土当归(*Aralia cordata*)等开发利用较多。

2004年,楤木被列入《世界自然保护联盟濒危物种红色名录》[世界自然保护联盟(IUCN)2004年3.1版]——易危(VU)。

一、楤木的分布

楤木属约有40个种,大多数分布于亚洲,少数分布于北美洲。中国约有30种,分布较广泛,北至黑龙江,西至甘肃及陕西南部,南至云南、广西、广东,东至沿海的广大区域均有分布,资源较为丰富。

二、楤木的生物学特性

楤木多野生于杂树林、阔叶林、阔叶混交林或次生林中,排水良好的半阳坡、阴坡的山中下腹、低山坡、林下、山谷沟边、林缘、郊野路边或旷地灌丛也有分布。

楤木在温暖湿润的环境下生长较好，分布于东北地区的楤木种类较耐寒。喜肥沃而略偏酸性的土壤，不耐黏重土壤，喜湿怕涝。

三、楤木的植物学特征

楤木属为灌木或乔木，高 2~5m，径达 10~15cm，树皮呈灰色，疏生粗壮直刺，小枝通常呈淡灰棕色，叶为二回或三回羽状复叶，长 60~110cm，叶柄粗壮，长可达 50cm，托叶与叶柄基部合生，小叶片纸质至薄革质，为卵形、阔卵形或长卵形，长 5~12cm，宽 3~8cm，先端渐尖，基部圆形，上面粗糙，疏生糙毛，总状花序为圆锥花序，长 30~60cm，分枝长 20~35cm，密生淡黄棕色或灰色短柔毛，伞形花序直径 1~1.5cm，有花多数，总花梗长 1~4cm，密生短柔毛，花白色，芳香，花瓣数为 5，呈卵状三角形，长 1.5~2cm，雄蕊有 5，花丝长约 3mm，子房为 5 室，果实为球形，黑色，浆果，直径约 3mm，有 5 棱（图 29-1）。花期为 7—9 月，果期为 9—12 月。

图 29-1　楤木的植株形态

四、楤木的繁殖方式

（1）播种育苗　楤木种子具有明显的生理后熟现象，存在显著的休眠特性，不进行种子休眠的解除，则萌发率仅在 30% 以下。将采收后的新鲜楤木种子自然阴干，采用 200mg/L 的赤霉素（GA3）丙酮溶液浸泡楤木种子 12h，放在细沙中保持湿润，在 13~15℃/0~4℃各 12h 交替变温条件下层积处理 30d，种子萌发率为 67% 以上。

（2）根段扦插育苗　楤木根系发达，分蘖能力强，可以利用根段进行繁殖。春季以直径为 0.5~2.0cm、长度为 10~15cm 的根作扦插育苗的材料。

（3）组织培养　用顶芽或幼嫩叶柄为外植体，以植物组织培养基 MS 和 1/2MS 作为基本培养基，诱导其再生植株。

第二节　楤木的营养成分及其开发利用

我国植物种类资源丰富，其中作为木本蔬菜的野生木本植物多达 36 个科，70 个种，这些树种的叶果根茎等具有丰富的营养与食用价值，是味美可口的木本蔬菜。楤木的食用历史十分悠久，在多部本草典籍中都有记载。《本草拾遗》云："楤木生江南山谷，高丈余，直上无枝，茎上有刺，山人折取头茹食之。一名吻头。"《本草纲目》记载："今山中亦有之，树顶丛生叶，山人采食，谓之鹊不踏，以其多刺而无枝故也。"

一、楤木的营养成分

楤木春季萌发的幼茎嫩芽为其主要食用部分，它野味浓郁，味道香甜醇厚，是中国传统的食药两用山野菜，深受消费者青睐。日本楤木是龙芽楤木的一个变种，香气独特，在日本素有"天下第一珍"的美誉。

不同产地的新鲜食用龙芽楤木营养成分含量差别较大，含粗纤维 53.8~110.7g/kg、粗多糖 33.9~52.5g/kg，100g 嫩芽中有 Ca 80.15~349.67mg、Mg 257.75~359.35mg、Fe 3.96~11.50mg、Mn 2.57~21.43mg、Ni 0.13~0.64mg、Cu 2.01~4.67mg、Zn 4.41~7.35mg、Sr 0.24~1.26mg、Co 0~0.034mg。100g 楤木鲜根皮中矿物质元素含量较高的包括 Ca 1609.88mg、Mg 170.24mg、Zn 11.83mg、Cu 2.56mg、Se 0.85mg，尤其是 Ca、Cu、Se 元素的含量高过同类中草药 10 倍之多。

设施栽培云南楤木含有蛋白质 30.8g/kg、总糖 7.1g/kg、总酸 7.7g/kg、维生素 C 59.2mg/kg，嫩芽包括 9 种人体必需氨基酸，其中必需氨基酸约占氨基酸总量的 40%，氨基酸总含量在 6 月最高为 174.6g/kg，8 月最低为 22.5g/kg。联合国粮食及农业组织/世界卫生组织（FAO/WHO）提出的蛋白质理想模式必需氨基酸/总氨基酸（EAA/TAA）为 40.00%，必需氨基酸/非必需氨基酸（EAA/NEAA）为 60.00%，云南楤木嫩芽 6 月 EAA/TAA 为 39.75%，EAA/NEAA 为 65.97%，表明 6 月时的氨基酸模式最接近于理想氨基酸模式，这为引种栽培提供了理论依据。

二、楤木食用价值的开发利用

（一）鲜食

春天楤木刚刚长出来的嫩芽是一道美味，采摘嫩芽或嫩叶，可以生食、炒食、酱食、做汤或加工成小菜，口感香甜，野味浓郁。嫩芽萌发以芽鳞片展开，露出叶片为嫩芽萌发的标准。嫩芽选择长度大小为 10~15cm 叶片尚未展开时采摘最为适宜，采收过早，芽体太小，产量低；采收过晚，嫩芽木质化，适口性降低。

楤木嫩芽生长具有季节性，采后 2d 内即开始失水、风干、木质化，食用周期较短，采后易老化腐烂，不易贮藏，可采用以下方法延长采后楤木嫩芽的食用价值和商品价值。

1. 壳聚糖涂膜结合打孔聚乙烯（PE）袋包装

包装方式影响龙芽楤木的贮藏效果。壳聚糖涂膜结合打孔 PE 袋包装龙芽楤木的贮藏效果最好，与打孔 PE 袋和 PE 袋单独包装相比，具有更好的透水透气性，能够抑制龙芽楤木在贮藏过程中的呼吸强度，延长贮藏时间。

2. 壳聚糖-魔芋粉复合涂膜与低温保鲜

采用 5g/L 壳聚糖与 4g/L 魔芋粉复配保鲜液可维持长白楤木嫩芽的感官品质，降低其衰老程度。实验表明，在低温（4℃）贮藏第 18d 时，长白楤木嫩芽的失重率仅为 5.04%，叶绿素含量降低到 0.49mg/g、维生素 C 含量保持在 6.08mg/g，长白楤木嫩芽依旧保持良好的感官品质，且比对照组的贮藏期延长了 5~7d。

（二）楤木腌制品

人们常采用腌制的方法对楤木进行保藏，但在长白楤木嫩芽腌制过程中，叶绿素不稳定，易受到破坏，失去其鲜绿颜色，会变成暗绿色或褐绿色，影响产品品质。

研究人员通过单因素和响应面试验确定了长白楤木嫩芽最佳腌制配方：食盐 140g/kg、Na_2CO_3 1.5g/kg、$Ca(OH)_2$ 3.5g/kg、$CaCl_2$ 0.6g/kg，在此最佳腌制配方下，长白楤木嫩芽感官评分为 89.95±0.45 分，叶绿素含量为 0.984±0.003mg/g，且长白楤木嫩芽色泽呈鲜绿色，质地嫩脆，具有腌制菜的鲜香味。感官评分标准如表 29-1 所示。

表 29-1　　　　　　　　腌制长白楤木嫩芽感官评分标准

等级	香气（20分）	滋味（30分）	形态质地（30分）	色泽（20分）
一级	有独特而浓郁的腌制菜香味（16~20分）	咸淡适中，有轻微酸味（26~30分）	茎硬，叶片完整，质地脆嫩（26~30分）	菜色均匀一致，深绿色（16~20分）
二级	腌制菜香味明显（12~16分）	咸味、酸味适中（22~26分）	茎稍软，叶片完整，质地较为脆嫩，菜体较柔软（22~26分）	菜色均匀一致，呈暗绿色或褐绿色（12~16分）
三级	香味略偏淡（8~12分）	酸咸味略重或略淡，有少许苦涩味（18~22分）	茎软，叶有微破碎，脆嫩度下降（18~22分）	菜体色泽较均匀，呈灰绿色（8~12分）
四级	无香味，出现腐败味或其他异味（<8分）	无明显味道，有苦咸味（<18分）	茎软，叶片不完整，稍有黏稠，无脆嫩度，口感松软（<18分）	色泽偏暗，不均匀，呈灰绿色（<8分）

（三）楤木酥脆食品

龙牙楤木酥脆食品加工工艺流程如下。

筛选原料 → 清洗 → 去除不可食部分 → 漂烫 → 沥水 → 烘干 → 复水 → 卤味 → 负压膨化 → 冷却分级 → 真空充氮包装 → 成品

（漂烫→沥水→烘干→复水 为前处理）

漂烫过程每 100L 水添加玉米油 300mL、抗坏血酸 30g，90℃ 对龙牙楤木嫩茎叶进行漂烫 2min 后迅速捞出于冷水中冷却。

膨化生产工艺条件：脆化温度 90℃，压力差 0.3MPa，停滞时间 90min，含水率 3% 以下，抽真空时间 1h，真空度 0.098MPa。

（四）楤木根茎汁液老式蛋糕

楤木根茎汁液具有一定的抗氧化、抗炎和降血糖活性，将汁液应用于食品研发中，可以提高楤木的综合利用价值，丰富深加工产品种类。

楤木根茎汁液老式蛋糕工艺流程如下。

原材料预处理 → 搅打 → 调制面糊 → 注模 → 烘烤 → 冷却 → 成品

1. 长白楤木根茎汁液的制备

选取无病虫害、纤维含量少的新鲜长白楤木根茎，清洗干净，将表面褐色表皮刮去，再将中心的纤维抽出，剪成小块状放入组织粉碎机中，按质量比1∶1加水绞汁。

2. 搅打与调制面糊

将鸡蛋液、葡萄糖粉和白砂糖粉一起放入打蛋器中搅打，再将低筋面粉、泡打粉和长白楤木根茎汁液加入蛋泡内慢速搅匀，注入模具烤至棕黄褐色，直至散发出浓郁的蛋糕香味。

（五）楤木果实玫瑰花复合饮料

将长白楤木果实浆液和玫瑰花浸提液按1∶3配比，加入80g/L蜂蜜和0.6g/L柠檬酸。制备的长白楤木果实玫瑰花复合饮料呈紫红色，具有长白楤木果实特有的清香味，玫瑰花香气明显，组织状态均匀细腻，是一款紫红色纯天然的复合型保健饮料。

第三节　楤木的药用成分及其开发利用

楤木在我国作为药物应用已久，初唐时期我国就以楤木的根、根皮及叶作为药用材料，具有镇痛、消炎、祛风行气、祛湿活血之效，根皮可用于治疗胃炎、肾炎及风湿疼痛，也可用于外敷刀伤。

一、楤木的药用成分

从20世纪60年代开始，国内外相继对楤木属植物的化学成分进行了研究，分离鉴定了一系列有效成分：三萜皂苷、有机酸、聚炔烯、黄酮、香豆素、木脂素、苯丙烯类、生物碱、挥发油、芳香化合物和甾醇等单体化合物。

（一）皂苷类

楤木中皂苷主要存在于楤木属植物的根、茎皮、叶中。皂苷一般可分为甾体皂苷和三萜皂苷两类，楤木属皂苷主要为三萜皂苷，其苷元多为齐墩果型三萜皂苷，常与 d-葡萄糖醛酸、d-葡萄糖、l-阿拉伯糖（呋喃或吡喃糖）、d-半乳糖、d-木糖、l-鼠李糖6种寡糖在苷元的3位和（或）28位连接形成糖基。

从楤木属植物种分离出的皂苷类成分有60种以上。1961年，楤木皂苷A首次被苏联学者科特科夫（Kochetkov）等从辽东楤木中分离得到。楤木皂苷A为齐墩果酸型双糖链皂苷，其糖基分别连于母核的C3位和C28位上。

（二）黄酮类化合物

研究人员测定了8个不同产地的食用龙芽楤木中类黄酮含量为4.10~48.6g/kg；棘茎、楤木根皮总黄酮含量为9.2g/kg；龙牙楤木根皮总黄酮的积累高峰期在7月下旬达59.1g/kg；茎皮在9月中旬累达峰值59.2g/kg；叶在9月下旬总黄酮含量可达131.4g/kg。从辽东楤木中已分离到槲皮素-3-O-β-l-吡喃鼠李糖苷、槲皮素-3-O-α-l-吡喃鼠李糖苷和山奈素-3-O-α-l-吡喃鼠李糖苷等类黄酮化合物。

（三）多糖

龙牙楤木茎皮、茎心材、芽和叶中的多糖含量分别为 203.9，111.7，2.1 和 132.9g/kg。研究发现，太白楤木纯化多糖（ASP-3）为水溶性多糖，以 1,4 糖苷键为主链，少量鼠李糖、阿拉伯糖为分支。

（四）挥发油

不同种的楤木属植物挥发油种类及含量都不同。研究表明，楤木根皮含有 27 种挥发油，其中 β-榄香烯含量最高，可达 660.2g/kg。辽东楤木根皮挥发油中检测到 37 种挥发油成分，其中以 α-姜黄烯含量最高；从长白楤木根皮中提取的 16 种挥发油成分以 α-蒎烯为主，质量分数为 41.22%，另外 β-蒎烯、胡椒烯的含量也较高，还含有以檀香脑、十六酸等为主的 25 种成分。

二、楤木的药理作用

（一）传统药理作用

楤木作为我国传统中药，始见于《千金方》治疗肠痈："又方截取檐头尖少许，烧灰，水和服，当作孔出脓血取愈"，表明楤木药用始见于唐朝初期。《本草拾遗》云："取根白皮煮汁服之，一盏当下水。如病已困，取根捣碎，坐取其气，水自下……生江南山谷，高丈许，直上无枝，茎上有刺，山人折取头茹食之，亦治冷气，一名吻头"，这是现存关于楤木性状、分布最早的记载。《本草纲目拾遗》记载："楤木白皮气味辛平。有小毒，主治水痈。"《本草推陈》载楤木："树皮及根皮均有健胃、收敛、利尿及降糖作用。治糖尿病、肾脏病、胃溃疡。"《闽东本草》云："楤木壮腰骨、舒筋活血、散癖止痛。"诸多例子说明楤木属植物有治疗糖尿病、肾病、胃病等多种疾病的作用。《滇南本草》在介绍楤木时说："刺脑苞，又名刺老苞、鹊不踏。味苦辛、性凉。入脾、肾二经。治风湿痛、胃痛、跌打损伤。折，用鲜根捣碎，酒炒热敷。"

（二）现代药理作用

楤木是我国重要的野生植物资源，具有悠久的入药历史，楤木的药理作用研究主要集中在其皂苷类成分。

1. 抗氧化作用

楤木皂苷的抗氧化作用主要是通过清除活性氧（ROS），增加抗氧化酶活性，抑制凋亡途径因子的激活，从而产生抗氧化活性。研究发现太白楤木总皂苷的 12 种三萜皂苷中竹节参皂苷Ⅳa 的抗氧化作用较好。

2. 降血糖、降血脂作用

楤木在我国、日本和韩国常被用于降血糖及降血脂。研究表明，太白楤木总皂苷对实验型Ⅱ型糖尿病大鼠有一定作用，其能够剂量依赖地改善糖尿病大鼠的烦渴、多尿、多食和体重减轻，相比对照组，能显著降低其空腹血糖、糖化血红蛋白、总胆固醇、甘油三酯、低密度脂蛋白、胆固醇等的水平，并提高血清胰岛素和超氧化物歧化酶水平，显示其具有降血糖和降血脂作用。

3. 保护心脏作用

楤木总皂苷能够预防心肌细胞的缺血损伤。研究发现，竹节参皂苷Ⅳa能够改善高糖引起的细胞毒性和心肌细胞凋亡，同时在糖尿病小鼠体内实验中也观察到相似的保护效果。

4. 保护肝脏作用

楤木属植物的保肝护肝作用研究已经取得很大进展。太白楤木根皮总皂苷能使小鼠谷丙转氨酶（GPT）和谷草转氨酶（GOP）的活性明显降低，从而达到保护肝脏作用。研究发现，太白楤木有保肝作用的活性物质大多存在于70%（体积分数）乙醇洗脱的正丁醇部位，其抗肝损伤的活性成分可能是皂苷类物质。

5. 抗衰老作用

太白楤木单体活性成分竹节参皂苷Ⅳa可以有效地降低H_2O_2引起的氧化应激，减轻H_2O_2诱导的细胞衰老，具有很好的抗氧化和抗衰老作用。

三、利用楤木开发的药品

（一）楤木的典籍记载

《中华本草》要求中药楤木为五加科植物楤木（*Aralia chinensis*）的干燥根皮。栽植2~3年楤木幼苗成林，于春、夏二季采挖，录取根皮，除去杂质，干燥后用，也可鲜用。楤木树皮呈剥落状，卷筒状，槽状或片状。外表面粗糙不平，呈灰褐色、灰白色或黄棕色，有纵皱纹及横纹，有的散有刺痕或断刺；内表面呈淡黄色、黄白色或深褐色。质坚脆，易折断，断面有纤维性。气微香，味微苦，茎皮嚼之有黏性。

药材基原：为五加科植物楤木的茎皮或茎。

（二）楤木的传统中药配方

（1）治关节风气痛　楤木根白皮25g，加水250mL、黄酒120mL，煎成250mL，早晚各服一剂，连服数天，痛止后再服三天。（《浙江民间常用草药》）

（2）治胃痛、胃溃疡、糖尿病　楤木根皮15~25g，水煎，连服数日。（《南京地区常用中草药》）

（3）治红崩白带　楤木根200g、水500mL，煎至200mL，去其滓，甜酒为引，煎服。（《贵阳民间药草》）

（4）治跌打损伤、骨折　楤木根、马尾松根、杜衡根、青木香根（均鲜）各适量。捣烂外敷。（《江西草药》）

（5）治风湿关节痛、腰腿酸痛、肾虚水肿、消渴、胃脘痛、跌打损伤、骨折、吐血、疟疾、骨髓炎、深部脓疡　楤木茎皮煎汤或泡酒，15~30g内服；楤木茎皮捣敷或酒浸适量外用。可以祛风除湿，利水和中，活血解毒，需注意孕妇慎服。（《全国中草药汇编》）

> **思考题**
>
> 1. 楤木的繁殖方式有哪些？这些繁殖方式各有何优缺点？
> 2. 楤木用作食物的主要组织部位是什么？如何加工成各种功能不同的食品？
> 3. 楤木的主要药用成分是什么？主要临床应用于哪些方面？
> 4. 楤木可与什么中药进行配伍使用，临床能治疗什么疾病？

【知识窗】清朝的"幸运开国菜"

传说努尔哈赤早期在东北发兵，同明末的军队针锋相对之时，粮草补给不利，导致八旗清军缺衣少穿，士兵们经常饿得头晕眼花，战斗力很低。努尔哈赤听一贝勒说起在家时吃过一种叫"刺嫩芽"的山野菜，对恢复体力有利，便率领清兵漫山遍野地搜寻着"刺嫩芽"，先将这树上的刺芽用热水烫熟，再拌上磨碎了的老山参粉，八旗子弟兵吃了简单调味之后的人参刺嫩芽，顿时精神抖擞，沙场之上喊声震天，如同天兵下凡，反而将来势汹汹的明军打了个片甲不留，大获全胜，并夺得了天下。

第三十章 刺五加的开发利用

[学习目标]

1. 了解刺五加的植物学特征和繁殖方式。
2. 掌握刺五加的营养成分及其主要食用产品的生产工艺。
3. 掌握刺五加的主要药用成分及临床应用,了解其主要药理作用。
4. 了解刺五加的综合开发利用。

第一节 刺五加概述

刺五加(*Acanthopanax senticosus*)为五加科(Araliaceae)五加属(*Acanthopanax*)多年生灌木植物,别称有刺拐棒、五加参、坎拐棒子、老虎潦、一百针、俄国参等,英文名称为Siberian ginseng(西伯利亚人参)。

刺五加为第三纪孑遗植物,在《中国植物红皮书——稀有濒危植物》中被列渐危植物,在《野生药材资源保护管理条例》中被列为国家三级保护物种。刺五加还是一种来自五加科家族的植物,比较有名的人参、西洋参、三七、珠子参都是出自五加科,因此五加科在药用历史上算得上名门望族了。史料及文献对刺五加都有大量记载,刺五加于2002年被列入可用于保健食品的中药名单。在民间关于刺五加有流传很广的一句话:"宁得五加一把,不要满车金玉。"

一、刺五加的分布

刺五加在全球大约有37个种,主要分布在亚洲东北部及西伯利亚一带,如中国、韩国和日本,俄罗斯东北部、菲律宾、泰国、蒙古等地也有发现。

我国拥有26个种18个变种,居世界首位,主要分布在黑龙江、吉林、辽宁、内蒙古、湖南等地,西双版纳热带雨林中也有分布。刺五加主要生于山坡林中及路旁灌丛中,药圃中也常有栽培。

二、刺五加的植物学特征

刺五加株高 1~6m，小枝密生细刺毛或刺，分枝多。掌状复叶，小叶有 3~5 片，纸质，呈椭圆形状倒卵形至长圆形，长 6~12cm，上面粗糙，深绿色，脉上有粗毛，下面呈淡绿色，脉上有短柔毛，边缘有锐利重锯齿，叶柄常疏生细刺。伞形花序为单个顶生或 2~6 个组成稀疏的圆锥花序，花多而密，总花梗长 5~8cm，花呈紫黄色，萼无毛，花瓣为卵形，子房有 5 室，花柱全部合生成柱状。果实为球形或卵球形（图30-1）。花期为 6—7 月，果期为 8—10 月。

图 30-1　刺五加的植株形态

三、刺五加的生物学特性

刺五加为多年生落叶灌木，多生长在灌木丛或海拔数百米至 2000m 的森林中。

刺五加喜温暖湿润气候，但其抗寒性也很好，可以抵抗 -30℃ 的低温，耐微荫蔽，抗旱能力较差。

保护地栽培宜选向阳、微酸性、腐殖质层厚的砂质壤土，不宜选用过于黏重和碱性土壤，苗期应适当遮光，成苗需要充足的光照，弱光下长势弱。

四、刺五加的繁殖方式

（1）种子繁殖　刺五加结实率低，自然状态下成熟种子仅有 30% 左右。种子具有先天性休眠特性，有胚后熟和生理后熟两个阶段，需要经过一个冬季完成生理成熟过程后，种子才能发芽。一般在 9 月中、下旬，刺五加的果实由黄褐色变为黑色并且变软时采收。将种子和湿砂以 1:3 的比例混拌均匀后，放在室内完成生理成熟，春天播种。

（2）硬枝扦插　选取二年生的枝条，上面带有 3~5 个芽，剪成 15cm 长的插穗，斜插入土中，保持一定温度和湿度。春季扦插要用薄膜覆盖，温度保持在 25℃ 左右。

（3）嫩枝扦插　选取生长健壮的半木质化的枝条，剪成长 10cm 的插条，只留一片掌状复叶或将叶片剪去一半，斜插入苗床中，插入的深度为插条长的 2/3，半个月即可生根并移栽。

（4）分蘖　刺五加横走根茎非常发达，在春天土壤完全解冻前，将植株周围萌发的分蘖幼苗连根挖出，或连同母株一起挖出分株，定植。

第二节　刺五加的营养成分及其开发利用

刺五加是一种药食两用的新资源药材，《日华子本草》记载："刺五加治皮肤风，可作蔬菜食。"刺五加的嫩枝、鲜叶是优良的山野菜，叶、果可做茶、饮料，果实还可酿酒。

一、刺五加的营养成分

刺五加嫩茎和鲜叶食用价值很高，主要营养成分包括水分 85.5%、粗蛋白 25g/kg、粗纤维 78g/kg、灰分 25g/kg、可溶性总糖 25g/kg。同时它含有丰富的维生素，每 100g 刺五加含胡萝卜素 5.4mg、维生素 B_2 0.52mg、维生素 C 121.0mg。李筱玲等从刺五加叶中分离得到 16 种氨基酸，7 种为人体必需氨基酸，其中谷氨酸和天门冬氨酸含量最高。刺五加含有 K、Na、Mg、Si 等 10 多种微量元素，其中 Ca 的含量最高（表 30-1）。

表 30-1　　　　　　　　刺五加叶中氨基酸和微量元素含量

氨基酸	含量/（g/kg）	微量元素	含量/（μg/g）
天门冬氨酸	10.18	Ca	18980.00
亮氨酸	7.73	P	4856.00
缬氨酸	6.22	Mg	3883.00
丙氨酸	6.16	Al	332.80
甘氨酸	5.62	Ba	250.90
苯丙氨酸	5.08	Mn	185.90
精氨酸	4.38	Fe	165.80
异亮氨酸	4.30	Sr	79.92
丝氨酸	4.29	Zn	74.01
苏氨酸	4.27	B	36.36
赖氨酸	4.15	Cu	9.58
酪氨酸	3.55	Pb	3.78
组氨酸	1.90	Cr	3.17
谷氨酸	1.00	Mo	0.54
甲硫氨酸	0.83	La	0.53
总氨基酸	84.20	Ni	0.43

二、刺五加食用价值的开发利用

刺五加全身都是宝,有"木本人参"之称,是一种珍稀的绿色保健蔬菜。刺五加嫩芽嫩叶可以鲜食、做茶,果实可制作果茶、果汁饮料、果酱、果酪、果冻、果糕、蜜饯、天然食用色素等。

(一)鲜食

刺五加嫩茎风味独特,清香微苦,是珍稀的绿色保健蔬菜,既可鲜食,也可以做成多种菜肴。

1. 油炸刺五加

将新鲜的刺五加嫩芽,用开水焯一下,加入少量面粉和鸡蛋,调制成面糊,入油锅炸制即可。

2. 凉拌刺五加

把新鲜的嫩叶采收以后用清水洗净,然后入沸水焯一下,取出去掉水分,再加入蒜泥和盐以及味精与香油和醋等调味料,调匀以后装盘直接食用即可。

3. 其他

还可以用刺五加制作刺五加炒鸡蛋、刺五加清汤,还可将刺五加做馅,包饺子味道鲜美。

(二)牛撒撇

牛撒撇是傣味中的极品佳肴,是傣族款待宾客的名菜。

原料:牛苦肠(牛苦胆或刺五加叶)、牛厚肚及瘦肉等主料,以及花椒、青辣椒、大蒜泥、野芫荽、香辣蓼等调味料。

制作时先将牛肚、腰里肉等洗净后水煮,煮时必须保持肉质鲜嫩。煮熟即捞出,切碎,撒上佐料,倒入事先做好的苦肠汁(小肠中的苦汁水)和刺五加汁,再加上少许的肉汁,拌均匀就可以食用。

牛撒撇辣、麻、苦、凉、甘甜,细腻可口,香味醇正,色泽诱人,具有健胃、消燥热、增食欲的功效,受人喜爱。

(三)刺五加饮料

1. 刺五加果饮料

取野生刺五加干燥果实加水(1:6)浸泡 12h,室温下超声提取 1h,加水至果实质量的 20 倍,80℃下保温 3h,加入 79g/L 蜂蜜和 0.25g/L 山梨酸钾,室温放置 24h,加入柠檬酸、白砂糖,过滤,滤膜除菌,无菌封装,制得刺五加果饮料。

金属离子络合剂依地酸二钠,可有效避免金属离子对刺五加果实色素中花色苷类成分的氧化催化作用,有效提高产品的稳定性。采用超声提取工艺提取刺五加果实的有效成分,并进行无菌过滤,可避免常规工艺中刺五加果实经热灭菌处理而造成的刺五加香气物质的挥发及由于加热造成的浓重焦糖味道,保持了刺五加果固有的香气成分,有利于工业化生产。

2. 刺五加果实原汁发酵饮料

采用酵母菌、醋酸杆菌双重发酵法,主要操作步骤如下。

(1)材料处理 取刺五加成熟果实,去掉种子,取果肉果皮,按 100kg 果实加水至 500kg 的配比,作为培养基备用。

（2）调配　用蔗糖将发酵培养基中的糖含量调整到170~200g/L，用柠檬酸调节pH至4~5，再加入果酒酵母菌进行发酵，发酵温度控制在25℃，当乙醇浓度达到10%（体积分数），发酵停止，发酵时间大约15d。

（3）醋酸杆菌发酵　将生产用醋酸杆菌接种到刺五加果实的酵母菌发酵液中，在28~30℃恒温、加氧泵加氧条件下培养10d，即可形成刺五加果实原汁发酵饮料。刺五加果实发酵原汁中加入白砂糖及蜂蜜水溶液，灭菌后制成成品。

3. 刺五加参蜜饮料

分别将刺五加的茎、叶、花、果实打碎，通过专用微波加热器烘干，加热频率2000Hz，加热时间1~5min，采用紫外线灭菌，配伍（茎∶叶∶花∶果实＝4∶3∶1∶2）得到刺五加混料。采用超微粉碎机进行超微粉碎，制得刺五加混料超细粉料，与玉米粉混合，作为五加参蜜饮品的酿造原料，以原料与水1∶3比例加水，再加入400g/L活性干酵母进行发酵，蒸馏制得饮料初级原浆，加入60g/L蜂蜜，勾兑过滤后即制得刺五加参蜜饮料。

4. 刺五加饮片大枣饮料

加工工艺流程：

清洗→浸泡→煎煮→过滤→浓缩→加入添加剂→喷雾干燥→成品

按质量取刺五加饮片2~3份、大枣1~2份进行清洗。采用6~8倍质量的水浸泡10~30min，浸泡液煎煮1~2次，每次1h，过滤后滤液在60℃下减压真空浓缩至清膏，加入等质量的白糖，液体过滤后喷雾干燥，物料温度在60~90℃，收集喷干粉，包装即得固体饮料。

刺五加具有良好的助眠功能，大枣安神养血，两种气味香甜的中药相结合，在色、香、味、功能上满足消费者，帮助消费者提升睡眠质量，气血双调，改善亚健康状态。

（四）刺五加保健酸乳

刺五加挑选，清洗，烘干至恒重，粉碎，过筛得刺五加粉末，加入蒸馏水，匀浆机匀浆，得刺五加匀浆液。采用热水浸提法，提取刺五加的有效成分，浸提温度为70~80℃，提取时间90~120min，连续提取2次，将刺五加水提物冻干，备用。

刺五加保健酸乳以刺五加水提物为主要辅料，制备保健酸乳、保健饮料等多功能保健饮品，具有抗氧化活性高、过敏性低的特点，对补肾安神、延缓衰老具有一定的功效。

（五）刺五加发酵叶茶

加工工艺流程：

清洗→第一次发酵→第一次干燥→第二次发酵→第二次干燥→揉捻→成品

将刺五加的叶片清洗干净后烘干至含水量为30%~40%；加入白参菌液，进行第一次发酵（湿度保持95%进行分级发酵：温度为40℃，发酵20min；温度为35℃，发酵50min；温度为30℃，发酵25min），干燥处理水分含量为15%~20%，干燥温度为120~130℃；加入复合酶（纤维素酶与果胶酶用量比为1.2∶1），喷洒枯草芽孢杆菌与植物乳杆菌形成的复合菌液，含水量至25%时进行第二次发酵，温度为30℃，湿度为95%，发酵时间为2h；干燥至含水量低于3%，干燥温度为100℃，放入揉捻机中揉捻7~8次，然后放入茶叶高温灭菌烘焙提香机内烘干灭菌提香，在打碎机中打成粉粒状，即可得到刺五加发酵茶叶。

（六）刺五加冰茶

刺五加冰茶配料包括刺五加原汁、低聚木糖、柠檬酸、茶汁、冰糖和纯净水。主要加工方法：

备料→备茶汁→溶解→搅拌→调整口感→过滤→灭菌→灌装→成品

刺五加冰茶具有扶正固本、益智安神、顺气化痰、祛风湿、壮筋骨、填精髓的功效，营养丰富，茶味浓香可口，饮用方便，药用功效高并且生产成本低。

（七）刺五加果酒

加工工艺流程：

刺五加鲜果→分选→清洗→除梗破碎→加水→加果胶酶→加硫→调糖→浸渍→接种酵母→酒精发酵→过滤→灌装→刺五加果酒

筛选刺五加果实，清洗后破碎，向果醪浸渍罐中加入纯水，果与纯水比例为3∶2（质量体积比），因为刺五加果辛味比较重，添加适量的水有利于减少辛味。加入果胶酶，焦亚硫酸钾（目的是杀死有害细菌并且抑制非酿酒酵母的活力，防止刺五加果酒染菌腐败）；加入白砂糖，浸渍温度20℃保持48h。将酿酒酵母在刺五加果汁中活化，接种到果醪中，温度控制24℃进行酒精发酵，8~10d发酵结束，分离皮渣，菌膜除菌，灌装。

刺五加果酒　颜色呈红色、果香浓郁、酒体丰满、风格独特。

（八）刺五加冰红葡萄酒

刺五加冰红葡萄酒　香气浓郁、口感清爽、甜而不腻，具有全面均衡的营养成分，有软化血管、抗衰老的功效。其生产步骤如下。

（1）将红葡萄采收时间延迟至12月，可溶性固形物可达35%~40%，通过压榨、澄清、发酵以及陈酿等步骤可以制得冰红葡萄原酒。

（2）刺五加果通过破碎、发酵以及陈酿步骤可以制得刺五加原酒。

①破碎：将10月采收的新鲜的刺五加果破碎，果皮破碎的同时保持其籽完整。

②发酵：按刺五加果∶水1∶2的比例把蒸馏开水加入破碎后的刺五加果中，添加白砂糖使发酵醪中可溶性固形物的质量含量为25%，加入活性干酵母，发酵温度为25~30℃，待酒精度达到接近10%时分离皮渣，得到上清液。将上清液再次发酵，发酵温度为15~20℃，发酵时间为30d，分离得到澄清的上清液。

③陈酿：将上清液置于10~15℃的恒温环境内陈酿，陈酿2个月后得到琥珀色刺五加原酒。

（3）将冰红葡萄原酒和刺五加原酒按照一定比例勾兑获得不同系列刺五加冰红葡萄酒。

第三节　刺五加的药用成分及其开发利用

刺五加在中国医药学中作为药物广泛应用已有悠久的历史，其根、根茎、地上茎均可入药，《神农本草经》最早把刺五加列为上品，《中华人民共和国药典》已把刺五加单列入药称为"刺五加"，与其他药配伍可"进饮食、健气力、不忘事"。近年来研究发现，刺五加含有多种药用化学成分，其药理研究也取得很大进展。

一、刺五加的药用成分

近年来研究发现，刺五加的根、叶及果实中含有苷类化合物、黄酮类化合物及多糖等多种药用活性成分。

（一）苷类化合物

刺五加苷和刺五加皂苷均为刺五加主要的活性物质。刺五加叶和果实中的苷类主要为皂苷类化合物，且大部分属于三萜类皂苷。刺五加根茎的主要成分为酚苷类化合物，目前已发现7种刺五加苷，分别是胡萝卜苷（刺五加苷A）、紫丁香酚苷（刺五加苷B）、7-羟基-6,8-甲基香豆精葡萄糖苷（刺五加苷B_1）、乙基-半乳糖苷（刺五加苷C），还有紫丁香树脂酚葡萄糖苷的两种构型（刺五加苷D和刺五加苷E）以及芝麻素等化合物。还从刺五加根茎水溶性部分分离得到木栓酮、β-谷甾醇、异嗪皮啶、大豆苷、3'-甲氧基大豆苷、紫丁香酸葡萄糖苷等。研究发现，刺五加苷B（图30-2）在茎干中含量最高，叶中含量最低，刺五加苷E在根中含量最高。

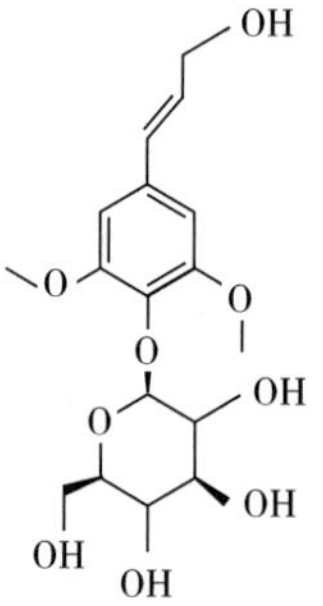

图30-2 刺五加苷B的化学结构

（二）黄酮类化合物

从刺五加根茎分离得到3'-甲氧基葛根素、4'-甲氧基葛根素、葛根素、金合欢素和山柰酚等黄酮类化合物。从刺五加叶中提取到金丝桃苷（槲皮素-3-O-β-d-鼠李糖）、槲皮苷（槲皮素-3-O-α-l-鼠李糖）、槲皮素以及芦丁（槲皮素-3-O-芦丁糖）等黄酮类化合物。

（三）多糖

刺五加多糖具有免疫活性，包括葡萄糖、果糖、阿拉伯糖等。刺五加不同部位可溶性多糖含量为根皮18g/kg、茎皮42g/kg、叶4g/kg、叶柄51g/kg，粗多糖含量为根皮25g/kg、茎皮29g/kg、叶37g/kg、叶柄41g/kg。从刺五加中提取出刺五加多糖（PES），其中被命名为PES-A和PES-B的多糖，分子质量分别为7000u和7600u，主要为1-3-α-d-葡萄毗喃糖及一些1→2与1→4键连接的吡喃型己醛糖。

（四）其他成分

刺五加的根和根皮中还含有7-羟基-2,8-二甲基香豆素、硬脂酸、芝麻素、白桦脂酸、蔗糖、反-4,4'-二羟基-3,3-二甲氧基芪等。

二、刺五加的药理作用

（一）传统药理作用

刺五加作为药物的应用历史十分悠久，在历代本草中均有记载。刺五加性温，味辛，微苦，归脾、肾、心经，具有益气健脾、补肾安神的功效，主要用于治疗脾肾阳虚、体虚乏力、食欲不振、腰膝酸痛、筋骨拘挛、失眠多梦等症。可单方煎服，也可入剂，或浸酒服用。《神农本草经》将刺五加列为上品，陶弘景《名医别录》中记述刺五加"补中益精，坚筋骨，强意志"。李时珍《本草纲目》中称："刺五加，以五叶交加者良，故名五加，又名五花。五加治风湿、壮筋骨，其功良深，宁得一把五加，不用金玉满车。"服用五加皮能："进饮食，健气力，不忘事""久服轻身耐劳"。《桂香宝杂记》称："白发童颜叟，山前逐骣骅，问翁何所得？常服五加茶。"

（二）现代药理作用

刺五加根茎的提取物主要对心血管系统、神经系统有一定的影响，并且还有抗肿瘤、抗炎、调节糖脂以及抗辐射等作用。

1. 对心脑血管系统的作用

刺五加苷类化合物能改善人体心肌缺血现象以及其所造成的局部损伤。通过对心脏病以及高脂血症模型大鼠的实验研究，发现刺五加具有明显的抑制血小板聚集，减少过氧化脂质在血清和肝组织中的含量，缩小心肌梗死面积，增强抗氧化酶活性，从而起到改善心律失常等症状的作用。

刺五加叶中的熊果酸、齐墩果酸、β-谷甾醇、胡萝卜苷等单体活性成分能够明显抑制血小板聚集。刺五加叶总黄酮可以提高红细胞膜的流动性，从而使血液黏稠度下降，最终达到治疗目的。

2. 对神经系统的作用

刺五加皂苷类成分具有调节中枢神经系统兴奋和抑制过程，改善大脑供血情况，促进脑细胞代谢和修复，改善睡眠，增强学习记忆力，抗焦虑、抑郁、帕金森病等作用。刺五加总黄酮对两种脑缺血样损伤模型中的大鼠神经细胞均具有明显保护作用，可以显著提高脑损伤模型中神经细胞的存活数量。

在临床应用中刺五加制剂具有镇静安神的作用，可以使患者提前入睡，增加睡眠时间和深度，用来治疗神经衰弱，因此刺五加可以作为神经系统疾病常用中药。

3. 抗肿瘤作用

刺五加的苷类、多糖类化合物具有抗肿瘤作用。刺五加苷通过抑制有丝分裂以及脱氧核糖核酸的合成，从而减少癌细胞的增殖并促进其凋亡。刺五加多糖作为免疫增强剂，不仅能促进T细胞、B细胞、NK细胞和M细胞等免疫细胞更好地发挥其免疫调节作用，同时也能促进白细胞介素、干扰素和肿瘤坏死因子等细胞因子的产生，以及增加免疫细胞的数量，使机体的免疫力增强，最终发挥其抗肿瘤作用。

4. 抗炎功能

刺五加中发挥抗炎作用的主要活性成分为刺五加多糖、刺五加苷及刺五加酸。刺五加多糖通过保护动物机体肠道的完整性来达到抗炎的目的，刺五加多糖还可降低炎性细胞因子和黏附因子的活性、减少炎性细胞因子的分泌和表达，对免疫性肝损伤有一定保护作用。刺五加苷有保护小鼠急性肝损伤的作用，其保护作用可能归因于 NF-κB（核因子激活的 B 细胞的 κ-轻链增强）和核因子 E2 相关因子 2（Nrf2）/血红素加氧酶-1（HO-1）信号通路中的炎症抑制功能。刺五加酸可抑制 TNF-α 诱导的白细胞介素-6（IL-6）和白细胞介素-8（IL-8）的产生和 LPS 诱导脂肪因子 NF-κB 活化，并上调肝 X 受体 α（LXRα）的表达。

5. 调节糖脂代谢作用

从刺五加叶中分离得到的糖苷 ST-C1 和糖苷 ST-E2 可以抑制脂肪生成。刺五加提取物可对蛋白酪氨酸磷酸酶 1B（PTP1B）、二酰甘油酰基转移酶 1（DGAT1）、二酰甘油酰基转移酶 2（DGAT2）均表现出选择性抑制活性。刺五加的果实可通过调节腺苷单磷酸活化蛋白激酶（AMPK）活性和脂质代谢相关基因表达来改善肥胖相关的胰岛素抵抗和肝脏脂质积聚。

6. 抗紫外线辐射作用

辐射主要会造成细胞周期的停滞以及细胞的非自然死亡，而刺五加的抗辐射机制主要是保护核酸免受侵袭，提高骨髓造血干细胞的造血率，从而增强机体的免疫力，阻滞由于辐射引起的氧化效应和有毒自由基的释放。刺五加多糖通过提高大鼠脾脏、胸腺指数及辐射损伤大鼠的睾丸、附睾指数及精子相对计数等方面，对 $^{60}Co-\gamma$ 射线辐照大鼠的免疫系统和生殖系统起到保护作用。还有研究显示刺五加皂苷通过提高淋巴细胞的转换率，刺激造血系统等功能，以此来减轻经 X 射线照射所造成的小鼠免疫功能损伤。刺五加苷 E、刺五加多糖、黄酮类化合物、萜类化合物、鞣质类和香豆素类等可作为天然的抗紫外线保护剂。

三、利用刺五加开发的药品

（一）刺五加的典籍记载

《中华人民共和国药典（2020 年版）》记载：中药刺五加来源于五加科植物刺五加 [Acanthopanax senticosus（Rupr. et Maxim.）Harms] 的干燥根和根茎或茎，于春、秋二季采收，洗净，干燥。中药刺五加味辛、微苦，温，归脾、肾、心经，具有益气健脾、补肾安神的功效，用于治疗脾肺气虚，体虚乏力，食欲不振，肺肾两虚，久咳虚喘，肾虚腰膝酸痛，心脾不足，失眠多梦。每次服用 9~27g。

（二）刺五加的经典中药配方

（1）治小儿筋骨痿软，行走较迟　五加皮 9g，茜草、木瓜、牛膝各 6g，水煎服。（《宁夏中草药手册》）

（2）治脚气浮肿　五加皮 12g、黄芪 30g。水煎服。（《宁夏中草药手册》）

（3）治风湿痹痛　刺五加根 30g，铁筷子 15g，见血飞、黑骨藤各 10g，水煎服。（《贵州中草药名录》）

（4）治风湿麻木，肢体痿软　五加皮、木瓜、淫羊藿、菟丝子、桑寄生各适量，水煎服。（《常用中草药验方汇编》）

（5）治水肿，小便不利　五加皮、陈皮、生姜片、茯苓皮、大腹皮各 9g，水煎服。（《陕甘宁青中草药选》）

（三）刺五加药品

（1）刺五加片（或颗粒）　主要药用成分为刺五加。本品益气健脾，补肾安神，用于治疗脾肾阳虚、体虚乏力、食欲不振、腰膝酸痛、失眠多梦等。

（2）刺五加、香薷制成合剂　用于治疗高脂血症，每次 15mL，每日 2 次，连服 10d，可使血清 β-脂蛋白含量下降，高密度脂蛋白胆固醇含量升高。

（3）刺五加浸膏片　用于治疗白细胞减少症，每片 0.3g，每次 5 片，每日 3 次，用药 3~15d。对肿瘤放化疗者、脾亢者总有效率为 70.4%。

（四）刺五加的禁忌

出现感染严重的情况不能服用刺五加；有严重的慢性疾病如高血压、高脂血症、心脏病、肝病、风湿性骨病、糖尿病、肾病等，应该在医生指导下合理使用；刺五加对于孕妇、儿童、受孕的女性需注意，必须在合理的应用范围之内使用。

第四节　刺五加的综合开发利用

刺五加为多年生木本药用植物，嫩叶及果实可食用，根、茎可入药，益气健脾，补肾安神。此外，刺五加果皮中含有大量的色素，可以提取成为五加果色素，作为食品添加剂；利用干燥的刺五加果实提取种子油，可以制作肥皂；在畜禽生产方面，在饲粮中添加刺五加根茎提取物能显著提高畜禽生产性能，并起到免疫调节等作用。刺五加茎及柞木屑可以代替部分传统主料作为培养基生产食用菌，目前已有刺五加袋栽黑木耳上市。研究发现，刺五加木耳具有菜、药兼用，是治疗、康复、保健三位一体的理想食品，因此刺五加深加工及其综合利用具有广泛前景（图30-3）。

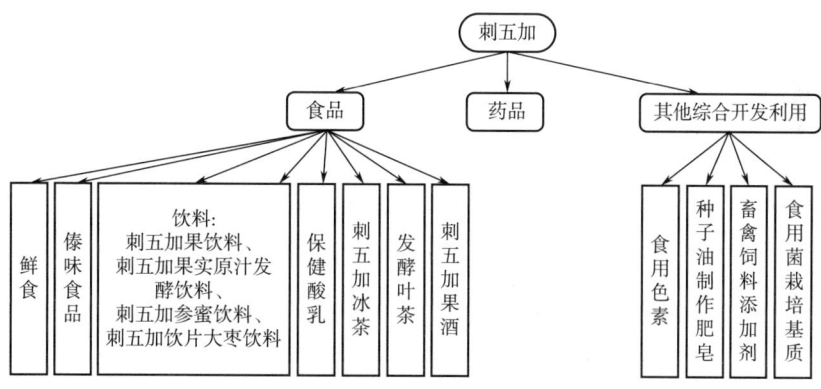

图 30-3　刺五加的综合开发利用

> 🔍 思考题
>
> 1. 刺五加属于植物中的哪个科，为什么认为这个科是植物中的"名门望族"？
> 2. 刺五加的繁殖方式有哪些？这些繁殖方式各有何优缺点？
> 3. 如何利用刺五加加工成各种不同种类的食品？
> 4. 刺五加主要的药用成分是什么？主要临床应用于哪些方面？
> 5. 如何综合开发利用刺五加，扩大其产业链？

【知识窗】神奇的刺五加

《桂香室杂记》诗中写道："白发童颜叟，山前逐骝骓。问翁何所得，常服五加茶。"刺五加浑身都是宝，嫩芽可食用，根与根茎可入药，开花结籽也是药材，可作为茶品，二者有着相同的药性，刺五加籽可以改善睡眠，对治疗心悸、乏力和增加记忆力效果明显，作用不亚于人参。在日本被称为"虾夷五加"，在俄罗斯被称为"西伯利亚人参"。据报道，刺五加在运动生理学方面，具有减缓心跳次数及降低需氧量的效能，可增加人体氧气吸收量及细胞氧气交换率，对体力、耐力及持久力有明显改善作用，被体坛所重视。

第三十一章 构树的开发利用

CHAPTER 31

[学习目标]

1. 了解构树的生物学特性。
2. 掌握构树的营养成分及其主要食用产品的生产工艺。
3. 掌握构树的主要药用成分及临床应用,了解其主要药理作用。
4. 了解构树的综合产品开发与利用。

第一节 构 树 概 述

构树(*Broussonetia papyrifera*)是桑科(Moraceae)构属(*Broussonetia*)落叶乔木,别名楮(chǔ),也称榖(gǔ)、楮桃、楮树、毛桃、谷树、谷桑、构桃树、沙纸树、构乳树、毛构树等。构属有4个种,分别是构树、楮(小构树)(*B. kazinoki*)、藤构(*B. kaempferi*)和落叶花桑(*B. kurzii*),其中构树为乔木,小构树为灌木,其他两种为藤本。构树的成熟果实入药称为"楮实子",历版《中华人民共和国药典》均有收载,为常见的中药。

一、构树的分布

构树在全球各地均有分布,在各种不同生态环境中均能生长,孕育出了丰富的基因型和遗传资源,世界上已记录有5种构树,主要分布在朝鲜半岛、日本、印度、东南亚及太平洋岛屿,在欧洲和美洲也有广泛分布。

构树在中国有4种,分布广泛,除了极端低温(<-35℃)的区域之外,我国绝大部分地区(除东北和西北以外)的温带、热带均有分布,自然分布的最高海拔可达3500m(西藏自治区林芝市的南迦巴瓦峰),尤其是在南方地区极为常见。

不论平原、丘陵或山地都能生长构树,在田间地头、墙角屋边、沟边路旁、铁路和高速公路的沿线、废弃的厂房和矿区等地方均可见到生长旺盛的构树,在石漠化和盐碱地均可人工种植构树。

二、构树的植物学特征

构树为多年生乔木,高10~20m,全株富含乳汁,树皮呈暗灰色,小枝密生灰色柔毛。叶为单叶互生或对生,广卵形至长椭圆状卵形,长6~18cm,宽5~9cm,先端渐尖,基部心形,两侧常不相等,边缘具粗锯齿,不分裂或3~5裂,表面粗糙,疏生糙毛,背面密被绒毛,表皮毛由单细胞组成并呈毛钩状,叶柄长2.5~8cm,密被糙毛,花为雌雄异株,单性花,属于典型风媒花,雄花序为柔荑花序,粗壮,长3~8cm,雄蕊有4,雌花序呈球形头状,成熟时呈橙红色,肉质(图31-1)。花期为4—5月,果期为6—7月。

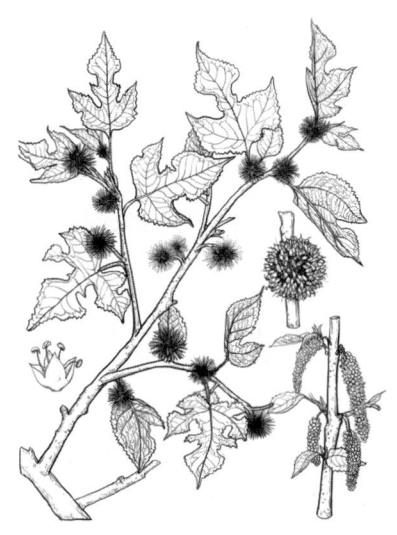

图31-1 构树的植株形态

三、构树的生物学特性

构树是一种典型的乡土树种和先锋植物,喜光,但具有一定耐荫性,适宜混交造林。

构树根系浅,侧根分布广,生长快,萌芽力和分蘖力强,耐修剪,具有速生、适应性强、分布广、易繁殖、热量高、轮伐期短的特点。

构树耐干旱、瘠薄和盐碱,也能生于水边,多生于石灰岩山地,也能在多石质山地、沙地、酸性土及中性土、中度以下盐碱地、砂壤土及黏壤土中正常生长。

构树抗大气污染能力强,耐烟尘污染,对二氧化硫、氯气具有较强抗性,由于叶子表面粗糙,对尘埃吸附性好,可作为工厂、城镇绿化树种。

构树逆境适应能力强,多数为野生状态,常生于海拔1400m以下的山坡、田野路旁、沟边、墙隙或林中,在沟谷、河滩、丘陵等酸性、石灰质土壤及峭壁上均能生长。

四、构树的繁殖方式

构树的繁殖力强,可以采用种子或无性繁殖,同时为克服雌株多浆的果实在成熟时大量落果影响环境卫生,可利用雄株作接穗进行繁殖。

（1）种子繁殖　二年生构树即可开花结果，种子小，一个构树果子有 200~300 粒种子，一棵成年构树可结 2 万~3 万粒果子。每年 10 月份采集成熟的构树果实，次年 3 月中下旬播种。

（2）扦插育苗　选择优良母株上 1 年生健壮枝条，剪成 15cm 长插穗，基部斜剪成马耳形，用 5g/L 高锰酸钾溶液浸一个晚上，即可取出扦插。扦插时间以 2 月底至 3 月上旬为宜。

（3）根蘖繁殖　冬季垦抚整地时在母树根部周围选择 1~1.5cm 粗以上的根，截断，每段保留 1~2 条小细根与土壤连接，埋土踩实，上部留出地面 1~2cm，当年可萌发枝芽。

第二节　构树的营养成分及其开发利用

我国构树入食入药已有几千年的历史，自古就有以构树雄花序、果实及嫩叶为食，近年研究发现构树含有多种营养成分。

一、构树的营养成分

构树的叶、花序、果实都可食用。100g 构树叶干物质含有可溶性多糖 3.54~8.14g、粗蛋白质 19.22~26.10g、粗脂肪 2.64~11.94g、粗纤维 9.07~15.40g、钙 0.89~3.40g、磷 0.23~1.37g 等营养成分。

每 100g 干燥构树雄花序中含有总糖 27.59g、粗脂肪 8.60g、粗蛋白质 39.63g、β-胡萝卜素 3.09mg、维生素 C 267.71mg、总灰分含量为 8.58g，说明构树雄花序是一种总糖含量适当，粗脂肪含量低，粗蛋白质和总灰分含量高，具有较高营养价值的花序。

构树叶、花序、聚合果、楮实子中含有 17 种以上氨基酸，以天冬氨酸、谷氨酸、精氨酸、缬氨酸、脯氨酸、赖氨酸等为主，7 种为人体必需氨基酸。检测 100g 干燥样品粉末，构树叶、雄花序、聚合果、楮实子总氨基酸含量分别为 24.35g、15.88g、11.94g、12.44g，人体必需氨基酸总量分别为 9.95g、9.7g、3.27g、3.92g，叶和雄花序总氨基酸及必需氨基酸含量较多。构树叶游离氨基含量以幼嫩叶初长时较高，说明嫩叶作食用或饲料具有较高营养价值。

构树种子含有多种矿物质元素，1g 干燥种子含钾 6.75mg、钙 1.14mg、镁 2.62mg、钠 0.875mg、磷 21.50mg、铁 0.333mg、锌 0.098mg、锰 0.716mg、铜 0.033mg、钼 0.008μg，说明构树种子富含 K、Ca、Mg、P，同时含有 Fe、Mn、Cu、Zn、Mo，且比例较适当，具有高 K 低 Na 的特点。

研究发现，楮实子中含有 276.9g/kg 的脂肪酸，油脂中不饱和脂肪酸含量可达 881.6~906.9g/kg，其中十八碳-8,11-二烯酸高达 791.1g/kg。必需脂肪酸的含量为 854.2g/kg，明显高于其他常见食用油（花生油 220g/kg、菜籽油 142g/kg、米糠油 340g/kg、香椿籽油 547.3g/kg、豆油 510g/kg、玉米胚油 540g/kg），而不饱和脂肪酸与饱和脂肪酸的比值为 9.752，因此构树种子油具有很高的营养价值。

二、构树食用价值的开发利用

在我国，三国时期的百姓就已经开始食用构树嫩叶，陆玑所著的《毛诗草木鸟兽虫鱼疏》写道"其叶初生可以为茹"。《本草纲目》记载楮谷："雄者皮斑，而叶无桠杈，三月开花成长，穗如柳花状，不结实，歉年人采花食之。雌者皮白而叶有桠杈，亦开碎花，结实如杨梅，半熟时水澡去子，蜜煎作果食。"朱橚在《救荒本草》还记述了构树芽叶的烹制方法："采嫩叶炸熟，换水浸洗淘净，以油盐调食。"现代人们把构树嫩茎叶、雄花穗、果实称为"舌尖上的构树三绝"。

构树除了鲜食外，还可以加工成色、香、味俱全的食品，如营养粉、糕点、果汁、花茶、果冻等。构树果肉色泽鲜红，柔软多汁，清甜可口，果实经物理压榨，出汁率高达52.21%，可制成饮料、酿酒、糕点、糖果、色素添加剂和糖果。

（一）即食构树叶粉

构树叶粉加工工艺如下。

选料 → 清洗 → 烘干 → 粉碎 → 包装 → 成品

主要操作步骤是将新鲜构树嫩叶在清水中清洗干净，于60~80℃的温度下热风干燥1~2h，使其水分含量在8%以下，将热风干燥后的构树叶送入粉碎机内粉碎，真空包装，即可得到一种食用构树叶粉。

构树叶粉商品标准：水分含量小于8%，粗蛋白质含量大于220g/kg，粗脂肪含量小于50g/kg，粗纤维含量小于110g/kg，钙含量大于20g/kg，磷含量大于4g/kg。

商品标准：保留构树叶的营养，色泽鲜艳，有高溶解性，营养丰富，食用口感好，不添加任何防腐剂，适合工厂化生产，携带和食用方便。

（二）构树叶加工食品

1. 构树叶粉

采集三叶新芽的构树叶，翻炒使构树叶失水但保持绿色，翻炒温度为280~300℃；翻炒至水分含量达65%~60%；将纤维素酶和半纤维素酶等酶制剂加入构树叶中发酵，温度为38℃，时间为4d，发酵后的构树叶置于揉捻机中揉捻至水分含量为18%~15%，80~130℃高温烘干至水分含量为4%~5%，即得构树叶粉。

2. 构树叶食品

主要成分：构树粉含量为100~600g/kg，粮食粉主要包括小麦粉、高粱粉、玉米粉、小米粉、大米粉、豆类粉、薏米粉、芡实粉、莲子粉和淀粉等。

（1）"构树叶馒头"的制作　取构树叶粉和面粉（比例1∶3），加入适量水和成面团，加入酵母，28℃放置12h，发酵后加入小米面和面粉及适量水和成面团，上锅蒸熟即得"构树叶馒头"。

（2）"构树叶饼干"的制作　将构树叶粉、面粉、淀粉、蛋黄、乳粉按照1∶3∶1∶1∶1比例混合，加入适量食盐、碳酸氢钠、植物油、水及蔗糖等和成可以流动的面糊，经挤压成型、烘烤制成"构树叶饼干"。

构树叶食品通过添加构树叶粉可以调节脂肪代谢；通过翻炒加工降低了构树叶内涩味口感物质的含量；通过添加酶制剂将不溶性膳食纤维分解为单糖和低聚糖，提高功能性的同时进一步改善粗糙的口感，营养丰富，易被消费者接受。

（三）构树叶饮品

以构树叶、蓝莓、山楂核为原料可以制成一种构树叶饮品。

幼嫩构树叶以及新鲜蓝莓果实加入一定量的去离子水研磨、过滤、去除残渣，分别得到鲜榨汁，山楂核放入萃取装置中进行萃取，得到红棕色的山楂核萃取液，调配时将10份构树鲜榨汁、10份蓝莓汁、1份山楂核萃取液放入密闭容器中保持30~50d，保存温度为25℃，最后进行高倍物理式或负压式过滤后的液体即为构树饮品。

构树叶饮品制备工艺简单，营养成分丰富，山楂核萃取液能够在短时间内杀灭多种致病菌、真菌，并对有益菌无伤害，被称为"草本植物抗生素"。

（四）构树茶叶

1. 构树叶茶

构树茶叶的工艺流程如下。

采集 → 清洗 → 沥干 → 切片 → 杀青 → 揉捻 → 干燥 → 添加提香物 → 成品

主要操作步骤：在霜降到立冬季节内，选取构树青绿的老、嫩叶片；洗净沥干后将叶片切成四方碎片；叶片杀青温度80℃以上，3~5min，至叶片呈暗绿色，青味消失；揉捻10~20min，45~55℃烘干至含水量达到10%，叶片捻成粉末，成为构树半成品茶叶。加入苦丁茶、金银花、绞股蓝等成分混合均匀，密封包装即可。

构叶绿茶集色泽、口感和健康于一体，与金银花等混合可以改善饮用口感。

2. 发酵型构树叶茶

发酵型构树叶茶工艺流程如下。

原料混合 → 切丝 → 揉切 → 发酵 → 酶钝化 → 提香 → 成品

主要操作步骤：选取幼嫩或成熟的构树鲜叶、幼嫩的茶树鲜叶，自然干燥至含水量为60%，在构树鲜叶中加入200g/kg的茶树鲜叶，切成细丝，揉切后发酵，温度35℃，相对湿度90%发酵4h，微波进行酶钝化处理，发酵叶干燥提香，温度120℃，时间30min。发酵型构树叶茶色泽鲜艳、茶香浓郁。

（五）构树子果酒

酿酒工艺流程：

原料混合 → 打浆 → 发酵 → 陈酿 → 调配 → 成品

主要加工步骤：选取成熟的新鲜构树子清洗干净；晾干后加入1∶5水混合，打浆；加入150g/L白砂糖及一定量酵母菌，pH调至3.5，在15℃保温发酵7d；再次添加30g/L白砂糖、50g/L白酒酒糟，继续发酵4d；过滤除去酒渣，得到构树子原酒。加入40g/L蜂蜜，5℃陈酿3个月；调配、澄清、杀菌即得构树子果酒成品。

由于构树子具有良好的杀菌、抑菌作用，在整个酿酒过程中，无需加入二氧化硫，保证了果酒的安全性。加入白酒酒糟，不但可以改善果酒风味，而且还可增强杀菌、抑菌效果。制备的构树子果酒，营养丰富，具有独特的果香和酒香。

（六）构树花蕊果冻

构树花蕊果冻是以构树雌花蕊汁为主要原料，通过复配胶、蜂蜜、糖浆的添加制成。

主要操作步骤：取新鲜的构树雌花蕊压榨过滤得到鲜红色汁液，0~4℃冷藏，花蕊汁糖度10%，色泽鲜红透明。将食用琼脂、卡拉胶、魔芋精粉混合成复配胶后，加入150g/L糖浆、80g/L蜂蜜和一定比例纯净水煮沸溶解；将30%（体积分数）构树花蕊汁加入煮沸的复配胶糖浆水溶液中，煮沸3~5min，灌装封口；紫外杀菌，得到成品。色泽鲜红，口感柔和爽滑，酸甜可口。

（七）构树雄花产品

构树幼嫩雄花序营养丰富，每100g成熟雄花序可以产生34g花粉（以干重计），是一种较为理想的野生蔬菜，可制成花茶、花蕊果冻、糕点等。采食尚未充分成熟的幼花序，除了可以保持清香糯软的良好口感外，此时的花粉外壁尚未充分增厚，有利于人体的消化吸收，还可减少构树花粉飞撒对环境的污染。

第三节　构树的药用成分及其开发利用

构树以乳液、根皮、树皮、叶、果实及种子入药，历版《中华人民共和国药典》均有构树的药用记载，历代医家也认为楮实子为补益药，除了楮实子作为传统中药外，构树的其他部分也一直是优良的中药材。近年研究发现了构树的多种药用成分以及药理作用。

一、构树的药用成分

研究人员已从构树的根、茎、树皮、叶和果实等部位分离得到了多种类型的药用活性成分。

（一）类黄酮

构树属植株的类黄酮成分主要包括构酮、构酮醇、小构树醇等，具有黄酮（醇）、二氢黄酮（醇）、查耳酮、噢呀、黄烷等母核。目前已发现构酮 A~C、构酮醇 A~F、构噢呀 A、构查耳酮 A 和 B、小构树醇 A~P，异偕查耳酮 C、5,7,2′,4′-四羟基-3-牻牛儿黄酮、2-次苯甲苯并呋喃酮、3,3′,4′,5,7-五羟基黄酮（桑黄素或槲皮酮）、乌拉尔醇等 70 多种黄酮类化合物。

从构树茎枝中分离到构树素 A、5,7,3′,4′-四羟基-3-甲氧基-8-香叶基黄酮、8-异戊烯基槲皮素-3-甲醚、构树醇 D、构树黄酮醇 B、新乌尔醇、构树醇 E、8-（1,1-二甲基丙烯基）-5′-（3-甲基-2-丁烯基）-3′,4′,5,7-四羟基黄酮醇、构树黄酮醇 E、4,2′,4′-三羟基查尔酮、紫铆花素。

（二）生物碱类

从楮实子中提取并鉴定出的生物碱有楮实子碱 A、两面针碱、鹅掌楸宁；从小构树中分离鉴定得到了吡咯烷类生物碱构树碱 A~Q，构树宁碱 A、B、E（图31-2）以及构树碱 R、S、T、U、V 和构树碱 W、X、M1、U1、J1 和 J2，经结构鉴定确定均为吡咯烷类生物碱。

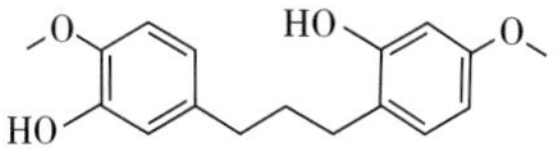

图31-2　构树宁碱 E 的化学结构

二、构树的药理作用

（一）传统药理作用

楮实子药用最早在魏晋《名医别录》中被列为上品："主阴痿水肿，益气充肌明目。久服，不饥不老，轻身。"北宋《图经本草》中记载了楮实子的采收方法："其实初夏生，如弹丸，青绿色，至六、七月渐深红色乃成熟。八月九月采……"南北朝《雷公炮炙论》记录了楮实子炮制加工方法："凡使（楮实子），采得后，用水浸三日，将物搅旋，投水，浮者去之，然后晒干，却用酒浸一伏时了，便蒸，从巳至亥，出，焙令干用。"

明朝《本草纲目》中记载了的楮实子的药理："楮实子丸的制作：用楮实子一斗，水二斗，熬成膏，主治水肿胀满。"书中记载相关附方："治喉痹喉风：采楮桃阴干，每用一个为末，井华水服之。重者以二个（《集简方》）；治目昏难视：用楮桃、荆穗各五百枚，为末，炼蜜丸弹子大。食后嚼一丸，薄荷汤送下，一日三服（《卫生易简方》）。"清代刘汉基《药性通考》中对楮实子进行了较为详尽的阐述："楮实子，阴痿能强，水肿可退，充肌肤，助腰膝，益气力，补虚劳，悦颜色，壮筋骨，明目。补阴妙品，益髓神膏。"

除子楮实子，构树的其他部分也是优良的中药材。《名医别录》记载构树叶药用："叶味甘，无毒。主小儿身热，食不生肌，可作浴汤。又主恶疮，生肉。"《本草纲目》记载构树叶主要功效："利小便，去风湿肿胀、白浊、疝气、癣疮。"构树的树枝即楮茎，具有祛风止痒、利水、祛风散热功效，可治风疹、目赤肿痛、小便不利。构树的皮即中药楮白皮，具有清热、凉血、利尿消肿、祛瘀的功效。构树嫩根或根皮有清热、凉血、利湿、祛瘀功效，可治咳嗽吐血、水肿、血崩、跌打损伤。构树乳汁，即叶及新鲜茎皮中的白色汁液，外敷可治癣疾及蝎虫等咬痛不止。

（二）现代药理作用

1. 抗炎作用

研究发现构树宁碱 E 能够作为针对减轻脂多糖引起的巨噬细胞炎症的药物，包括外周炎症所致的脓毒血症、肺损伤、支气管哮喘。构树宁碱 E 可明显抑制 LPS 诱导单核巨噬白血病细胞（RAW 264.7 细胞）中炎症因子 TNF-α、iNOS、IL-6、IL-1β 和 COX-2mRNA 的表达，抑制巨噬细胞向 M1 表型极化而促进巨噬细胞向 M2 表型极化，发挥抗炎作用。

2. 抗氧化作用

构树黄酮对羟基自由基的清除率可达 96.20%，0.5mg/mL 构树黄酮在 0.5min 内对超氧阴离子的清除率达 73.33%，推测其具有潜在的抗细胞氧化损伤和细胞衰老及相关疾病的功能。楮实子的水提液和醇提取物具有抗肝匀浆自氧化、抑制丙二醛的作用；楮实子红色素能显著清除超氧阴离子与羟基自由基，抑制肝匀浆自氧化产物丙二醛产生，缓解过氧化氢诱导小鼠红细胞溶血，对维持线粒体稳态结构形态也有保护作用。

3. 降血脂作用

楮实子油能显著降低血脂，其不饱和脂肪酸/饱和酸（PUF/SF）的比值为 2.53，超过降血脂所必需的比值大于 2 的要求，可以通过促进脂肪酸、脂类物质在血液中运行而减少了其在血管壁当中的沉积，从而具有减少动脉硬化、抗血小板凝聚及防止血栓形成等作用。楮实子还能够显著降低老年性痴呆病人血清中过氧化脂质、总胆固醇和甘油三酯水平，缓解阿尔茨海默病理进程。

4. 抑制肿瘤细胞增殖作用

构树黄酮能显著抑制肝癌细胞 HepG2 细胞增殖，下调 Bax、Bcl-2 的浓度诱导细胞凋亡的发生。从构树根皮中分离得到的构树宁碱 A、5,7,2′,4′-四羟基-3-牻牛儿黄酮、异偕查耳酮等具有不同程度的抑制芳香化酶的活性，可能具有治疗乳腺癌、前列腺癌的作用。

5. 抗真菌作用

构树中含有多种抑制细菌和真菌生长的化学成分，对多杀性巴氏埃希菌（*Pasteurella multo-*

cida）、金黄色葡萄球菌、沙门氏菌等病原菌均有较好抑制作用。

构树叶的乙酸乙酯部位、正丁醇部位对真菌抑制作用明显而稳定，如对红色癣菌（*T. rubidiurn*）、克柔氏念珠菌（*Candidiasis kmsei*）、紧密着色霉菌（*Fonsecaea compactum*）、石膏样毛癣菌（*T. mentagrophytes*）等10种致病真菌具有显著抑制作用。从树根皮中分离得到的Papyriflavonol A（一种类黄酮）也具有很强的抗真菌作用。

三、利用构树开发的药品

（一）构树的典籍记载

《中华人民共和国药典（2020年版）》记载：中药楮实子为桑科植物构树（*Broussonetia papyrifera* L.）的干燥成熟果实，于秋季果实成熟时采收，洗净，晒干，除去灰白色膜状宿萼和杂质。中药楮实子性寒，味甘，归肝、脾、肾经，具有补肾清肝，明目，利尿的功效，用于治疗腰膝酸软、虚劳骨蒸、砂晕目昏、目生翳膜、水肿胀满。每次服用6~12g。

（二）构树的传统中药配方

（1）腰膝酸软、头目眩晕　楮实子、杜仲、牛膝各12g，枸杞子、菊花各9g，水煎服。（《中华本草》）

（2）治痢疾　构树叶90g，烘干研末，每服6g，乌梅汤送下。（《全国中草药汇编》）

（3）治肾虚所致头昏、腰痛、遗精　构树果实、枸杞各15g，金樱子30g，水煎服。（《全国中草药汇编》）

（4）治神经性皮炎及癣症　构树鲜乳汁，外抹患处。（《全国中草药汇编》）

（5）补肾，强筋骨，明目，利尿　楮实子10~20g。（《全国中草药汇编》）

（三）构树果色素及其产品

1. 构树果色素

（1）色素制备工艺　采摘新鲜成熟的构树果实。将构树果实中加入丙酮等有机溶剂于室温下浸泡，倾出浸泡液，再次加入丙酮浸泡至构树果浆无色为止，合并浸出液；将浸出液过滤、蒸馏回收丙酮等有机溶剂，得到构树果色素产品。

（2）构树果色素特性　构树果色素易溶于水，能溶于甲醇、乙酸等强极性溶剂，不溶于无水乙醇、氯仿、苯、乙醚等弱极性有机溶剂中。构树果色素水溶液对热稳定，在加热100℃情况下颜色仍保持不变；对光极不稳定，自然光下放置1d，颜色开始变淡变黄；pH1~8均为橘红色，pH9~12颜色变深至蓝色。

2. 构树果色素片剂

以构树果色素为原料，可以制备构树果色素片剂。

（1）原料　构树果色素、微晶纤维素、预胶化淀粉、乳糖、硬脂酸镁、无水乙醇适量等。

（2）制备工艺　按以上处方混合均匀后进行制软材、制颗粒、干燥、整粒、压片等过程。

第四节　构树的综合开发利用

人们一直都在利用构树这种木本植物作为饲料，构树叶、嫩枝、花、果实等均可作为优质高蛋白饲料的原料，既可直接添加，也可制成青贮饲料，已广泛应用于反刍家畜、单胃家畜、家禽、水产等养殖中，实现了"以树代粮，种养循环"的新概念。

构树又称为纸桑（Paper mulberry），自古以来就是造纸的主要原料，也常被称为"楮纸""縠纸"和"绵纸"。构树皮纤维柔软光滑，坚韧洁白，化学性质稳定，耐腐蚀性好，是生产特种纸如宣纸、丝纺、钞票用纸的优质原料，也是普洱茶的首选包装材料，古朴美观，经久耐用，透气防虫。

构树叶片较厚，叶表面粗糙，背面有柔毛，使其具有优良的吸收有害气体和吸滞粉尘的能力，可应用于治理城市雾霾；构树容易繁殖，适用性广，抗逆性强，病虫害极少，是一种非常理想的城市绿化树种。构树根系发达，形成一张巨网，可以护堤护坡，防止水土流失，同时构树不仅耐重金属污染，还能富集重金属，是尾矿污染区、尾矿废弃地以及石漠化地区生态修复与重建的优选树种。构树花甜美，是蜜蜂采蜜的蜜源，果实可以为一些鸟类提供食物。构树木屑还可以作为食用菌（如灵芝）代料栽培基质的主料。构树的综合开发利用如图31-3所示。

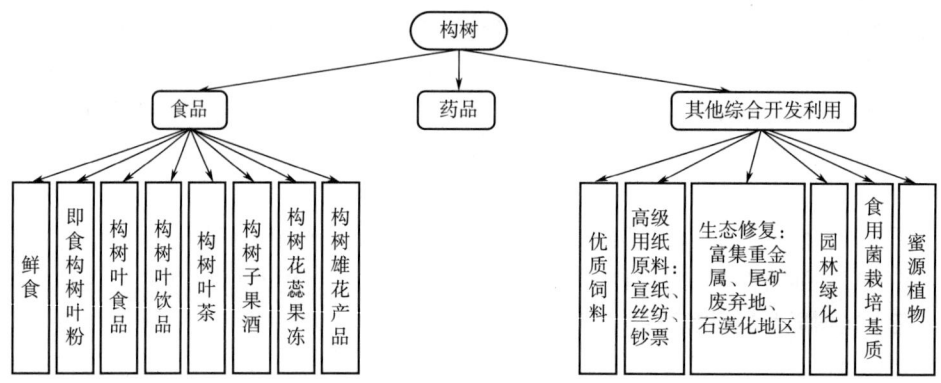

图 31-3 构树的综合开发利用

思考题

1. 构树具有哪些生物学特性？
2. 构树的主要繁殖方式有哪些？
3. 简述构树的营养价值及其开发利用。
4. 构树用作食品的主要组织部位是什么？用作药用的主要组织部位有哪些？
5. 构树具有哪些药用功效？
6. 结合已有研究成果，谈谈如何深化构树的综合开发利用。

【知识窗】从历史长河中走来的构树

构树作为一种古老且典型的乡土树种和先锋植物，生长快，萌芽多，分蘖力强，根系发达，抗污染及适应性强，在荒山、沙地及矿区等极端恶劣条件下均可生长。据考证，我们祖先在8000年前就开始利用该树加工制作树皮衣服，并于6000多年前向海外传到中南岛屿和中美洲。《诗经》《山海经》《名医别录》《本草纲目》《齐民要术》及《农书》等古籍中都有关于该树食用与药用的记载。北魏《齐民要术》已记载种植该树，用于剥皮制作成"楮纸"；明朝十分讲究和美观的《永乐大典》、北宋时期"交子"（世界上最早的纸币）以及日本的纸币——纸桑（Paper mulberry）均由楮纸制作。2014年，利用其树皮为原料的传统手工造纸被联合国认定为世界非物质文化遗产，这就是能伸能屈、无所不能的"构树"。

中国科学院植物研究所沈世华研究员筛选到30多个核心种质，通过种内异源杂交及定向杂交培育出木材加工、生态绿化和环境适应性等方面均有明显优势的杂交构树"中构"品系（中构101号和中构201号）；通过种间远缘杂交以及多达10次的神舟飞船的辐射育种，培育出国内外首个高蛋白木本新品种——杂交构树"科构101"。2014年，国务院扶贫办将构树产业列入我国十项精准扶贫工程之一。

附录一 山野菜适宜的采收时间及对应的采收部位

科	山野菜名称	春季采收部位	夏季采收部位	秋季采收部位	冬季采收部位
蕨科（Pteridiaceae）	蕨菜	嫩叶（孢子叶）	—	—	根
	薇菜	嫩叶（孢子叶）	—	—	根
球子蕨科（Onocleaceae）	荚果蕨	嫩叶（孢子叶）	—	—	根
	猴蹄盖蕨	嫩叶（孢子叶）	—	—	根
十字花科（Cruciferae）	荠菜	嫩茎叶、花、种子	—	嫩茎叶、花、种子	—
	独行菜	嫩茎叶	全草	全草	—
	板蓝根	幼苗、嫩茎叶	幼苗、嫩茎叶	根	根
	豆瓣菜	嫩茎叶	—	嫩茎叶	—
	播娘蒿	嫩茎叶	—	—	—
	芝麻菜	嫩茎叶	—	—	—
	二月兰	嫩茎叶	—	—	—
蓼科（Polygonaceae）	萹蓄	嫩茎叶、全草	嫩茎叶	—	—
	酸模叶蓼	嫩茎叶	嫩茎叶	—	—
	酸模	根部	根部	—	—
	红蓼	幼苗、嫩茎叶	幼苗、嫩茎叶	—	—
	水蓼	幼苗、嫩茎叶	幼苗、嫩茎叶	—	—
	苦荞麦	—	—	—	—
藜科（Chenopodiaceae）	地肤	—	—	—	—
	灰绿藜	幼苗、嫩茎叶	幼苗、嫩茎叶	—	—
	藜	幼苗、嫩茎叶	幼苗、嫩茎叶	—	—
	红心藜	幼苗、嫩茎叶	种子、全草	种子、全草	—
	猪毛菜	幼苗、嫩茎叶	幼苗、嫩茎叶	—	—
	盐地碱蓬	—	—	—	—
菊科（Compositae）	蒲公英	嫩茎叶、全草	全草、花	全草、根	—
	苣荬菜	嫩茎叶、全草	花、根	根	—
	苦苣菜	嫩茎叶、全草	花、根	根	—
	抱茎苦荬菜	嫩茎叶、全草	嫩茎叶、花	根	—
	山莴苣	嫩茎叶、全草	—	根	—
	刺儿菜	嫩茎叶、全草	—	—	—

续表

科	山野菜名称	春季采收部位	夏季采收部位	秋季采收部位	冬季采收部位
菊科 (Compositae)	茵陈蒿	嫩茎叶	—	—	—
	菊花	—	花	花	—
	野茼蒿	—	嫩茎叶	—	—
	艾蒿	嫩茎叶	叶	叶	—
	芦蒿	嫩茎叶	—	根	—
	菊芋	—	嫩茎叶	块茎	—
	马兰头	嫩茎叶	全草	全草	—
	牛蒡	嫩茎叶	—	种子、根	—
	紫菀	嫩茎叶	—	嫩茎叶、根	—
	款冬花	嫩茎叶	—	花蕾	—
苋科 (Amaranthaceae)	反枝苋	嫩茎叶	嫩茎叶	—	—
	凹头苋	嫩茎叶	嫩茎叶	—	—
	牛膝	—	嫩茎叶	嫩茎叶	根
	皱果苋	嫩茎叶	嫩茎叶	—	—
	空心莲子草	嫩茎叶	全草	全草	—
唇形科 (Labiatae)	罗勒	嫩茎叶	全草	全草	—
	薄荷	嫩茎叶	全草	全草	—
	紫苏	嫩茎叶	全草	全草	—
	益母草	—	嫩茎叶	—	—
	藿香	嫩茎叶、花序	嫩茎叶、花序	—	—
	活血丹	嫩茎叶	—	—	—
	甘露子	—	全草	全草、块茎	—
	夏枯草	嫩茎叶	嫩茎叶	—	—
百合科 (Liliaceae)	黄花菜	—	花、叶、根	花、叶、根	—
	黄精	嫩茎叶	—	根茎	—
	玉竹	嫩茎叶、根	—	根	—
	麦冬	—	块根	—	—
	薤白	嫩茎叶、鳞茎	鳞茎	鳞茎	—
	野韭菜	嫩茎叶	全草	全草	—
	百合	—	花、叶、鳞茎	花、叶、鳞茎	—
禾本科 (Poaceae)	竹笋	嫩笋	—	嫩笋	—
	野燕麦	全草	全草、种子	—	—
	芦苇	嫩茎叶	全草	全草	—

续表

科	山野菜名称	春季采收部位	夏季采收部位	秋季采收部位	冬季采收部位
禾本科（Poaceae）	白茅	嫩茎叶、根茎	—	嫩茎叶、根茎	—
	薏苡	—	—	种仁	—
	狗尾草	全草	全草、种子	—	—
桔梗科（Campanulaceae）	桔梗	嫩茎叶	—	根	—
	党参	嫩茎叶	—	根	—
	羊乳	嫩茎叶	—	根	—
	展枝沙参	嫩茎叶	—	根	—
车前科（Plantaginaceae）	大车前	嫩茎叶	全草、种子	—	—
	平车前	嫩茎叶	全草、种子	—	—
蔷薇科（Rosaceae）	鹅绒委陵菜	嫩茎叶	嫩茎叶、块根	嫩茎叶、块根	—
	朝天委陵菜	嫩茎叶、块根	—	块根	—
	龙牙草	—	嫩茎叶	嫩茎叶、种子	—
	蛇莓	全草	果、全草	全草	—
豆科（Fabaceae）	野大豆	嫩茎叶	嫩茎叶	叶，种子	—
	紫花苜蓿	嫩茎叶	全草	全草	—
	野豌豆	嫩茎叶	荚果	全草	—
	歪头菜	嫩茎叶	全草	全草	—
伞形科（Apiaceae）	山芹	嫩茎叶	嫩茎叶	—	—
	水芹	嫩茎叶	嫩茎叶	—	—
	鸭儿芹	嫩茎叶	嫩茎叶	—	—
	野胡萝卜	全草	—	根	—
	荇菜	嫩茎叶	花、全草	—	—
堇菜科（Violaceae）	地丁	全草	—	—	—
	紫花地丁	全草	—	—	—
三白草科（Saururaceae）	鱼腥草	—	嫩茎叶、地下茎	—	—
	—	—	—	—	—
马齿苋科（Portulacaceae）	马齿苋	—	嫩茎叶	嫩茎叶	—
	—	—	—	—	—
薯蓣科（Dioscoreaceae）	薯蓣	—	—	根茎	—
	—	—	—	—	—
蔷薇科（Rosaceae）	—	—	—	—	—
	山楂	—	—	果实	—
	月季	—	根、叶、花	根、叶、花	—

续表

科	山野菜名称	春季采收部位	夏季采收部位	秋季采收部位	冬季采收部位
蔷薇科（Rosaceae）	酸枣	—	果实	果实	—
	悬钩子	—	—	果实	—
	贴梗海棠	—	—	果实	—
	玫瑰花	—	花、果实	花、果实	—
	樱桃	—	果实	果实	—
	欧李	—	果实	果实	—
	山杏	—	种仁	—	—
豆科（Fabaceae）	葛	—	—	根	—
	紫藤	花	茎皮、花、种子	茎皮、种子	—
	槐树	嫩茎叶、花	—	果实	—
	酸角	—	果实	果实	—
茄科（Solanaceae）	枸杞	嫩茎叶	果实	果实	—
桑科（Moraceae）	桑葚	叶	叶、果实	皮、根	—
	无花果	—	—	果实	—
	构树	叶	果实	—	—
五加科（Araliaceae）	龙芽楤木	嫩茎叶	嫩茎叶	—	—
	刺五加	嫩茎叶	—	果实	—
木兰科（Magnoliaceae）	白玉兰	花	—	—	—
	紫玉兰	花	—	—	—
榆科（Ulmaceae）	榆树	嫩茎叶、荚果	—	—	—
杨柳科（Salicaceae）	柳树	嫩茎叶	根、皮	根、皮	根、皮
木犀科（Oleaceae）	茉莉花	—	花	—	—
	桂花	—	花	—	—
楝科（Meliaceae）	香椿	嫩茎叶	—	—	—
葡萄科（Vitaceae）	山葡萄	—	果实	果实	—
胡颓子科（Elaeagnaceae）	沙棘	—	叶	果实	—

附录二 野生植物资源

表1　　　　　　　野生食用植物的种类、生长特征、分布和食用类型

植物名称	科名	生长特征	分布	食用类型
薄荷（Mentha haplocalyx）	唇形科	一年生草本	广分布型	苗菜类
艾蒿（Artemisia argyi）	菊科	一年生草本	广分布型	苗菜类
地肤（Kochia scoparia）	藜科	一年生草本	广分布型	苗菜类
马齿苋（Portulaca oleracea）	马齿苋科	一年生草本	广分布型	苗菜类
蕨（Pteridium aquilinum）	凤尾蕨科	多年生草本	较广分布型	苗菜类
鸭儿芹（Cryptotaenia japonica）	伞形科	多年生草本	较广分布型	苗菜类
睡菜（Menyanthes trifoliata）	龙胆科	多年生草本	稀少分布型	苗菜类
风轮菜（Clinopodium chinense）	唇形科	多年生草本	较广分布型	苗菜类
北水苦荬（Veronica anagallisaquatica）	车前科	多年生草本	较广分布型	苗菜类
马兰（Kalimeris indica）	菊科	多年生草本	较广分布型	苗菜类
野菊（Chrysanthemum indicum）	菊科	多年生草本	较广分布型	苗菜类
枸杞（Lycium chinense）	茄科	落叶灌木	较广分布型	树芽类
刺五加（Acanthopanax senticosus）	五加科	落叶灌木	较广分布型	树芽类
辽东楤木（Aralia elata）	五加科	落叶小乔木	较广分布型	树芽类
黄花菜（hemerocallis citrina）	百合科	多年生草本	较广分布型	花菜类
刺槐（Robinia pseudoacacia）	豆科	落叶乔木	较广分布型	花菜类
甘露子（Stachys sieboldii）	唇形科	多年生草本	较少分布型	根菜类
百合（Lilium brownii）	百合科	多年生草本	较广分布型	根菜类
桔梗（Platycodon grandiflorum）	桔梗科	多年生草本	较广分布型	根菜类

表2　　　　　　　野生淀粉植物资源

植物名称	科	部位	淀粉含量/（g/kg）	主要用途
蕨（Pteridium aquilinum）	凤尾蕨科	根茎	400	食用、酿酒
蒙古栎（Quercus mongolica）	壳斗科	果实	500~700	食用、酿酒、饲用

续表

植物名称	科	部位	淀粉含量/(g/kg)	主要用途
皱叶酸模（*Rumex crispus*）	蓼科	根	395	食用
地榆（*Sanguisorba officinalis*）	蔷薇科	根	250~300	食用
打碗花（*Calystegia hederacea*）	旋花科	根茎	170	食用
轮叶沙参（*Adenophora tetraphylla*）	桔梗科	根	280	食用、制糖
菊芋（*Helianthus tuberosus*）	菊科	块茎	41	食用
慈姑（*Sagittaria trifolia*）	泽泻科	球茎	460	食用、酿酒
猪牙花（*Erythronium japonicum*）	百合科	根茎		食用、酿酒
玉竹（*Polygonatum odoratum*）	天门冬科	根茎	260~310	食用、酿酒、蜜饯
百合（*Lilium brownii*）	百合科	鳞茎		食用、酿酒
野燕麦（*Avena fatua*）	禾本科	种子	600	食用、酿酒、制糖
狗尾草（*Setaria viridis*）	禾本科	种子	480~510	食用
野稗（*Echinochloa crusgalli*）	禾本科	种子	500~700	食用、酿酒、制糖
荆三棱（*Scirpus fluviatilis*）	莎草科	根茎	180~330	食用、酿酒

表3　　野生饮料植物资源

植物名称	科	生长环境	景观带分布	利用部位
楸子梨（*Pyrus ussuriensis*）	蔷薇科	山坡	落叶阔叶树混交林带	果实
山樱桃（*Prunus verecunda*）	蔷薇科	山坡	落叶阔叶树混交林带	果实
东北杏（*Prunus mandshurica*）	蔷薇科	山坡	落叶阔叶树混交林带	果实
李（*Prunus salicina*）	蔷薇科	山坡	落叶阔叶树混交林带	果实
山楂（*Crataegus pinnatifida*）	蔷薇科	山坡	落叶阔叶树混交林带	果实
桑（*Morus alba*）	桑科	山坡	落叶阔叶树混交林带	果实
山刺玫（*Rosa davurica*）	蔷薇科	山坡、沟边	落叶阔叶树混交林带	果实
欧李（*Prunus humilis*）	蔷薇科	山坡、沟边	落叶阔叶树混交林带	果实
酸模（*Rumex acetosa*）	蓼科	山坡、沟边	落叶阔叶树混交林带	全株
北五味子（*Schisandra chinenses*）	木兰科	山坡、沟边	落叶阔叶树混交林带	果实
山葡萄（*Vitis amurensis*）	葡萄科	山坡、沟边	落叶阔叶树混交林带	果实
软枣猕猴桃（*Actinidia arguta*）	猕猴桃科	山坡、沟边	落叶阔叶树混交林带	果实
挂金灯酸浆（*Physais alkekengi*）	茄科	村屯、农田	落叶阔叶树混交林带	果实
龙葵（*Solanum nigrum*）	茄科	村屯、农田	落叶阔叶树混交林带	果实

续表

植物名称	科	生长环境	景观带分布	利用部位
毛山楂（Crataegus maximowiczii）	蔷薇科	森林	红松混交林带	果实
蓝靛果忍冬（Lonicera edulis）	忍冬科	村屯	红松混交林带	果实
山楂叶悬钩子（Rubus crataegifolius）	蔷薇科	荒山	红松混交林带	果实
毛樱桃（Prunus tomentosa）	蔷薇科	荒山	红松混交林带	果实
东方草莓（Fragaria orientalis）	蔷薇科	村屯	红松混交林带	果实
越橘（Vaccinium vitisidaea）	杜鹃花科	林下	云杉、冷杉林带	果实

表4 野生油脂植物资源

植物名称	科	果期	种子或果实含油量/(g/kg)	油脂用途
红松（Pinus koraiensis）	松科	9—10月	672	食用和工业
胡桃楸（Juglans mandshurica）	胡桃科	8—9月	641	食用和工业
榆（Ulmus pumila）	榆科	5—6月	255	食用和工业
稠李（Prunus padus）	蔷薇科	7—8月	201	工业
杏（Prunus armeniaca）	蔷薇科	6—7月	501	食用和工业
辽东楤木（Aralia elata）	五加科	9月	359	制肥皂及工业
刺楸（Kalopanax septemlobus）	五加科	9—10月	381	制肥皂
天女木兰（Magnolia sieboldii）	木兰科	9月	239	制香皂
桑（Morus alba）	桑科	6—7月	352	工业
毛樱桃（Prunus tomentosa）	蔷薇科	7月	40.1	工业
刺五加（Acanthopanax senticosus）	五加科	8—9月	123	工业
榛（Corylus heterophylla）	桦木科	8—9月	578	食用和工业
越橘（Vaccinium vitisidaea）	杜鹃花科	8—9月	301	制干性油
北五味子（Schisandra chinensis）	木兰科	8—10月	362	工业润滑油
软枣猕猴桃（Actinidia arguta）	猕猴桃科	9—10月	281	工业
鸭儿芹（Cryptotaenia japonica）	伞形科	9月	221	肥皂和油漆
益母草（Leonurus sibiricus）	唇形科	8—9月	371	工业
荠（Capsella bursapastoris）	十字花科	6—7月	225	食用
苘麻（Abutilon theophrasti）	锦葵科	9—10月	151	食用和工业
地肤（Kochia scoparia）	藜科	9月	160	食用和工业

表 5　　野生芳香植物资源

植物名称	科	芳香油含量/（g/kg）	利用部位	主要用途
红松（*Pinus koraiensis*）	松科	0.5	针叶	调合香料
杉松冷杉（*Abies holophylla*）	松科	0.8	叶与枝	冷杉香胶
茵陈蒿（*Artemisia capillaris*）	菊科	1.1	全草	调配香料
万年蒿（*Artemisia gmelinii*）	菊科	0.3~0.7	叶、花、茎和全草	调配香料
铃兰（*Convallaria keiskei*）	百合科	1.1	花	花香型香精
飞蓬（*Erigeron acer*）	菊科	0.2~0.3	茎、叶	调香配料
黄花蒿（*Artemisia annua*）	菊科	0.3~0.5	全草	调配香料
香薷（*Elsholtzia ciliata*）	唇形科	0.25~1.0	全草	香料
刺槐（*Robinia pseudoacacia*）	豆科	0.15~2.01	鲜花	提取香
百里香（*Thymus mongolicus*）	唇形科	0.5	茎叶	化妆品等调和香料
玫瑰（*Rosa rugosa*）	蔷薇科	0.03	鲜花	高级香水及化妆品香料
北五味子（*Schisandra chinensis*）	木兰科	0.8	皮与果实	制香精
缬草（*Valeriana officinalis*）	败酱科	0.2~0.5	根状茎	调配食品、化妆品、香水香精
水蒿（*Artemisia selengensis*）	菊科	0.47	全草	调合香精
东风菜（*Doelli ngeriascaber*）	菊科	0.37~0.14	花和茎	调合香精或药用
藿香（*Agastache rugosa*）	唇形科	0.35	全草	保香剂
牡蒿（*Artemisia japonica*）	菊科	0.33	全草	调合香精或药用
野菊（*Chrysanthemum indicum*）	菊科	0.1~0.2	干花和叶	配各种香皂用香精
薄荷（*Mentha haplocalyx*）	唇形科	0.8~1.1	新鲜全草	食品饮料、牙膏及医药工业
艾蒿（*Artemisia argyi*）	菊科	0.33	全草	调香原料

表 6　　野生天然色素植物资源

植物名称	科	利用部位	颜色	其他用途
东方草莓（*Fragaria orientalis*）	蔷薇科	果实	红色	果实和全草入药

续表

植物名称	科	利用部位	颜色	其他用途
越橘（Vaccinium vitisidaea）	杜鹃花科	果实	红色	种子含油30%；叶、果入药
紫草（Lithospermum erythrorhizon）	紫草科	根	玫瑰红色	根可入药
酸浆（Physalis alkekengi）	茄科	果实	橙红色	全草及根入药
茜草（Rubia cordifolia）	茜草科	根	红色	根可入药
金银忍冬（Lonicera maackii）	忍冬科	果实	红色	种子可榨油供制肥皂；花入药
山楂叶悬钩子（Rubus crataegifolius）	蔷薇科	果实	红色	果实和根入药
地榆（Sanguisorba officinalis）	蔷薇科	花	紫红色	种子含油103.3g/kg，根含淀粉300g/kg
刺玫蔷薇（Rosa davurica）	蔷薇科	花和果实	红色	根、花、果可入药
东北茶（Ribes mandshuricum）	山茶科	果实	红色	种子含油160~210g/kg；果实入药
山楂（Crataegus pinnatifida）	蔷薇科	果实	红色	果实、叶、根入药
欧李（Cerasus humilis）	蔷薇科	果实	红色	
稠李（Prunus padus）	蔷薇科	果实	蓝紫色	种子含油270.4g/kg，果实入药
紫花苜蓿（Medicago sativa）	豆科	花	紫色	种子含油，常作为牧草
山葡萄（Vitis amurensis）	葡萄科	果实	蓝紫色	种子可榨油；果、根、藤可入药
刺五加（Acanthopanax senticosus）	五加科	果实	蓝紫色	嫩茎食用；根、茎、叶入药
蓝靛果忍冬（Lonicera edulis）	忍冬科	果实	紫色	果入药
接骨木（Sambucus williamsii）	五福花科	果实	红色	种子榨食用油；全株入药
桑（Morus alba）	桑科	果实	蓝紫色	种子含油260g/kg；根皮、果实、叶入药；叶可养蚕
北五味子（Schisandra chinensis）	木兰科	果实	红色	种子含油330g/kg；果、茎含芳香油

表7　野生杀虫植物资源

植物名称	科	活性部位	作用方式	防治对象
榆（Ulmus pumila）	榆科	叶	—	蚜虫

续表

植物名称	科	活性部位	作用方式	防治对象
桑（*Morus alba*）	桑科	叶	抗虫	蝗虫、蚜虫、菜粉蝶
东方蓼（*Polygonum Orientale*）	蓼科	叶	拒食	斜纹夜蛾
藜（*Chenopodium album*）	藜科	全株、叶	拒食、毒杀	蚜虫、菜粉蝶、马铃薯瓢虫
猪毛菜（*Salsola collina*）	藜科	全株	抑制	玉米象
马齿苋（*Portulaca oleracea*）	马齿苋科	全株	—	蚜虫、菜粉蝶、黏虫、蓟马
荠（*Capsella bursapastoris*）	十字花科	叶	抗虫、驱避	美国白蛾、菜粉蝶、马铃薯瓢虫
紫花苜蓿（*Medicago sativa*）	豆科	叶	拒食、抗虫	马铃薯瓢虫、褐切叶象甲
细叶益母草（*Leonurus sibiricus*）	唇形科	全株、根	抗虫、毒杀	蚜虫、菜粉蝶、马铃薯瓢虫
野薄荷（*Mentha haplocalyx*）	唇形科	全株	抑制	赤拟谷盗
龙葵（*Solanum nigrum*）	茄科	全株	拒食、毒杀	马铃薯瓢虫、菜粉蝶、苹果棉蚜
车前（*Plantago asiatica*）	车前科	全株	—	蚜虫、红蜘蛛
败酱（*Patrinia scabiosaefolia*）	败酱科	全株	—	大豆蚜
桔梗（*Platycodon grandiflorum*）	桔梗科	根	—	蚜虫、菜粉蝶
艾蒿（*Artemisia argyi*）	菊科	全株	—	菜粉蝶、斜纹夜蛾、蚜虫
茵陈蒿（*Artemisia capillaries*）	菊科	全株	—	蚜虫、马铃薯瓢虫、菜粉蝶
苦荬菜（*Ixeris polycephala*）	菊科	全株、根	—	菜粉蝶
蒲公英（*Taraxacum mongolicum*）	菊科	全株	—	蚜虫
狗尾草（*Setaria viridis*）	禾本科	全株	—	菜粉蝶、棉蚜
小根蒜（*Allium macrostemon*）	石蒜科	全株	—	大豆蚜

表8　　　　　　　　　　　　野生杀菌植物资源

植物名称	科	利用部位	防治对象	抑制对象
榆（*Ulmus pumila*）	榆科	叶	—	小麦秆锈病菌夏孢子、马铃薯晚疫病菌孢子
桑（*Morus alba*）	桑科	叶	—	小麦秆锈病菌夏孢子、马铃薯晚疫病菌孢子、甘薯黑斑病菌孢子、棉花炭疽病菌孢子、小麦赤霉病菌孢子

续表

植物名称	科	利用部位	防治对象	抑制对象
水蓼（Polygonum hydropiper）	蓼科	全草	小麦叶锈病、条锈病、秆锈病、黑穗病、洋芋晚疫病	小麦秆锈病菌夏孢子、小麦叶锈病菌夏孢子、小麦轮斑病菌孢子、棉花炭疽病菌孢子
扁蓄（Polygonum aviculare）	蓼科	全草	稻瘟病	—
酸模（Rumex acetosa）	蓼科	全草	小麦叶锈病、条锈病	马铃薯晚疫病菌孢子
皱叶酸膜（Rumex crispus）	蓼科	全草	小麦叶锈病、条锈病	—
洋铁酸模（Rumex patientia）	蓼科	全草	小麦叶锈病、条锈病	马铃薯晚疫病菌孢子
马齿苋（Portulaca oleracea）	马齿苋科	叶	小麦秆锈病	小麦叶锈病菌夏孢子、马铃薯晚疫病菌孢子
地肤（Kochia scoparia）	藜科	种子	小麦秆锈病	—
龙牙草（Agrimonia pilosa）	蔷薇科	全草	小麦秆锈病	—
鼠李（Rhamnus davurica）	鼠李科	叶	稻瘟病	—
龙葵（Solanum nigrum）	茄科	全草	—	小麦赤霉病、番茄灰霉病菌孢子
败酱（Patrinia scabiosaefolia）	败酱科	全草	稻瘟病	—
桔梗（Platycodon grandiflorum）	桔梗科	根	稻瘟病、小麦秆锈病	—
黄花蒿（Artemisia annua）	菊科	茎、叶	小麦条锈病	小麦秆锈病菌夏孢子、马铃薯晚疫病菌孢子、甘薯黑斑病菌内生孢子
青蒿（Artemisia carvifolia）	菊科	全草	小麦秆锈病、马铃薯晚疫病	棉花立枯病菌孢子、小麦秆锈病菌孢子
艾蒿（Artemisia argyi）	菊科	全草	—	小麦秆锈病
蒲公英（Taraxacum mongolicum）	菊科	全草	白菜软腐病	—
苦苣菜（Sonchus oleraceus）	菊科	全草	—	苹果炭疽病孢子
槐（Sophora japonica）	豆科	叶	—	小麦叶锈病菌孢子

参考文献

[1] 赵培洁，肖建中．中国野菜资源学 [M]．北京：中国环境科学出版社，2006．

[2] 赵金光，韦旭斌，郭文场．中国野菜 [M]．长春：吉林科学技术出版社，2004．

[3] 郭文场．野菜的识别与食疗保健 [M]．北京：中国林业出版社，2003．

[4] 陶桂全．中国野菜图谱 [M]．北京：解放军出版社，1987．

[5] 田关森，王嫩仙，陈煜初，等．中国森林蔬菜 [M]．北京：中国林业出版社，2009．

[6] 王振宇，王承南．野生植物资源开发与利用 [M]．北京：中国林业出版社，2018．

[7] 杨利民．植物资源学 [M]．北京：中国农业出版社，2008．

[8] 刘勇，肖伟，秦振娴，等．"药食同源"的诠释及其现实意义 [J]．中国现代中药，2015，17（12）：1250-1252．

[9] 单峰，黄璐琦，郭娟，等．药食同源的历史和发展概况 [J]．生命科学，2015，27（8）：1061-1069．

[10] 邵振，祝龙，田侃．药食同源食品监管的法律依据探讨 [J]．中国卫生法制，2013，21（2）：26-28．

[11] 张华峰．药食同源相关术语问题与对策 [J]．中国科技术语，2019，21（4）：65-71．

[12] 刘开华．信阳蕨菜速冻工艺的优化研究 [D]．咸阳：西北农林科技大学，2003．

[13] 王军，段素华．真空冷却红外线干燥技术在脱水产品保鲜工艺中的应用分析 [J]．河南工业大学学报（自然科学版），2002，（3）：21．

[14] 齐国光，张秀玲，赵丹，等．苦菜蔬菜纸加工工艺研究 [J]．东北农业大学学报，2012，43（2）：28-33．

[15] 杨家蕾，董全．臭氧杀菌技术在食品工业中的应用 [J]．食品工业科技，2009，30（5）：353-355，359．

[16] 伍国明．微波处理与涂膜对草菇控温贮藏保鲜的影响研究 [J]．食用菌学报，2009，16（2）：45-50．

[17] 孟怡璠．蕨根粉中铝和原蕨苷的分析及原蕨苷的脱除技术研究 [D]．汉中：陕西理工大学，2018．

[18] 俞文兰，李彦琴．有毒植物毒素成分、毒性表现与中毒救治原则 [J]．卫生研究，2004，（5）：646-648．

[19] 刘利红，刘博，曹瑞，等．内蒙古野生有毒植物资源调查研究 [J]．干旱区资源与环境，2017，31（3）：118-123．

[20] 王鑫，周丽洁，桂明杰，等．毒菇简易识别、中毒类型及解毒方法 [J]．食药用

菌，2011，19（3）：58-60.

[21] 张兰，丛建华，韦昌雷. 大兴安岭有毒植物资源开发利用研究 [J]. 中国林副特产，2004（4）：43-45.

[22] 洪亚辉，成志伟，李精华，等. 不同处理方式对鲜黄花菜中秋水仙碱含量变化的影响 [J]. 湖南农业大学学报（自然科学版），2003（6）：500-502.

[23] 郝经文. 蕨菜中原蕨苷的提取及加工过程中含量变化研究 [D]. 合肥：安徽中医药大学，2019.

[24] 刘嘉全. 吉林省部分地区食物中毒事件调查及五种山野菜中毒原因分析 [D]. 延吉：延边大学，2016.

[25] 高伟. 不同包装方法对刺嫩芽品质的影响 [J]. 北方园艺，2013，(10)：133-135.

[26] 周繇. 长白山山野菜资源调查研究及其开发利用 [J]. 中国果菜，2003，（2）：44-45.

[27] 周繇. 长白山区野生淀粉植物调查研究 [J]. 安徽农业大学学报，2007，（3）：432-439.

[28] 周繇. 长白山区主要野生饮料植物资源 [J]. 林业科技，2003，(6)：52-54.

[29] 周繇. 长白山区温带野生油脂植物资源 [J]. 中国油脂，2003，(5)：13-17.

[30] 周繇. 长白山区珍稀濒危野生药用植物的调查研究 [J]. 福建林学院学报，2004，(2)：127-131.

[31] 周繇. 长白山区野生芳香植物资源评价与利用对策 [J]. 安徽农业大学学报，2004，(2)：212-218.

[32] 周繇. 长白山主要野生天然食用色素植物资源的调查及其开发利用 [J]. 中国野生植物资源，2003（4）：27-29.

[33] 周繇，刘利，张明杰，等. 长白山国家级自然保护区药用植物资源及其多样性研究 [J]. 林业科学，2005，(6)：60-67.

[34] 王桂清，姬兰柱，张弘，等. 中国植物源杀虫剂研究进展 [J]. 中国农业科学，2006，39（3）：510-517.

[35] 闫鑫. 蕨菜总黄酮抗宫颈癌作用及机理研究 [D]. 秦皇岛：燕山大学，2009.

[36] 任英，韩喜国，刘春光，等. 药食两用植物蕨菜中有效成分及其药用功效研究综述 [J]. 长江蔬菜，2018，(18)：48-51.

[37] 李曼，雷霞，陶丽芬，等. 改性蕨菜膳食纤维对面团质构及酥性饼干品质的影响 [J]. 农产品加工，2017（17）：1-4,10.

[38] 檀星. 薇菜抗氧化活性成分的提取与筛选 [D]. 武汉：武汉轻工大学，2017.

[39] 夏艳. 紫萁黄酮类化合物的提取及抗氧化和抑菌研究 [D]. 合肥：安徽农业大学，2015.

[40] 闫安. 不同条件对薇菜和蕨菜贮藏期间品质变化的影响 [D]. 哈尔滨：东北农业大学，2019.

[41] 柯琼华，王广，田瑞，等. 薇菜多糖结构及清除 ABTS+· 的反应动力学分析 [J]. 西北农林科技大学学报（自然科学版），2020，48（11）：1-9.

[42] Liu X C, Zhang X L, ZHANG X T, et al. Antibacterial activity of *Osmunda japonica*

(Thunb) polysaccharides and its effect on tomato quality maintenance during storage [J]. International Journal of Food Science & Technology, 2020, 55 (7): 2851-2862.

[43] Li B W, Chen L, Li B, et al. Chemical constituents, cytotoxic and antioxidant activities of extract from the rhizomes of *Osmunda japonica* Thunb [J]. Natural Product Research, 2020, 34 (6): 847-850.

[44] Zhang X, Zhang X, Liu X, et al. Effect of polysaccharide derived from *Osmunda japonica* Thunb-incorporated carboxymethyl cellulose coatings on preservation of tomatoes [J]. Journal of Food Processing and Preservation, 2019, 43 (12): 14239.

[45] 朴日龙,张红英.水芹正丁醇提取物抗凝血和抗血栓形成作用的研究 [J].食品科学, 2010, 31 (7): 280-283.

[46] 吴兴慧,黄凯丰.水芹酸化饮料的制作工艺研究 [J].中国果菜, 2019, 39 (12): 24-27,32.

[47] 唐明明,孙汉巨,赵金龙,等.超微粉碎对水芹粉末理化性质及抗氧化活性的影响 [J].现代食品科技, 2019, 35 (7): 55-65.

[48] 袁昌齐.蒲公英的本草论证和种类鉴别 [J].中国野生植物资源, 2001, 20 (3):6-8.

[49] 王一婷.蒲公英根化学成分及其抗氧化活性研究 [D].延吉:延边大学, 2018.

[50] 赵蓓蓓.蒲公英抑菌活性成分的研究 [D].广州:华南理工大学, 2009.

[51] Mohaddese M, Mona M. Hepatoprotection by dandelion (*Taraxacum officinale*) and mechanisms [J]. Asian Pacific Journal of Tropical Biomedicine, 2020, 10 (1): 1-10.

[52] 崔光志,李峰,刘杨.中药苦菜的文献考证 [J].中国实验方剂学杂志, 2012, 18 (23): 360-362.

[53] 扈顺,王永,王勇,等.苦菜药用与食用价值研究进展 [J].北方农业学报,2019, 49 (5): 90-95.

[54] 齐国光,张秀玲,赵丹,等.苦菜蔬菜纸加工工艺研究 [J].东北林业大学学报. 2012, 43 (2): 28-33.

[55] Mc Dowell A, Thompson S, Stark M, et al. Antioxidant activity of puha (Sonchus oleraceus L.) as assessed by the cellular antioxidant activity (CAA) assay [J]. Phytother Res, 2011, 25 (12): 1876.

[56] 孙谦,胡中海,孙志高,等.鱼腥草的生物活性及其机理研究进展 [J].食品科学, 2014, 35 (23): 354-358.

[57] 姜韵.鱼腥草的抗补体活性成分及其药理作用 [D].上海:复旦大学, 2011.

[58] 赵晓玲.紫苏籽主要营养成分分析 [J].中国食物与营养, 2015, 21: 63-67.

[59] 丁友芳,闫林林,王彩云,等.不同产地紫苏叶HPLC指纹图谱研究 [J].北京林业大学学报, 2011, 33 (6): 181-185.

[60] Jun H I, Kim B T, Song G S. Structural characterization of phenolic antioxidants from purple perilla (*Perilla frutescens* var. *acuta*) leaves [J]. Food chemistry, 2014, 148,(4):367-372.

[61] Zhou X J, Yan L L, Yin P P et al. Structural characterisation and antioxidant activity evaluation of phenolic com-pounds from cold-pressed *Perilla frutescens* var. *arguta* seed flour [J]. Food Chemistry, 2014, 164 (3): 150-157.

[62] 秦月雯, 侯金丽, 王萍, 等. 马齿苋"成分-活性-中药功效-疾病"研究进展及关联分析 [J]. 中草药, 2020, 51 (7): 1924-1938.

[63] 李冠文, 秦楠, 郭丽丽, 等. 马齿苋多不饱和脂肪酸的研究进展 [J]. 食品安全质量检测学报, 2020, 11 (14): 4549-4555.

[64] 陈观卿, 童光森. 消暑薄荷茶的配方工艺研究 [J]. 现代食品, 2020, 11: 83-85, 89.

[65] 黄贤华, 潘火英, 谭晓彬, 等. 山薄荷水提取液抗S-180实体瘤作用的研究 [J]. 赣南医学院学报, 2004, 24 (1): 20-21.

[66] 徐佳馨, 王继锋, 颜娓娓, 等. 薄荷的药理作用及临床应用 [J]. 食品与药品, 2019, 21 (1): 81-84.

[67] 王广林, 刘辉, 王春生, 等. 野艾蒿主要营养及其食用安全性研究 [J]. 合肥师范学院学报, 2021, 39 (3): 1-6.

[68] 钟肖飞, 张华. 艾蒿挥发油对蚊虫防治作用的研究进展 [J]. 中国实验方剂学杂志, 2020, 26 (15): 214-223.

[69] 毛跟年, 胡家欢, 刘艺秀. 野艾蒿提取物对金黄色葡萄球菌的抑菌机制研究 [J]. 食品科技, 2019, 44 (5): 242-247.

[70] 崔洋洋, 周凤琴, 郭庆梅, 等. 中药碱蓬的文献考证与研究进展 [J]. 时珍国医国药, 2010, 21 (10): 2645-2646.

[71] 崔洋洋. 碱蓬与盐地碱蓬的生药学研究 [D]. 济南: 山东中医药大学, 2008.

[72] 戴蕴青. 黄须菜的营养成分分析及评价 [J]. 中国农业大学学报, 1997, 2 (1): 71-73.

[73] 李军乔. 野生资源植物-蕨麻的生物学特性及应用研究 [D]. 咸阳: 西北农林科技大学, 2004.

[74] 陈惠清. 藏药蕨麻的文献参考 [J]. 中国中药杂志, 2000, 25 (5): 311-312.

[75] 张雅铭. 蕨麻的化学成分及生物活性研究进展 [J]. 解放军药学学报, 2009, 25 (6): 530-533.

[76] Kovaleva A M, Abdulkafarova E R. Phenolic compounds from *Potentilla anserina* [J]. Chemistry of Natural Compounds, 2011, 47 (3): 446-447.

[77] 杨利. 萱草属植物营养成分分析及品质评价 [D]. 长春: 吉林农业大学, 2014.

[78] 戢得蓉. 黄花菜贮藏及深加工技术研究进展 [J]. 食品与发酵科技, 2016, 52 (2): 48-51.

[79] 翟俊乐. 黄花菜抗抑郁作用有效成分的筛选 [J]. 中国食品添加剂, 2015, (10): 93-97.

[80] Cichewicz, Robert H, Zhang Yanjun, et al. Inhibition of human tumor cell proliferation by novel anthraquinones from daylilies [J]. Life Science, 2004, 74 (14): 1791-1799.

[81] 贾蕾. 百合对人胃癌SGC-7901细胞的增殖抑制作用及其机制的探讨 [D]. 延安: 延安大学, 2015.

[82] 王铖博. 兰州百合糖蛋白（LGP）的结构表征与免疫调节活性研究 [D]. 兰州: 西北师范大学, 2019.

[83] 吴雄. 百合多糖对I型糖尿病大鼠的降血糖作用研究 [D]. 长沙: 湖南师范大

学，2013.

［84］郑竹宏. 百合地黄汤治疗失眠的作用机制研究［D］. 北京：北京中医药大学，2019.

［85］Yu X, Zhang J, Li A, et al. Morphology and Physicochemical Properties of 3 Lilium Bulb Starches［J］. Journal of Food Science，2015，80（7-9）：1661-1669.

［86］Zhou X, Wang H, Wang B, et al. Characterization and antioxidant activities of polysaccharides from the leaves of *Lilium lancifolium* Thunb［J］. Int J Biol Macromol，2016，92：148-155.

［87］曹俊红. 桔梗皂苷 D 对子宫内膜癌细胞凋亡和侵袭的影响［J］. 中国临床药理学杂志，2020，36（11）：1535-1539.

［88］邓亚羚. 桔梗的炮制历史沿革、化学成分及药理作用研究进展［J］. 中国实验方剂学杂志，2020，26（2）：190-202.

［89］Li Wei. Isolobetyol, a new polyacetylene derivative from *Platycodon grandiflorum* root［J］. Natural product research，2020，36(1)：1-4.

［90］程京艳. 基于葛根功能主治的药效组分研究［D］. 北京：北京中医药大学，2011.

［91］陈秀芳. 葛根素对 2 型糖尿病大鼠胰腺 β 细胞损伤的影响［J］. 温州医科大学学报，2017，47（12）：859-863.

［92］高学清. 葛根和葛花对急性酒精中毒小鼠的解酒作用［J］. 食品与生物技术学报，2012，31（6）：621-627.

［93］吕欢. 葛根醋酿造工艺研究［D］. 太原：山西农业大学，2019.

［94］Li R, Liang T, He Q, et al. Puerarin, isolated from *Kudzu* root (Willd.), attenuates hepatocellular cytotoxicity and regulates the GSK-3β/NF-κB pathway for exerting the hepatoprotection against chronic alcohol-induced liver injury in rats［J］. International Immunopharmacology，2013，17（1）：71-78.

［95］Zhu X, Wang K, Zhang K, et al. Puerarin Protects Human Neuroblastoma SH-SY5Y Cells against Glutamate-Induced Oxidative Stress and Mitochondrial Dysfunction［J］. Journal of Biochemical & Molecular Toxicology，2016，30（1）：22-28.

［96］邹庭. 鲜魔芋脱毒技术［J］. 食品工业，2019，40（9）：188-192.

［97］毛跟年. 魔芋甘露聚糖肽的研究进展［J］. 食品工业，2014，35（9）：246-248.

［98］阮凌. 魔芋多聚糖对改善 2 型糖尿病大鼠糖脂代谢异常的机制研究［J］. 江西农业学报，2020，32（6）：88-92.

［99］Wenting Shang, Haoxia Li, Padraig Strappe, et al. *Konjac glucomannans* attenuate diet-induced fat accumulation on livers and its regulation pathway［J］. Journal of Functional Foods，2019，52：258-265.

［100］Ying shu Zhao, Muthukumaran Jayachandran, Baojun Xu. *In vivo* antioxidant and anti-inflammatory effects of soluble dietary fiber *Konjac glucomannan* in type-2 diabetic rats［J］. International Journal of Biological Macromolecules，2020，159：1186-1196.

［101］Balaji Govindan, Anil John Johnson, Sadasivan Nair Ajikumaran Nair, et al. Nutritional properties of the largest bamboo fruit *Melocanna baccifera* and its ecological significance［J］. Scientific Reports，2016，6（1）：1165-1166.

［102］陈松河，马丽娟，丁振华，等. 5 种牡竹属笋用竹竹笋营养成分之比较［J］. 竹子

学报，2018，37（4）：4-8,19.

［103］方菊．竹叶黄酮的提取分离及抑菌效果研究［D］．合肥：合肥工业大学，2012.

［104］焦晶晶．竹叶特征性黄酮类化合物研究——单体制备、抗氧活性及其血管保护作用研究［D］．杭州：浙江大学，2008.

［105］王晓宇，陈鸿平，银玲，等．中国枸杞属植物资源概述［J］．中药与临床，2011，2（5）：1-3,50.

［106］李丹丹．枸杞多糖的提取及其水解物的研究［D］．济南：齐鲁工业大学，2014.

［107］如克亚·加帕尔，孙玉敬，钟烈州，等．枸杞植物化学成分及其生物活性的研究进展［J］．中国食品学报，2013，13（8）：161-172.

［108］Huiying Zhang, Lei Zheng, Zhanpeng, et al. Lycium barbarum polysaccharides promoted proliferation and differentiation in osteoblasts［J］. Journal of cellular biochemistry, 2019, 120 (4): 5018-5023.

［109］Ruonan Bo, Zhenguang Liu, Jing Zhang, et al. Mechanism of Lycium barbarum polysaccharides liposomes on activating murine dendritic cells［J］. Carbohydrate polymers, 2019, 205: 540-549.

［110］Zhao. Lycium barbarum L. leaves ameliorate type 2 diabetes in rats by modulating metabolic profiles and gut microbiota composition［J］. Biomedicine & Pharmacotherapy, 2020, 121: 109559.

［111］Dong K, Fernando W M A D B, Durham R, et al. A role of sea buckthorn on Alzheimer's disease［J］. International Journal of Food Science & Technology, 2020, 55（9）: 3073-7081.

［112］Hao W, He Z, Zhu H, et al. Sea buckthorn seed oil reduces blood cholesterol and modulates gut microbiota［J］. Food & Function, 2019, 10: 2-45.

［113］董诗婷．沙棘果生物活性成分及其功能的研究进展［J］．中国酿造，2020，39（2）：26-32.

［114］柳梅，任璇，姚玉军，等．沙棘叶多酚提取物抗氧化及体外降血糖活性研究［J］．天然产物研究与开发，2017，29（6）：1013-1019.

［115］陶翠，王捷，姚玉军，等．沙棘中白雀木醇表征方法及其分布规律［J］．北京林业大学学报，2020，42（1）：121-126.

［116］张京芳，王冬梅，周丽，等．香椿叶提取物不同极性部位体外抗氧化活性研究［J］．中国食品学报，2007（5）：12-17.

［117］沈玉萍．香椿的化学成分分析及基于双相水解的中药活性成分制备新方法的研究［D］．镇江：江苏大学，2019.

［118］Xiaoxuan Jiang, Beibei Zhang, Mianhua Lei, et al. Analysis of nutrient composition and antioxidant characteristics in the tender shoots of Chinese toon picked under different conditions［J］. LWT-Food Science and Technology, 2019, 109: 137-144.

［119］Yang J X, Sui Y T, Tao J J, et al. Hypoglycemic action of polyphenols from Toona sinensis［J］. Current Topics in Nutraceutical Research, 2020, 18（2）: 183-190.

［120］胡文军．太白楤木根皮总皂苷对小鼠的保肝作用［J］．第一军医大学分校学报，

2000, 23 (1): 21-23.

[121] 齐明明. 食用龙牙楤木化学成分分析与品质评价 [D]. 哈尔滨: 东北林业大学, 2017.

[122] 王雪. 龙牙楤木采收期确定及其醇提物的抗氧化能力研究 [D]. 长春: 吉林农业大学, 2014.

[123] 张正一, 李廷利, 王艳艳, 等. 刺五加对大鼠睡眠-觉醒节律的影响及脑内GABA、L-Glu含量变化的研究 [J]. 中医药学报, 2022, 50 (8): 17-21

[124] 李向辉. 兽用刺五加多糖纳米制剂研制及其增强免疫力机制研究 [D]. 武汉: 华中农业大学, 2021.

[125] 王雪. 刺五加防治神经退行性疾病的药理研究进展 [J]. 中国中药杂志, 2022, 47 (16): 4314-4321.

[126] 黄宝康, 秦路平, 郑汉臣, 等. 楮实子的氨基酸及脂肪油成分分析 [J]. 第二军医大学学报, 2003, 24 (2): 213, 217

[127] 黄少鹏. 构树E抑制LPS诱导巨噬细胞炎症反应的新功能及机制研究 [D]. 广州: 广东药科大学, 2019.

[128] 彭献军. 科技扶贫、利国惠民——杂交构树新兴战略产业 [J]. 生命世界, 2018, 348 (10): 36-41.

[129] 胡艳敏. 从古代科技史角度审视构树的多重文化内涵及应用价值 [J]. 北京林业大学学报 (社会科学版), 2018, 17 (2): 38-43.